스마트TV IDEC 플랫폼 센터

Curriculum Series I

Design Methodology in Nano Technology

나노 테크놀로지에서의 설계 방법론

홍성관 | 김주호 | 정의영 | 강성호 지음

홍릉과학출판사

발간사

1996년에 시작된 IDEC은 국내 반도체설계인력양성사업을 정착시켜서 현재 반도체 산업의 위상 및 가능성의 기반을 이룩하였습니다.

최근 반도체산업은 소프트웨어 및 시스템산업 등과 함께 디지털 컨버전스의 핵심 역할을 수행하게 되어, 차세대 정부 정책 및 산업 수요에 따라 시스템반도체육성에 필요한 고급 설계인력양성과 대학의 연구능력향상 등에 대한 효과적인 해결책을 요구하고 있습니다. 이에 기존의 IDEC을 인력양성, 팹리스 및 파운드리와 시스템 제조 등의 경쟁력 강화를 위한 IPC(IDEC Platform Center)로 발전시키고자 합니다. IPC는 교육과 연구 영역뿐만 아니라 산학연 교류를 위한 플랫폼을 구축하고, 시스템반도체(SoC)와 소프트웨어(SW) 및 시스템(System) 분야가 상호 연동하는 플랫폼을 개발 및 보급하고자 합니다. 광운대학교 IPC는 스마트TV 융합시스템에 대한 3S(SoC, SW, System) 연동 및 ERB(Education, Research, Business) 집적의 산학연 플랫폼을 구축·개발·보급하는 목표를 추구하고 있습니다.

Education 플랫폼은 스마트TV 시스템 디자인에서 SoC 설계까지의 T형 인재양성을 사업목표로 합니다. "나노설계방법론", "스마트TV 아날로그 및 디지털 SoC", "스마트TV UI/UX", "스마트TV CPTN+α" 등 5종의 교재 개발을 14개 대학의 23분 교수님과 산업체의 전문가들께서 추진하고 있습니다. 현재 글로벌시장에서 차지하고 있는 국내기업의 TV단말기 경쟁력을 유지·발전할 수 있도록 국내 스마트TV 인력양성 기반 구축에 기여할 것입니다.

본 교재를 통해 스마트TV 생태계 시스템에 대한 체계적인 이해를 바탕으로 산업수요 기술을 미리 갖추는 준비된 인력이 되기를 바랍니다.

2012년 10월
광운대학교 스마트TV IPC센터장
공 진 홍

머리말

세계적인 시장 조사 기관인 iSuppli에서 2011년 3분기에 발표한 자료에 의하면 세계 반도체 시장의 매출은 해마다 성장이 거듭되고 있다. 2010년~2015년 기간의 CAGR은 5.4%의 (비메모리: 6.2%, 메모리: 2.3%) 성장 속도가 예상되며, 총 매출 규모는 2011년 기준 US$ 314 billion 이다. 이 매출 규모는 대한민국 2011년 국가 예산인 309조원과 거의 비슷한 수준이며 이는 세계 10위 경제 규모를 갖춘 국가의 1년 국가 운영 예산에 해당하는 매우 큰 규모임을 알 수 있다.

반도체의 지속적인 성장은 최근 급속히 발전하고 있는 IT 제품의 종류가 다양해지고 이에 대한 신속한 대응을 위하여 제품 개발 구현에 필요한 나노 테크놀로지의 미세화 기술이 개발되면서 가능하게 되었다. 이러한 추세는 여러 기능을 가진 반도체가 하나의 칩으로 통합화 되는 SoC 제품을 추구하면서 제조비용 절감 및 성능 향상 측면에서 많은 발전을 가져왔다. 또한, 제품의 설계 사양이 더욱 복잡해지면서 이를 효율적으로 구현하기 위한 개발 방법론에도 많은 변화를 가져왔다. 한 예를 들면, 경쟁력 있는 모바일 제품을 개발하기 위하여 저전력 고속 회로 구현에 필요한 기반 기술이 요구되었고, 이를 구현하기 위한 나노 테크놀로지 공정 소자 기술 개발과 함께 최적화된 설계 방법론 및 테스트 기법 등 응용 기술들이 개발되었다. 본 교재의 집필 배경은 반도체 제품 개발(공정 소자 – 설계 방법론 – 제품 설계 – 테스트 방법론)에 있어서 단계별 개발 과정(그림 참조)에 대한 전반적인 이해를 도모하고, 상호 연관성에 대한 고려를 포함한 개발 방법론을 비교 분석 및 응용할 수 있는 능력을 함양하여 향후 관련 반도체 분야의 업무를 원활히 수행할 수 있도록 하는데 있다.

1~2장에서는 설계 방법론을 구축하기 위한 기본 구성요소인 셀 라이브러리 개발에 있어서 셀 구조에 대한 이해와 종류에 대한 설명을 한다. 셀 구조 최적화 및 characterization을 통한 셀의 성능 분석과 모델을 생성하는 기법과 함께 저 전력 설계를 위한 PMK(power management toolkit)의 라이브러리 생성 및 분석, 그리고 이를 구성하기 위한 기본 동작 원리 및 필요성에 대하여 기술하였다.

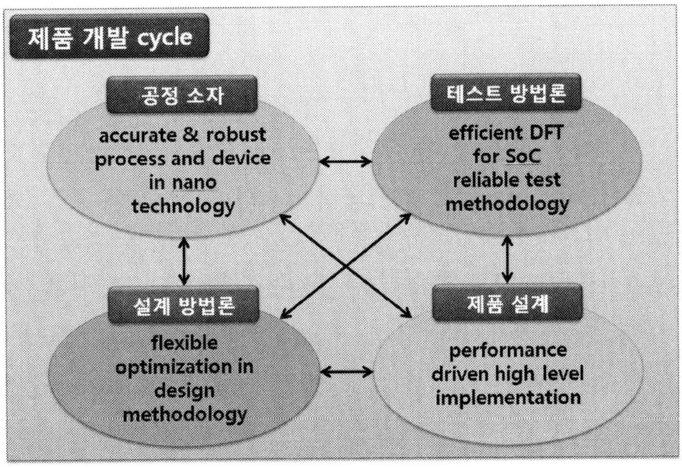

그림 반도체 제품 개발 과정

3~4장에서는 나노 테크놀로지에서 전력 소모를 최소화하기 위한 설계 방법론에 대하여 설명한다. 저전력 설계의 중요성 및 회로에서 발생되는 동적 전력과 정적 전력의 상관관계, 그리고 각 전력을 최소화 할 수 있는 다양한 설계 기법들과 함께 1장에서 설명한 PMK를 적용한 저전력 기법에 대하여 기술하였다. 또한, 고성능이 요구되는 인쇄 회로 기판의 신뢰성, 그리고 반도체 패키징에 중요한 기능 및 핵심 기술적 요소와 이를 해결할 수 있는 기법들에 대하여 기술하였다.

5~6장에서는 상위 수준에서 전력 소모를 줄이기 위한 여러 가지 제품 설계 최적화 기술들에 대하여 설명한다. RTL 수준 이상에서 전력 소모에 대한 최소화 방안과 구성된 하드웨어에서 소프트웨어 실행 방법에 따라 달라지는 전력 소모 양상을 소개하였고 이를 예측할 수 있는 모델들과 루프 제어 기술 등의 저전력 소프트웨어 기법에 대해 기술하였다. 또한, 전력 소모 최적화를 위하여 동적으로 시스템을 관리하는 동적 전력 관리와 동적 전압/주파수 조절 기법에 대해서 기술하였다.

7~10장에서는 반도체 제품 개발에서 마지막 단계인 테스트 방법에 관한 여러 가지 기술에 대하여 설명한다. 설계 단계에서부터 테스트를 효율적으로 하기 위하여 테스트를 고려한 기법(DFT)을 소개하였다. 또한, 테스트 과정에서 과도한 전력 소모로 인해서 반도체 칩의 오류의 발생을 방지하기 위하여 최근에 많은 연구가 이루어지고 있는 저전력 테스트 기법과 함께 반도체 칩의 수율과 신뢰성을 높이 위한 여러 가지 기술을 소개하였다. 특히, 반도체 칩의 신뢰성에 영향을 미치는 요인을 분석하고 이를 개선하기 위한 기법에 대하여 기술하였다.

마지막으로 나노 테크놀로지의 제조공정 및 소자 기술의 이해도를 높이기 위한 추가적인 내용을 부록에 마련하였다. 부록에서는 반도체 제조에 있어서 단위 공정 개발의 각 단계에 대한 이해로부터 시작하여 집적도, 성능, 속도, 전력을 고려한 공정 미세화 기술, 다양한 용도의 제품 개발을 위한 소자 개발 방법, 그리고 제조 과정에서 발생하여 수율에 영향을 주는 불량 분석에 대하여 기술하였다.

본 교재가 나오기까지 많은 도움을 주신 분들께 감사드리고자 합니다. 우선 산학 프로그램과 석좌교수 펀드를 통하여 재정적으로 많은 도움을 주신 SK hynix께 진심어린 감사를 드립니다. 특히, 마지막 부록 부분의 소자 공정에 대한 산업체에서의 산 경험과 아이디어 및 자료를 제공하여 주신 SK hynix의 이기민님, 이성훈님께서 베풀어 주신 배려에 많은 감사드립니다.

또한, 여러 면에서 아낌없는 조언와 감수를 맡아주신 산업체, 연구소에 계신 분들께 감사드립니다. “삼성전자 공정택님, LG전자 손보익님, SK hynix 유경동님, Cadence 신용석님, Synopsys 정연태님, 전자부품연구소 이윤식님 감사합니다. 앞으로도 지속적인 관심과 조언 부탁드립니다.”

무엇보다도 마무리 작업하는데 많은 시간을 함께하며 그림, 교정, 그리고 포맷팅을 도와준 연세대, 서강대 학생들에게 감사드립니다. “은석군, 재범군, 우헌군, 덕근군, 승후군. 앞으로 학업 및 연구에 많은 발전 있기를 바라네.”

마지막으로, 보이지 않는 곳에서 힘찬 응원을 보내준 저자 일동의 가족들에게 사랑의 감사를 드립니다.

저자 일동

목차

제1장 셀 라이브러리 기법

제2장 저전력을 위한 Toolkit

제3장 저전력 설계 방법론

제4장 칩 패키지 신뢰성

제5장 상위수준 저전력 설계 방법론

제6장 시스템 수준 저전력 관리 기법

제 1 장

셀 라이브러리 기법

1.1 서론

1.1.1 표준 셀 라이브러리

표준 셀 라이브러리들은 회로의 지연시간, 파워, 그리고 면적의 목적에 부합되게 조절되어진다. 저전력 회로 또는 고성능 회로를 위해서는 라이브러리에서 지연시간, 파워, 그리고 면적을 고려하여 선택되어야만 한다. 이러한 셀 라이브러리의 중요한 요소 중 하나가 셀의 높이이다. 셀의 높이는 1-메탈 피치로 정의되는 트랙으로 측정되어진다. 만약 8-트랙으로 정의된 셀의 경우는 수평적으로 8개의 메탈 와이어가 통과할 수 있음을 의미한다.

셀 라이브러리들은 앞서 말한 것과 같이 트랙의 개수에 의해 그 높이가 결정되어지고, 이는 라이브러리의 타이밍과 라우팅 특성에 영향을 미친다. 일반적으로 이러한 특성은 세 가지로 정의되어질 수 있다. 높은 트랙과 낮은 트랙, 그리고 표준 트랙이 그것이다. 첫 번째로 높은 트랙은 약 11~12개의 트랙의 높이로 정의되어지며, 높은 구동력을 가진 트랜지스터로 동작하지만 높은 누설 전류 값을 가지며 큰 면적으로 인해 라우팅이 복잡하다는 단점이 있다. 두 번째로는 낮은 트랙으로 약 7~8개의 트랙의 높이로 정의되어지며, 면적에 대한 최적화에 효율적이지만, 낮은 구동력을 가진 트랜지스터로 구현된다는 단점이 존재한다. 마지막으로 표준 트랙은 약 9~10개의 트랙의 높이로 정의되어지며, 이는 회로의 면적과 성능에 대한 trade-off를 고려하여 적용되어진다.

또한 라이브러리는 다른 문턱 전압을 가지고 있는 트랜지스터들을 통해서도 회로의 특성에 영향을 미칠 수 있다. 문턱 전압에 따른 트랜지스터의 특징은 다음과 같은 3가지로 구분할 수 있다. 첫 번째로 높은 문턱전압을 가진 트랜지스터로서 가장 낮은 누설 전류를 발생시키지만 지연시간을 중요시하는 회로거나, 또는 임계 경로상의 트랜지스터의 적용은 효율적이지 못하다. 두 번째로는 낮은 문턱전압을 가진 트랜지스터로서 빠른 지연시간을 가지고, 높은 성능이 요구되어지는 회로에 적합하지만 높은 누설 전류를 발생시킨다는 단점이 있다. 마지막으로 표준 문턱전압을 가진 트랜지스터가 존재한다. 일반적으로 누설 전류와 동적 파워를 감소시키는데 효율적이지만, 낮은 문턱전압을 가진 트랜지스터에 비해 낮은 성능을 가지고 있다. 이러한 문턱전압의 다양성은 각기 다른 레이어 틀에 삽입되어질 때 추가적인 마스크 비용을 발생시킬 수 있으며, 최종 실리콘 단계에서 추가적인 변이성을 가지고 올 수 있다. 이에 회로를 디자인 하는 경우 두 가지 정도의 다른 문턱 전압을 가진 트랜지스터를 사용하는 것이 일반적이다.

이 외에도 라이브러리는 낮은 정적 파워가 요구되어질 때에도 최적화 될 수도 있다. 그 예로 긴 채널 길이를 갖는 게이트들은 지연시간과 면적에서 약간의 손해를 보게 되지만 누설전류를 줄이는 데 사용되며, 게이트 안쪽에 트랜지스터를 직렬로 위치시키는 스택 효과의 경우 소스-드레인간의 누설전류를 감소시키는데 이용되어진다[1].

이처럼 셀 라이브러리의 경우 다양한 회로의 특성에 맞게 구성 및 최적화 되어 개발 및 요구되어지는 성능에 맞게 효율적으로 사용되어진다.

1.1.2 표준 셀 라이브러리 모델링 기법

라이브러리 레벨의 IP의 경우는 트랜지스터의 레벨에서의 모델 없이 쉽게 셀 레벨에서의 구현 및 검증이 가능하게 하도록 회로의 특성들에 대해서 기술할 수 있다. 즉 이러한 레벨에서는 셀 내부의 민감한 부분들에 대해서는 생각하지 않고 동작 수준인 전위 단계에서의 라이브러리 설계 관점만을 제공할 수 있다. 또한 포트 레벨 인터페이스로 적용이 될 경우는 시스템 합성, 배치 배선, 기생 추출, 그리고 레이아웃 후의 지연시간 분석에 있어서도 기능적인 측면, 지연시간, 그리고 파워 측면에서 충분히 활용 가능하다. 라이브러리는 공정 기술에 의존적이기 때문에 제조를 위한 후위 단계의 라이브러리에서는 이에 맞게 변경되어질 수 있다.

다음은 이러한 각 단계에서의 라이브러리의 요구사항에 대한 간단히 살펴보기로 한다. 우선 라이브러리에 포함되어야 할 특성은 5가지로 분류될 수 있다. 첫 번째로는 지연시간 모델로서 다양한 코너에서의 합성, 최적화, 그리고 분석을 지원할 수 있어야 한다. 두 번째로는 물리적인 모델로서, 모든 파워와 신호 포트를 포함하여 레이아웃을 위한 추상화 개념이며, 세 번째로는 함수적 모델로서 게이트 레벨에서의 넷리스트시뮬레이션을 가능하게 한다. 네 번째로는 파워 모델로써 동적파워와 정적파워에 대한 최적화 및 분석을 지원할 수 있어야 한다. 마지막으로 테스트에 대한 모델로서, 자동 테스트 패턴 생성(ATGP)을 지원할 수 있어야 하며, 회로에 대한 결함에 대해 보장할 수 있어야 한다.

1.1.3 표준 셀 라이브러리 특성화 기법

일반적으로 표준 셀의 경우는 프로세스, 전압, 그리고 온도 상태의 수에 따라서 특성화 기법을 실행한다. 우선 지연시간의 모델의 경우는 다음과 같은 경우로 나누어질 수 있다. 최악의 경우, 최상의 경우, 그리고 평균의 경우로 라이브러리가 생성된다. 최악의 경우는 느린 프로세스, 낮은 전압, 그리고 높은 온도를 이용하며, 최상의 경우는 빠른 프로세스, 높은 전압, 그리고 낮은 온도를 이용하여 셀의 특성화 기법을 실행하는 것이다. 또한 최악의 경우에서는 셋업 시간을 최상의 경우에서는 홀드 타임을 검증하는데 사용되어진다.

90나노미터 이하의 공정기술에 들어서면서부터 파워와 신뢰성에 대한 중요성이 커지면서 파워를 관리할 수 있는 기법들과 신뢰성을 고려한 셀 라이브러리 구축에 대한 필요성이 커지고 있으며 이는 셀 특성화 기법에 있어서 중요한 문제로 대두되고 있다. 또한 와이어들의 저항에 대한 문제도 또한 고려해야 할 문제로 대두되고 있다[2].

1.1.4 셀 특성화 기법의 목적

본 장에서는 앞서 말한 표준 셀 특성화 기법에 대해서 좀 더 자세히 살펴보도록 하겠다. 셀 특성화 기법은 표준 셀의 동작에 대한 모델을 생성하는 것을 목적으로 한다. 이렇게 생성된 표준 셀 모델들은 다양한 디지털 회로 디자인 도구에서 사용되어진다. 이러한 디지털 회로 디자인 도구에는 시스템 합성도구, 배치 배선 도구, 상위레벨의 디자인 언어(HDL) 시뮬레이터, 평면 배치 도구, 물리적 단계의 배치도구, 정적 시간 분석 도구, 파워 분석 도구, 검증 도구, 자동 테스트 패턴 생성 도구, 그리고 마지막으로 라이브러리 컴파일러들이 있다.

이렇게 다양한 디자인 도구에서 사용되는 표준 셀 라이브러리에는 일반적으로 4가지에 대한 같은 사항들이 포함되며, 셀 특성화 기법에서도 마찬가지로 이러한 사항들에 대해 수행하게 된다. 이는 함수 및 기능, 프로세스 옵션, 셀의 옵션, 그리고 최적화에 관한 것이다. 첫 번째로 함수 및 기능에서는 게이트들과 다양한 플립플롭, 래치의 기능, 그리고 입출력 셀 등이 말하는 것이며, 두 번째로는 프로세스 옵션으로 마스크 레이어 옵션, 특별한 확산(special diffusions) 상에서의 메탈의 두께, 다양한 산화막(multiple oxides), 그리고 메탈의 수 등이 포함되어 있다. 세 번째로는 셀의 옵션으로 셀의 구동크기, 기판 타이(substrate ties), 안테나 다이오드(antenna di-odes) 등과 같은 정보들이 포함되어 있으며, 마지막으로 최적화에 대한 부분으로 빠른 지연시간, 최적의 밀도, 최저전력, 최저의 누설 전류 등에 대해 고려할 수 있게 되어 있다.

1.2 셀 특성화 기법의 단계

셀 특성화 기법은 다음의 단계로 구성된다. 첫 번째로는 넷 리스트를 추출해야 하며, 두 번째로는 셀의 특성을 나타내는 파라미터들에 대한 기술이 필요하다 그리고 회로의 특성을 표현하고 있는 모델을 선택하고 명시해야 한다. 이후 모델과 파라미터를 통하여 셀의 성능을 측정하여 각 기능에 셀에 대해 모델을 바탕으로 라이브러리를 생성하고 검증하는 순서이다.

다음으로 셀 특성화 기법에 대한 전체 흐름도를 그림 1.1에서 보여주고 이후에 각 단계별에 대한 자세한 설명을 하도록 한다.

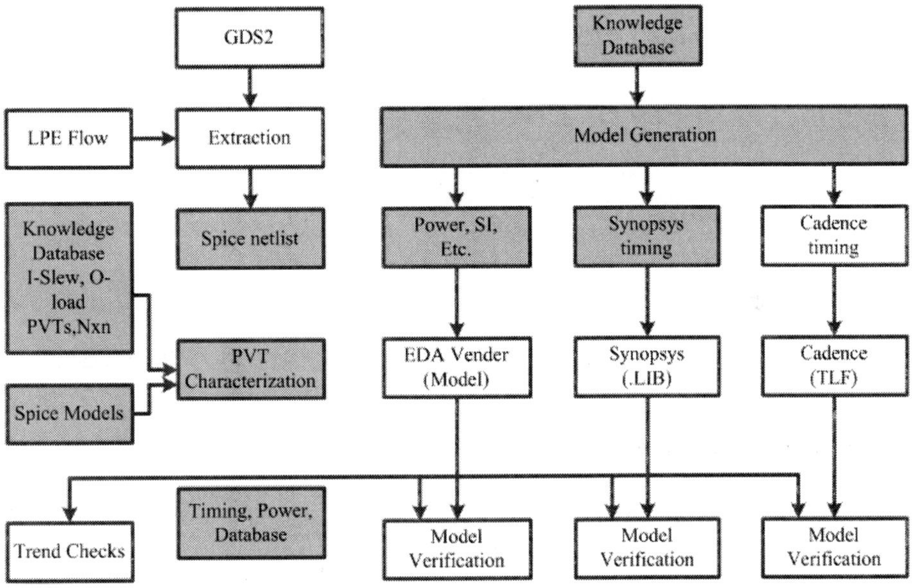

그림 1.1 셀 특성화 기법에 대한 전체 흐름도

1.2.1 넷리스트 추출

표준 셀을 구성하고 있는 트랜지스터, 저항, 커패시턴스들에 대한 정보를 추출하여 Spice 등의 시뮬레이터를 이용하여 트랜지스터 레벨에서의 시뮬레이션을 수행할 수 있는 형태로 저장 및 변경해야 한다. 예를 들어 그림 1.2의 경우는 인버터에 대한 Spice에 적용될 수 있는 넷 리스트를 나타내고 있다. 그림에서 알 수 있듯이 해당 인버터는 pMOS인 M_M1과 nMOS인 M-M0로 구성되어 있으며, 각 node 사이의 저항 (R_xxx)과 커패시턴스 (C_xxx)들의 연결 및 크기 등에 대한 정보가 포함되어 있다. 이렇게 구성된 넷 리스트들을 이용하여 다양한 조건에서의 셀의 지연시간, 파워 그리고 제한조건에 대한 시뮬레이션을 수행하는 것이다.

```
.SUBCKT INV_X1 A ZN VDD VSS
M_M1 N_ZN_M0_d N_A_M0_g N_VDD_M0_s VDD PMOS_VTL W=0.135000U L=0.050000U AS=0.014175P AD=0.014175P
PS=0.480000U PD=0.480000U
M_M0 N_ZN_M1_d N_A_M1_g N_VSS_M1_s VSS NMOS_VTL W=0.090000U L=0.050000U AS=0.009450P AD=0.009450P
PS=0.390000U PD=0.390000U
C_x_PM_INV_X1%VSS_c0 VSS VSS 1.89813e-16
R_x_PM_INV_X1%VSS_r1 N_VSS_M1_s VSS 0.402215
C_x_PM_INV_X1%VDD_c0 VSS VDD 3.8496e-17
C_x_PM_INV_X1%VDD_c1 VSS N_VDD_M0_s 4.94704e-17
R_x_PM_INV_X1%VDD_r2 VDD N_VDD_M0_s 0.810862
C_x_PM_INV_X1%ZN_c0 VSS x_PM_INV_X1%ZN_15 3.90502e-18
C_x_PM_INV_X1%ZN_c1 VSS N_ZN_M0_d 4.17722e-17
C_x_PM_INV_X1%ZN_c2 VSS N_ZN_M1_d 3.40019e-17
C_x_PM_INV_X1%ZN_c3 VSS x_PM_INV_X1%ZN_3 3.74033e-17
R_x_PM_INV_X1%ZN_r4 x_PM_INV_X1%ZN_15 x_PM_INV_X1%ZN_11 0.281061
R_x_PM_INV_X1%ZN_r5 N_ZN_M0_d x_PM_INV_X1%ZN_11 2.06077
R_x_PM_INV_X1%ZN_r6 x_PM_INV_X1%ZN_15 x_PM_INV_X1%ZN_7 0.281061
R_x_PM_INV_X1%ZN_r7 N_ZN_M1_d x_PM_INV_X1%ZN_7 0.686923
R_x_PM_INV_X1%ZN_r8 x_PM_INV_X1%ZN_15 x_PM_INV_X1%ZN_3 0.034323
R_x_PM_INV_X1%ZN_r9 ZN x_PM_INV_X1%ZN_3 0.38
C_x_PM_INV_X1%A_c0 VSS x_PM_INV_X1%A_17 1.66371e-17
C_x_PM_INV_X1%A_c1 VSS A 2.92e-17
C_x_PM_INV_X1%A_c2 VSS N_A_M0_g 3.12899e-17
C_x_PM_INV_X1%A_c3 VSS N_A_M1_g 6.63135e-17
R_x_PM_INV_X1%A_r4 x_PM_INV_X1%A_17 x_PM_INV_X1%A_13 7.8
R_x_PM_INV_X1%A_r5 x_PM_INV_X1%A_13 A 89.3538
R_x_PM_INV_X1%A_r6 x_PM_INV_X1%A_17 x_PM_INV_X1%A_5 1.95
R_x_PM_INV_X1%A_r7 N_A_M0_g x_PM_INV_X1%A_5 20.67
R_x_PM_INV_X1%A_r8 x_PM_INV_X1%A_17 x_PM_INV_X1%A_VSS 1.95
R_x_PM_INV_X1%A_r9 N_A_M1_g x_PM_INV_X1%A_VSS 67.86
```

그림 1.2 셀 특성화 기법을 위한 인버터의 넷리스트

1.2.2 파라미터의 기술화

넷리스트추출 과정에서 생성된 넷 리스트를 이용한 시뮬레이션을 수행할 때 필요한 다양한 조건들을 결정해야 한다. 예를 들어 비선형 지연시간 모델(NLDM)을 기반으로 하는 라이브러리 파일에서는 셀의 지연시간 등의 정보를 그림 1.3과 같이 입력단의 slew 시간과 출력단의 로드 커패시턴스를 인덱스로 하여 검색할 수 있는 테이블(LUT)의 형태로 저장된다. 이때 입력단의 slew 시간과 출력단의 로드 커패시턴스에 대한 최소/최대값 등의 조건이 필요하게 된다. 입력단의 slew 시간은 지연시간 모델에 대한 설명 시에 좀 더 자세히 설명하기로 한다.

```
lu_table_template(Timing_X1)
{
        variable_1 : input_net_transition;
        variable_2 :total_output_net_capacitance;
        index_1(  " 0.007400, 0.014000, 0.030003, 0.060003, 0.121000, 0.240000, 0.470000, 0.96000" )
        index_1(  " 0.000400, 0.000700, 0.001500, 0.003200, 0.006401, 0.012700" )
}
```

그림 1.3 셀의 지연시간에 대한 검색 테이블

또한 프로세스, 전압, 그리고 온도(PVT)와 같은 조건들에 대한 결정도 필요하게 된다. 앞서 말한 것과 같이 표준 셀은 최악, 최상, 그리고 표준의 경우에 대해 각 특성을 추출하는 과정을 거치게 되며, 이를 위해 각 코너들에 대한 PVT 조건이 필요하다. 그림 1.4는 45나노미터의 표준 셀 라이브러리에서의 NAND 게이트의 각 코너들에 대한 조건들을 보여주고 있다. 각 코너에 따라 온도는 0~125℃, 공급 전압은 0.96~1.25V의 값으로 설정되어 있음을 확인할 수 있다. 이 후 수행될 시뮬레이션 과정에서는 이러한 조건들에서의 셀의 지연시간, 파워, 그리고 제한사항들을 각각 측정하게 되는 것이다.

*Characterization Corner	: slow	*Characterization Corner	: typical
*Process	: SlowSlow	*Process	: TypTyp
*Temperature	: 125C	*Temperature	: 25C
*Voltage	: 0.95V	*Voltage	: 1.1V
*Characterization Corner	: fast		
*Process	: FastFast		
*Temperature	: 0C		
*Voltage	: 1.25V		

그림 1.4 각 코너들에 대한 조건 값

1.2.3 모델 선택 및 기술

표준 셀은 다음과 같은 특성들에 대해 모델링된다. 첫 번째로 전달 지연시간(propagation delay)과 slew 시간으로 두 개 모두 같은 방식으로 모델링 되며 두 번째로는 파워로 전달 지연시간과 유사한 형태로 모델링된다. 마지막으로 기타 제한사항들에 대해서는 상수로 모델링된다.

셀의 특성을 기술하기 위한 모델은 시뮬레이션을 통한 결과와 비슷한 정확도를 지녀야 하며, 큰 회로에 대해서도 빠르게 그 특성을 계산할 수 있어야만 한다. 이를 위해 다양한 모델들이 있으며, 어떠한 모델을 사용하는가에 따라 셀의 특성화 기법에서 측정되는 요소들에도 차이가 발생하게 된다. 예를 들어 비선형 지연시간 모델에서는 셀의 전달 지연시간에 대해 입력단의 slew 시간과 출력단의 로드 커패시턴스에 대한 함수로 모델링을 하며, 그림 1.5와 같이 전달 지연시간에 대해 검색 가능한 테이블의 형태로 저장한다.

```
Cell_fall (Timing_X1)
{
        values
        ( " 0.010233, 0.012576, 0.017333, 0.026833, 0.045677, 0.083319",\
          " 0.012777, 0.015711, 0.020711, 0.030111, 0.048999, 0.086633",\
          " 0.014222, 0.019333, 0.025954, 0.036922, 0.055702, 0.093177",\
          " 0.016899, 0.022399, 0.052511, 0.025458, 0.055715, 0.106652",\
          " 0.015854, 0.026652, 0.031451, 0.023354, 0.087381, 0.015423",\
          " 0.007845, 0.015842, 0.032245, 0.062272, 0.013525, 0.016523",\
          " -0.015095, -0.001875, 0.020710, 0.052215, 0.114665, 0.201444",\
          " -0.069627, -0.052145, -0.023655, 0.023257, 0.101746, 0.219222",\);
}
```

그림 1.5 비선형 지연시간 모델링 기법에서의 검색 테이블

반면 CCS를 통한 모델의 경우, 전파 지연시간 외에도 출력 전류에 대한 정보 등을 추가로 저장하게 된다. 이는 그림 1.6에 나타나 있으며 인덱스 1은 입력단의 slew 시간, 인덱스 2는 출력단의 로드 커패시턴스, 그리고 인덱스 3은 시간을 의미하고 있다[3].

```
Output_current_fall()
{
        vector(Output_Current_X1)
        {
                reference_time : 6.10332l;
                index_1(0.007400);
                index_2(0.000400);
                index_3( " 6.008965, 6.00532l, 6.28452l,6.783521,6.34345l,6.103632l
                        6.005502, 6.94952l,6.004436,6.001334,6.462235);

                value( " 6.008965, 6.00532l, 6.28452l,6.783521,6.34345l,6.103632l
                        6.005502, 6.94952l,6.004436,6.001334,6.462235);
        }
        vector(Output_Current_X1)
        {
                reference_time : 6.10332l;
                index_1(0.007400);
                index_2(0.000400);
                index_3( " 6.008965, 6.00532l, 6.28452l,6.783521,6.34345l,6.103632l
                        6.005502, 6.94952l,6.004436,6.001334,6.462235);

                value( " 6.008965, 6.00532l, 6.28452l,6.783521,6.34345l,6.103632l
                        6.005502, 6.94952l,6.004436,6.001334,6.462235);
        }
}
```

그림 1.6 CCS 모델을 이용한 전파 지연시간

1.2.4 측정, 모델 생성 및 검증

측정 단계는 Spice 등의 트랜지스터 레벨의 시뮬레이터를 이용하여 각 셀들의 시뮬레이션을 수행하며 이를 통해 전파 지연시간, 출력단의 slew 시간, 그리고 파워 등

의 셀의 특성을 추출하는 단계이다.

또한 모델 생성 부분은 시뮬레이션을 통해 얻어진 데이터를 바탕으로 초기에 선택되어진 모델로 표현되어 약속된 (.Lib) 형식으로 저장되어 진다. 마지막으로 셀 특성화 기법을 통해 구성된 셀의 특성에 대한 라이브러리의 정확도를 검증하는 단계로 셀 라이브러리 단계가 완성된다.

1.3 지연시간 모델링

셀의 지연시간 모델은 회로 설계과정에서 다양한 동작 환경에서의 정확한 셀의 지연시간 정보를 제공하기 위해 필요하다. 지연시간 모델은 셀의 각 타이밍 아크(timing arc)에 대해서 명시된다. 그림 1.7은 인버터의 타이밍 아크를 보여주고 있다. 그림에서 보듯이 인버터는 입력을 반전시켜 출력하므로, 즉 입력에서의 상승/하강 변이는 출력에서의 하강/상승 변이를 가져오게 된다. 따라서 다음과 같이 지연시간에 대해 셀의 특성화 기법이 수행된다.

셀의 지연시간은 셀 라이브러리에 저장된 임의의 값을 기준으로 측정되며 일반적으로는 공급 전원의 50%를 그 기준으로 삼고 있다. 셀의 타이밍 아크에 대한 지연시간은 두 개의 요소에 의해서 영향을 받게 된다. 첫 번째로는 출력 핀에서의 로드 커패시턴스이며 두 번째로는 입력 단에서의 slew 시간이다. 지연시간의 경우 로드 커패시턴스의 크기와 비례관계를 갖게 된다. 즉 출력 단에서의 로드 커패시턴스가 증가할수록 셀의 지연시간 역시 증가하게 된다. 이는 그림 1.8에 나타나 있다. 또한 입력

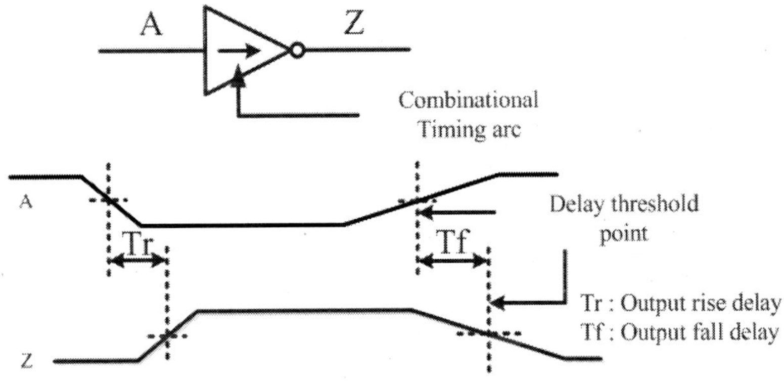

그림 1.7 인버터에서의 타이밍 아크

단에서의 slew 시간이 증가할수록 대부분의 경우에는 지연시간 역시 증가하지만 출력 단에서의 로드 커패시턴스가 작은 경우에는 slew 시간이 증가할수록 지연시간이 감소되는 경우도 존재한다.

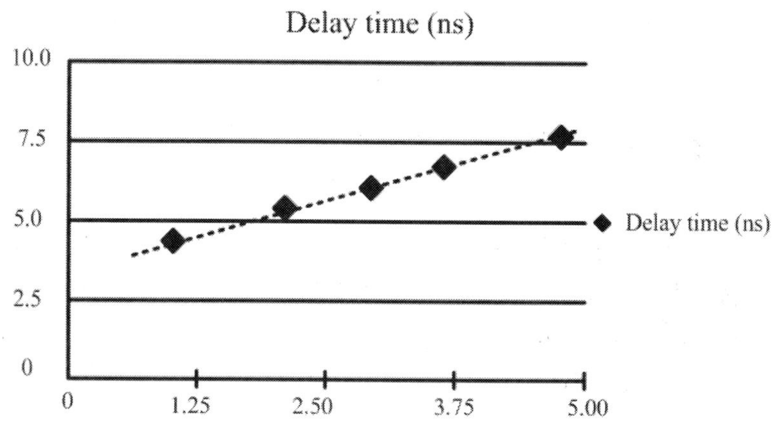

그림 1.8 지연시간과 로드 커패시턴스와의 비례 관계

1.3.1 비선형 지연시간 모델(NLDM)

대부분의 셀 라이브러리는 셀의 지연시간 및 지연시간에 대한 제한사항들을 명시하기 위해 검색이 가능한 테이블 형식을 사용한다. 이처럼 비선형 지연시간 모델은 지연시간, 출력 단의 slew 값 등의 타이밍 특성을 테이블을 사용하여 모델링한다. 이러한 테이블은 셀의 입력 핀에서의 입력 slew 시간과 출력 핀에서의 출력 로드 커패시턴스에 대한 다양한 조합에 대해 셀의 지연시간 특성을 모델링하는 것이다. 따라서 셀의 지연시간에 대한 비선형 지연시간 모델링 기법은 입력 slew 시간과 출력 로드 커패시턴스에 대해 2차로 구성된 테이블이 사용되며, 테이블의 엔트리는 각 조건에서의 셀의 지연시간을 나타낸다. 그림 1.9에서는 간단한 인버터의 지연시간에 대한 비선형 지연시간 모델 기법을 나타내고 있다. 이처럼 테이블로 표현하는 비선형 지연시간 모델의 경우 플립플롭 등에 대해서는 3차원 테이블로 구성된다. 또한 비선형 지연시간 모델 기법은 셀의 지연시간뿐만 아니라 출력 핀에서의 slew 시간에 대해서도 모델링을 하며, 지연시간과 마찬가지로 입력 slew 시간과 출력 로드 커패시턴스에 대해서도 특성화를 수행한다. 지연시간에 대해 상승 및 하강 변이에 대해 각각 테이블로 모델링하는 것과 마찬가지로 출력 slew 시간에 대해서도 상승 및 하강 slew 시간을 각각 구성하게 된다.

```
Pin(OUT)
{
    max_transition : 1.0;
    timing()
    {
        related_pin : " INPI " ;
        timing_sense : negative_unate;
        cell_rise(delay_template_3X3)
        {
            index_1( " 0.1, 0.3, 0.7"); /*Input transition*/
            index_2( " 0.16, 0.35, 0.43"); /*Output capacitance*/
            values(/*0.160.35   1.43 */\
            /*0.1*/ " 0.0511, 0.4251, 0.5280",\
            /*0.3*/ " 0.1023, 0.2227, 0.6352",\
            /*0.7*/ " 0.1335, 0.2954, 0.7215",\
        }
        cell_fall(delay_template_3X3)
        {
            index_1( " 0.1, 0.3, 0.7"); /*Input transition*/
            index_2( " 0.16, 0.35, 0.43"); /*Output capacitance*/
            values(/*0.160.35   1.43 */\
            /*0.1*/ " 0.0432, 0.4251, 0.1551",\
            /*0.3*/ " 0.1123, 0.2137, 0.6352",\
            /*0.7*/ " 0.1335, 0.2244, 0.8515",\
        }
    }
}
```

그림 1.9 비선형 지연시간 모델 기법의 인버터 딜레이

위에서 살펴본 것처럼 인버터에 대한 비선형 지연시간 모델 기법은 총 4개의 테이블로 구성된다. 이는 상승시간, 하강시간, 상승 slew, 그리고 하강 slew가 그것이다. 만약 입력 단의 slew 시간과 출력 단의 로드 커패시턴스가 주어진다면 셀의 상승 지연시간은 셀의 상승시간 테이블을 이용하여 구할 수 있게 된다. 예를 들어 그림 1.10에서 보는 것과 같이 입력 단의 slew 시간이 15ps이고 출력 단의 로드 커패시턴스가 10pf라면 해당 값에 대한 지연시간을 셀의 상승시간 테이블을 이용하여 계산한다.

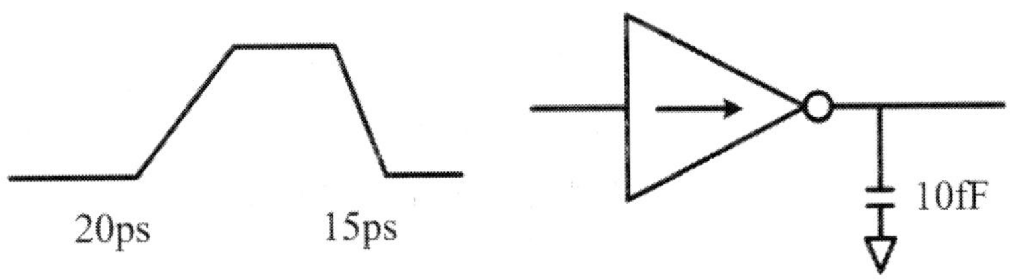

그림 1.10 셀의 상승 지연시간 예시

1.3.2 CCS 기반의 지연시간 모델 기법

반도체 제조공정이 발달함에 따라 셀들끼리의 interconnect 저항에 의해 회로의

```
Receiver_capacitance_rise( " Lookup_table_4X4){
                index_1( " 0.1, 0.2, 0.3, 0.4 ");/*Input transition*/
index_1( " 0.01, 0.2, 0.4, 0.8");/*Output transition*/
                values( " 0.001040, 0.001072, 0.001074, 0.001075",\
                      " 0.001048, 0.001150, 0.001074, 0.001053",\
                      " 0.001174, 0.001072, 0.001074, 0.001072",\
                      " 0.001174, 0.001171, 0.001177, 0.001074");

pin(OUT)
{
          ...
          timing(){
                related_pin :  " IN " ;
                ...
                output_current_fall(){
                      vector( " LOOKUP_TABLE_1X1X5){
                      reference_time : 5.06 /* Time of input crossing threshold */
                      index_1( " 0.040 ") /* Input capacitance */
                      index_2( " 0.900 ") /* Output capacitance */
                      index_3( " 5.079e+00, 5.093e+00, 5.152e+00, 5.784e+00, 5.352e+00 ");
                      values( " -5.079e-02, -5.983e-02, 5.152e-02, -4.284e-02, -2.184e-03  " );
```

그림 1.11 CCS 모델을 통한 라이브러리 구축의 예

성능에 미치는 영향이 증대되고 있다. 특히 신호 파형의 비선형성을 크게 증가시킴에 따라 비선형 지연시간 모델 등의 모델 기법의 정확도를 감소시키는 요인으로 떠오르게 되었다. 이에 최근 셀의 출력 단에서의 정확도를 향상시키기 위해 다양한 모델들이 사용되고 있다. 일반적으로 이러한 모델들은 셀의 출력 단계를 전류 소스로 모델링함으로써 모델의 정확도를 향상시키고 있다. 예를 들어 CCS(Composite Current Source)의 경우, 셀의 출력단의 강도를 시간에 따라 변화하는 전압에 의존하는 전류 소스로 모델링하고 있다. 셀의 지연시간 등의 타이밍 특성은 입력 핀의 커패시턴스와 출력 단의 charging 전류에 대한 별도의 테이블을 통해 계산되어진다. 그림 1.11은 CCS 모델 예시를 보여주고 있다. 출력 단의 charging 전류를 살펴보면 출력 단의 전류의 파형은 입력 단의 slew 시간과 출력 단의 로드 커패시턴스가 주어질 때 시간에 따른 함수로 모델링이 가능하다는 것을 알 수 있다. 본 예시에서는 0.04ps의 입력 slew 시간과 0.9pf의 출력 로드 커패시턴스에 대한 출력 단의 전류 테이블만 존재하지만 다양한 조합에 대한 테이블도 역시 라이브러리에 기술되어진다.

1.4 파워 소비량 모델링 기법

셀 특성화 기법을 통해 구성된 셀 라이브러리는 셀의 타이밍 특성에 관한 정보뿐

아니라 파워 소비량 특성에 대한 정보도 역시 포함되어 있다. 셀의 파워 소비량은 크게 회로 안에서의 셀 동작과 관련된 동적 파워와 누설 전류 등의 원인으로 발생하는 대기 모드에서의 정적 파워로 구분될 수 있다.

1.4.1 동적 파워

셀의 동적파워는 입력 및 출력 핀에서의 셀의 동작에 따라 영향을 받게 된다. 동적 파워는 셀이 동작될 때, 즉 입력에 의해 출력의 상태가 변화할 때 셀을 구성하는 트랜지스터들의 ON/OFF에 의해 발생하는 내부적인 스위칭 파워와 출력단의 로드 커패시턴스의 충전에 의해 발생하는 출력 부분의 스위칭 파워로 구분된다. 출력 부분의 스위칭 파워는 셀의 종류와는 관계가 없이 출력단의 로드 커패시턴스의 크기와 스위칭 되는 속도 및 공급 전원에 의해 영향을 받게 된다. 이와는 다르게 내부의 스위칭 파워는 셀의 종류에 의해 영향을 받으므로 셀 라이브러리에 포함되게 된다.

내부의 스위칭 파워는 셀 라이브러리에서 내부 파워로 명시되어 나타나며, 이는 셀의 입력 핀 또는 출력 핀의 동작시간 동안 발생되는 전력소모를 나타낸다. 조합 셀의 경우, 입력 핀에서의 상태 변화는 출력 핀에서의 상태를 변화시킬 수 있으며, 이는 내부의 스위칭 파워를 가져오게 된다. 예를 들어 인버터의 경우는 입력 핀의 상태가 변화할 때, 즉 상승/하강의 변화가 발생할 때 전력소모가 발생된다. 이러한 내부 파워는 그림 1.12와 같이 라이브러리에 기술된다. 입력 핀 A에서 출력 핀 Z1까지의

```
pin(Z1)
{
        ...
        power_down_function :  " !VDD +VSS " ;
                related_power_pin :  " VDD " ;
                related_ground_pin :  " VSS " ;
                internal power(){
                ...
                power(template 2x2){
                        vector( " LOOKUP_TABLE_1x1x5){
                                index_1( " 0.1,0.4") /* Input transition */
                                index_2( " 0.05,0.1") /* Output transition */
                                value( /*0.05                    0.1*/\
                                        /*0.1*/ "  0.046, 0.050",\
                                                /*0.4*/ "  0.045, 0.056",\
                        }
                }
}
```

그림 1.12 라이브러리에 명시된 내부 파워 테이블

전력 소모에 대한 테이블이 구성되며, 앞서 살펴본 셀 지연시간 및 변이 시간에 대한 테이블과 같이 입력 단의 slew 시간(핀 A)과 출력 단의 로드 커패시턴스(핀 Z1)에 대해 구성되어 있음을 확인할 수 있다. 값의 의미는 상승/하강 변이가 일어 날 때 발생되는 내부 파워 소비를 보여주고 있다. 즉 라이브러리에 명시되어 있는 내부 파워는 신호 변이 당 소모되는 전력의 크기를 보여주고 있는 것이다. 또한 지연시간에 대한 테이블과 마찬가지로 상승 변이와 하강 변이 시 발생되어는 전력 소모에 대해 각각의 테이블로 기술되어져 있다.

1.4.2 누설 전류

입력/출력 핀에서의 상태 변화로 인해 발생하는 동적 파워는 다르게 상태 변화가 일어나지 않는 경우에도 전력소모가 발생할 수 있다. 이는 셀이 동작하지 않을 때 발생되는 파워 소모에 기인한다. 일반적으로 누설 전류의 경우 회로의 작동이 없는 상항에 소비되는 전력인 대기 모드 누설 전류와 회로의 작동 상황에 소비되는 동적 모드 누설 전류로 분류될 수 있다. 과거에는 누설 전류에 따른 전력 소모가 상대적으로 작았지만 반도체 제조공정의 미세화가 진행될수록 전체 파워 소모에서 차지하는 비중이 증가되고 있다. 그림 1.13은 이러한 누설 전류의 비중의 증가를 보여주고 있다[4].

누설 전류의 발생원인은 크게 MOS 디바이스의 문턱 전압 이하에서 흐르는 전류와 게이트 산화막을 통해 흐르는 전류를 들 수 있다. 최근 상대적으로 문턱전압이 높은 셀을 사용함으로써 문턱 전압 이하에서 흐르는 전류의 크기를 줄일 수 있게 되었지만, 이는 셀의 속도가 감소한다는 단점이 존재한다.

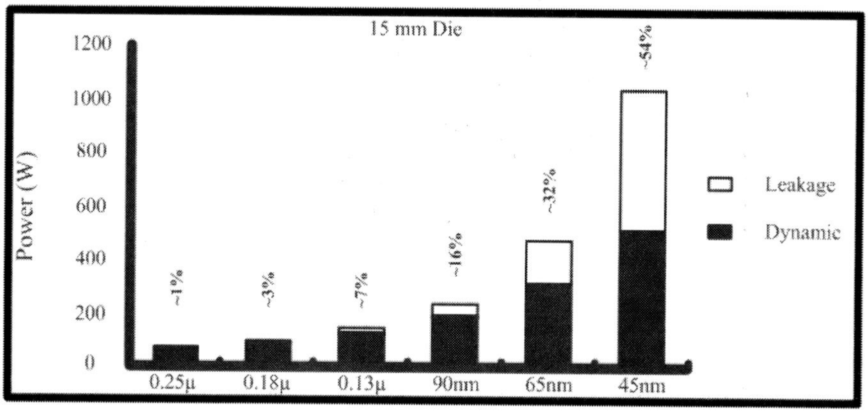

그림 1.13 반도체 공정발달에 따른 누설 전류의 증가량

누설 전류로 인한 파워 소모는 셀의 지연시간이나 내부의 파워와는 다르게 하나의 값으로 라이브러리에 명시되어 있다. 또한 셀의 상태에 따라 그 크기가 다를 수 있기 때문에 각 상태에 대해 라이브러리에 기술된다. 그림 1.14의 상단 부분은 라이브러리에 기술되어진 누설 전류의 예시를 보여주고 있으며 하단 부분은 인버터의 입력 핀 I의 상태에 따른 누설 전류의 소모가 기술되어 있음을 확인할 수 있다.

```
cell_leakage_power : 1.366;

--------------------------------

cell_leakage_power : 0.70;
leakage_power(){
  when : "!I";
  value ; 1.17;
}
leakage_power(){
  when : "I";
  value : 0.23;
}
```

그림 1.14 누설 전류의 기술 방법

1.5 셀 라이브러리에 포함된 기타 요소들

셀 라이브러리에서는 대표적으로 앞에 설명한 지연시간과 파워뿐만 아니라 면적의 산출과 라이브러리를 구성하는데 필요한 기본 정보들을 포함하고 있다.

1.5.1 핀 커패시턴스

셀의 각 핀에서의 커패시턴스는 모든 입출력 핀에 대해서 명시 될 수 있다. 하지만 대부분의 경우, 셀 입력 핀에 대한 커패시턴스만 명시되어 있으며, 출력 핀에서의 커패시턴스는 0으로 명시된다. 그림 1.15는 INP1이라는 입력 핀의 커패시턴스에 대한 일반적인 표기를 보여주고 있다. 그림에서 알 수 있듯이 핀의 커패시턴스는 일반적으로 상수의 값으로 명시되며, INP1에서 상승 및 하강이 일어나는 각 경우에 대해 별도로 명시할 수 있다. 또한 최소 및 최댓값을 이용하여 범위의 형태로도 명시할 수 있게 되어 있다.

```
Pin(INPI){
  capacitance : 0.5;
  rise_capacitance : 0.5;
  rise_capacitance_range : (0.48, 0.52);
  fall_capacitance : 0.5;
  fall_capacitance_range : (0.435, 0.46)
  ...
}
```

그림 1.15 핀 커패시턴스에 대한 명시 방법

1.5.2 면적과 라이브러리 단위

셀 라이브러리에는 해당 셀의 면적에 대한 정보도 기술되어 진다. 면적에 대한 값은 해당 셀의 실제 실리콘 면적의 크기 또는 상대적인 크기로 기술되어 질 수 있으며, 셀 라이브러리에는 'area : 2.35; '와 같은 방법으로 기술되는 것을 확인할 수 있을 것이다.

또한 라이브러리에는 기술된 지연시간, 파워, 그리고 제한요소 등에 대한 기본 단위가 포함되어있다. 대표적으로 전압, 시간, 커패시턴스, 그리고 전류 등에 대한 기본 단위들이 명시되어 있다. 그림 1.16은 셀 라이브러리에 기술된 기본 단위들에 예시를 보여주고 있다.

```
library( " my_cell_library " ){
  voltage_unit : " 1V "
  time_unit : " 1ns "
  capacitive_load_unit (1.000000, pf);
  current_unit : 1mA;
  pulling_resistance_unit : " 1kohm "
  ...
}
```

그림 1.16 셀 라이브러리의 단위 표시

참고문헌

[1] Y.Ye, S Borkar, and V.De, "A New Technique for Standby Leakage Reduction in High-Performance Circuits", VLSI Circuits, Papers, 1998, pp.40-41

[2] Wolfgang Roethig, "Library Characterization and Modeling for 130nm and 90nm SoC Design", SOC Conference, 2003, pp.383-386

[3] Traiq El Motassadeq, "CCS vs NLDM Comparison Based on a Complete Automated Correlation Flow between Prime Time and HSPICE", Electronics, Communications and Photonics Conference 2011, pp.1-5

[4] Andrew B. Kahang, "Design Challenges at 65nm and beyond", Design, Automation & Test in Europe Conference & Exhibition, 2007, pp.1-2

제 2 장

저전력을 위한 Toolkit

2.1 서론

2.1.1 저전력 Toolkit의 필요성

복잡한 회로의 디자인에 있어서 언어로 기술하는 회로 디자인과 시스템 합성에서 IP의 재사용과 고성능이 설계의 중요한 문제가 되어왔다. 하지만 반도체 공정이 130nm 이하로 발달되면서 설계에 있어 새로운 문제점이 대두되었다. 이는 더욱더 작은 다이에 수 천 만개의 게이트들이 삽입되면서부터 파워 밀집도와 총 파워 소모량이 매우 크게 증가되었기 때문이다. 또한 공정기술이 90nm 이하에 들어서면서부터 누설 전류는 눈에 띨 정도로 크게 증가되었으며, 65nm에서는 그 크기가 동적 파워와 대등하거나, 더 큰 소비를 가져오게 되었다. 그림 2.1과 공정에 따른 파워 소비의 증가분에 대한 예측을 보여주고 있다.

Node	90nm	65nm	45nm
Dynamic power per cm^2	1X	1.4X	2X
Static power per cm^2	1X	2.5X	6.5X
Total power per cm^2	1X	2X	4X

그림 2.1 공정 변화에 따른 파워소비 증가량

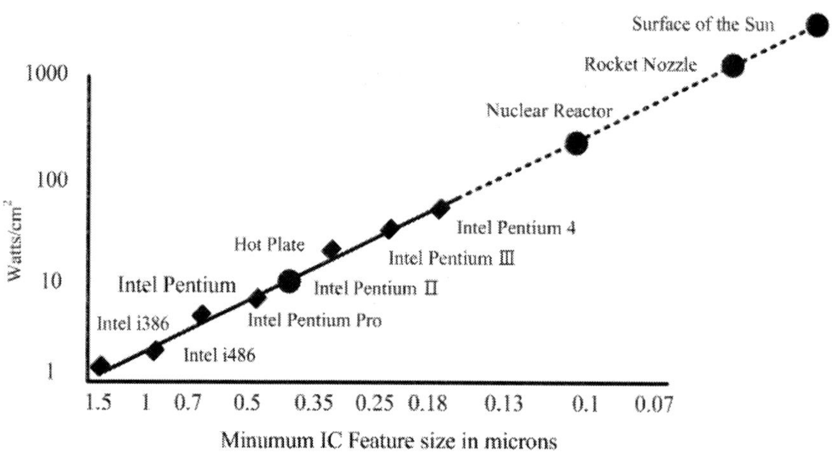

그림 2.2 파워 직접도 증가에 따른 파워 소모량 증가

또한 이러한 변화는 회로의 신뢰성을 감소시키고 회로의 수명을 축소시키는 문제점을 가져오게 되었고 또한 급격한 배터리 소모를 발생시키게 되며, 회로의 발열이 증가됨에 따라 냉각 시스템과 같은 추가적인 기술이 필요하게 되어 비용의 증가를 가져오는 원인이 되었다. 그림 2.2에서는 집적도에 증가에 따른 파워 소모량의 증가에 대한 예측을 보여주고 있다.

또한 저전력의 중요성은 최근 대두되고 있는 멀티-코어 디자인의 발달에 따라 그 중요성이 더욱 증대되고 있다. 그림 2.3에서는 멀티-코어 상에서의 파워 최적화의 중요성을 보여주고 있다. 그림에서 보는 것과 같이 만약 싱글 코어 상에서 약 50mW 정도의 필요치 않는 파워 소비량이 발생하고 있다면, 이는 약 25개의 코어로 이루어진 멀티-코어에 대입되었을 경우 약 1.25W의 필요치 않은 파워 소모량을 발생시키게 된다. 또한 이러한 코어들로 구성되어 있는 데이터 센터 또는 서버의 경우 매우 큰 파워 손실을 가져올 수 있기 때문에 파워 최적화는 필수적이라 할 수 있다.

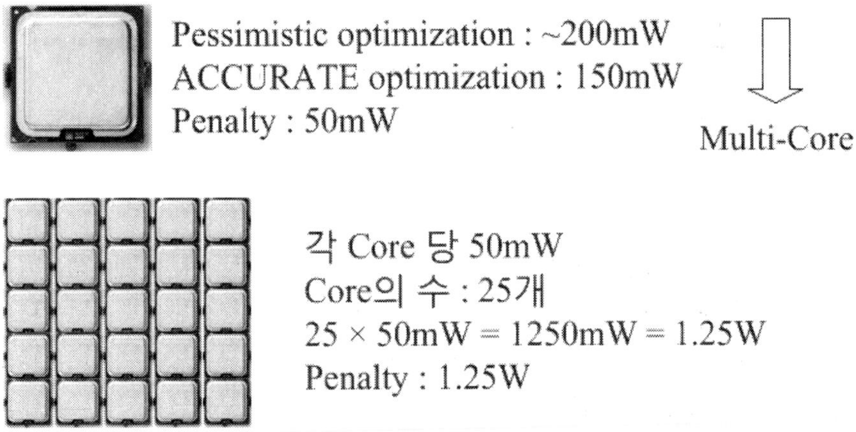

그림 2.3 멀티-코어 상에서의 전력 최적화의 중요성

이처럼 반도체 제조공정, 사용자의 요구, 기술발달에 따라 저전력에 대한 필요성 및 욕구는 더욱 더 중요시 되고 있으며, 설계 초기 단계에서부터 저전력을 고려하지 않을 수 없게 되었다. 이에 저전력을 위한 디자인을 실현시킬 수 있도록 반도체 설계 단계에서 저전력을 위한 toolkit을 개발 및 회로 디자인에 반영해야 할 것이다. 대표적인 저전력을 위한 toolkit에는 레벨 시프터(level shifter), 고립 셀(isolation cell), 파워 게이트(power gate), 그리고 리텐션 플립플롭(retention flip-flop) 등이 존재하며, 다음 장에서는 이들의 기능 및 설계 방법에 대해서 논의하도록 한다.

2.1.2 저전력 toolkit의 정의

저전력을 위한 toolkit들은 앞서 설명한 것과 같이 저전력을 실현시키기 위한 저전력 관리 기술들을 적용할 수 있는 셀들의 집합이라고 할 수 있다. 이러한 저전력을 위한 toolkit을 개발 및 적용하여 설계자는 회로에서 발생되어지는 동적 파워와 정적 파워를 효율적으로 제어할 수 있게 된다. 또한 설계된 저전력을 위한 toolkit들은 모두 표준 셀 라이브러리 안에 포함되어 회로를 설계할 때 쉽게 적용할 수 있도록 하여 저전력을 효율적인 설계를 가능하게 해 준다.

2.2 고립 셀(Isolation cell)

Isolation 로직은 파워가 꺼져있거나 파워가 켜져 있는 도메인 사이에서의 인터페이스 역할을 하는 로직이라고 할 수 있다. 일반적으로 isolation 로직은 파워가 꺼져 있는 도메인 상에서 출력 신호를 제어하고, 파워가 켜져 있는 도메인 상에서는 입력 신호를 제어할 수 있도록 구현되어 있다. 이제 이러한 격리 로직의 구현방법과 특징에 대해 살펴보도록 한다.

2.2.1 신호 격리(Signal isolation)

격리 회로에는 세 가지 타입이 존재하며 이는 파워가 꺼져있는 블록의 출력 단에 삽입된다. 첫 번째로는 신호를 '0'으로 고정시키는 타입과 두 번째로는 신호를 '1'로 고정시키는 타입, 그리고 마지막으로는 마지막 신호를 유지하는 타입이 존재한다.

만약 출력에 신호를 '0'으로 고정하는 것이 요구되어진다면, AND 게이트와 인버터를 사용하여 구현할 수 있다. 이는 그림 2.4에서 확인할 수 있다. 즉 어떠한 입력 신호가 들어오더라도 출력 단에서의 신호는 항상 '0' 또는 low 값을 유지하고 할 때 사용되어 진다. 그림 2.4의 우측편의 회로 다이어그램을 살펴보면 어떠한 신호가 IN에 들어오더라도 회로에는 영향을 줄 수 없다는 것을 확인할 수 있을 것이다. 즉 ISOLN의 값이 low 값으로 유지된다면, 가장 밑단의 트랜지스터는 OFF가 될 것이며, 이는 게이트를 통한 전류가 흐르지 않도록 한다. 이에 인버터의 입력은 항상 '1' 또는 high 값을 갖게 되는 원리이다.

앞서 말한 것과는 반대로 출력에 신호를 '1'로 고정하는 것이 요구되어진다면, NOR 게이트를 통하여 구현이 가능하다. 이는 그림 2.5를 통해 확인할 수 있다. 즉 어떠한 입력 신호가 들어오더라도 출력 단에서의 신호는 항상 '1' 또는 high 값을 유지하고자 할 때 사용되어진다. 그림 2.5의 우측편의 회로 다이어그램을 살펴보면 역시 어떠한 신호가 IN에 들어오더라도 회로에는 영향을 줄 수 없다는 것을 확인할 수 있을 것이다. ISOL의 값이 high로 유지된다면, 인버터의 입력에는 항상 '0' 또는 low 값을 갖게 되는 원리로 작동된다.

마지막으로 그림 2.6은 세 번째 타입의 isolation 셀을 보여주고 있으며 이는 출력 신호를 유지하기 위해서 retention 래치를 포함하고 있다는 것을 확인할 수 있다. retention 래치의 경우 로직 셀의 동작이 멈추기 전에 현재 출력 상태를 retention 래치에 저장하게 될 것이며, 이는 RET 신호에 의해서 제어된다. 그리고 격리 제어

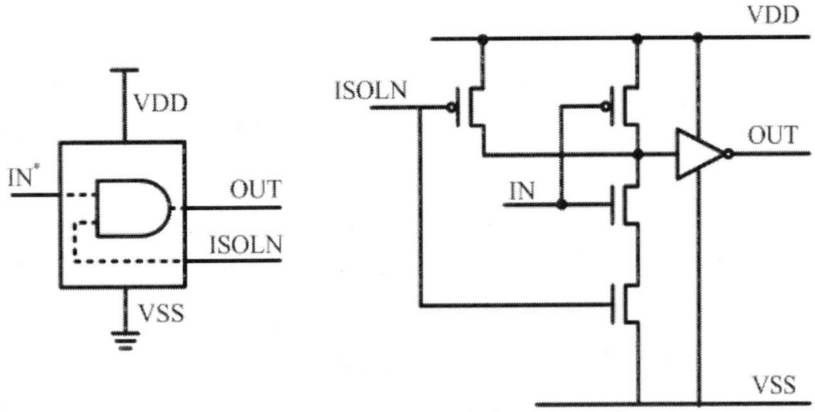

그림 2.4 AND 게이트를 포함한 격리 셀

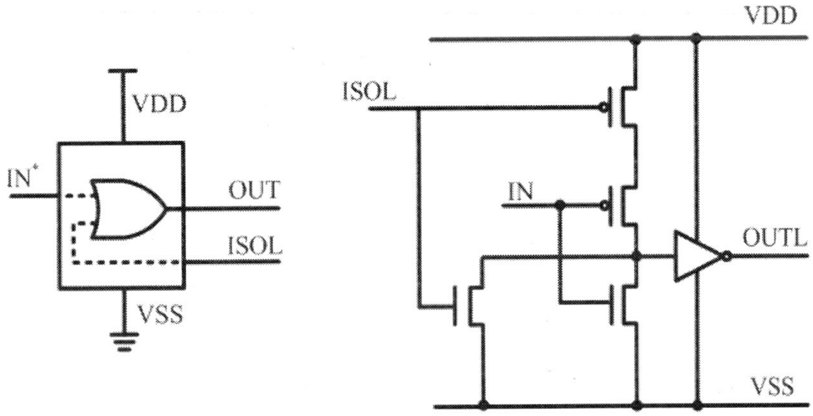

그림 2.5 OR 게이트를 포함한 격리 셀

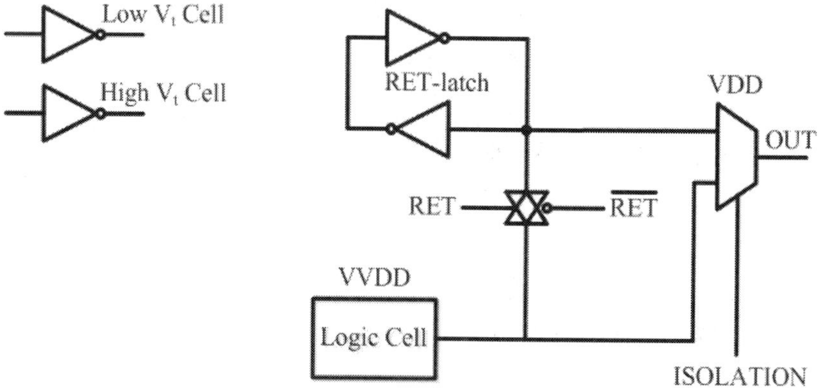

그림 2.6 Retention 래치를 포함한 격리 셀

신호인 'ISOLATION'에 의해 동작이 멈춘 로직 셀의 값이 아닌 retention 래치에 저장되어 있는 신호를 mux를 통해 출력 값으로 변경하게 되는 구조이다.

일반적으로 격리 제어 신호는 파워 도메인을 서로 교차하여 분배되어 있다. 이에 하나 또는 그 이상의 도메인의 파워가 동작하지 않더라도 그 신호 동작의 확실성을 보장하기 위해 격리 제어 신호는 항상 켜져 있는 버퍼 트리로 구성되도록 해야 한다.

2.2.2 입력 Isolation vs. 출력 Isolation

앞서 설명한 isolation에는 출력 isolation과 입력 isolation이 존재하지만 일반적으로 출력 isolation을 사용하는 것이 더 큰 장점을 가지고 있다. 다양한 파워 도메인이 존재하는 회로 상에서 출력 isolation을 위해 요구되어지는 것은 단지 하나의 isolation 셀이며, 이를 이용하여 출력 신호를 제어하게 된다. 하지만 만약 입력 isolation을 적용될 경우 isolation 셀이 적용되어야 하는 부분에는 각 자신들만의 isolation 셀들을 포함해야 하기 때문이다. 또한 출력 isolation의 경우, 하나의 도메인에 존재하는 모든 isolation 셀들은 공통의 제어신호를 공유할 수 있다. 하지만 입력 isolation의 경우, 하나의 도메인에 isolation 셀을 제어해야 하는 여러 개의 제어신호를 유지해야 한다. 이러한 이유로 isolation 셀을 저전력 설계에 적용할 때는 출력 isolation 방법을 채택하게 된다.

2.2.3 잠복 DC 누설전류 경로

Isolation 회로에도 잠재적인 문제가 존재한다. 이것은 바로 isolation에서 기인되

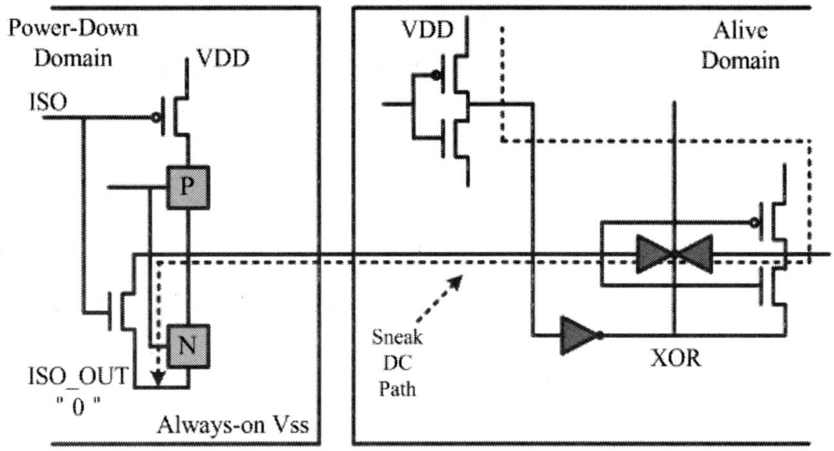

그림 2.7 누설 전류를 발생시키는 잠복 경로

는 경로 상에서 발생되어지는 누설 전류이다. 이는 격리 셀이 파워가 꺼져있는 도메인 상에 존재하며, 풀-다운 또는 풀-업 트랜지스터에 의해 "0"또는 "1"의 신호가 유지되고 있을 때 이러한 문제점이 발생하게 된다. 즉 동작하고 있는 파워 도메인의 회로와 동작이 꺼져있는 파워 도메인의 출력이 연결되어있다면 풀-다운 또는 풀-업 트랜지스터에 의해서 VDD 또는 VSS를 통하는 DC 경로를 만들 가능성이 존재하는 것이다. 그림 2.7은 위와 같은 누설전류 발생시킬 수 있는 DC 경로의 예시를 보여주고 있다.

그림 2.7에서 보듯이 동작을 하지 않는 도메인 상에 존재하는 출력의 경우 '0'으로 유지되고 있으며, 동작하고 파워 도메인 상에서의 XOR 게이트의 입력 하나를 drive 하고 있다. 만약 XOR 게이트의 다른 입력이 '1'이 되었을 경우, VDD에서 VSS까지의 전류가 샐 수 있는 DC 경로가 형성될 수 있다. 물론 실제적인 DC의 경로는 아니지만, 전달 게이트에서 발생하는 높은 누설 전류에 의해서 의도치 않게 생겨나는 경로에서의 누설 전류를 고려해야 하는 것이다. 위와 같은 누설 전류 및 다양한 이유로 상업적 라이브러리에서는 셀의 입력 단에 전달 게이트를 사용하지 않는 것이 일반적이다.

2.3 Level Shifter

Level shifter는 어떠한 신호가 전압 도메인 상을 교차해 지나가며, 그 도메인의 전압 레벨이 같지 않을 경우에 신호를 받고자 하는 도메인에서 정확한 전압 값을 입력받기 위해서 반드시 삽입되어져야만 한다[1]. 이러한 level shifter는 두 가지의 경우가 존재한다. 우선 간단히 구현될 수 있는 것은 전압을 낮추는 방법이며, 다른 하나는 전압을 높이는 방법이다. 그리고 이는 앞선 방법보다 구현이 쉽지 않다는 특징이 있다.

전압을 낮출 경우에는 고려해야 할 문제 하나가 존재한다. 그것은 높은 전압(VDDH)이 낮은 전압(VDDL) 도메인 상에 존재하는 평균 전압의 25%를 초과해서는 안 되는 것이다. 전압 강하를 실시할 때에 적당한 한계선이라고 할 수 있으며, 이는 안정성을 유지시켜주는 역할을 한다.

Level shifter를 통하여 전압 강하를 실시할 때는 간단히 인버터나 버퍼를 이용하여 쉽게 구현이 가능하다. CMOS 게이트 입력의 경우 파워인 공급 전원보다 높은 값을 인가하여도 문제가 발생되지 않는다. 즉 level shifter의 경우 VDDL으로 동작되며 입력은 '0'에서 'INH'까지 그리고 출력은 '0'에서 VDDL까지 나타난다. 이러한 level shifter의 경우 입력단의 높은 전압의 변이 시간을 보장하기 위해서 실제적으로 동작되어지는 전압에 맞게 특성화 해야만 한다. 이러한 level shifter는 그림 2.8에 나타나 있다.

하지만 level shifter를 통해 전압을 상승시키는 경우에는 특별한 디자인이 요구되어진다. 낮은 전압의 입력 진동은 NMOS단의 입력 단들에 대해 충분히 'ON'될 만큼 강하지 못하기 때문이다. 이는 level shifter가 수용하기에는 너무 크거나 낮은 상승/하강시간을 가져오게 되는 것이다. 이러한 문제점을 해결하기 위한 간단한 전압 상승

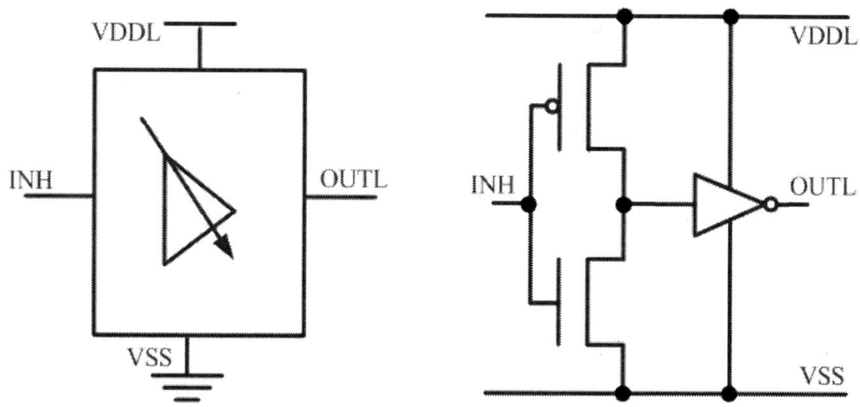

그림 2.8 전압 강하 level shifter

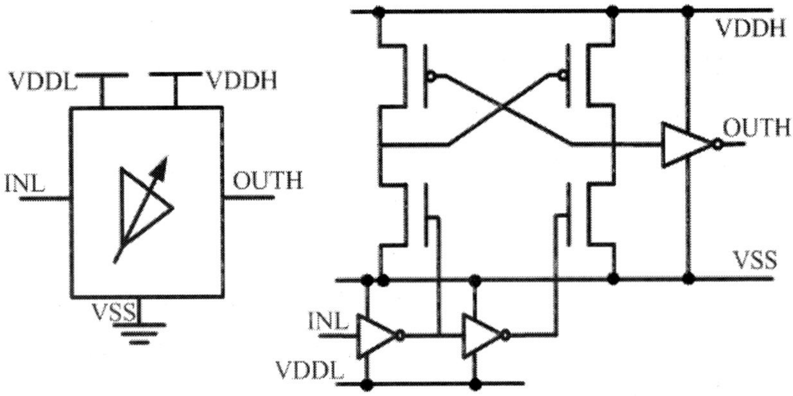

그림 2.9 전압 상승 level shifter

level shifter는 그림 2.9와 같다. 즉 입력과 입력의 역의 값을 간단한 증폭기를 통하여 구동시키는 방법이다.

그림에서 보는 것과 같이 level shifter에는 두 개의 파워 도메인이 연결되어야 하며 이를 위해 각각 분리된 N-well을 통해 다른 전압이 연결되어있다는 것을 말한다. N-well 사이의 전위차에 기인하여 같은 전위차의 N-well 들과는 다르게 좀 더 큰 간격 규칙이 적용되어야 한다. 그 이유는 level shifter의 경우 임의의 표준 셀들과 인접하게 위치하기 때문에, 다른 표준의 웰 들을 보호해야만 하기 때문이다. 이러한 이유로 전압 상승 level shifter는 내부에 존재하는 트랜지스터 수로 계산되는 셀의 크기보다 더 커지게 된다.

2.4 파워 게이팅 전략과 구조

회로에서 발생되는 누설 전류를 줄이기 위해서 사용하지 않는 블록들을 차단함으로서 누설 전류를 줄일 수 있게 하는 방법 중 가장 널리 사용하는 방법 중 하나가 파워 게이팅 기법이다. 파워 게이팅 기법에는 두 가지 기법이 가장 대표적으로 사용되어 진다. 그 첫 번째로 MT-CMOS가 있다. Multi-threshold CMOS로 높은 VT을 가진 스위치로서 동작을 하고 두 번째로는 MV-CMOS가 존재한다. 이는 multi-voltage CMOS로 낮은 VT을 가진 스위치로서 동작을 한다.

MT-CMOS의 경우 회로에 공급되는 파워를 차단하기 위해 높은 문턱전압 가진 스위치를 사용하여 구성되어진다. 본 장에서는 이 부분에 대해서 자세히 언급할 것이며, 가장 대표적인 파워 게이팅 기법이라고 할 수 있다. 반면에 MV-CMOS의 경우는 낮은 문턱전압을 가진 스위치를 사용하여 파워를 차단한다. 이는 파워가 공급되지 않는 동안에 발생되는 누설 전류를 줄이기 위한 것으로, header 스위치인 경우는 VDD보다 크게 footer 스위치인 경우는 VSS보다 작은 값을 공급해야만 한다. 이러한 MV-CMOS를 사용하여 파워 게이팅 기법을 적용할 경우, 트랜지스터를 차단하기 위한 제어 전압이 VDD나 VSS 레일의 절대 값보다 더 큰 값을 가져야 한다는 제약이 존재한다. 즉 만약 NMOS footer 셀의 경우 VSS를 스위치하기 때문에 SLEEP 신호는 반드시 VSS보다 더 부정적인 값을 가져야 하며, PMOS header 셀의 경우 VDD를 스위치하기 때문에 SLEEP 신호는 VDD보다 긍정적인 값을 가져야만 하는 것이다. 이러한 이유로 MV-CMOS를 제작은 복잡함이 따르게 된다. 또한 추가적인 전압 레일을 필요로 하게 되며, 이는 추가적인 비용이 요구된다. 즉 이러한 MV-CMOS의 경우 로직과 관계가 없는 전원 공급 레일과 파워 게이팅 제어 신호를 위한 특별한 네트워크를 필요로 하기 때문에 실제적으로 매우 드문 경우에만 적용되는 방법이다. 본 장에서는 MT-CMOS를 이용한 파워 게이팅 기법 중 fine-grain 파워 게이팅과 coarse-grain 파워 게이팅 방법에 대해서 설명하도록 한다[2].

2.4.1 Fine-Grain 파워 게이팅

Fine-grain 파워 게이팅을 이용할 경우 Sleep 트랜지스터가 모든 표준 셀 안에 포함되어야만 한다. 이처럼 Sleep 트랜지스터가 삽입되어져 있는 셀을 MT-CMOS라고 부른다. 그림 2.10은 AND를 이용한 MT-CMOS의 예시를 보여주고 있으며 좌측은

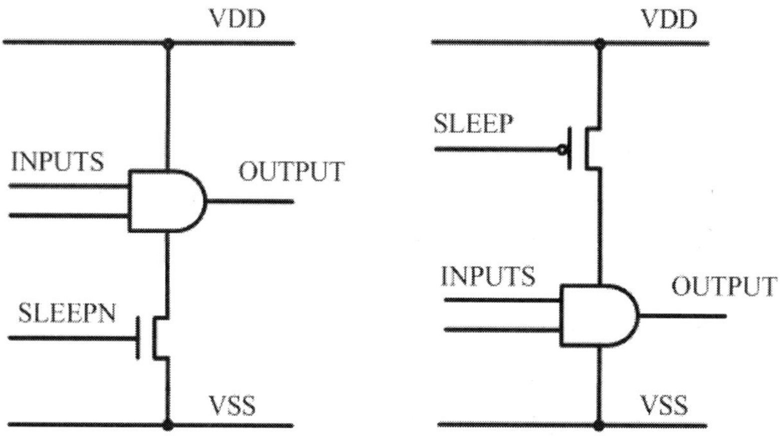

그림 2.10 Fine-grain 파워 게이팅 기법

footer 스위치, 우측은 header 스위치가 삽입된 형태이다.

파워 게이팅 제어신호인 'SLEEP'('SLEEPN')은 회로의 셀과 연결되는 공급 전원과의 연결을 제어하게 된다. 파워 스위치의 경우 셀의 매우 큰 부분을 차지하고 있고, 이가 회로의 성능에 영향을 최대한 적게 미치게 하기 위해서 셀에 요구되어지는 가장 큰 전류 값을 주어 동작에 대한 지연시간을 최소화하는 것이 일반적이다. 또한 파워 스위치가 회로의 면적에 미치는 영향도 또한 최소화해야 한다. 이에 일반적으로 fine-grain 파워 게이팅의 경우 VDD보다는 VSS를 제어할 수 있는 footer 스위치로 구현된다. 이는 NMOS 트랜지스터로 구성된 스위치가 PMOS 트랜지스터로 구성된 스위치의 동작 저항이 더 작아, 좀 더 작은 크기로 구현이 가능하기 때문이다. 물론 이러한 footer 스위치를 사용하더라도 파워 스위치에 따르는 면적의 증가분에 대해서는 무시할 수 없다. 이는 초기 디자인된 회로보다 약 2~4배 정도의 면적 증가분이 발생되기 때문이다. 더 나아가 면적의 증가분을 최소화하기 위해 대부분의 파워 게이팅의 경우 높은 누설 전류와 낮은 문턱전압을 가진 셀들을 이용하여 구현한다.

또한 항상 동작해야 하는 셀에 파워 게이트가 삽입되었을 경우 새로운 문제점을 야기한다. 파워 게이트에 의해서 파워가 끊겼을 경우에도 출력 값의 부유 상태(float)가 발생할 수 있다. 만약 이러한 출력이 동작하고 있는 셀에 연결되어 있을 경우 crowbar current를 발생시키는 요인이 된다. 이러한 이유로 파워가 끊겼을 경우 출력 값을 고정하기 위해서 간단한 풀업/풀다운 트랜지스터가 삽입되기도 한다. 즉 이러한 풀업/풀다운 트랜지스터에 의해 파워가 연결되어 있지 않은 상태를 안정적으로 유지할 수 있게 된다. 그림 2.11은 풀업 트랜지스터를 이용한 파워 게이팅의 예시이다.

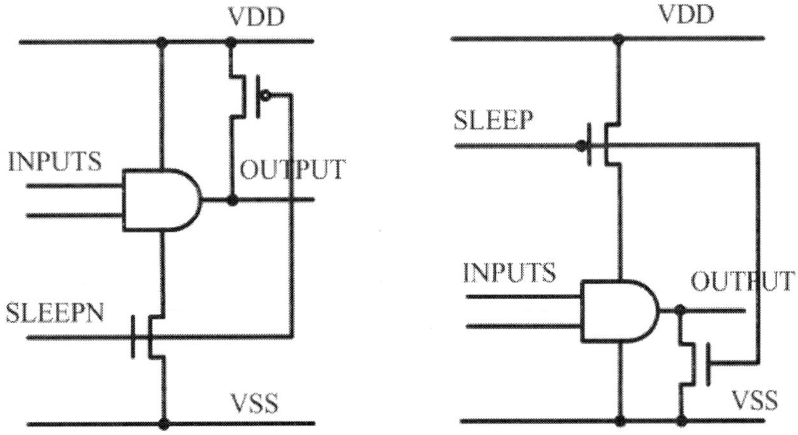

그림 2.11 풀업 트랜지스터를 이용한 fine-grain 파워 게이팅

이제 이러한 fine-grain 파워 게이팅 기법의 장단점을 살펴보기로 한다. 우선 장점은 다음과 같다. 첫 번째로 가상의 파워 넷들이 셀 안에 구성되어 있기 때문에 그라운드 noise 침투로부터 민감하지 않게 되며, 두 번째로 파워 게이트의 낮은 커패시턴스 값으로 인해 다시 재동작하는 시간이 짧게 된다. 세 번째로는 회로 재동작 시에 CMOS 셀에서 발생되어지는 crowbar current를 효과적으로 제거할 수 있기 때문에 출력 값을 명확하게 유지할 수 있으며, 네 번째로는 파워 게이트 자체가 셀 안에 포함되어 있기 때문에 IR 강하로 인해 발생되는 타이밍 효과를 쉽게 특성화할 수 있다. 마지막으로 MT-CMOS 라이브러리 셀의 경우 표준 셀들과 같은 방법으로 모델링이 되기 때문에 쉽게 합성이 가능하며, 상용화 도구에 쉽게 적용되어질 수 있다.

반면이 fine-grain 파워 게이팅은 다음과 같은 단점이 존재한다. 첫 번째로 모든 셀 안에 파워 게이트가 삽입되기 때문에 면적의 증가분이 커지게 된다. 두 번째로는 MT-CMOS 셀 라이브러리를 새롭게 구축해야 하며, 마지막으로 회로 안의 모든 셀 안에 파워 게이트를 제어하는 신호에 대한 특별한 라우팅이 필요하다는 것이다.

2.4.2 Coarse-grain 파워 게이팅

Coarse-grain 파워 게이팅 디자인은 Sleep 트랜지스터를 실제의 파워와 가상의 파워 네트워크 사이에 회로와 병렬로 연결되는 구조로 되어 있다. 앞서 설명한 fine-grain 파워 게이팅의 경우 Sleep 트랜지스터를 header 또는 footer 스위치로 선택하여 디자인하였지만, coarse-grain 파워 게이팅의 경우 그림 2.12와 같이 footer 스위치로 구성되는 것이 일반적이며 제어 신호는 'SLEEPN'을 이용하는 것을 확인할 수

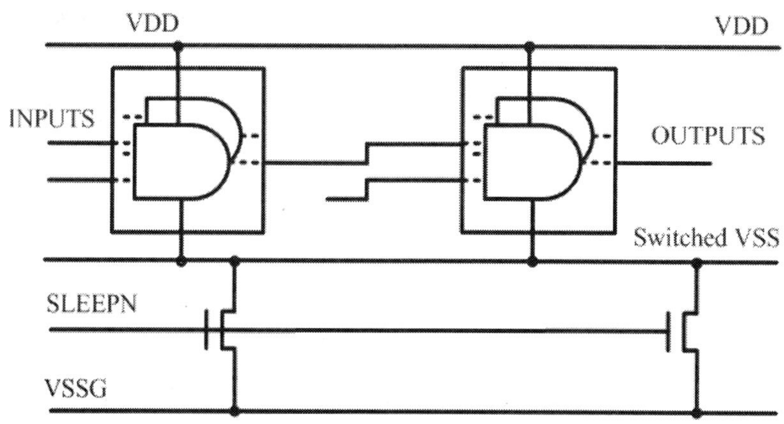

그림 2.12 Coarse-grain 파워 게이팅

있다.

이제 이러한 coarse-grain 파워 게이팅 기법의 장단점을 살펴보기로 한다. 우선 장점은 다음과 같다. 첫 번째로 Sleep 트랜지스터는 디자인에서의 충전과 방전의 전류를 공유할 수 있기 때문에 Sleep 트랜지스터 내부의 PVT 변이에 대해서 민감하지 않다. 두 번째로 coarse-grain 파워 게이팅 기법은 앞서 설명한 fine-grain 파워 게이팅 기법에 비해 면적의 증가분이 작다는 장점이 있으며, 마지막으로 기존에 유지하고 있는 표준 셀 라이브러리들에 바로 적용이 가능하다.

반면 coarse-grain 파워 게이팅은 다음과 같은 단점이 존재한다. 첫 번째로 추가적인 파워 레일을 요구하기 때문에 기존보다 복잡한 파워 네트워크를 필요로 한다. 두 번째로 공급 전원으로부터 발생되는 잡음과 데이터의 변질 가능성이 존재하기 때문에 재동작 시에 전류의 갑작스러운 유입에 대한 제어가 요구된다. 세 번째로 coarse-grain 파워 게이팅의 가상의 파워 네트워크가 크기 때문에 요구되어지는 동작 시간이 증가된다. 즉 이는 fine-grain 파워 게이팅에 비해 재동작 요구 시간이 길어지게 되며, 네 번째로 기존의 정적 시간 분석이나 파워 분석 시에 있어서 복잡함으로 가져오게 된다. 마지막으로 이러한 방법은 회로의 합성이나 제한사항을 복잡하게 하거나 파워 게이팅을 위한 특별한 로직을 필요로 하게 한다.

대부분의 회로 디자인의 경우 fine-grain 파워 게이팅 기법을 사용하게 되었을 경우 면적 증가분을 수용할 수 없기 때문에 coarse-grain 파워 게이팅 기법을 사용하고 있다.

2.5 파워 게이팅 셀

표준 셀 라이브러리에는 header와 footer 스위치를 가진 파워 게이팅 모두를 지원하고 있다. 또한 스위치의 크기와 구동력들도 스위치 네트워크에 따라 다양하게 적용이 가능하도록 지원하고 있다. 그림 2.13은 footer와 header 스위치에 대한 schematic을 보여주고 있다. 그림에서 VSS는 제어 가능한 VSS를 뜻하며 VSSG는 항상 'ON' 상태인 VSS를 뜻한다. 또한 VDD는 제어 가능한 VDD를, VDDG는 항상 'ON' 상태인 VDD를 말한다.

그러한 스위치 셀은 여러 개의 스위치 네트워크를 이용하여 병렬로 구성이 되어있으며, 온 전류와 OFF 전류의 비율이(Ion/Ioff) 최대가 될 수 있도록 트랜지스터의 크기를 조절해야만 한다.

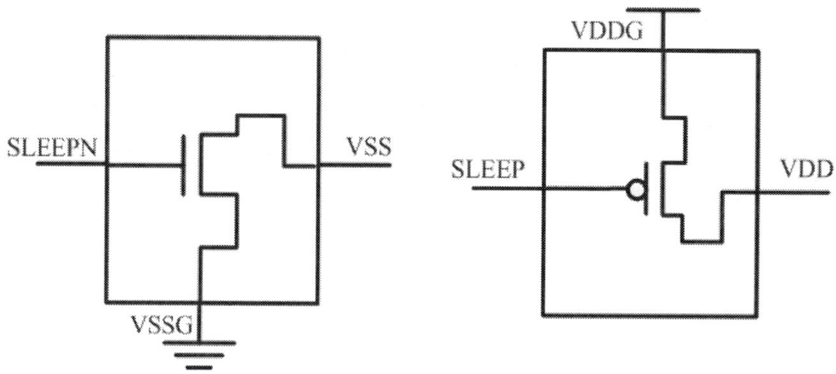

그림 2.13 Footer/Header 스위치

그림 2.14는 앞서 설명한 footer 스위치 셀을 보여주고 있다. 제어 신호인 'SLEEPN'은 왼쪽에서 입력되며, 항상 'ON'이 되어 있는 VSSG 레일의 경우 모든 스위치를 통과할 수 있도록 구성하며, 가상 그라운드 레일인 VSS의 경우 표준 셀들의 그라운드와 연결될 수 있도록 구현되어야 한다. 반면 VDD 경우 표준 셀들의 파워와 연결이 되도록 간단히 구현이 가능하다.

Coarse-grain 파워 게이팅 기법을 사용할 경우 일반적으로 사용되어지는 표준 라이브러리를 이용하여 구현 가능하다. 단 파워 스위치에서 발생되는 IR 강하를 효과적으로 처리할 수 있는 것이 중요하다. 예를 들어 그림 2.15와 같이 헤더 스위치가 사용되었고, 이가 표준 셀들과 연결이 되어 있다고 하였을 경우 IR 강하에 대해서 처리할 수 있는 두 가지 방법이 존재할 수 있다.

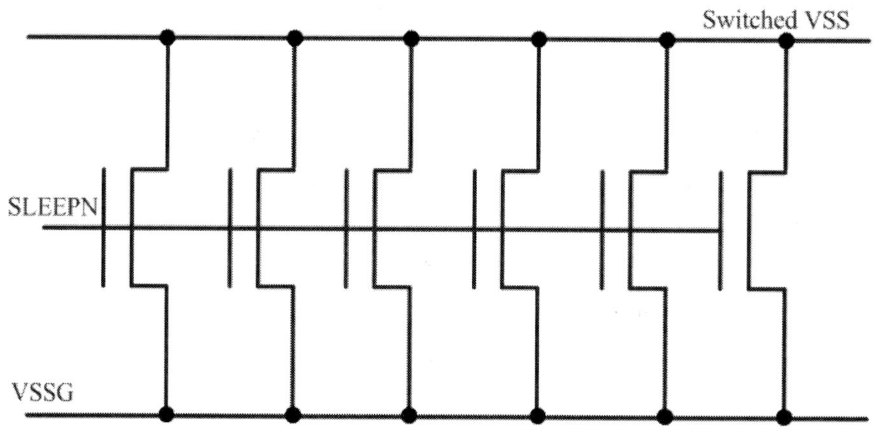

그림 2.14 병렬 구조를 가지고 있는 footer 스위치

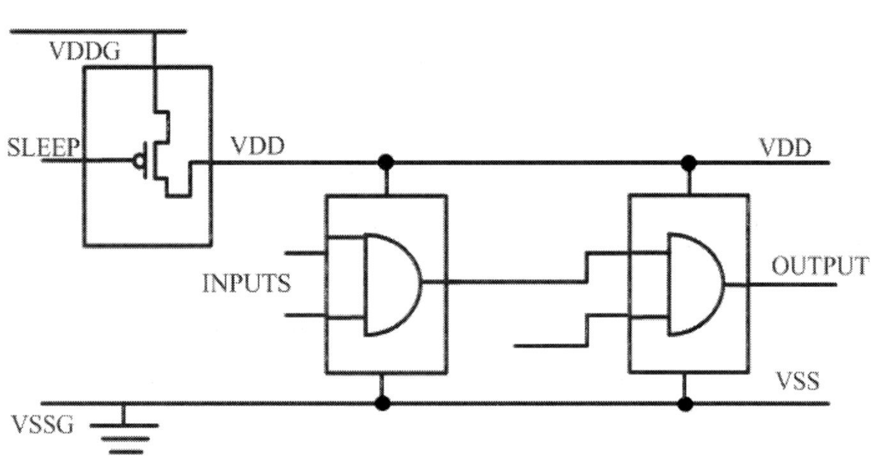

그림 2.15 Header 스위치를 사용하는 파워 게이팅 구조

첫 번째 방법으로는 회로를 설계할 시에 목표 frequency를 충분하게 잡고, IR 강하에 의한 지연시간 증가 효과를 무시하는 것이다. 이 방법은 디자인된 회로의 저전력 측면에서는 고려하지 않는 것으로 쉽게 시스템 합성이 될 수 있는 장점이 있다. 두 번째 방법으로는 전원 공급 레일에서의 실제적인 IR 강하에 대한 값을 지정하고, 감소된 전압에 맞는 지연시간을 라이브러리를 통해 분석하는 것이다. 추후 후위 단계 분석 시에 IR 강하 값이 실제 초과되지 않는지 검증을 실시한다. 위의 방법의 경우 초기 단계에 사이즈 큰 스위치 다수를 이용하여 mesh 구조를 생성한 후, IR 강하의 수용치가 만족시킬 수 있는 범위까지 스위치의 사이즈를 줄여감으로써 최적화 시킬 수 있다.

2.6 Retention Register

Retention 레지스터는 재동작 신호 후에 회로의 동작을 빠르게 재개해야 할 때 요구되어진다. 즉 Sleep 모드로 들어가기 전의 현재 상태를 저장한 후 재동작 신호가 발생하게 되면 기존의 저장된 상태를 되돌려 주는 역할을 한다[3]. Retention 레지스터에는 몇 가지의 다른 디자인이 존재하지만, 이번 장에서는 세 가지의 retention 레지스터에 대해서 설명하도록 한다. 우선 첫 번째로 single pin live slave로서 이는 저장과 복원의 동작을 하나의 제어 핀으로서 수행하는 것이다 두 번째로는 single pin balloon으로서 이는 저장과 복원의 동작을 하나의 제어 핀으로 수행하지만 추가적인 래치를 필요로 한다. 마지막으로 dual pin balloon으로서 이는 저장과 복원에 대한 각각의 제어 핀을 필요로 하며 추가적인 래치도 요구되어지는 형식이다. 이제 이러한 각 retention 레지스터에 대한 특징을 설명하기로 한다.

2.6.1 Single Pin "Live Slave" Retention Register

이는 retention 레지스터의 가장 간단한 구조로 master-slave 래치로 구성되어 있으며, slave 래치에 상태를 유지하기 위해서 낮은 누설 모드를 적용한 것이다. 그림 2.16은 clock 신호의 상승 edge에 동작하는 retention 레지스터의 구조를 보여주고 있다.

레지스터의 전처리 단계에는 멀티플렉서로 구성된다. 즉 SE 값에 따라 일반 입력값이 'D'의 값이거나 또는 스캔 체인 신호인 'SI'가 선택된다. 이같은 멀티플렉서의 안정적인 동작을 위한 셋업 시간을 보호하기 위하여 데이터 경로의 많은 부분이 낮은 VT를 가진 트랜지스터를 사용하게 된다. 그림에서 보는 것과 같이 게이트에 후면 부분에 굵은 선으로 표시된 것들이 그러한 트랜지스터들이다.

Master 래치의 경우 내부의 clock인 'CK'가 loew 값을 갖고 그와 반전된 'CKN'이 high 값을 가질 때 입력 값을 받아들이게 된다. 이러한 master 래치인 경우도 레지스터의 셋업과 홀드에 대한 안정성을 유지하기 위하여 낮은 VT를 가진 트랜지스터를 사용하게 된다.

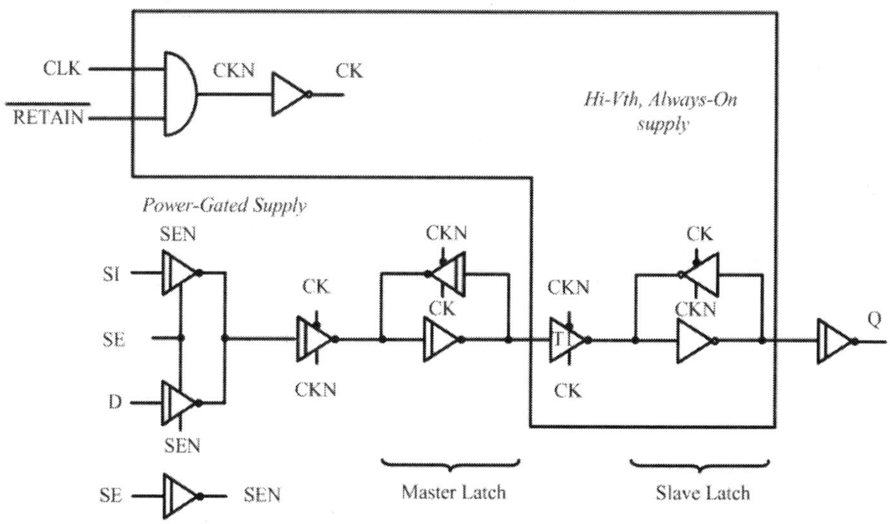

그림 2.16 Single Pin Live Slave

Slave 래치는 내부 clock의 교체 신호에 의해 master 래치의 출력을 받아들이게 되며, 그 신호는 인버터로 구성된 버퍼 구간에 따르게 된다. 마지막 인버터의 경우는 레지스터의 구동력에 따라 라이브러리에서 다양한 트랜지스터 사이즈를 선택하여 구현하게 된다.

Master-slave 레지스터의 retention 기능은 다음과 같은 특징을 가질 수 있다. 첫 번째로 AND 게이트는 clock 회로에 추가되어 파워 게이팅을 이용하여 파워를 제공하지 않을 경우에 retention 신호를 제공할 수 있게 구현된다. 두 번째로 파워 게이팅에 의해 파워가 제공되지 않을 경우에도 slave 래치는 데이터 값을 유지해야 하기 때문에 항상 전원이 공급될 수 있도록 구현한다. 마지막으로 master 래치에서 slave 래치로 연결되어지는 clock 버퍼와 인버터의 경우 높은 VT를 가진 트랜지스터를 이용하여 구현해야 한다.

본 retention 레지스터의 'NRETAIN' 제어 신호의 경우 회로에 제공되는 clock 신호가 low 값이거나 활동하지 않는 경우에 제공되어야만 한다. 또한 항상 전원이 공급되어지는 네트워크에 포함되어야만 한다. 즉 시스템에서 clock을 사용하지 않는 구간에 제어 신호가 low 값으로 제공되어야 하며, 최종적으로 파워가 꺼지게 된다. 제어 신호의 경우 파워가 제공되지 않는 시점에는 늘 low 값을 유지하고 있어야만 한다. 그 반대로 만약 파워 게이트가 재동작을 할 경우 clock이 다시 제공되기 전에 제어 신호는 high 값을 제공해야 한다. 다시 말해서 'NRETAIN'의 신호가 제공되면, 그림 2.16에서 T1로 표시된 인버터에 의해서 mater 래치와 slave 래치의 신호전달이 차단되는 것이다.

이러한 retention 레지스터는 다음과 같은 장점이 존재한다. 첫 번째로 다른 retention 레지스터에 비해 최소의 면적 증가분이 존재한다. 두 번째로 하나의 신호를 통해 retention 상태를 제어가 가능하다는 것이다.

반면 retention 레지스터는 다음과 같은 단점도 존재한다. 첫 번째로 레지스터의 성능 측면에서 단점으로, slave 래치의 경우 앞서 말한 것과 같이 retention 모드에서의 누설전류를 최소한으로 하기 위해서 높은 VT를 가진 트랜지스터로 구현된다. 하지만 이는 레지스터 내부의 지연시간에 부정적인 영향을 주게 되며, 최소의 누설전류를 위해 트랜지스터의 크기를 조절하며 성능에 대한 영향이 증가될 수 있다. 두 번째로 clock을 담당하는 게이트의 높은 VT는 입력 값이 요구하는 홀드 시간을 증가시키게 된다. clock node에 연결되어 있는 게이트에는 낮은 VT의 값 또한 갖고 있기 때문에 최소의 누설 전류를 보장할 수는 없지만, 입력에 대한 최적의 상승 및 하강시간에 대한 고려를 필요로 한다.

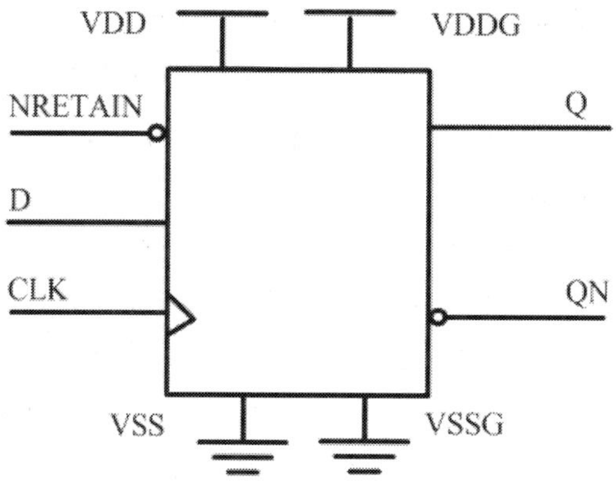

그림 2.17 일반적인 스위치 셀

이러한 retention 레지스터의 라이브러리의 경우 항상 전원이 공급되어야 하며, 파워 게이트를 위한 공급 레일과 retention을 위한 제어 신호에 대한 요소를 표함하고 있어야 한다. 일반적인 요소는 그림 2.17과 같이 header 또는 footer 스위치로 구성된 파워 게이트를 사용할 수 있도록 구성되어 있다.

'VDDG'와 'VSSG'의 경우 높은 VT를 가지고 있는 내부의 clock 게이트와 slave 래치의 버퍼들에 적용되어지며, 레지스터의 다른 부분의 게이트들에 대해서는 파워 게이팅이 적용되어지는 VDD/VSS가 적용된다.

Retention 레지스터의 웨이브 폼은 그림 2.18과 같다. 그림에서 보는 것과 같이 clock의 경우 반드시 멈춰야만 하고 로직의 값은 '0'으로 유지되어야만 한다. 또한

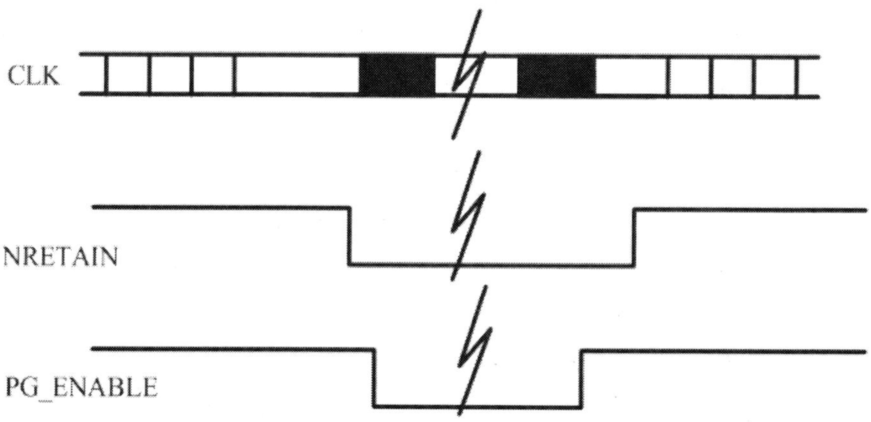

그림 2.18 Single pin live retention register의 웨이브 폼

NRETAIN 제어 신호는 반드시 파워 게이트에 의한 차단 신호가 발생하기 전에 생성되어야 한다. 또한 파워 게이트에 의한 차단 신호가 끊기게 될 경우, clock이 재동작하기 전 retention 제어 신호가 차단되어야만 하는 것이다.

2.6.2 Dual Control Signal "Balloon" Retention Register

앞서 설명한 retention 레지스터의 지연시간과 성능을 보완할 수 있는 것이 balloon retention 레지스터이다. 이는 표준적인 D-형식의 플립플롭에 약간 높은 VT를 가진 래치를 추가하는 방식이다. 추가적인 래치는 shadow 래치 또는 ballon 래치라고 불리어진다. 이러한 래치는 항상 전원이 공급되어야 하며, master-slave 래치의 파워가 차단되어 있을 경우 레지스터의 상태의 값을 유지하는 역할을 한다.

그림 2.19는 balloon retention 레지스터의 구조를 보여주고 있다. 그림에서 보는 것과 같이 기본적인 레지스터의 경우 낮은 VT를 가진 트랜지스터를 사용하였으며, 추가적인 래치에 대해서는 높은 VT를 가진 트랜지스터를 사용하였고, 항상 전원이

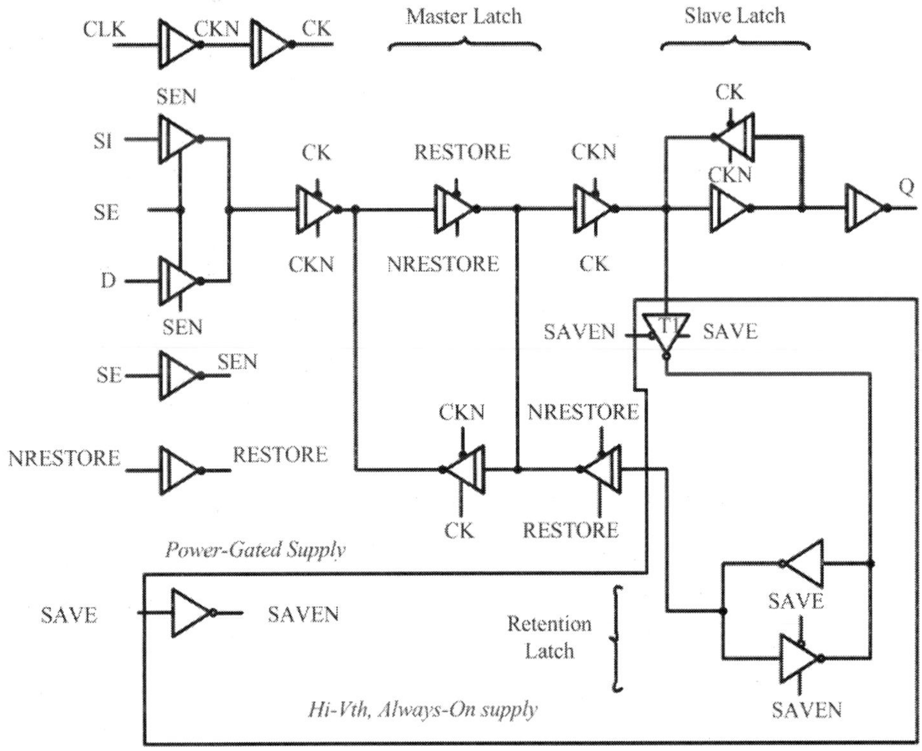

그림 2.19 Dual Control Balloon Register

공급되는 부분에 포함되어 있다.

이러한 retention 레지스터는 두 개의 제어 신호를 갖게 된다. 첫 번째로는 'SAVE'라는 신호로 retention 래치로 데이터의 값을 가져오게 하는 제어신호로 사용된다. SAVE가 인가되었을 때 slave 래치의 상태가 retention 래치로 복사가 되는 것이다. 이와 같은 데이터는 SAVE 신호가 인가되지 않을 때까지 유지되어진다. 레지스터 안의 상태를 보존하기 위해서 파워 게이팅 기법이 적용되어지기 전에 clock은 멈춰야 하며 SAVE 신호는 인가되어야만 한다. 두 번째로는 데이터의 값을 다시 회복하기 위한 제어신호로 'NRESTORE'이다. 이는 retention 래치에 존재하는 값을 레지스터로 상태 값으로 회복시키는 것이다.

그림에서 볼 수 있듯이 데이터의 값을 저장하는 경로보다 회복하는 것이 좀 더 복잡하다는 것을 확인할 수 있다. 이는 retention 레지스터가 clock에 영향을 받지 않은 상태로 retention 래치에 있는 값을 회복시켜주기 위함이다. 만약 clock이 low 값이며, master 래치가 열려 있는 상태로 입력 값을 받고 있다고 하면, retention 래치의 값은 slave 래치로 들어갈 수 있게 된다. 반대로 clock이 high 값을 유지하고 있을 경우, retention 래치에 있는 값은 master 래치로 들어가게 되며, 추후 clock이 low 값을 갖게 될 때 slave 래치로 이동하게 된다. 위와 같이 clock의 주기와 상관없이 retention 래치의 존재하는 값을 회복시켜 줄 수 있게 구현되어 있는 것이다.

이러한 저장과 회복이라는 두 가지 제어신호를 가진 retention 레지스터의 장점은 다음과 같다. 첫 번째로 최소의 누설 전류를 가지게 된다. 즉 추가적인 retention 래치와 제어 신호가 트랜지스터의 사이즈를 최소화할 수 있기 때문이다. 두 번째로는, 성능적인 측면으로서 비록 저장과 회복 신호를 제어하는 트랜지스터에 의해서 master 래치의 출력 부분과 slave 래치의 입력 사이의 내부적인 부하 값이 존재하지만, live slave retention 레지스터에 비교하였을 경우 성능적인 측면에서 큰 영향을 미치지 않는다. 마지막으로 retention 래치의 값을 회복시킬 경우 clock 신호에 영향을 받지 않는 것이다.

반면 이러한 retention 레지스터는 다음과 같은 단점이 존재한다. 첫 번째로 이와 같은 retention 레지스터의 경우 세 번째의 추가 래치를 필요로 하기 때문에 면적의 증가분이 크게 된다. 물론 그 래치에 존재하고 있는 트랜지스터의 크기가 작더라도 말이다. 두 번째로는, 저장과 회복이라는 두 개의 제어신호를 필요로 하기 때문에 두 개의 버퍼 네트워크가 필요하게 된다. 이러한 추가적인 버퍼 네트워크도 면적의 증가분이 요구된다. 마지막으로 두 개의 제어 신호를 갖게 되는 것은 시스템 디자인을 구성할 때 복잡함을 가져오게 되는 것이다.

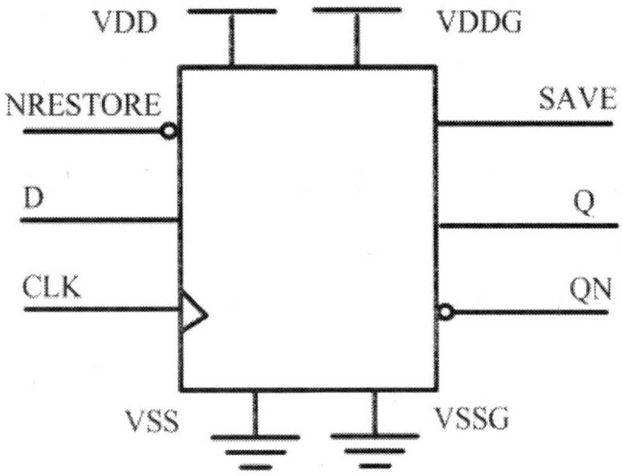

그림 2.20 Ballon Register

그림 2.20은 저장과 회복의 기능을 수행하기 위해 두 개의 독립적이고, 비동기인 제어신호를 가진 retention 레지스터의 라이브러리 요소를 보여주고 있다.

'VDDG'와 'VSSG'의 경우 높은 VT를 가지고 있는 retention 래치와 'SAVE'를 위한 제어 버퍼에 적용되어지며, 레지스터의 다른 부분의 게이트들에 대해서는 파워 게이팅이 적용되어지는 VDD/VSS가 적용된다.

그림 2.21은 balloon retention 레지스터의 웨이브 폼을 보여주고 있다. clock의 경우 회복과 저장 단계에서 모두 멈추고 있는 것을 확인할 수 있다. 저장을 위한 제어 신호는 파워 게이팅 기법에 의해 파워가 차단되기 전에 반드시 인가되어야 하며,

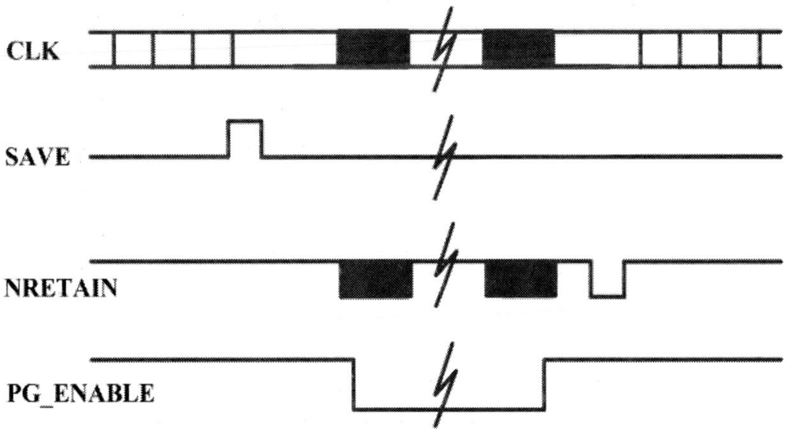

그림 2.21 Balloon retention 레지스터의 웨이브 폼

회복 신호는 파워 게이팅 기법에 의해 파워가 재가동된 후에 제공되는 것을 확인할 수 있으며, 그 이후 clock이 재가동되는 형식이다.

2.6.3 Single Control Signal "Balloon" Retention Register

앞서 두 개의 제어 신호를 가진 balloon retention 레지스터의 기능을 향상시키기 위해서 하나의 제어 신호를 통하여 데이터의 저장 및 회복이 가능하도록 구현된 것이 하나의 제어 신호를 가진 balloon retention 레지스터이다. 즉, 제어 신호의 한 경계선에는 저장을 실행하며, 다른 경계선에서는 회복을 실행하도록 하는 것이다.

그림 2.22는 하나의 제어 신호로 구성된 balloon retention 레지스터를 보여주고 있다. 본 그림은 'NRETAIN' 신호가 low 값을 갖게 되는 동안 실행이 되는 레지스터이다. 'NRETAIN' 신호는 반드시 항상 동작하고 있는 전원 네트워크에 연결되어 있어야 하며, 파워 게이팅 기법에 의해 전원이 차단되었을 경우에도 누설 전류를 최소화하기 위하여 높은 VT를 가진 트랜지스터로 구현되어야만 한다. 앞서 설명한 두 개

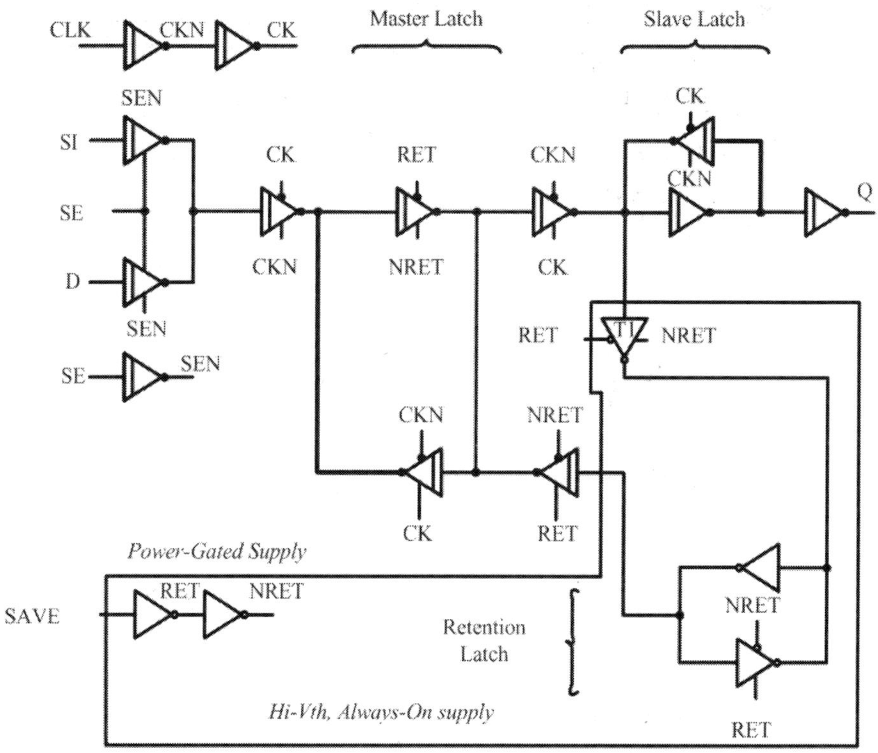

그림 2.22 Single Control Balloon Register

의 제어 신호를 가진 balloon retention 레지스터와 비교해보면 레지스터의 구조가 상당히 비슷하다는 것을 확인할 수 있을 것이다. 그러나 추가적인 retention 래치에서의 구조의 차이에 의해서 만약 'NRETAIN' 신호가 high 값으로 인가될 경우 retention 래치는 slave 래치의 데이터 값을 받아들이게 되며, 'NRETAIN' 신호가 low 값으로 인가 될 경우 retention 래치는 현재의 상태 값을 유지하게 되는 것이다.

하지만 이런 retention 레지스터의 경우 다른 retention 레지스터에 비해 약간의 동적 파워소비가 증가할 것이다. Slave 래치의 상태가 변할 때마다 retention 래치로 현재의 상태를 전달해야 하므로 추가적인 전력이 필요하기 때문이다. 하지만 retention 래치에 존재하는 트랜지스터의 경우 누설전류를 최소로 하기 위한 트랜지스터를 사용하기 때문에 master-slave 레지스터에 사용하는 동적전류에 비해서 그 비율은 크지 않게 된다. 또한 이러한 디자인은 하나의 제어 신호를 사용하기 때문에 추가적인 네트워크를 필요로 하지 않는다.

두 개의 제어신호를 필요로 하는 balloon 레지스터와 비슷하게 저장의 단계보다 데이터의 회복 단계의 경로가 좀 더 복잡하다는 것을 확인할 수 있다. 이는 clock의 상태와 관계없이 저장 된 상태를 회복하기 위함이다. 만약 clock이 low 값이며 마스터 래치가 열려 데이터를 입력받을 수 있는 상태이면, retention 래치에 있는 상태는 slave 래치에 들어가게 된다. 반면에 clock이 high 값을 가지고 있다면, retention 래치의 값은 master 래치에 삽입되게 되며, clock이 다시 low 값을 갖게 될 때 slave 래치로 전달되게 된다.

이러한 저장과 회복을 하나의 신호로 제어할 수 있는 balloon 레지스터의 경우 다음과 같은 장점이 존재한다. 첫 번째로 최소의 누설 전류를 가지게 된다. 즉 추가적인 retention 래치와 제어 신호가 트랜지스터의 사이즈를 최소화할 수 있기 때문이다. 두 번째로 성능석인 측년으로서 비록 저장과 회복 신호를 제이하는 트랜지스터에 의해서 master 래치의 출력 부분과 slave 래치의 입력 사이의 내부적인 부하 값이 존재하지만, live slave retention 레지스터에 비교하였을 경우 성능적인 측면에서 큰 영향을 미치지 않는다. 세 번째로는, retention 래치의 값을 회복시킬 경우 clock 신호에 영향을 받지 않기 때문에 복잡한 clock 게이팅 기법이 필요하지 않다. 마지막으로 두 개의 제어 신호를 갖는 retention 레지스터에 비해 하나의 제어 네트워크를 갖는다는 것이다. 이는 시스템 측면에서 두 개의 제어 신호를 갖는 버퍼 집합에 비해 하나의 제어 신호를 갖는 버퍼 집합이 소비하는 동적 파워가 줄어들게 된다.

반면에 이러한 retention 레지스터는 다음과 같은 단점이 존재한다. 첫 번째로 이와 같은 retention 레지스터의 경우 세 번째의 추가 래치를 필요로 하기 때문에 면적

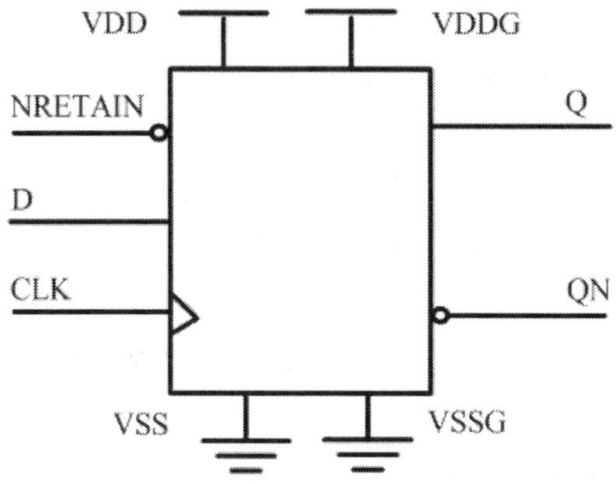

그림 2.23 Single Control Retention Register

의 증가분이 크게 된다. 래치에 존재하고 있는 트랜지스터의 크기가 작더라도 말이다. 두 번째로는 두 개의 제어신호로 동작하는 balloon 레지스터에 비해서 동적파워의 소비가 약간 증가하게 된다. 이는 slave 래치의 상태가 변할 때마다 retention 래치에 전달해야 하기 때문이다.

그림 2.23은 저장과 회복의 기능을 수행하기 위해 하나의 비동기 제어신호를 가진 retention 레지스터의 라이브러리 요소를 보여주고 있다. 'VDDG'와 'VSSG'의 경우 높은 VT를 가지고 있는 retention 래치에 적용되어지며, 레지스터의 다른 부분의 게이트들에 대해서는 파워 게이팅이 적용되어지는 VDD/VSS가 적용된다.

그림 2.24는 이러한 balloon 레지스터의 웨이브 폼을 나타내고 있다. 그림에서 보면 알 수 있듯이 clock의 경우 저장과 회복의 구간에서는 멈춰있다는 것을 확인할 수

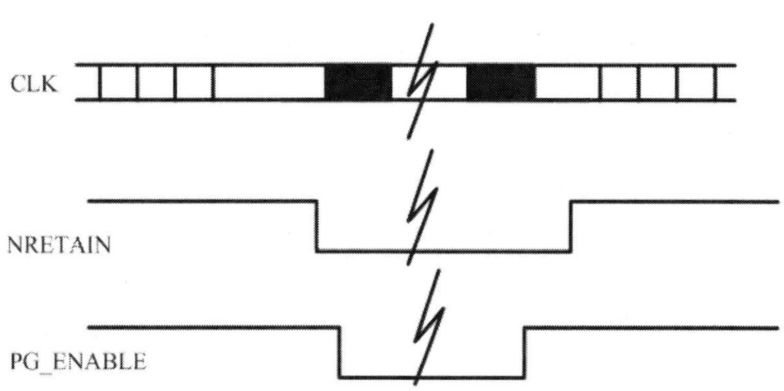

그림 2.24 Single Control Balloon 레지스터의 웨이브 폼

있다. Retention 신호의 경우 파워 게이팅 기법에 의해 전원이 차단되기 전에 low 값으로 인가되어야 하며, 안정적인 데이터 값의 회복을 위해서 clock이 재 동작하기 전에 high 값을 유지해야 한다는 것을 확인할 수 있다.

참고문헌

[1] Y.Ye, S Borkar, and V.De, "A New Technique for Standby Leakage Reduction in High-Performance Circuits", VLSI Circuits, Papers, 1998, pp.40-41

[2] Wolfgang Roethig, "Library Characterization and Modeling for 130nm and 90nm SoC Design", SOC Conference, 2003, pp.383-386

[3] Traiq El Motassadeq, "CCS vs NLDM Comparison Based on a Complete Automated Correlation Flow between Prime Time and HSPICE", Electronics, Communications and Photonics Conference 2011, pp.1-5

[4] Andrew B. Kahang, "Design Challenges at 65nm and beyond", Design, Automation & Test in Europe Conference & Exhibition, 2007, pp.1-2

[5] Voltage level shifting, Trek Application Note, located online at http://www.trekinc.com/pdf/6001_Voltage_Level_Shifting.pdf

[6] Synopsys Power-gating Design Methodology based on SMIC 90nm Process, located online at http://www.synopsys.com.cn/information/snug /2007-2008-collection/synopsys-power-gating-design-methodology-based-on-smic-90nm-process

[7] Hamid Mahmoodi-Meimand, Kaushik Roy, "Data-Retention Flip-Flops for Power-Down Application", Circuits and Systems, 2004, pp.677-680 vol.2

제 3 장

저전력 설계 방법론

3.1 서론

3.2 동적 파워 최적화를 위한 설계 방법론

3.3 정적 파워 최적화를 위한 설계 방법론

3.1 서론

3.1.1 저전력 설계의 중요성

반도체 제조공정의 발달과 mobile 기기의 발전에 따라 저전력의 중요성은 더욱더 부각되고 있다. 그림 3.1에서 보는 것과 같이 다양한 전자 기기의 발달과 반도체의 적용 분야가 확대됨에 따라 설계된 회로에서 요구되어지는 다양한 목표치가 존재하게 된다. 이러한 분야 중 저전력이 요구되어지는 mobile 및 휴대용 기기들은 이미 사람들의 일상생활 속에 녹아들어 있기 때문에 이러한 생활 및 요구를 뒷받침할 수 있을 만큼의 동작 시간을 보장해야 한다[1].

	 Phone	 Camera	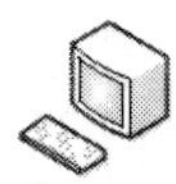 Computer	 Monitor	 Car
Using frequency	Everyday	Sometimes	Everyday	Everyday	Sometimes
More important	Low power	Low power	High performance	Low power	Maintenance

그림 3.1 기기에 따른 다양한 요구사항

동작 시간 보장이 필요로 되는 많은 기기들은 배터리로 동작하게 되며, 이러한 기기들에서의 에너지와 파워 소비에 대한 차이는 매우 중요한 요소이다. 그림 3.2는 이러한 차이점을 나타내고 있다. 파워는 기기에서 발생하는 순간적인 파워를 의미하며, 에너지는 시간의 흐름에 따라 파워 소비량에 대한 면적으로 나타낼 수 있다. 예를 들어 핸드폰의 경우 통화를 할 때, 웹을 통해 다운로딩할 때, 화면이 꺼져있는 대기 모드일 때와 같은 다양한 모드에 따라 파워는 다르게 된다. 그림에서 보듯이 그래프의 높이는 파워라고 말할 수 있으나, 실제적으로 배터리의 수명을 결정하는 것은 시간에 따른 파워의 소비량이라고 할 수 있다. 즉 저전력을 고려함에 있어 에너지 효율성을 고려하여만 한다는 것을 알 수 있다.

이러한 저전력을 위해서는 다양한 방법들이 존재하고 이는 그림 3.3과 같은 구조를 띈다. 저전력을 위한 다양한 방법 중 그림에서 보는 것과 같이 상위 레벨에서의 저전력 설계 방법론이 하위 레벨의 저전력 설계 방법론에 비해서 효율성이 크다는 것을 확인할 수 있다. 하지만 각각의 기술들은 각 단계별로 적용해야 하기 때문에 그

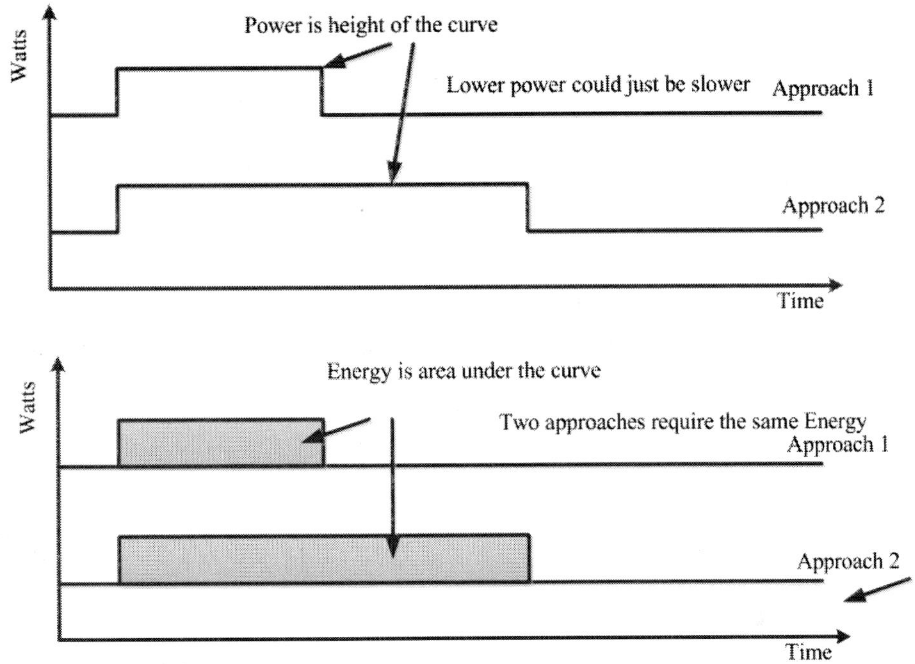

그림 3.2 파워와 에너지의 관계

중요성은 어느 무엇이 더 크다고 할 수는 없다. 또한 현재에서의 회로 설계에 있어서 각 단계 사이의 상호 연관성은 더욱 더 중요해지고 있기 때문에 전/후 단계를 고려할 수 있는 저전력 설계 방법론의 적용이 매우 중요하다.

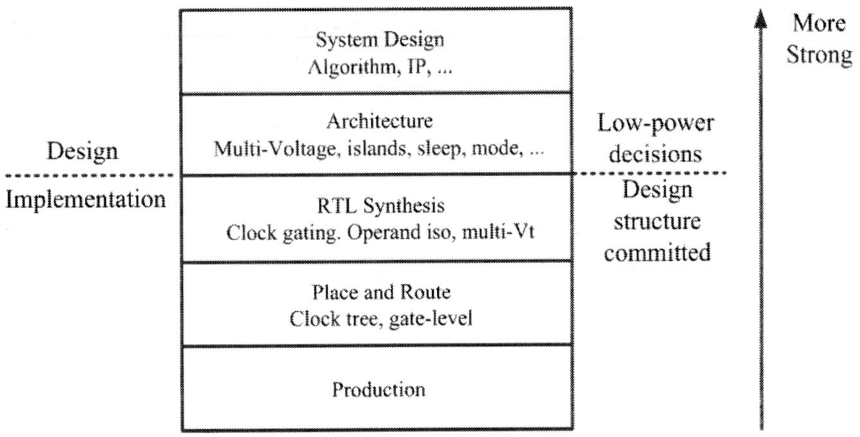

그림 3.3 각 단계에서의 저전력 설계 기법

3.1.2 동적 파워

SoC 디자인에서는 동적 파워와 정적 파워의 조합으로 총 파워를 계산하게 된다. 동적 파워는 회로가 동작할 때, 즉 신호의 값이 바뀌게 될 때 소비되는 파워를 말한다. 정적 파워는 회로에 전원은 공급이 되고 있으나 신호의 값이 바뀌지 않을 때 소비되는 파워를 말한다. CMOS 회로의 경우 정적 파워는 일반적으로 누설전류에 기인한다.

동적 파워의 기본적인 요소인 스위칭 파워에 대해서 알아보기로 한다. 이는 게이트의 출력 커패시턴스가 충전 및 방전이 될 때 요구되어지는 파워이다. 그림 3.4는 이러한 스위칭 파워에 대한 간단한 설명을 보여주고 있다.

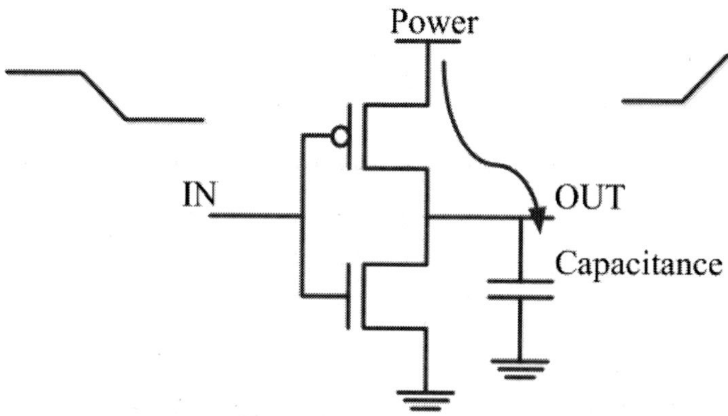

그림 3.4 스위칭 파워

신호 변이 당 에너지는 아래와 같이 계산이 가능하다. 여기에서 C_L은 로드 커패시턴스를 말하며 V_{dd}는 공급전원을 말한다.

$$Energy/transition = C_L \cdot V_{dd}^2$$

위의 식을 이용하여 동적 파워는 아래와 같이 계산이 가능하다. 여기에서 f는 변이 주기를 말하며, P_{trans}는 출력 단에서의 변이 확률, 그리고 f_{clock}은 시스템 clock 주기를 말하고 있다.

$$P_{dyn} = Energy/transistion \cdot f = C_L \cdot V_{dd}^2 \cdot P_{trans} \cdot f_{clock}$$

위의 식을 이용하여 좀 더 간단하게 동적 파워를 표현한 것은 다음과 같다.

$$C_{eff} = P_{trans} \cdot C_L$$

$$P_{dyn} = C_{eff} \cdot V_{dd}^2 \cdot f_{clock}$$

수식에서 보는 바와 같이 스위칭 파워의 경우 트랜지스터의 크기에 대한 함수가 아닌 스위칭 확률과 로드 커패시턴스라는 것을 확인할 수 있다.

스위칭 파워뿐만 아니라 동적 파워에는 내부 파워 또한 포함된다. 그림 3.5에서 보는 것과 같이 내부의 파워는 트랜지스터 내부의 스위칭 전류를 말한다. 이러한 내부 파워는 NMOS와 PMOS가 동시에 동작하게 될 때 발생하는 쇼트서킷 전류와 셀의 내부 커패시턴스를 충전할 때 요구되어지는 전류로 구성된다.

이러한 내부 파워를 앞서 설명한 동적 파워의 수식에 추가하게 될 경우 최종 동적 파워는 아래와 같이 표현된다.

$$P_{dyn} = (C_{eff} \cdot V_{DD}^2 \cdot f_{clock}) + (t_{sc} \cdot V_{DD} \cdot I_{peak} \cdot f_{clock})$$

위의 수식에서 t_{sc}는 쇼트서킷이 발생하고 있는 시간을 의미하여, I_{peak}은 총 내부 스위칭 전류를 뜻한다. 하지만 이러한 내부 파워가 발생하는 시간은 매우 짧기 때문에 전체 동적 파워에 미치는 영향이 그렇게 크지 않게 된다. 즉 이는 앞서 설명한 스위칭 파워의 수식으로 동적 파워를 나타낼 수 있게 된다.

3.1.3 동적 파워와 정적 파워의 관계

동적 파워를 줄이기 위한 가장 효과적인 방법은 공급 전압을 줄이는 것이다. 반도

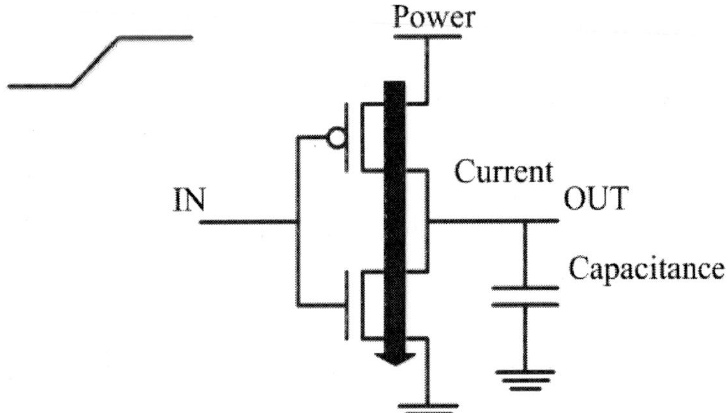

그림 3.5 트랜지스터의 내부 파워

체 공정을 흐름을 살펴보면 공급 전압의 경우 5.0V에서 1.2V까지 줄어든 상태이며, 또한 고 성능을 요구하는 기기의 경우 1.0V 이하의 공급 전압을 사용하고 있다. 하지만 공급 전압을 줄이는 것은 IDS 또한 낮추게 되며, 이는 트랜지스터의 구동력을 낮추는, 즉 지연시간을 증가시키는 결과를 가져오게 된다. 하지만 이러한 관계에 대해 고려하지 않고 MOSFET에서의 IDS를 근사화하면 다음과 같이 표현이 가능하다.

$$I_{DS} = \mu C_{ox}\frac{W}{L} \cdot \frac{(V_{GS} - V_T)^2}{2}$$

여기에서 μ는 캐리어 이동성을 말하며, C_{ox}는 게이트의 커패시턴스, V_T는 문턱 전압, 마지막으로 V_{GS}는 게이트-소스 전압을 말한다. 위의 수식을 통해 알 수 있듯이 만약 공급 전압을 낮추었을 때 낮은 문턱 전압을 사용하게 되면 성능을 유지할 수 있다는 것을 유추할 수 있다. 하지만 낮은 문턱 전압은 다음 장에서 설명하게 될 누설 전류를 급격하게 증가시킨다는 문제점이 존재한다.

동적 파워와 정적 파워는 앞서 설명한 것과 같이 충돌이 발생한다. 다시 말하면 동적 파워를 줄이기 위해 공급 전원을 줄이게 되고, 이에 따라 성능 저하를 막기 위해 문턱 전압을 낮추게 될 경우 회로에서 발생하는 누설 전류의 급격한 증가를 불러일으키는 것이다. 이전 반도체 공정에서는 동적 파워의 소비량이 정적 파워의 소비량에 비해 크기 때문에 이러한 저전력 기법이 사용되어져 왔으나, 90나노미터 이하의 공정에 들어서면서부터 정적 파워의 소비량이 동적 파워의 소비량만큼이나 중요시되게 되었으며, 또한 더 증가할 것으로 예상되어진다. 이에 저전력 설계 기법을 적용할 경우 이러한 상충 관계를 고려하여야만 할 것이다.

3.1.4 정적 파워

회로 디자인의 파워 소비량에서 중요한 부분을 차지하고 있는 정적 파워는 입력 신호가 변하지 않고 있을 때 기기에서 소비하는 파워 소비량을 말한다[2]. 일반적으로 CMOS, 회로에서 정적 파워는 누설 전류에 의한 소모량을 말하는 것이 일반적이다. CMOS 게이트에서 발생하는 누설 전류는 다음과 같은 중요 네 가지 요인에 의해 발생되어진다. 첫 번째로 하위 문턱 누설 전류(Sub-threshold Leakage : ISUB)로서 트랜지스터가 동작할 때 드레인에서 소스로 정반대의 전류의 흐름으로서 발생된다. 두 번째로는 게이트 누설 전류(Gate Leakage : IGATE)로서 게이트 산화막 관통과 Hot Carrier Injection(HCI)에 기인하여 기판에서의 게이트를 통해 직접적으로 소모되어지는 전류를 말한다. 세 번째로는 게이트 유기 드레인 누설 전류(Gate Induced

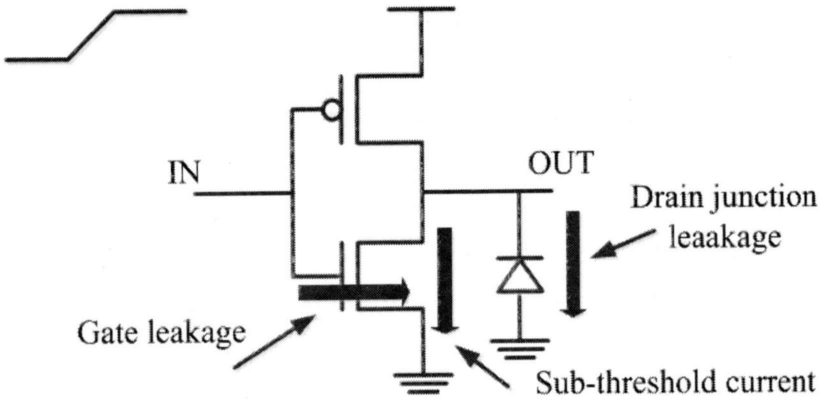

그림 3.6 누설 전류의 종류

Drain Leakage : IGIDL)로서 높은 VDG에 기인하여 기판으로부터 드레인으로 흐르게 되는 전류를 의미한다. 마지막으로 역 바이어스 접합 누설 전류(Reverse Bias Junction Leakage : IREV)로서 공핍 영역 안에서의 전자와 홀의 쌍을 생성과 소수 캐리어 드리프트에 의해 발생되어지는 전류이다. 그림 3.6은 이러한 누설 전류에 보여주고 있다.

하위 문턱 누설 전류는 CMOS가 완전하게 꺼지지 않기 때문에 발생하는 것으로 이는 아래 식과 같이 근사화하여 값을 측정할 수 있다.

$$I_{SUB} = \mu C_{OX} V_{th}^2 \frac{W}{L} \bullet e^{\frac{V_{GS} - V_T}{n V_{th}}}$$

위의 수식에서 W와 L은 트랜지스터의 크기를 말하는 것이며, V_{th}는 thermal voltage을 말한다. 그리고 n의 경우는 회로의 제조공정의 함수로써 1.0에서 2.5사이의 값을 같게 된다. 이와 같은 수식은 하위 문턱 누설 전류는 V_{GS}와 V_T의 차이의 지수 승에 비례한다는 것을 확인할 수 있다. 즉, 동적 파워를 최적화하기 위하여 V_{DD}와 V_T를 낮추게 될 경우 누설 전류가 지수 승의 차이로 증가하게 됨을 나타낸다.

게이트 누설 전류의 경우 게이트 산화막을 관통하는 전류에 의해서 발생하게 된다. 이에 반도체 제조공정이 발달할수록 게이트 산화막의 두께가 얇아지게 될 것이며, 따라서 발생되어지는 누설 전류 또한 증가하게 될 것이다. 일반적으로 기존의 공정에서는 보통 하위문턱 누설 전류가 누설 전류를 대표하였으나, 90nm에 들어섬에 따라 게이트 누설 전류의 값이 하위 문턱 누설 전류의 값의 ⅓을 넘어서게 되었으며,

65nm에서는 동등한 정도의 누설 전류의 소모량을 가지게 되었다. 이러한 문제점을 해결하기 위해서 높은 k값을 가지는 유전 물질을 사용하여 게이트 누설 전류를 줄이기 위한 방법들이 제시되고 있다[3].

하위 문턱 누설 전류는 온도에 따라 지수 승에 비례하여 증가하게 된다. 이는 저전력 회로 설계에 있어서 매우 중요한 문제점이 될 수 있다. 즉, 일반 온도에서는 누설 전류의 양이 수용할 수 있는 허용치를 보여줄 수 있지만, 만약 최악의 온도 상황에서는 회로의 디자인 목표를 초과하게 될 수 있기 때문이다.

3.2 동적 파워 최적화를 위한 설계 방법론

3.2.1 clock 게이팅 기법

회로에서 발생되는 동적 파워의 중요한 한 부분이 clock 네트워크에서 발생되어지는 파워이다. 일반적으로 회로에 발생되는 동적 파워의 약 50% 정도가 clock 버퍼에서 발생된다고 한다. 이러한 clock 버퍼들은 회로의 전체 시스템에서도 가장 큰 toggle rate를 갖게 되며 또한 clock 지연시간을 최소화하기 위해서 높은 구동력을 갖도록 구현된다. 또한 플립플롭에서는 입력과 출력 값이 동일하게 유지된다 하더라도 clock을 받기 때문에 동적 파워를 소비하게 된다.

앞서 말한 파워의 소모량을 줄이기 위한 가장 직관적인 방법은 clock들이 요구되어지지 않을 때는 clock을 사용하지 않도록 하는 것이다. 이러한 방법들을 clock 게이팅이라고 부른다.

최근 회로 디자인에 사용되어지는 상용화 도구에서는 자동적으로 이러한 clock 게이팅 방법을 지원하고 있다. 즉 이러한 도구들은 회로를 인지하여 로직과 함수를 변경하지 않은 상태로 clock 게이팅을 추가할 수 있는 것이다. 그림 3.7은 clock 게이팅을 삽입하는 예시를 보여주고 있다[4].

초기 RTL 안에서의 레지스터는 clock 게이팅 기법의 적용 후에도 EN 신호의 영향을 받지 않거나, 또는 쉽게 업데이트가 가능하였다. 즉, clock 게이팅 적용을 한 후 이전과 같은 신호를 사용하게 되더라도 같은 결과 값을 갖게 된다는 것이다. 만약 레지스터가 하나의 비트만을 포함하게 되었을 경우 clock 게이팅을 사용한다 하더라도 파워의 감소량은 매우 적을 것이다. 하지만 32비트의 레지스터들이라면 하나의 clock 게이팅을 이용하여 32개의 레지스터들을 제어할 수 있게 되며, 이는 무시할 수 없을 만큼의 파워 감소량을 보여줄 수 있게 된다.

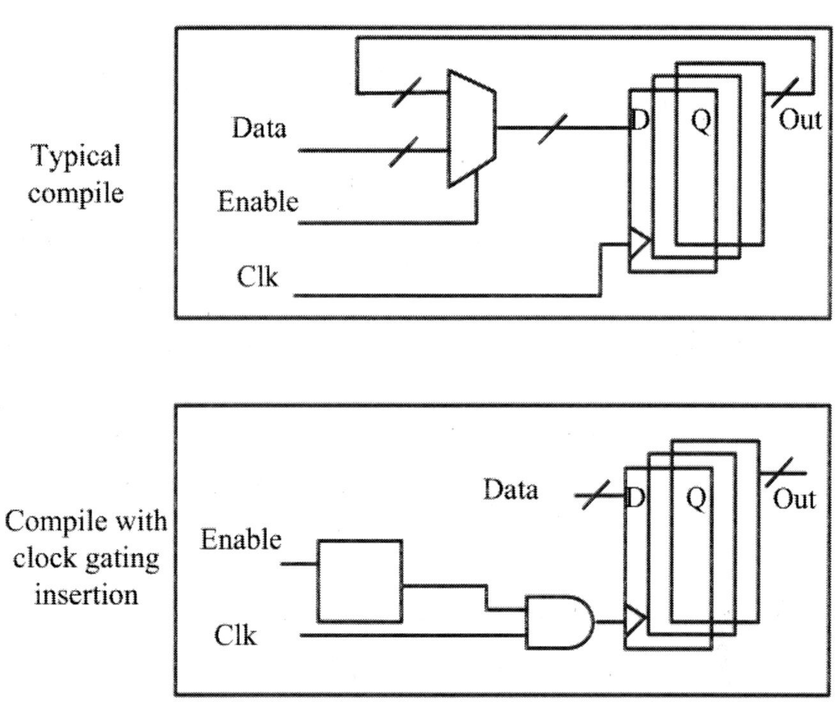

그림 3.7 clock 게이팅 기법

RTL 디자인의 초창기에는 회로 설계자들이 RTL 안에 직접 clock 게이팅 코드를 삽입하였다. 하지만 이러한 방법은 clock 게이팅 동안에 발생하는 glitch와 기능적인 에러들과 같은 문제들이 발생되었다. 최근 상용화된 합성 툴의 경우 clock 게이팅에 대한 특별한 셀 라이브러리를 포함하고 있기 때문에 위와 같은 문제점을 발생시키지 않으면서 자동적으로 clock 게이팅 기법을 적용하여 동적 파워를 줄일 수 있게 되었다. 실제 이러한 clock 게이팅을 실제 회로에 적용을 하였을 경우 동작 모드에 따라 약 34%~43% 정도의 동적 파워 소비를 감소시킬 수 있다[5].

또한 이러한 clock 게이팅 기법을 전체의 clock 트리로 확장하더라도 동적 파워를 감소시킬 수 있다. 이를 clock 게이트 de-cloning 기법이라 한다. 이는 그림 3.8에 나타난 것과 같이 하나의 clock 게이팅 셀을 이용하여 더 많은 clock 트리 상에서의 clock을 조절할 수 있는 방법으로서 clock 트리의 상위 레벨의 clock 게이팅 셀을 삽입하여 구현할 수 있다. 하지만 이러한 방법은 clock 지연시간을 증가시킬 수 있기 때문에 추가적인 버퍼가 요구되어진다. 하지만 하나의 clock 게이팅 셀이 제어할 수 있는 레지스터의 수가 증가하기 때문에 동적 파워를 감소시키는데 효율적이다.

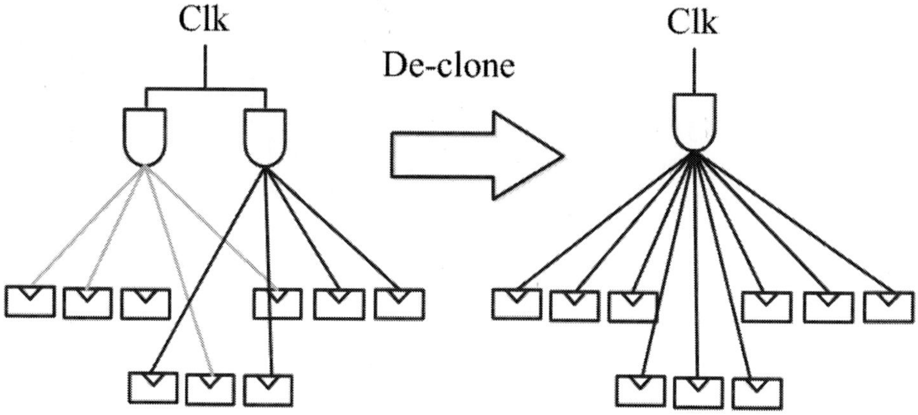

그림 3.8 clock De-cloning 기법

3.2.3 게이트 레벨에서의 파워 최적화 기법

동적 파워를 감소시키기 위해서 상용 디자인 도구에서 지원되는 로직 최적화 방법들이 존재한다. 바로 게이트 레벨에서의 파워 최적화 방법으로 게이트 합병 및 핀 교환 방법 등이다[6].

첫 번째 방법으로 게이트 합병 방법이 있으며, 이는 그림 3.9에 나타나 있다.

그림에서 보는 것과 같이 AND 게이트의 출력이 특별히 높은 활동성을 가지고 있고, 그것이 NOR 게이트의 입력으로 들어가고 있다. 이러한 경우 높은 활동성을 가진 네트를 셀 안으로 들어가게끔 회로를 합병시킬 수 있게 된다. 즉, AND-OR 게이트로 합병시키고 NOT 게이트를 추가하여 구현한다. 이러한 방법으로 구현하였을 경우 높은 활동성을 가진 node는 기존의 셀에서 보다 훨씬 더 적은 커패시턴스 값으로 구동

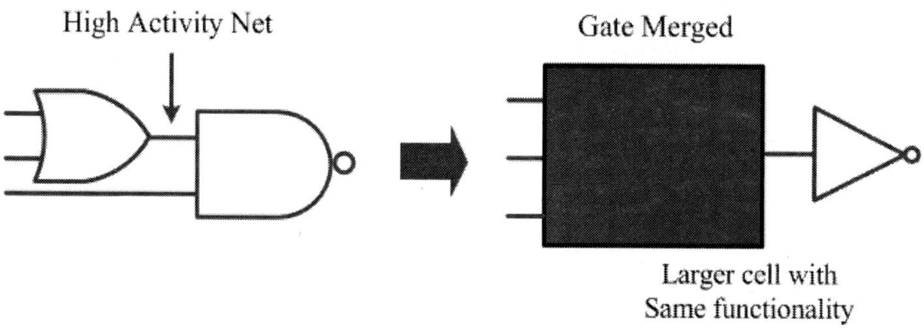

그림 3.9 게이트 합병 기법

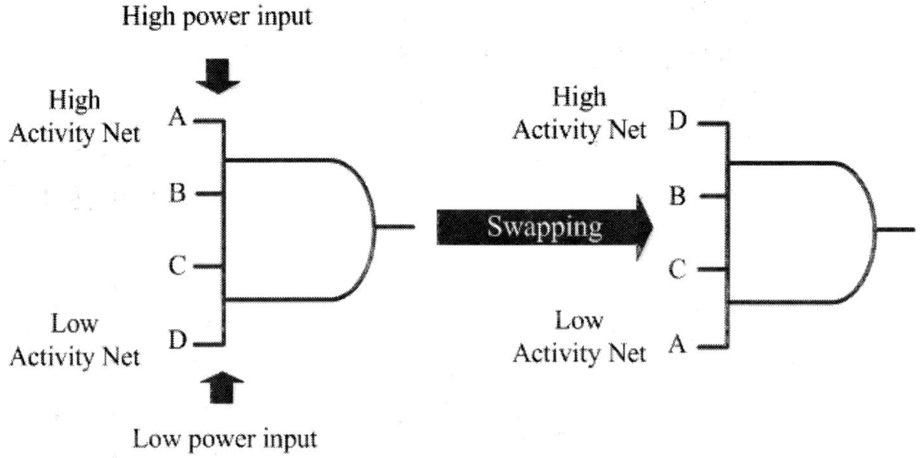

그림 3.10 핀 교환 기법

되기 때문에 결과적으로 동적 파워를 감소시킬 수 있게 된다.

두 번째 방법으로는 핀 교환 방법을 들 수 있고, 이는 그림 3.10에 나타나 있다. 그림에서 보는 것과 같이 AND 게이트의 입력이 왼쪽의 경우 높은 활동성의 네트가 높은 파워를 소비하는 핀에 연결되어 있고, 낮은 활동성의 네트가 낮은 파워의 핀에 연결 되도록 맵핑되어 있다. 다수의 입력이 가능한 게이트의 경우 입력 커패시턴스에 따라 게이트에서 발생하는 동적 파워의 차이가 발생하게 된다. 이렇게 때문에 높은 활동성의 네트에는 낮은 파워의 핀이 맵핑되도록 조정하게 되면 게이트에서 발생되어지는 동적 파워를 감소시킬 수 있게 된다.

게이트 레벨에서의 동적 파워 최적화를 위한 다른 방법으로는 셀의 크기를 변화시키거나, 버퍼를 삽입할 수 있다. 셀의 크기를 변화시키는 방법은 회로의 임계 경로의 지연시간이 회로의 지연시간 목표치를 초과하지 않는 조건으로 셀의 크기를 증가 및 감소시키면서 동적 파워를 최소화시키는 것이다. 버퍼 삽입 방법은 버퍼를 삽입함으로서 게이트 자체의 구동력을 좀 더 키우는 것이다. 이는 파워의 소비가 적은 셀을 강력하게 만드는 방법으로 저전력 회로 구현을 가능하게 해준다.

3.2.3 피연산자 고립 방법

회로에서 발생하는 동적 파워를 감소시키기 위해서 피연산자를 고립시키는 방법이 존재한다. 일반적으로 회로가 동작함에 있어서 회로의 모든 셀들을 사용할 경우는 그렇게 많지 않다. 이에 회로가 동작함에 있어서 사용하지 않는 함수유닛들에 대해서는

Sleep 모드로 변환시키는 것이 피연산자 고립 기법이라고 할 수 있다. 이는 clock 신호를 차단하는 하는 것이 아니라 데이터패스의 신호를 직접적으로 차단하는 것으로 같은 결과를 유도할 수 있게 된다.

피연산자 고립 방법은 고립 회로를 삽입하거나, 회로를 간단하게 변경시킴으로서 구현이 가능하다. 그림 3.11은 피연산자 고립 기법에 대한 예시를 보여주고 있다.

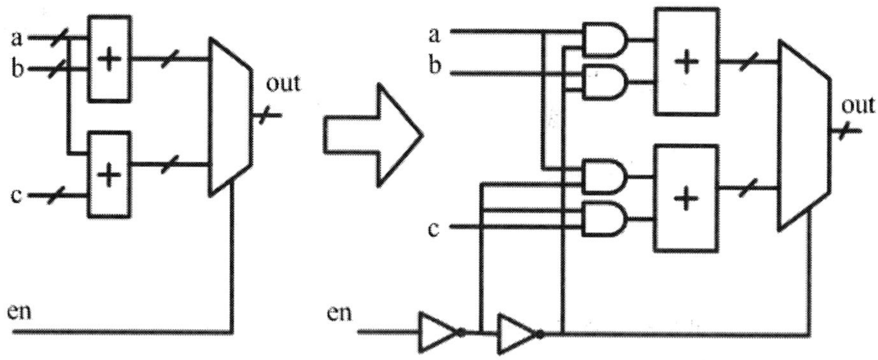

그림 3.11 피연산자 고립 기법

그림에서 보는 것과 같이 먹스의 en 신호를 이용하여 a+b 또는 a+c를 선택하게 된다. 이것은 en 신호에 의해서 특정 덧셈기는 동작할 필요성이 없다는 것을 의미하고 있다. 그림의 오른쪽에서 보는 것과 같이 en 신호에 의해 필요한 덧셈기만을 사용하도록 제어하게 된다면 동작할 필요가 없는 덧셈기는 동작하지 않게 함으로서 발생되어지는 동적 파워를 감소시킬 수 있게 된다.

3.2.4 멀티 공급전원(Multi Voltage)

동적 파워에 대한 수식을 기억해 보면 공급전원 제곱의 값에 비례하는 것을 알 수 있을 것이다. 이에 다양한 공급전원을 두어 선택되어진 블록에 대해서 낮은 공급전원을 사용하게 된다면 동적 파워를 크게 감소시킬 수 있게 된다. 하지만 낮은 공급전원을 사용하게 될 경우 게이트의 지연시간이 증가하기 때문에 이를 고려한 디자인이 필요하게 된다.

그림 3.12는 이러한 멀티 공급전원에 대한 예시를 보여주고 있다. 그림에서 보는 것과 같이 cache 램과 같은 경우 빠른 동작을 필요로 하며, 임계 경로들이 다수 포함되어 있기 때문에 높은 공급전원을 사용하여야만 한다. 또한 중앙처리장치와 같은 경

우 전체 시스템의 성능을 좌우하기 때문에 역시 높은 공급전원으로 동작이 되어야 한다. 하지만 cache의 성능에 의해 중앙처리장치의 서브시스템들의 성능이 영향을 받기 때문에 cache의 공급전원보다는 낮은 공급전원을 사용하여도 무방하다.

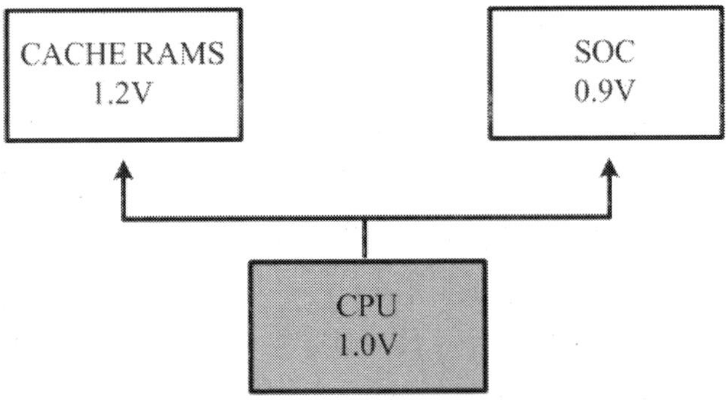

그림 3.12 멀티 공급전원 기법

마지막으로 전체 시스템의 성능에 크게 영향을 미치지 않는 부분들에 대해서는 낮은 공급전원으로 동작하게 회로를 설계할 수 있다. 즉, 그림에서처럼 시스템 온 칩의 경우 중앙처리장치에 비해 낮은 주기에서 동작해도 무방하기 때문에 가장 낮은 공급전원이 인가되는 것을 확인할 수 있다.

이처럼 회로의 특정 부분을 제외한 부분들에 있어서 시스템 지연시간에 대한 제안을 만족시키는 한도 내에서 가장 낮은 공급전원을 인가하도록 하는 것이 회로 전체의 동적 파워를 크게 줄일 수 있는 방법이다.

이처럼 각각의 블록들이 다른 공급전원을 갖도록 회로를 설계하는 것은 약간의 복잡함이 뒤따른다. 즉 이러한 다양한 공급전원을 공급하기 위해서는 각기 다른 파워 레일들이 제공될 수 있도록 IC 핀들을 추가하여야만 하며, 또한 파워 그리드와 각각의 블록들 사이의 신호가 오류없이 전달될 수 있도록 레벨 시프터와 같은 추가적인 회로들이 필요하게 된다. 이제 이러한 멀티 공급전원에 대해 자세히 알아보도록 한다.

멀티 공급전원의 구현을 위해는 다음과 같은 사항들에 대한 고려가 필요하다. 첫 번째로 앞서 말한 레벨 시프터로 다른 파워 레일을 사용하는 블록들 사이의 신호 전달을 위해서 요구되어진다. 두 번째로는 셀 특성화 및 회로의 시간 분석이다. 하나의 공급전원을 사용하는 회로에 있어서 정적 시간분석은 한 개의 공급전원의 관점으로 성능 분석이 가능하며, 라이브러리 또한 동일한 관점에서 특성화 될 수 있다. 하지만 다양한 공급전원에서 동작하는 블록들로 구성된 경우에는 사용되어지는 특정 공급전원에서의 라이브러리만으로는 부족할 수 있으며, 또한 지연시간 분석에 있어서도 복잡함이 추가된다. 세 번째로는 평면 배치 또는 파워 배치 시의 문제점이다. 다양한 파워 도메인을 사용하기 때문에 고려해야 할 사항이 많아지며 파워 그리드의 생성에는 더 복잡함을 가지게 된다. 네 번째로 보드 레벨의 문제로서 다양한 공급 전원을 가진 회로를 디자인하게 될 경우 추가적인 리소스가 요구되어진다. 예를 들어 추가적인 공급전원을 위해 추가적인 레귤레이터가 요구되어지는 것이다. 마지막으로 파워 업과 파워 다운이 요구되어지는 시퀀스이다. 이는 다양한 공급전원을 사용하는 블록들 사이의 데드락을 피하기 위해 적절한 시퀀스가 요구되는 것이다. 이제 이러한 고려사항 중 간단히 몇 개를 살펴보도록 한다.

첫 번째로 공급전원을 변경시키기 위한 인터페이스로 앞서 말한 것과 같이 레벨 시프트가 요구되어진다. 우선 1V의 도메인에서 5V의 도메인으로 신호를 구동시키는 것은 문제가 발생한다. 그것은 1V를 스윙시킨다고 하더라도 5V의 문턱전압을 넘길 수 없기 때문이다. 하지만 최근 대부분의 회로의 내부 전압은 약 1V에 근접하기 때문에 위와 같은 문제점은 발생하지 않는다. 즉, 레벨 시프터를 이용하여 고려해야 할 것은 0.9V의 도메인에서 1.2V 도메인으로의 또는 그 반대로의 신호 구동인 것이다.

이와 같은 레벨 시프트를 배치하는 방법은 다음과 같다. 우선 그림 3.13에서는 세 개의 공급전원 도메인을 가진 회로에서의 2개의 공급전원에서의 전달을 보여준다.

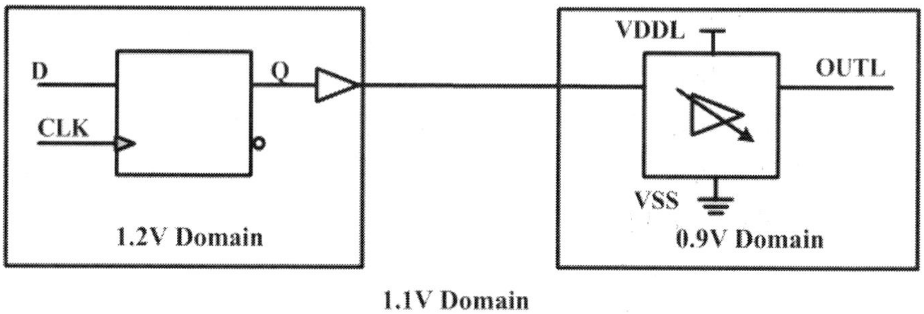

그림 3.13 상위 입력 신호 레벨 시프터

그림에서 보는 것과 같이 높은 공급전원에서 낮은 공급전원으로의 신호 이동 시의 레벨 시프터의 경우 낮은 공급전원 도메인 상에 레벨 시프터가 배치된다. 그것은 레벨 시프터의 공급 전원이 낮기 때문이다. 만약 1.2V 도메인과 0.9V의 도메인간의 거리가 충분히 작고, 라이브러리에 충분히 강한 버퍼가 존재한다면 구동 버퍼를 1.2V

의 도메인에 위치시킴으로서 추가적인 버퍼가 없이도 동작이 가능하다.

그림 3.14는 낮은 공급전원에서 높은 공급전원을 가진 도메인으로의 신호 전달을 위한 레벨 시프터의 모습을 보여주고 있다. 이러한 경우에 레벨 시프터를 어떠한 파워 도메인에 설치해야 할 것인가는 중요한 문제가 아니다. 그 이유는 이러한 경우의 레벨 시프터는 두 개의 파워 레일을 모두 사용하기 때문이다. 그리고 적어도 하나의 레일은 다른 도메인에 연결되어 있어야 한다. 그림에서는 낮은 도메인 상에서 들어가는 신호가 좀 더 큰 전류가 요구되어지기 때문에 출력 버퍼가 필요하며, 레벨 시프터는 1.2V의 도메인에 위치시킨 것을 확인할 수 있다.

두 번째로는 회로의 지연시간에 대한 고려이다. 우선 다양한 파워 도메인 상을 가로지르는 clock 라우팅은 레벨 시프터가 존재한다는 것을 인식해야 한다. 이러한 레벨 시프터는 clock 라우팅을 좀 더 복잡하게 한다. 이에 clock 트리를 합성할 시에 레벨 시프터에 대해 이해해야 할 필요가 있고 적절한 clock 분배가 이루어지도록 해야 한다. 이는 그림 3.14에 나타나 있다.

멀티 레벨 도메인 상에서의 clock 버퍼는 1.1V 도메인에 존재하거나 또는 0.9V 도메인에 존재할 수 있다고 가정하자. 이러한 경우에 1.2V 도메인 상에서의 clock 스큐를 최소화하기 위해서는 각 경우에 대해 모두 분석을 해야만 하는 것이다. 즉, 각 상황에서의 지연시간을 보장하기 위해서 최적화 및 시간 분석이 필요하게 된다.

이러한 상황에서의 지연시간 분석은 하나의 공급전원을 사용하는 것보다 훨씬 복잡해진다. 특정 지정된 몇 개의 전압으로 각각의 블록들이 특정 전압으로 사용되어질 때는 각 공급전압에 해당하는 셀을 특성화하여 각각에 해당하는 지연시간 정보를 분석 툴을 이용하여 검증할 수 있었다. 하지만 멀티 레벨 전압이 사용될 때에는 몇 가지 문제점이 발생할 수 있다. 이는 대부분의 분석 도구들에서의 라이브러리를 고정되어 있으며, 공급전원이 각각의 블록들에 적용되었기 때문이다. 이러한 문제점을 현

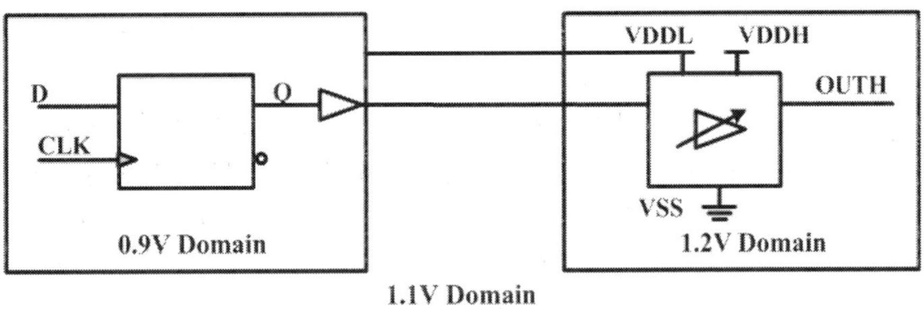

그림 3.14 하위 입력 신호 레벨 시프터

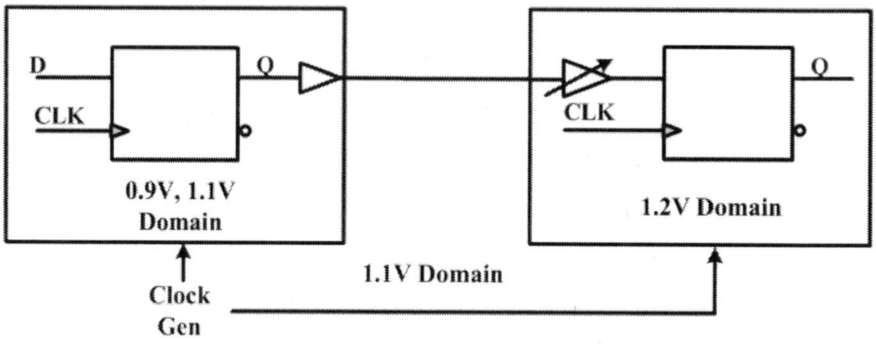

그림 3.15 멀티 공급 전원에서의 clock 분배

재 해결 된 상태이지만 특정 전압에서의 합성 문제, 멀티 레벨 블록에서의 정적 지연시간 분석과 배치에 대한 문제점은 아직도 존재한다. 이를 해결하기 위해서는 각 구동 상태나 전압 레벨에서의 구체적인 지연시간에 대한 제한을 두어야 한다. 예를 들어 멀티 레벨 블록들에 대한 두 개의 지연시간 제한에 대한 집합을 두어야 하는 것이다. 그 하나는 0.9V이며 다른 하나는 1.1V인 것이다. 이러한 제한 사항은 두 개의 다른 동작 모드와 다른 성능에 대한 제한사항 및 다른 clock 속도에 따라 차이점을 가질 것이다. 그러므로 반드시 분석 도구는 0.9V와 1.1V 상에서의 다른 두 지연시간 제한 사항을 모두 고려하여 실행되어야만 하는 것이다.

3.2.5 전압 조정 기법(Frequency and Voltage Scaling Design)

CMOS의 공급 전압을 조절하는 것은 지정된 특정한 범위 내에서 가능하게 된다. 즉, 지연시간 셋업, 홀드 시간 그리고 메모리 접근시간과 같이 동작 전압을 낮추더라도 제한된 범위에 허용이 될 수 있어야 한다. 앞선 장에서는 기본적은 동적 파워의 감소를 위한 멀티 전압 기술에 대해서 기술하였지만, 본 장에서는 workload에 기반하고 있는 공급전압과 clock 주기를 감소시킬 수 있는 전압 조정 기법에 말하고 있다. 그리고 이는 기존의 기술보다 동적 파워의 감소에 효율적이다. 이러한 전압 조정 기법은 시스템 설계와 구현에 있어서 복잡함을 가져오지만 배터리로 동작하는 휴대용 기기들에게 있어서 매우 적합하다. 회로 안의 모든 로직들은 항상 제한된 시간 내에 동작하는 것을 목표로 하고 있지만, 많은 시스템과 그 안에서 동작하는 기능들은 각기 다른 성능 프로필을 가지고 있다. 그러므로 프로세스나 멀티미디어 서브시스템과 같은 다양한 회로 및 기능들을 수행함에 있어서 동적으로 전압 조정 기법을 적용하게 될 경우 배터리의 성능에 큰 향상을 가져다 줄 수 있다.

앞서 설명한 동적 파워에 대한 수식을 살펴보면 동적 파워는 clock 주기에 비례한다는 것을 확인할 수 있다. 즉, 최고의 성능이 요구되어지지 않는 기능이나 회로에 있어서는 clock 주기를 감소시킴으로서 동적 파워를 감소시킬 수 있게 된다. 그림 3.16은 전압과 clock 주기에 대한 비례 관계를 보여주고 있다.

그림에서 확인할 수 있듯이 clock 주기는 전압에 비례하여 회로의 동작 구간이 생성되어지며, 전압 또한 특정 프로세스의 최고 전압 및 회로의 동작에 신뢰성이 보장되어지는 최저 전압으로 구성되어진다. 이와 같이 clock 및 전압을 조정하여 회로를 동작시키는 것은 동적 파워를 감소시킬 수 있으며, 이는 파워의 면적에 해당하는 에너지를 감소시킬 수 있게 된다. 하지만 누설 전류에 대해 고려하지 않은 상태에서 만약 clock 주기를 반으로 낮추어 동적 파워를 감소시키게 될 경우는 약 두 배의 동작 시간이 걸리는 것은 감안해야 한다.

전압 조정 기법은 다음과 같은 4가지 방법들이 존재한다. 첫 번째는 정적 전압 조정기법(Static Voltage Scaling : SVS)으로 각기 다른 블록 또는 서브시스템들이 각각 다른 공급전원을 사용하도록 하는 방법이다. 두 번째로는 멀티 레벨 전압 조정기법(Multi-level Voltage Scaling : MVS)이다. 이는 정적 전압 조정기법을 확장한 것으로 각각의 블록 또는 서브시스템은 두 개 또는 그 이상의 전압 레벨로 변경되어지는 것이다. 하지만 단지 몇 개의 레벨만이 존재하며, 각 실행환경에 따라서만 전압이

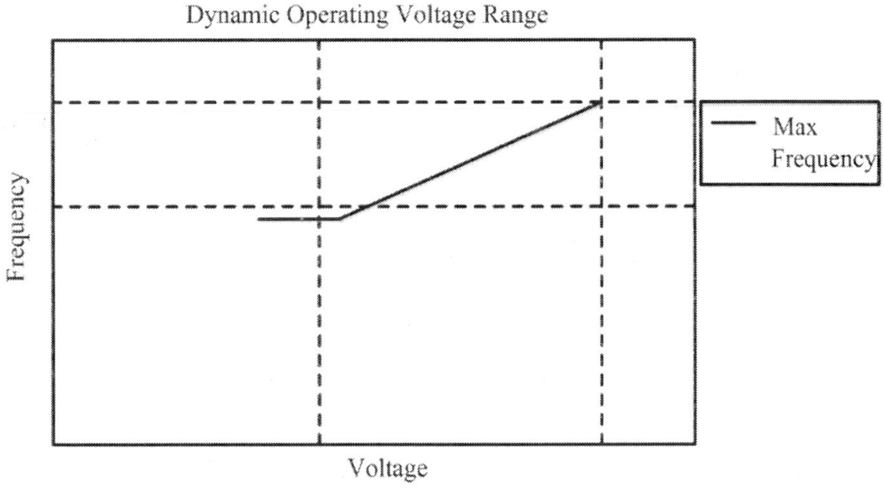

그림 3.16 전압과 clock 주기의 관계

변경되어지는 것이 한계이다. 이 두 가지 방법이 앞서 설명한 멀티 공급전원에 대한 방법들이라고 할 수 있다. 세 번째는 동적 전압 및 주기 조정 기법(Dynamic Voltage and Frequency Scaling : DVFS)으로 이는 멀티 레벨 전압 조정 기법을 확장한 것으로 다양한 전압 레벨이 존재하며, 워크로드에 따라서 동적으로 전압의 레벨을 조절할 수 있도록 하는 방법이다[7][8]. 마지막으로는 적응 전압 조정 기법(Adaptive Voltage Scaling : AVS)으로 동적 전압 및 주기 조정 기법을 확장한 것으로 추가적인 제어 모듈이 존재하며 이를 통해 다양한 상황에 따라 전압을 조절할 수 있도록 하는 기법이다[9][10]. 본 장에는 동적 전압 및 주기 조정기법과 적응 전압 조정 기법에 대해서 살펴보도록 한다.

첫 번째로 동적 전압 및 주기 조정기법(DVFS)에 대해 살펴보도록 하겠다. 이는 앞서 설명한 것과 같이 워크로드가 변경됨에 따라 다양한 전압 레벨을 적용하여 각 작업들의 데드라인을 초과하지 않으면서 최적의 전압레벨을 적용하여 효과적으로 동적 파워를 줄이는 방법이다.

그림 3.17은 동적 전압 및 주기 조정기법의 간단한 원리를 보여주고 있다. 그림에서 보는 것과 같이 동적 전압 및 주기 조정 기법을 적용하지 않은 경우 해당 작업은 높은 주기를 갖게 되며, t_1의 시간에 작업이 완료되며, 데드라인에 도달할 때까지는 리소스를 낭비하게 된다. 하지만 동적 전압 및 주기 조정 기법을 적용하였을 경우 작업의 데드라인에 침범하지 않는 적당한 주기를 선택하여 작업을 완료시키는 것을 확인할 수 있다. 위와 같은 경우 소비되어지는 에너지는 같은 수 있지만 저전력 측면에서는 효율적이라는 것을 확인할 수 있다. 즉, 이는 앞서 설명한 것과 같이 동적 파워

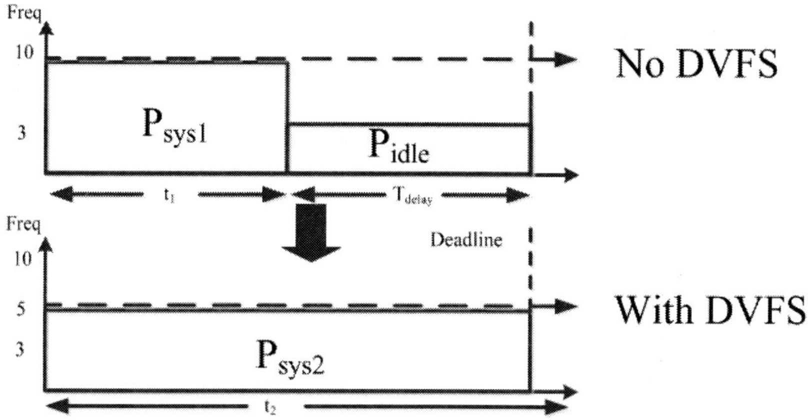

그림 3.17 동적 전압 및 주기 조정 기법의 효과

는 주기에 비례하기 때문이라고 할 수 있다.

그림 3.18은 동적 전압 및 주기 조정 기법을 적용한 회로의 모습을 보여주고 있다. 중앙처리장치 서브시스템의 경우 프로그램할 수 있는 공급 전원에 의해 전원이 공급되어지고, 회로의 나머지 부분은 고정되어진 공급 전원에 의해 전원이 공급되어진다. 위상 고정 루프(PLL)는 시스템 clock 제너레이터에 높은 clock 속도를 제공하게 되며, 그것은 중앙처리장치 clock과 시스템-온-칩 clock을 구분하여 생성하기 위해 디바이더를 사용한다. 전압 및 주기 조정을 실행하기 위해서 소프트웨어는 첫 번째로 특정 작업이 요구하는 최소한의 중앙처리장치의 clock 속도를 결정해야 한다. 그 후 그러한 clock 속도를 지원할 수 있는 가장 낮은 공급 전압을 결정한다.

이러한 clock 주기를 결정하는 방법은 두 가지 방법이 존재한다. 첫 번째 방법으로는 목표 clock 주기를 현재의 주기보다 높게 생성하는 것으로 이는 다음의 절차를 따르다. 우선 중앙처리장치는 새로운 전압을 위해 공급 전원을 프로그램한다. 중앙처리장치 서브시스템은 전압이 새로운 값으로 결정되기 전까지는 현재의 clock 주기를 바탕으로 동작한다. 그 후 중앙처리장치는 전압에 맞는 새로운 clock 주기를 계산한다. 만약 clock 주기가 디바이더 값 안에서의 변경만이 요구되어질 경우, 시스템 clock 제너레이터에 의해 새로운 값으로 프로그램된다. 이 구간에서도 중앙처리장치는 동작하여야 한다. 하지만 만약 새로운 clock 주기가 위상 고정 루프의 주기를 변화시켜야 할 경우 중앙처리장치는 새로운 주기를 적용하기 위해서 위상 고정 루프를 프로그램한다. 두 번째 방법으로는 목표 clock 주기를 현재의 주기보다 낮게 생성하

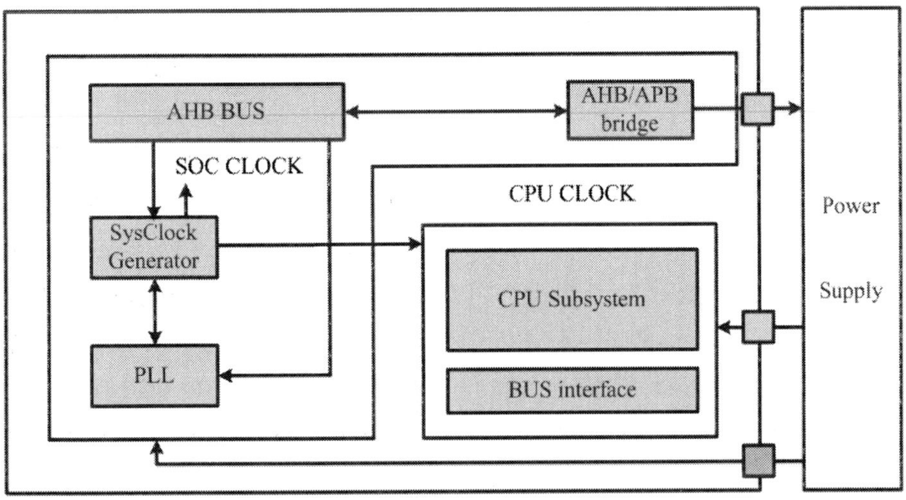

그림 3.18 동적 전압 및 주기 조정 기법의 구조도

는 것으로 이는 다음의 절차를 따른다. 우선 중앙처리장치는 새로운 clock 주기를 프로그램 한다. 만약 clock 주기가 디바이더 값 안에서의 변경만이 요구되어질 경우 시스템 clock 제너레이터에 의해 새로운 값으로 변경된다. 하지만 만약 새로운 clock 주기가 위상 고정 루프의 주기를 변화시켜야 할 경우 중앙처리장치는 새로운 주기를 적용하기 위해서 위상 고정 루프를 프로그램한다. 그후 중앙처리장치는 새로운 전압을 위해서 공급전원을 프로그램한다. 중앙처리장치 서브시스템은 전압이 새로운 값으로 결정되기 전까지는 현재의 clock 주기를 바탕으로 동작하게 된다. 이처럼 목표 clock 주기를 낮추는 것과 높이는 것은 현재 동작하고 있는 작업에 대한 안정성을 위하여 약간의 수행순서의 변경이 요구되어진다.

작업이 수행 중에 다양한 clock 주기와 전압이 적용되는 것은 회로 설계에 있어서 새로운 변화였고, 이에 새로운 문제점을 야기하게 되었다. 첫 번째로 지원할 수 있는 전압과 clock 주기를 결정해야 하며, 두 번째로 지연시간에 대한 모델링 기법이다. 마지막으로 clock 제너레이터와 공급 전원을 회로에 안정적으로 적용하는데 요구되어질 수 있는 시간에 대한 문제이다.

대부분의 동적 전압 및 주기 조정 기법은 전압/주기에 대한 조합을 미리 정의하여 사용하고 있다. 이에 지원할 수 있는 조합을 결정하는 것은 디자인에 있어서 매우 중요한 문제이며, 또한 적용 대상에 따라 매우 의존적이 된다. 몇 개의 동작 조합을 생성해야 하는 것인가도 매우 중요한 문제가 된다. 만약 적은 개수의 동작 조합이 존재하고 있다면 두 조합 사이의 주기 및 전압의 차이가 크게 발생하기 때문에 효율적인 동적 전압 및 주기 조정 기법을 적용할 수 없게 되며, 다수의 동작 조합이 존재하게 된다면 다양한 목표 전압을 선택해야 하기 때문에 추가적인 동적 전압 및 주기 조정 시간이 요구되어지게 된다. 이에 동작 조합에 대한 개수를 분석을 통해 결정해야만 한다. 우선 다수의 워크로드를 위한 적절한 clock 주기는 무엇인지 분석해야 하며, 다양한 위상 고정 루프 구간을 통하여 그것의 주기를 변경하지 않고 clock 디바이더 값만을 변경하여 해당 주기에 적당한 clock 주기를 선택할 수 있도록 한다. 마지막으로 각 목표 주기들을 지원할 수 있는 전압들이 얼마인지 분석해야 하는 것이다.

동적 전압 및 주기 조정 기법의 제약사항 중 하나는 전압과 지연시간의 조합이 제한된 구간 내에서 단조롭게 결정된다는 것이다. 하지만 그 조합들이 항상 온도 반전 구간 내에서 동작되는 경우가 존재한다. 회로 내에서의 온도 반전 현상은 나노 공정에서 지연시간과 전압의 단조로운 조합에 의해서 보다 자주 나타나게 된다. 다시 말해서 지연시간이 증가 될 때 온도도 증가하는 것이 일반적이나 특정 전압 아래에서는 이러한 관계가 역으로 발생해 지연시간이 감소하더라도 온도가 증가되는 현상이 발

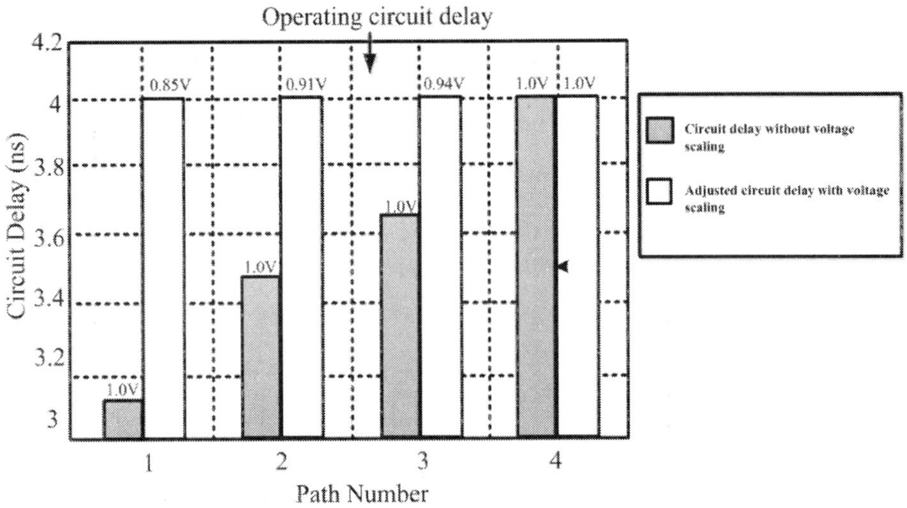

그림 3.19 전압 조절로 인한 임계 경로의 확장

생하는 것이다. 이러한 현상은 V_T에 의한 함수로 정의될 수 있고, 온도 반전 현상은 높은 V_T와 낮은 V_T를 가진 셀들 사이의 다양한 온도 반전 지점이 존재하게 된다. 하지만 이러한 관계를 고려하여 전압을 크게 낮추게 되면 일반 회로의 경로가 갑자기 임계 경로로 발생하는 경우가 존재하게 된다. 이는 그림 3.19에 나타나 있는 것처럼 일반 경로인 패스 1~3이 전압 조절로 인하여 임계 경로가 되는 것을 확인할 수 있다. 이에 전압과 지연시간은 더 이상 단조로운 조합으로 생성할 수 있는 것이 아니며 이에 전압 조정 기법은 더욱더 어려운 문제가 되고 있다.

3.2.6 적응 전압 조정 기법(AVS)

전압 조정 기법들은 종종 'open-loop' 기법으로 묘사되어진다. 또한 전압과 주기의 조합은 효율적인 전압 조정을 위한 필수 요건이라고 할 수 있다. 그러나 적응 전압 조정 기법은 시스템-온-칩 안에 공급 전원을 조절을 위한 모듈과 지연시간의 성능을 감지할 수 있는 모니터를 구현하였기 때문에 'close-loop feedback' 시스템으로 불려진다. 칩 안의 성능 모니터는 칩 안에서의 공급 전압의 조절뿐 아니라 온도에 의한 효과, 공정변이에 의한 정보도 인식하여 효과적인 전압조절을 가능하게 한다.

그림 3.20은 이러한 적응 전압 조정 기법을 간략하게 표현한 것이다. 각 고립되어 있는 전압 블록들은 각각 성능 모니터를 두어 블록의 현 상태를 파악하여 대항 블록들의 전압을 선택 및 조절할 수 있게 된다.

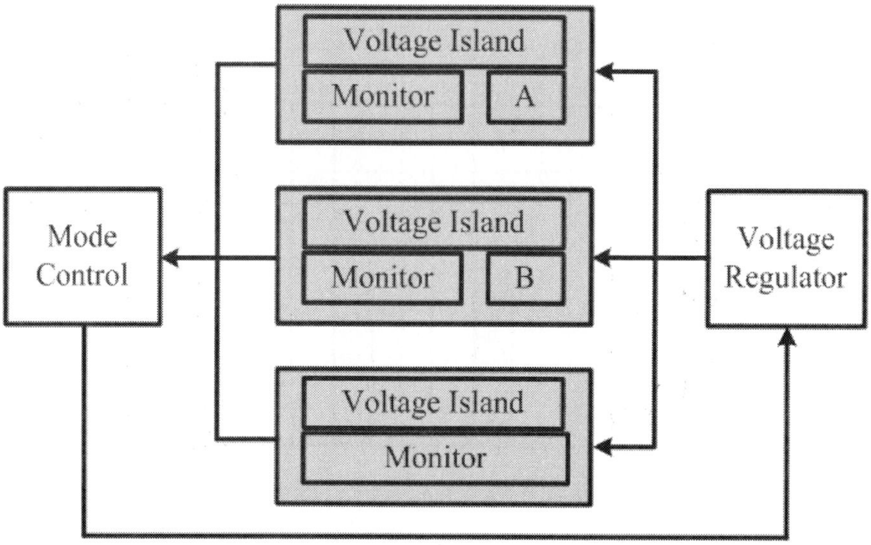

그림 3.20 적응 전압 기법에 대한 구조도

현재 이러한 기법이 적용된 상용화 도구의 실험결과에 따르면 고정된 전압을 사용하게 될 경우를 100%라고 가정하였을 경우 동적 전압 및 주기 조정 기법에서는 약 36%의 에너지 절감 효과를 보이고, 적응 전압 조절 기법에서는 약 64%의 에너지 절감 효과를 보인다고 나타나 있다[11].

3.3 정적 파워 최적화를 위한 설계 방법론

3.3.1 멀티 문턱전압 로직

반도체 제조공정이 130nm에서 45nm까지 발전함에 따라 멀티 문턱전압을 사용하여 누설 전류를 줄이는 것은 가장 일반적인 기술이 되었다. 그림 3.21은 멀티 문턱전압 라이브러리 상에서의 누설 전류 대 지연시간의 변화 정도를 보여주고 있다. 하위 문턱전압 누설전류의 수식을 기억해보면 알 수 있듯이 하위 문턱전압 누설전류는 V_T의 지수 승에 비례하고 있기 때문에 V_T가 지연시간에 미치는 영향은 누설전류의 변화량만큼은 미치지 못한다.

최근에는 멀티 문턱전압의 라이브러리를 2가지 또는 3가지 버전의 셀 정보로 제공한다. 낮은 문턱전압과 표준 문턱전압, 그리고 높은 문턱전압이 그것이다. 이러한 라

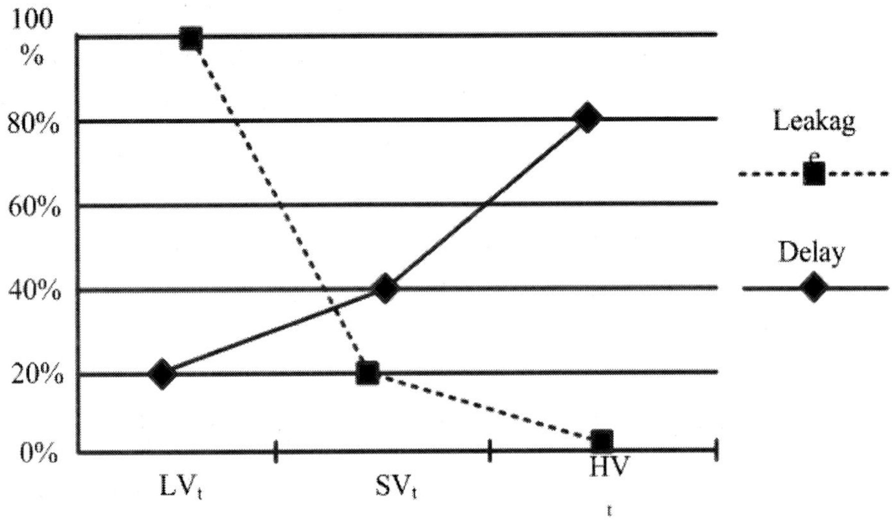

그림 3.21 누설전류와 지연시간의 관계

이브러리의 제공은 회로의 지연시간과 파워를 최적화하는데 있어서 많은 이점을 가져다 줄 수 있다. 이러한 멀티 문턱전압을 이용하여 회로를 디자인 하는데 있어 다음과 같은 특징을 보인다. 첫 번째로 낮은 문턱전압을 이용하여 회로 디자인을 할 경우 트랜지스터의 구동력이 높아지며 높은 속도를 보장하나, 많은 누설전류를 발생시키며 공정변이와 같은 환경변수에 민감하다는 단점이 있다. 두 번째로 높은 문턱전압을 이용하여 회로 디자인을 할 경우 적은 누설전류의 발생과 환경변수의 민감도가 적다는 장점이 있지만 트랜지스터의 구동력이 낮아지며, 이에 따라 트랜지스터의 속도가 줄어든다는 단점이 존재한다. 예를 들어 만약 10배 만큼의 누설전류의 감소가 가능하지만 구동 속도에 있어서는 약 2배에서 3배 정도의 패널티를 갖게 된다. 마지막으로 표준 문턱전압을 사용하여 회로를 디자인할 경우는 회로의 최적화 부문에 있어서 누설전류와 지연시간의 상호관계에 따라 조절하는데 사용되어진다.

최근 회로 디자인에서는 듀얼 문턱전압을 사용하여 합성을 하는 것이 일반적이다. 이러한 방법은 회로가 요구하는 지연시간을 만족시키며, 낮은 문턱전압을 사용하는 트랜지스터의 수를 최소한으로 하는 것을 목표로 한다. 이는 초기에 높은 VT를 가진 트랜지스터를 이용하여 합성을 하고 추후 목표 지연시간에 도달할 때까지 다른 문턱전압을 가진 라이브러리를 추가하여 단계별로 최적화하는 것이다.

일반적으로 파워를 최적화하는데 있어서 최소의 성능은 만족시켜야만 한다. 즉 이

말은 앞서 설명한 것처럼 높은 성능과 높은 누설 전류를 발생시키는 라이브러리를 초반에 사용하게 되고 임계경로에 존재하지 않는 트랜지스터들을 우선으로 하여 낮은 성능과 낮은 누설전류를 발생시키는 트랜지스터로 교환하는 것을 말한다. 만약 누설전류의 최적화가 최소의 성능 보장보다 더 중요하다면, 이와 같은 방법은 유용할 것이다. 하지만 반대의 상황이라면, 낮은 누설전류를 갖고 낮은 성능을 갖는 트랜지스터를 기반으로 초기 합성을 수행한 후 임계 경로로 분석되어지는 부분에 있어서 누설전류의 발생을 감수하더라도 좀 더 높은 성능을 갖는 트랜지스터로 교환하는 방법을 사용한다.

3.3.2 Retention 레지스터를 이용한 공급전원 차단 기법

본 장에서 설명하고 있는 공급전원 차단 기법은 파워 게이팅 기법 또는 고립 기법과 유세한 기능을 수행하지만 가장 큰 차이점은 공급전원이 차단되더라도 현재 상태의 정보를 유지할 수 있다는 것이다. 이에 만약 다시 해당 블록에 파워의 차단이 해제될 경우 외부 자원에 의해서 기존의 상태를 회복해야만 하는 것이다. 이러한 상태를 회복이 가능한 공급전원 차단 기법 중 가장 대표적인 것이 retention 레지스터를 사용하는 것이다. 이외에도 소프트웨어를 이용한 기법이나 스캔 기반의 기법들이 존재한다.

그림 3.22에서는 retention 레지스터를 이용한 공급 전원 차단 기법을 보여주고 있다. 그림에서는 해당 블록에서의 전원 차단에 의한 상태 손실을 막기 위해 일반 레지스터가 아닌 retention 레지스터를 사용하고 있다는 것을 확인할 수 있다. 이러한 retention 레지스터의 경우 'shadow 래치'라고 불리는 추가적인 래치를 이용하여 공급 전원이 차단되었을 경우 해당 상태를 저장하고, 차단이 해제되었을 경우 해당 상

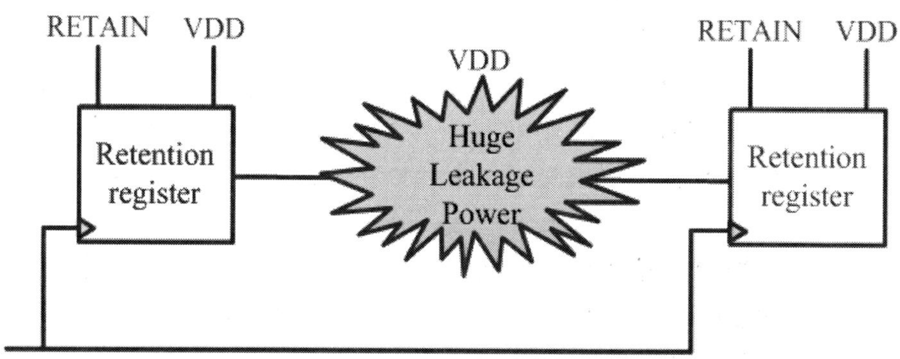

그림 3.22 Retention 레지스터를 적용한 전압 차단 기법

태를 회복시키는 기능을 수행한다. 또한 retention 레지스터에 의해서 차단되어지는 블록의 경우 큰 누설전류를 발생시킬 수 있는 가능성이 잠재되어 있는 곳으로 선택되어지며, 해당 블록들이 사용되지 않을 경우 공급전원을 차단하게 되면 누설전류의 큰 감소를 가져올 수 있게 된다.

이러한 저전력 기술을 적용하기 위해서는 앞서 설명한 것처럼 retention 레지스터를 사용하는 것이 일반적이다. 이러한 retention 레지스터는 다양하게 구현이 가능하다. 본 장에서는 두 가지 종류에 대해서 살펴보도록 한다. 그림 3.23은 retention 레지스터의 두 가지 경우를 보여준다. 우선 공통적으로 기본 레지스터의 경우 일반적인 master-slave 래치를 사용하게 되며, 'VDD_SW'에 의해서 레지스터의 동작이 제어된다. 또한 clock과 데이터, 그리고 'RESETN' 핀들이 기본 레지스터의 입력으로 들어간다. 또한 추가적인 래치인 그림자 레지스터인 'RET'의 경우 상태의 저장과 회복에 대한 기능을 수행하며, 항상 전원이 공급되어지는 'VDD' 레일과 연결되어 있다. 위의 기본적인 정보를 바탕으로 좌측의 레지스터의 경우 저장 신호에 의해 기본 레지스터의 값이 그림자 래치에 저장되며, 회복 신호에 의해 그림자 래치의 값이 기본 레지스터로 전달된다. 반면 우측의 retention 레지스터의 경우 'RETAIN'의 값이 high 값이라면 기본 레지스터의 값을 그림자 래치로 저장하고, 만약 그 값이 low 값이라면 그림자 래치에 있는 상태가 기본 레지스터로 전달된다.

이러한 retention 레지스터의 특징으로 인하여 해당 블록들의 공급전원을 차단하더라도 기존의 상태를 유지할 수 있어 다시 동작하게 될 때 해당 기법의 적용이전의

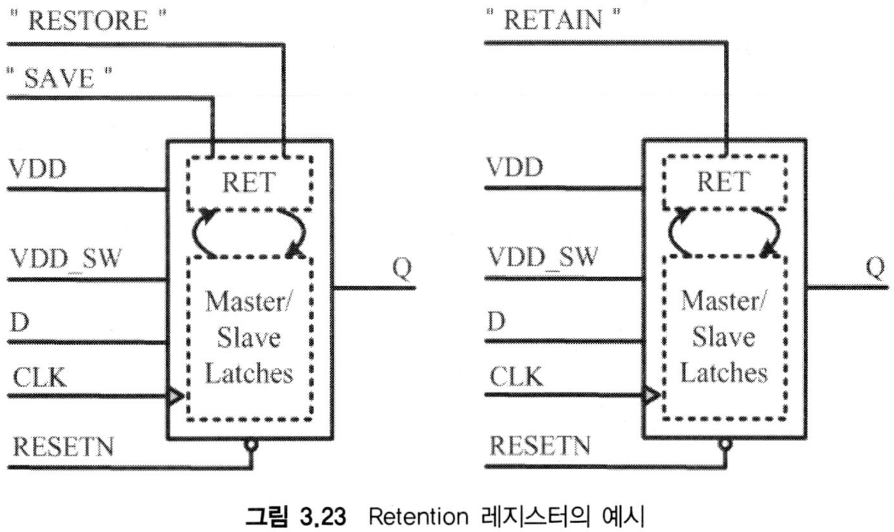

그림 3.23 Retention 레지스터의 예시

결과 값과 같은 상태를 유지할 수 있게 된다. 이러한 기법은 해당 블록의 공급전원의 차단에 의해 누설전류의 및 동적파워를 감소시킬 수 있으나, 추가적인 래치 및 신호에 의해 면적 증가 및 다이의 크기의 증가를 가져온다. 또한 회로가 동작하고 있을 경우는 추가 회로로 인하여 동적 파워의 소모량이 증가한다는 단점이 존재한다.

3.3.3 고립 셀과 고립 로직(Isolation Cell and Isolation Logic)

고립 로직의 경우 해당 파워 도메인에 대한 셧 다운이 가능할 때 사용하는 저전력 설계 기법이다. 우선 고립 로직을 설명하시에 앞서 기본이 되는 신호 고립 기법에 대해서 간단히 알아보도록 한다. 신호 고립 기법은 공급전원이 차단되는 블록들의 출력을 제어하기 위한 기법으로 고립 셀을 이용하여 특정 블록의 출력을 고정하는 기술을 말한다.

이러한 고립 셀은 다음과 같은 3가지로 분류가 가능하다. 첫 번째로 신호를 '0'으로 고정하는 셀과 두 번째로 '1'로 고정하는 셀, 그리고 마지막으로 가장 최근의 상태로 고정하는 셀이 그것이다.

그림 3.23에서 보는 것과 같이 출력을 '0'으로 고정시키는 셀의 경우 AND 게이트를 이용하며, 출력을 '1'로 고정시키는 경우는 OR 게이트를 사용한다.

AND 게이트를 이용한 고립 셀의 경우 'ISOLN'의 값이 high 값이면 'X'의 신호가 통과할 것이며, low 값인 경우 신호가 고정되는 것이다. 또한 OR 게이트를 이용한 고립 셀의 경우는 이 반대로 동작하게 된다. 이러한 고립 셀들은 추가적인 게이트를 통과하기 때문에 회로의 지연시간이 증가될 수 있고, 이에 임계 경로들에게는 적합하지 않은 기법이라는 것을 주의해야 한다.

이처럼 앞서 설명한 고립 셀을 이용하여 특정 블록, 또는 로직을 셧 다운시키는 것을 고립 로직이라고 한다. 고립 셀과 마찬가지로 고립 로직 역시 입력 신호의 부유현상(float)이 발생하였을 때의 불필요한 파워 소모를 줄이기 위한 목적을 가지고 있다. 단지 두 방법의 차이점은 특정 셀 또는 블록에의 적용에 대한 것만이 존재한다. 그림 3.25는 앞서 설명한 고립 셀을 이용하여 고립 로직을 구현한 것이다. 그림에서 보는

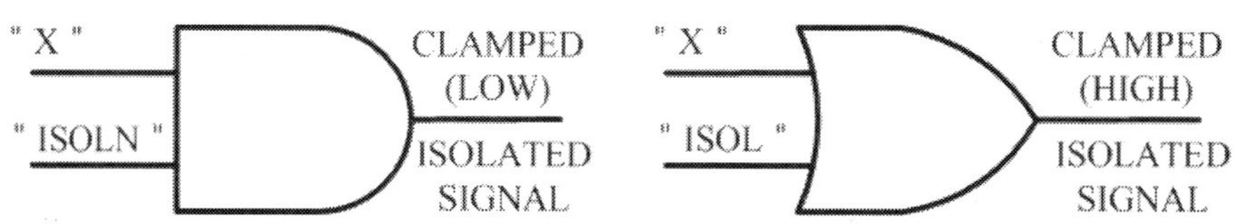

그림 3.24 고립 셀의 예시

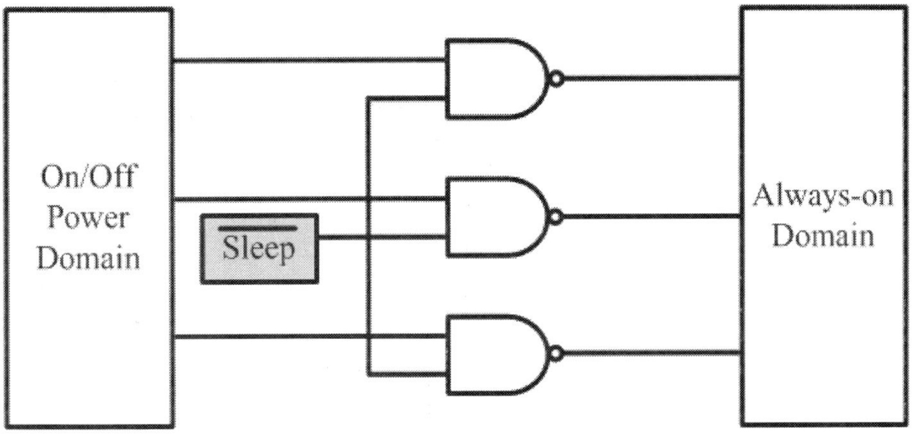

그림 3.25 고립 셀을 적용한 고립 로직

것과 같이 $\overline{Sleep}$ 신호는 차단이 가능한 파워 도메인의 출력을 제어하여, 항상 동작되어야 하는 블록들의 입력 값을 고정시킬 수 있는 역할을 하게 된다.

3.3.4 Body Biasing

Body biasing 기법이란 회로의 레이아웃을 실시하는 도중 트랜지스터의 바디들에 bias 네트워크를 연결하는 것을 의미한다. 이러한 body bias의 경우 외부 소스, 또는 내부 소스에 의해서 지원되어질 수 있다. 내부 소스에 의해 지원되어지는 경우 보통 역 바디 바이어스(reverse body bias) 기법을 지원하기 위해서는 charge pump circuit를 포함하고 있으며, 정 바디 바이어스(forward body bias) 기법을 지원하기 위해서는 voltage divider를 포함하게 된다. 일반적으로 역 바디 바이어스 기법의 경우 n-채널 트랜지스터에 negative 바디-소스 전압을 지원해주는 방식을 택하고 있으며, 이는 문턱전압을 높여주기 때문에 트랜지스터의 구동 시간은 늦춰지게 되지만 더 적은 누설전류를 발생시키게 된다. 이와는 반대로 정 바디 바이어스의 경우 n-채널 트랜지스터에 positive 바디-소스 전압을 지원해주는 방식을 택하고 있으며, 이는 문턱전압을 낮추게 만들기 때문에 트랜지스터는 구동 시간은 짧아지게 되지만 좀 더 많은 누설전류를 발생시키게 된다. 이와는 반대의 방식으로 p-채널 트랜지스터에 적용하게 되면 역 바디 바이어스와 정 바디 바이어스 기법을 구현할 수 있다. 그림 3.26은 누설전류를 줄이기 위해서 역 바디 바이어스를 표현한 것으로 n-채널에는 negative 값을 적용하게 되며, 만약 p-채널에 적용할 경우는 positive 값을 적용해주는 것을 확인할 수 있다.

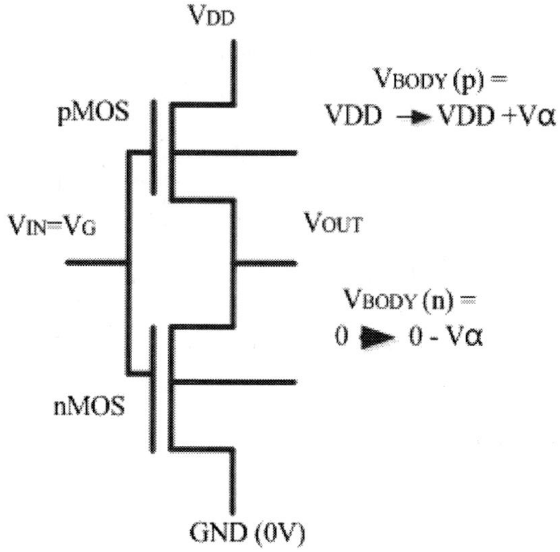

그림 3.26 역 바디 바이어스의 구조도

이러한 바이 바이어스의 경우 다음과 같은 세 가지 방식이 존재한다. 첫 번째로는 고정된 바디 바이어스(fixed body bias)이며, 두 번째로는 적응성 바디 바이어스(adaptive body bias), 마지막으로 동적 바디 바이어스(dynamic body bias)가 존재한다.

우선 가장 간단한 바디 바이어스 방식은 고정된 바디 바이어스 기법이다. 이 기법은 회로의 디자인 시 바디 바이어스의 값을 미리 정해 놓은 후 모든 칩에 동일한 값을 적용하는 것을 말한다. 이러한 방식은 파워 게이팅 기법을 함께 적용할 때 그 효과가 더욱 부각될 수 있다. 예를 들어 파워 게이트로 연결된 블록들에 한하여 고정된 바디 바이어스가 적용이 된다면 해당 블록들에서 발생되어지는 누설전류를 더욱 줄일 수 있게 될 것이다.

두 번째 방법으로 적응성 바디 바이어스 기법이다. 이는 회로의 테스트 시 각각의 칩들에 대해 다양한 바디 바이어스의 값들을 지정해주는 것을 말한다. 이러한 적응성 바디 바이어스 기법은 회로에서 발생되어지는 다양한 변이들에 대처할 수 있을 뿐만 아니라 회로의 지연시간과 누설전류의 값도 제어할 수 있다. 예를 들어 만약 정 바디 바이어스를 적용하게 된다면 트랜지스터의 문턱 전압의 값이 낮아지면서 좀 더 빠른 회로로 동작하게 될 것이다. 그와는 반대로 역 바디 바이어스를 적용하게 되면 트랜지스터의 문턱전압이 높아지면서 많은 누설전류를 감소시킬 수 있게 되는 것이다. 이러한 적응성 바디 바이어스를 적용하게 될 경우 문턱전압의 변이성을 감소시킬 수 있

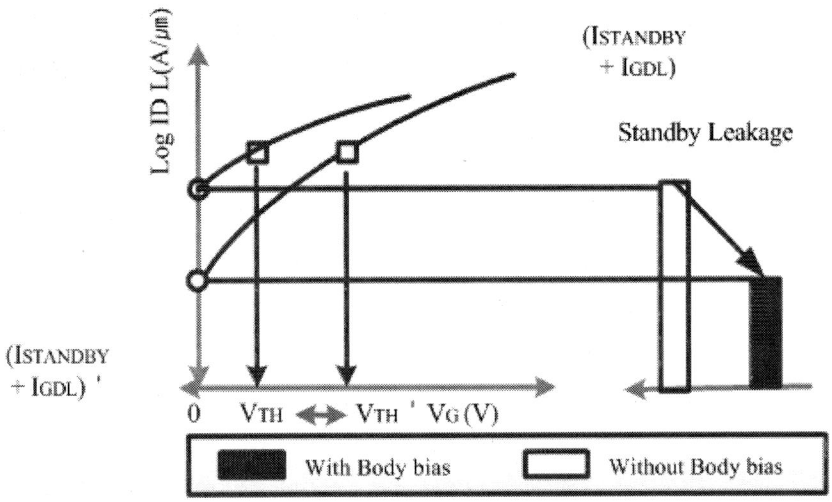

그림 3.27 역 바디 바이어스의 효과

으며, 전체적인 회로의 수율 확보도 가능하게 한다. 그림 3.27은 누설전류를 감소시키기 위한 역 바디 바이어스의 효과를 보여주고 있다[12][13][14].

마지막으로 동적 바디 바이어스 기법이 존재한다. 이 방법은 회로가 동작할 시에 동적으로 바디 바이어스의 값을 변경시키는 것을 말한다. 이러한 동적 바디 바이어스의 경우는 회로에서 발생되어지는 온도변화나, 노화현상 등을 고려할 수 있을 뿐만 아니라 저전력을 위한 시스템을 위해 파워를 동적으로 관리할 수 있게 된다[15].

3.3.5 파워 게이팅 기법

회로에서 발생되는 전체 누설전류를 감소시키기 위해서 사용하지 않는 블록들에 대해서 쉽게 차단시킬 수 있는 대표적인 기술이 파워 게이팅 기법이다. 파워 게이팅의 기본적인 두 가지 모드를 제공한다. 실제 블록이 활동하는 모드와 차단시키는 모드가 그것이다. 파워 게이팅은 이러한 두 가지 모드를 변경시키되 회로의 성능에 미치는 영향은 최소화하며, 최대한의 파워를 감소시키는 것을 목적으로 한다. 또한 파워 게이팅은 앞단에서 설명한 clock 게이팅 기법에 비해 내부 블록들과의 커뮤니케이션이 원활하기 때문에 파워 게이트 모드를 변경하는 것에 안정적이다.

블록의 공급전원을 차단하는 것은 디바이스 드라이버나 운영체제에 의해 계획되어지며, 타이머에 의해 하드웨어로 전달되거나 또는 시스템 레벨 상에서의 제어장치에 의해 파워 관리를 실시하게 될 것이다. 이러한 파워게이팅 기법은 다음과 같은 특징을 가지고 있다. 첫 번째 많은 양의 누설전류를 감소시키는 것이 가능하다. 두 번째로 각 모드로 변경되어질 때의 지연시간에 대한 페널티가 존재한다. 세 번째로 Sleep 모드에 들어서거나, 나가게 될 때 에너지의 소비가 발생되며 마지막으로 Sleep 모드와 활동모드에 대한 분석을 요한다.

Sleep 모드로의 변경은 저전력을 위한 모드이며, 활동 모드는 회로가 동작하고 있는 때를 말한다. 그림 3.28은 파워 게이팅 기법을 적용했을 때의 효과를 보여주고 있다. 그림의 좌측 부분은 파워를 줄이기 위해 clock 게이팅 기법을 사용한 것을 보여주고 있으며, 우측은 파워 게이팅 기법이 적용되었다. 파워 게이팅 기법을 적용하였을 경우 clock 게이팅 시와 비교해서 누설전류가 줄어 든 것을 확인할 수 있을 것이다. 하지만 추가적인 Sleep 트랜지스터에 의해서 활동 모드로 들어서는데 있어 약간의 지연시간 증가가 있음을 확인할 수 있다. 그림에서 보는 것과 같이 파워 게이팅을

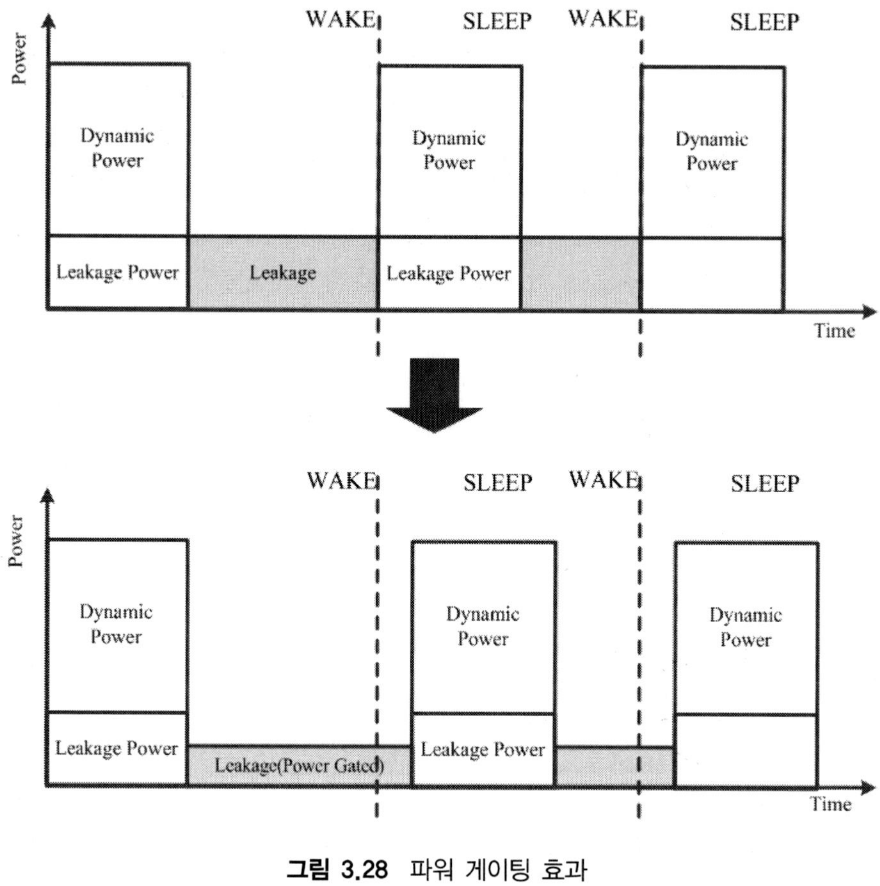

그림 3.28 파워 게이팅 효과

적용하였을 때 누설전류의 감소가 즉각적으로 발생되어지지는 않는다.

파워 게이팅 제어의 가장 기본적인 형태는 외부에 공급 전원을 차단할 수 있는 스위치 형식으로 적용하는 것이다. 예를 들어 동작하고 있는 회로의 중앙처리장치가 동작하지 않고 있는 회로에 연결되어 있다고 가정할 때 중앙처리장치에는 파워가 늘 연결되어 있을 것이다. 하지만 중앙처리장치에 연결된 공급전원을 차단하게 되었을 경우 누설전류를 매우 크게 감소하게 될 것이다. 하지만 이와 같이 외부의 스위치로 적용할 경우 파워 게이트로 연결된 블록을 다시 회복시키는데 있어서 긴 지연시간을 갖고 적지 않은 에너지를 소비할 수 있다는 단점이 있다. 두 번째로는 내부에 파워 게이팅 기법을 적용하는 것이다. 그러한 내부의 파워 게이팅은 선택된 블록들의 전원 공급을 제어하게 될 것이며, 짧은 시간의 동작이 요구될 때 효과적인 방법이다. 그림 3.29는 내부의 파워 게이팅 기법을 적용한 시스템 온 칩의 간단한 구조를 보이고 있다.

항상 동작하고 있어야 하는 블록을 제외하고, 파워 게이트로 제어 받게 되는 블록들은 파워 스위칭 네트워크에 연결되어 있는 것을 확인할 수 있다. 이러한 네트워크는 파워 게이트에 연결된 블록들의 V_{DD} 또는 V_{SS}들을 변경하게 된다. 즉 만약 파워 게이트가 V_{DD}와 연결되어 있다면 V_{SS}의 경우 공용의 V_{SS} 레일을 사용하게 될 것이며, 파워 게이트가 V_{SS}와 연결되어 있다면 그 반대일 것이다. 또한 스위치는 파워 게이트에 연결된 블록들의 제어가 효과적일 수 있도록 많은 수의 CMOS를 이용하여 분배되어있는 구조를 가진다. 또한 파워 게이팅 컨트롤러는 해당 블록의 파워를 제공할 수 있도록 스위치를 제어하는 역할을 한다.

파워 게이팅을 제작함에 있어서 어떠한 스위치를 이용하느냐는 매우 중요한 문제

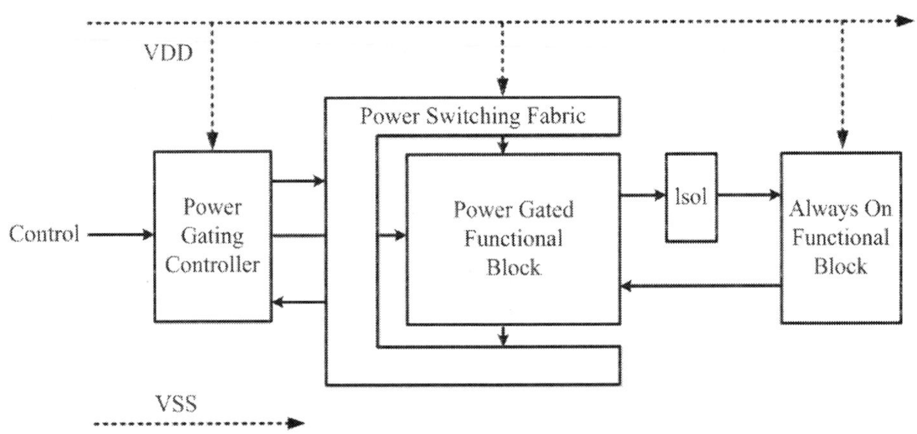

그림 3.29 내부의 파워 게이팅 기법 적용 시스템

이다. 일반적으로 fine-grain 파워 게이팅과 coarse-grain 파워 게이팅이 존재한다. Fine-grain 파워 게이팅의 경우 라이브러리의 각 표준 셀들 안에 모두 위치하고 있다. 이에 이러한 스위치는 성능에 미치는 영향을 최소화하기 위하여 셀에서 요구하는 최대 전류 값이 제공되어야 한다. 또한 각 셀의 면적 증가분이 초기 셀보다 약 2배에서 4배 정도에 달하게 되며, 이는 매우 중요한 문제가 될 수 있다. 하지만 fine-grain 파워 게이팅 사용의 가장 큰 이점은 스위칭 될 때의 전압강하 효과에 의한 지연시간의 증가 효과가 작고, 셀 안에 포함되어 있기 때문에 특성화하기 쉽다는데 있다. 이러한 이유로 예전 디자인 시에는 fine-grain 파워 게이트를 사용하기도 한다.

Coarse-grain 파워 게이팅은 스위치 셀들의 집합으로 연결되어져 있는 블록들의 공급전원을 제어할 수 있다. Coarse-grain 파워 게이팅 기법은 fine-grain 파워 게이팅 기법에 비해 크기를 예측하기 쉽지 않다. 연결되어진 블록들의 실제 활동에 대한 비율을 알 수 없기 때문이다. 하지만 coarse-grain 파워 게이팅을 이용한 디자인의 면적 증가분이 더 작게 된다. 일반적으로 fine-grain 파워 게이팅 기법에서의 면적 증가분이 디자인 목표를 초과하기 때문에 coarse-grain 파워 게이팅을 사용하게 되었고, 이에 최근 모든 파워 게이팅 기법은 coarse-grain 파워 게이팅을 사용되고 있다. 다음은 coarse-grain 파워 게이팅을 적용한 다양한 기법을 살펴보도록 한다.

파워 게이팅은 파워 게이팅 제어기로부터 회로가 대기 상태임을 알리는 신호가 인

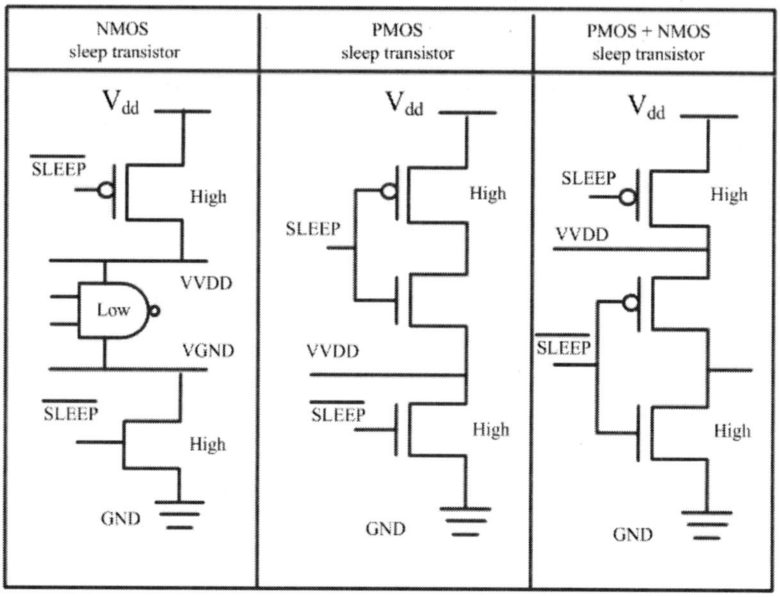

그림 3.30 Coarse-grain 파워 게이팅의 예

가되면 전원을 차단하게 된다. 그림 3.30은 NMOS 또는 PMOS 트랜지스터를 사용하여 Sleep 모드로 전원을 차단할 수 있는 파워 게이팅의 구조를 보여주고 있다[16].

현재의 파워 게이팅 기법은 NMOS 트랜지스터를 로직과 VSS 사이에 삽입하는 방법이 선호되고 있다. 그것은 NMOS가 PMOS 트랜지스터보다 같은 크기에 비해 동작 저항이 더 적기 때문이다. 하지만 파워 게이팅 기법은 앞서 말한 것처럼 기존 회로를 변경하기 않고 사용할 수 있다는 장점이 존재하지만 삽입된 Sleep 트랜지스터로 인한 오버헤드를 고려해야만 한다. 즉 Sleep 트랜지스터를 적절한 크기로 사이징하여 삽입해야 하는 것은 매우 중요한 문제이며, 회로의 성능을 결정하는 중요한 요소가 된다. 트랜지스터를 지나치게 크게 사이징하게 되면 면적의 낭비를 유발할 수 있으며 활동 모드로드 변경에 오버헤드를 발생시키므로 총체적인 회로의 성능을 떨어뜨리게 된다. 또한 지나치게 작게 사이징할 경우 로직과 접지의 동작 저항이 증가하여 회로의 지연시간에 목표치를 초과할 수 있는 문제점이 존재하는 것이다.

Sleep 트랜지스터를 삽입하고 사이징하는 형태는 크게 두 가지로 나눌 수 있다. 첫 번째로는 모듈기반의 삽입 방식이며, 두 번째로는 클러스터 기반의 삽입 기법이다. 그림 3.31은 모듈 기반의 삽입 기법으로, 큰 하나의 회로에 하나의 Sleep 트랜지스터를 삽입하는 기법을 말한다[17].

그림에서 보는 것과 같이 V_{SS}와 모듈 사이의 NMOS 트랜지스터를 삽입하는 방식이며, 켜짐과 꺼짐을 제어하기는 편한 반면 회로의 세부적인 조작이 불가능하여 누설 전류 차단의 효율성이 떨어진다는 단점이 있다. 또한 큰 크기로 인해 자체 제어 시

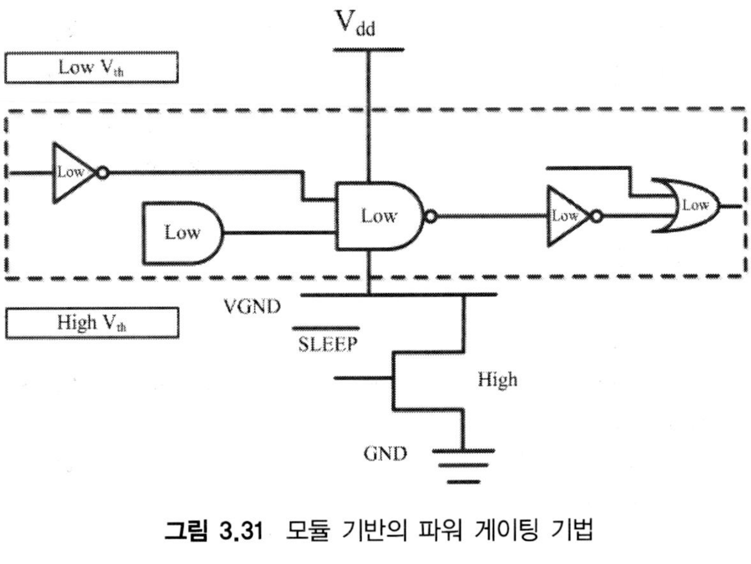

그림 3.31 모듈 기반의 파워 게이팅 기법

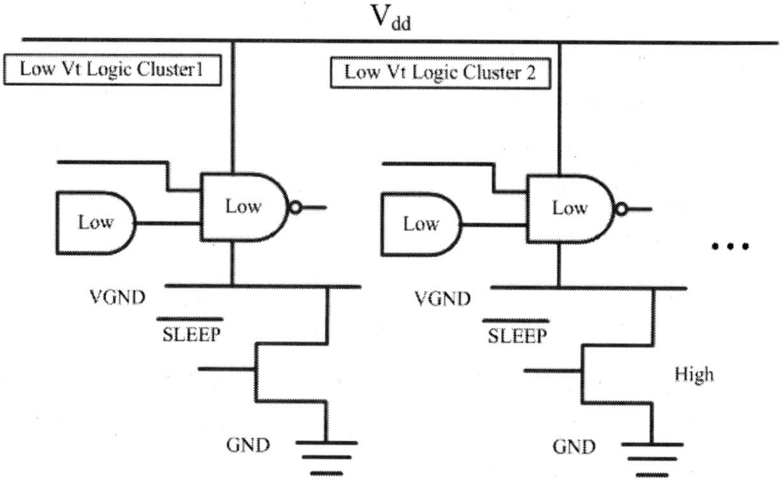

그림 3.32 클러스터 기반의 파워 게이팅 기법

필요한 에너지가 증가하게 되므로 파워 게이팅 효과를 감소시킬 가능성이 존재한다.

그림 3.32는 클러스터 기반의 삽입 기법으로, 회로를 여러 부분으로 분할하여 각 클러스터마다 Sleep 트랜지스터를 삽입하는 기법을 말한다. 그림에서 보는 것과 같이 Sleep 트랜지스터 삽입을 위해 회로를 여러 부분으로 분할하게 된다. 이후 분할된 클러스터마다 Sleep 트랜지스터를 각각 추가하여 누설 전류를 차단하는 방법이다. 모듈 기반 방식과는 다르게 나누어진 회로의 그룹에 따라 여러 개의 Sleep 트랜지스터를 각각 제어하는 방식이며, 크기가 줄어들게 됨에 따라 재동작시 요구되는 시간의 오버헤드 또한 줄어들게 된다. 그러나 클러스터의 Sleep 트랜지스터의 사이징을 위하여 그룹 내에 존재하는 모든 게이트들의 최대 전류를 계산해야 할 필요성이 있으며, 회로의 크기가 방대해질 경우 사이징의 복잡도 및 클러스터 분할의 어려움이 존재하기 때문에 적용이 쉽지 않다는 단점이 존재한다[18].

참고문헌

[1] S. Mukhopadhyay, A. Raychowdhury. and K. Roy, "Accurate Estimation of Total Leakage in Nanometer-Scale Bulk CMOS Circuits Based on Device Geometry and Doping Profile", IEEE transactions on CAD, 2005, vol24, no.3, pp363-381

[2] B. Chatterjee, M. Sachdev, S. Hsu, R. Krishnamurthy and S. Bokar, "Effectiveness and Scaling Trends of Leakage Control Techniques for sub 130-nm CMOS Technology", ISLPED 2003 pp.25-27

[3] G. Ribes, J. Mitard, M. Denais, S. Bruyere, F. Monsieur, C. Parthasarathy, E. Vincent, and G. Ghibaudo, "Review on High-k Dielectrics Reliability Issues", IEEE Transaction on. Device and Materials Reliability, 2005, pp5-19.

[4] Jitesh Shinde, Dr.S.S. Salankar, "Clock Gating-A Power Optimizing Technique for VLSI Circuits", India Conference, 2011, pp.1-4

[5] Pokhrel, K. "Physical and Silicon Measures of Low Power Clock Gating Success : An Apple to Apple Case Study", SNUG, 2007 http://www.snug-universal.org/cgi-bin/search/search.cgi?San +Jose,+2007.

[6] Low-Powers Synthesis option, White Paper, located online at http://www.ee.virginia.edu/~mrs8n/soc/SynthesisTutorials/lowpowerCadence.pdf

[7] B. Zhai, D. Blaauw, D. Sylvester, K. Flautner, "The Limit of Dynamic Voltage Scaling and Insomniac Dynamic Voltage Scaling", IEEE Transactions on VSLI, 2005, vol 13, no.11, pp.1239-1252

[8] L.Yan, J. Luo, N. K. Jha, "Joint Dynamic Voltage Scaling and Adaptive Body Biasing for Heterogeneous Distributed Real-time Embedded Systems", IEEE Transactions on Computer-Aided Design of Integrated Circuits and Systems, 2005, vol24, no.7, pp1030-1041

[9] Mohamed Elgebaly, Manoj Sachdev, "Variation-Aware Adaptive Voltage Scaling System", IEEE Transactions on VLSI Systems, 2007, vol 15, pp.560-571

[10] Martin Wirnshofer, Leonhard HeißGeorg Georgakos, and Doris Schmitt-Landsiedel, "A Variation-Aware Adaptive Voltage Scaling Technique based on In-Situ Delay Monitoring" Design and Diagnostics of Electronic Circuits & Systems, 2011, pp261-266

[11] PowerWise® White Paper, located online at http://www.national.com/avs

[12] Liyi Xiao, Chang Liu, Yu Sun, "A Novel Adaptive Reverse Body Bias Technique to Minimize Standby Leakage Power and Compensate Process and Temperature Variations", Croess Strait Quad-Regional Radio Science and Wireless Technology Conference, 2011, pp.1565-1568

[13] Kulkarni, S.H. Sylvester, D.M. Blaauw, D.T., "Design-Time Optimization of Post-Silicon Tuned Circuits Using Adaptive Body Bias", IEEE Transactions on Computer-Aided Design of Integrated Circuits and Systems, 2008, vol 27, pp.481-494

[14] Kumar, R. Kursun, V, "Temperature-adaptive body-bias and supply voltage scaling for enhanced energy efficiency in nano-CMOS circuits", Circuits and Systems, 2007, pp.702-705

[15] Hailong Jiao, Kursun, V. "Dynamic forward body bias enhanced tri-mode MTCMOS", Quality Electronic Design (ASQED), 2010, pp.33-37

[16] Farzan Fallah, Massoud Pedram, "Standby and Active Leakage Current Control and Minimization in CMOS VLSI Circuits", IEICE, 2005

[17] Kao, J. Narendra, S. and Chandrakasan, A, "MTCMOS hierarchical sizing based on mutual exclusive discharge patterns", Design Automation Conference, 1998, pp.495-500

[18] De-Shiuan Chiou, Shih-Hsin Chen, and Shih-Chieh Chang, "Sleep Transistor Sizing for Leakage Power Minimization Considering Charge Balancing", IEEE Transactions on Very Large Scale Integration (VLSI) Systems, 2009, vol. 17, pp1330-1334

제 4 장

칩 패키지 신뢰성

4.1 서론

4.1.1 칩 패키지 신뢰성의 중요성

오늘날 전자제품의 급속한 발달을 가능케 한 네 가지 핵심기술로는 반도체 기술, 반도체 패키징 기술, 제조 기술, 소프트웨어 기술을 들 수 있다. 반도체 기술은 마이크론 이하의 선폭, 백만 개 이상의 셀, 고속, 많은 열 방출 등으로 발달하고 있으나, 상대적으로 이를 패키지 하는 패키징 기술은 그것을 따라가지 못하여 반도체의 전기적 성능이 반도체 자체의 성능 보다는 패키징과 이에 따른 전기 접속에 의해 결정되고 있다. 실제로 고속 전자제품의 전체 전기신호 지연의 약 50% 이상이 칩과 칩 사이에서 발생되는 패키지 지연에 의해 발생되며 이는 향후 시스템의 크기가 큰 경우 약 80% 이상으로 예상되고 있으므로 패키징 기술의 중요성이 더욱 커지고 있다. 또한 반도체와 패키지 기술의 발달을 가능케 한 또 하나의 기술로는 이들을 저가로 안정적으로 생산할 수 있게 한 생산 기술이 있으며, 위의 세 가지 기술을 바탕으로 제조된 전자 하드웨어 기기들을 사용자가 편히 사용 가능하도록 한 소프트웨어 기술이 존재한다.

그림 4.1에서 보는 것과 같이 입출력이 많은 패키지들, 열 성능이 큰 패키지들 그리고 칩 규모 패키지들의 사용이 점차 증가하고 있다. 이러한 유형의 IC 패키지들은 현재 통용되고 있는 제품 범주에 계속적으로 추가되고 있다. 즉 이 패키지들은 mobile 기기, 컴퓨터 애플리케이션, 가정용 전자기기와 같은 다양한 개인 휴대용 및 생활 전반에 녹아들어 있다. 일한 패키지들이 수많은 어플리케이션들에 포함되고 있다는 사실은 제품의 설계에 대해서 뿐만 아니라 제품을 사용할 때 품질과 신뢰성을 보

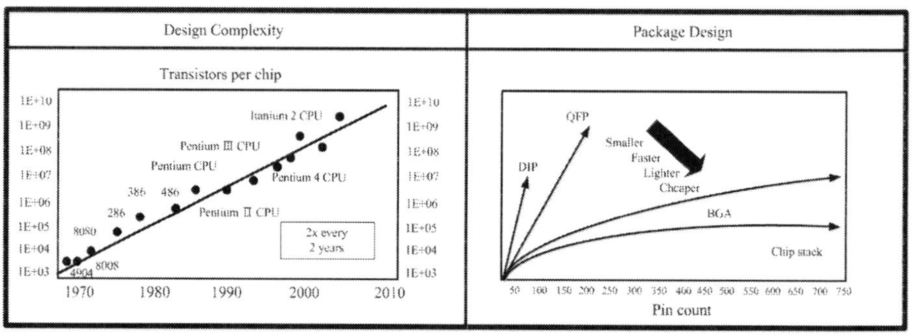

그림 4.1 반도체 회로의 발달과 IC 패키지의 복잡성 증가

장해 줄 수 있는 적절한 시험 방법에 대해서도 재검토할 필요성을 제기하고 있다. 고객의 요구로 여러 가지 새로운 신뢰성 조사 방법이 개발되고 있다.

4.1.2 반도체 패키징 기술의 정의 및 고려사항

반도체 패키징 기술과 제품이란 반도체 칩과 저항, 콘덴서와 같은 수동소자로 이루어진 전자 하드웨어 시스템과 관련된 기술을 통칭하는 매우 광범위하고 그 파급성이 큰 중요한 기술이다. 반도체 패키징의 중요한 기능과 이에 따른 핵심 기술은 다음과 같이 크게 네 가지로 분류할 수 있다. 첫 번째로는 신호 연결로서 반도체 패키징은 반도체 소자간의 신호연결 기능을 가진다. 신호의 전달속도, 연결의 신뢰성을 유지하기 위한 신호 무결성 검증, 회로 설계, 도체/부도체 재료, 접속 기술 등이 필요하다. 두 번째로는 전력 공급으로 반도체 패키징은 반도체 소자에 필요한 전력을 공급해야만 한다. 그러므로 이에 따르는 저전력/접지회로 구현, 관련 재료, 공정 등은 패키징 구조와 긴밀한 연관을 갖게 된다. 세 번째로는 열 방출로서 패키징은 소자에서 발생되는 열을 방출시키는 기능을 가진다. 반도체에서 발생되는 열은 반도체 소자의 성능을 저하시키고 궁극적으로는 신뢰성에 중대한 영향을 줌으로서 적절한 설계와 제작을 통해 소자의 동작과 신뢰성을 보장할 수 있어야 한다. 마지막으로 자연적, 화학적, 열적 환경 변화에도 견디고 전자소자를 보호하는 기능을 가진다. 기계적인 신뢰성을 보장할 수 있는 기계적 설계기술, 신뢰성 기술이 필요하다. 이러한 4가지 분류는 그림 4.2와 같이 표현할 수 있다.

또한 이러한 반도체 패키징 기술에 있어서 다음과 같은 요소들을 고려해야만 한다. 첫 번째로는 가장 기본적인 요소인 성능으로서 패키지의 구조 및 설계는 기계적

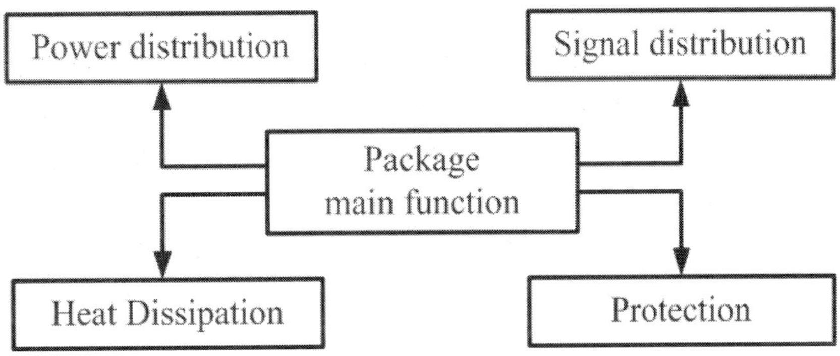

그림 4.2 반도체 패키징 기술의 핵심 요소

안정성, 전기적 속도와 안정성, 열 방출 능력 신뢰성 등의 성능 요구특성을 만족시켜야 한다. 특히 성능은 전기적인 특성을 나타내는 것으로서 컴퓨터의 중앙처리장치와 같은 경우 그 성능은 초당 수행하는 명령어의 수로 표현하며, 이는 사이클 시간과 명령어를 수행하는데 요구되는 사이클 수에 반비례한다. 이중 사이클 시간의 경우 반도체 패키지의 지연에 의해 결정된다. 그러므로 칩과 칩 사이의 연결에서 발생하는 패키지 신호지연을 줄이기 위해 회로의 집적도를 높이거나, 접속 길이를 낮추거나, 패키지 재료를 개선하여 패키지의 성능을 높여야 한다. 두 번째로는 패키지의 크기로서 그 크기를 줄여 패키지의 효율을 높이는 것은 패키지의 소형화와 성능에 큰 영향을 미친다. 특히 패키지 크기는 전자제품의 크기를 결정함으로서 패키지의 소형화는 매우 중요한 고려사항이 된다. 세 번째로는 생산성 및 가격으로 패키지의 선택에 있어서 가장 중요한 요인은 성숙한 생산기술이 존재성에 있다. 저가의 생산기술은 패키지의 경쟁력을 결정한다. 가격 경쟁력이 있는 패키지의 설계, 재료, 공정과 계속적인 생산성 향상이 매우 중요하다. 마지막으로는 신뢰성이다. 시스템의 신뢰성은 각 부품의 결함 발생률에 의해 결정된다. 패키지의 신뢰성은 열, 전기적 신뢰성으로 결정된다. 예로 반도체 접합 온도가 매 10도 증가함에 따라 소자의 수명이 10% 감소하며, 약 2%의 스위칭 지연이 발생한다. 또한 접한 온도는 115도 이하로 유지되는 것이 중요하다[1].

4.2 칩 패키지 신뢰성 기법

4.2.1 인쇄 회로 기판의 잡음 문제

전자회로 및 시스템이 점점 더 고속으로 발전할수록 필연적으로 인쇄 회로 기판의 잡음 문제 역시 더욱 해결이 어려워지고 있다. 이렇게 갈수록 복잡해지는 인쇄 회로 기판의 잡음 문제를 해결하기 위해서는 우선 인쇄 회로 기판에 잡음이 유입되는 경로의 그것의 원리를 이해해야 하는 것이 중요하다. 본 장에서는 인쇄 회로 기판에서 잡음이 커지는 경우에 대해 공진과 임피던스의 개념을 바탕으로 설명하고 역으로 잡음을 억제하기 위한 방법을 제시하고 있다.

고속의 시스템이나 인쇄 회로 기판에 유입되는 잡음은 여러 가지가 존재하나 대표적으로 열잡음과 신호 잡음, 전원에 의한 스위칭 잡음 등이 있다. 지나친 잡음은 신호의 품질을 떨어뜨려 시스템의 오동작을 일으키거나 데이터의 실패를 가져오게 되는데, 이러한 잡음을 최소화하기 위해서는 많은 노력이 필요하다. 기본적으로 잡음의 원천을 찾아서 최소화하는 것이 필요하지만, 복잡한 인쇄 회로 기판에서 잡음원 그 자체를 제거한다는 것은 현실적으로 어려운 문제이다. 실제로 전자 시스템 또는 인쇄 회로 기판의 엔지니어가 할 수 있는 일은 발생이 예측되는 잡음을 최대한 억제하고 제어하여 잡음의 확산과 전달을 최소화하는 패턴의 인쇄 회로 기판을 제작하는 것이다. 그 첫 번째로는 우선 전력을 전달하는 파워 전달 네트워크 즉 공급전원으로부터 각 능동회로의 전원부까지 연결되는 전력 전송로에 결점이 없어야 하며, 두 번째로는 그에 따라 주요한 데이터 선로간의 간섭을 최소화하고 불필요한 잡음의 유입을 최소화하는 것이다.

우선 인쇄 회로 기판에 잡음이 유입되는 과정을 살펴보도록 한다. 서로 다른 에너지의 파장 또는 주파수가 동시에 일치할 경우 그 주파수에서 에너지가 집중되는 현상이 발생하고 이를 공진이라고 한다. 즉 전자회로에서 서로 반대되는 성질을 가진 인덕턴스 성분과 커패시턴스 성분이 존재할 때 이 두 성분이 교묘하게 같은 복소값을 갖게 되면서 두 성분의 합이 0일 될 때 공진이 발생하게 된다. 자기장과 전기장에 각각 특정 주파수의 에너지 성분이 축적되어 있는데, 임피던스로 보면 두 개의 합이 0이 되어 마치 없는 것처럼 보일 수 있는 에너지는 보존되고 있는 것이다.

이러한 공진 현상은 다음과 두 가지 사항을 주목해야 한다. 첫 번째로는 특정 주파수에 에너지가 집중되는 현상에 대한 것으로, 물론 의도된 공진은 목적에 맞게 잘 활용될 수 있지만 의도치 않은 주파수에서의 에너지 집중 현상은 대부분 전자회로에 필요치 않은 잡음을 생성하게 될 것이다. 두 번째로는 물리적 구조의 파장에 의존한다는 것이다. 즉, 전자기기의 입체적 형상과 크기에 의존한다는 것으로 수많은 패턴들과 V_{DD}와 V_{SS}층들 소자 등과 같은 복잡한 물리적 구조에서 발생하는 공진의 예측이 쉽지 않다는 것이다.

임피던스는 일반적으로 교류 저항이라고 불린다. 직류전원에서의 저항값에 복소수의 jX를 첨가하게 된 것이 임피던스이다. 물리적 의미로는 주파수에 따리 달라지는 저항이라고 말할 수 있다. 그리고 수식적으로 정의되는 임피던스는 전압과 전류의 비를 의미한다. 직류전원에만 해당하던 저항 대신에 주파수 개념이 들어가 임피던스가 되는 것이다. 즉 정해진 전압에서 얼마나 전류의 흐름을 방해하는 것인가를 나타내는 척도가 된다. 이러한 수식을 바꾸어 생각하면, 전압은 전류와 임피던스의 곱으로 생성되며, 즉 정해진 전류가 흐를 때 임피던스의 크기에 비례하여 전압을 생성해낸다는 것을 뜻한다. 이에 임피던스는 로드 값이라는 개념으로 사용되기도 한다.

위의 기본적인 개념을 바탕으로 공진이 발생할 때 임피던스의 변화를 관찰 하였을 경우 이는 그림 4.3과 같이 나타난다. 그림에서 보는 것과 같이 신호의 반사계수와

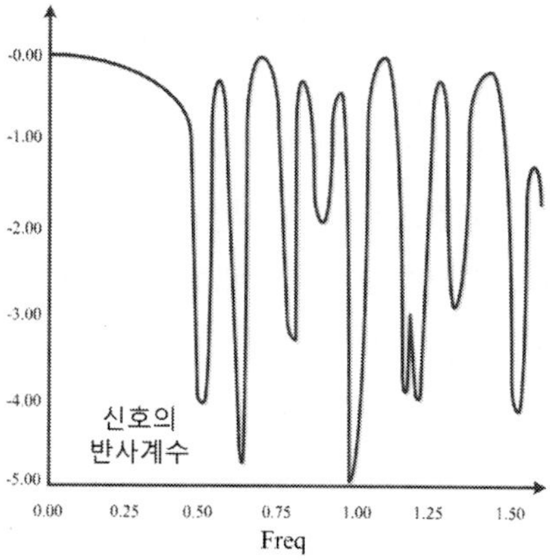

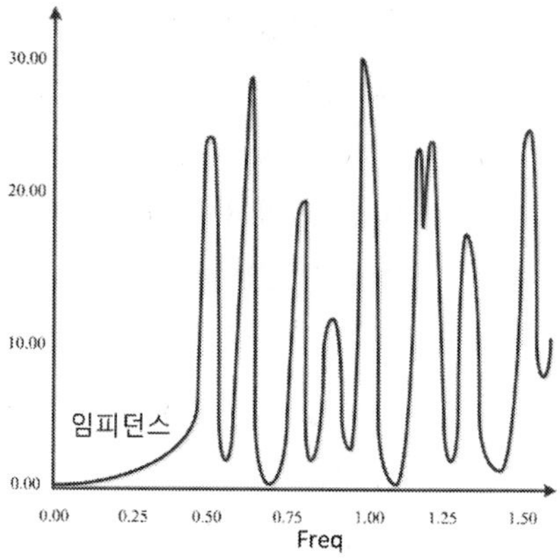

그림 4.3 공진과 임피던의 관계

입력 임피던스의 관계는 정반의 형상으로 나타나는 것을 확인할 수 있다. 즉 신호의 반사 계수에 밑으로 바뀌는 부분이 공진 점이고 임피던스는 그 반대의 경향을 보이고 이는 공진이 발생하는 주파수에서는 입력 임피던스가 커지는 것을 알 수 있다. 다시 말해 공진이란 특정 주파수의 에너지가 집중되는 현상이고 그로 인해 해당 주파수에서는 임피던스가 크게 걸리기 때문에 그 주파수에서의 신호가 더욱 크게 보이게 되는 것이다.

이제 공진과 임피던스의 관계를 잡음의 관점에서 살펴보도록 한다. 우선 입력 임피던스가 높다는 것은 앞서 말한 수식에 근거하여 작은 전류 성분의 잡음이 발생하더라도 다른 주파수보다 큰 전압 잡음의 성분으로 나타나게 되는 것이다. 그래서 인쇄 회로 기판 상에서 원치 않는 공진, 즉 특정 주파수에서 불필요하게 높은 임피던스는 그 주파수에서 잡음이 발생하기 쉽다는 것을 말한다. 즉 인쇄 회로 기판의 공진 분석을 통해 잡음에 취약한 주파수를 찾아낼 수 있는 것이다. 하지만 일반적인 회로 해석으로는 정해진 모델 값에만 의존하기 때문에 구조물 형상을 정확하게 반영할 수 없다는 문제점이 존재한다. 이 때문에 인쇄 회로 기판의 잡음 해석에는 전자장 해석이 필요해진다. 전자장 해석은 입체형상의 구조/크기와 재질을 그대로 이용하여 가장 원초적인 전자기 수식인 맥스웰 수식으로 풀어냄으로써 구조물에 대한 공진 주파수를 찾아내게 된다.

4.2.2 파워 무결성 기법(Power Integrity)

인쇄 회로 기판의 동작의 원천의 전원공급이며, 인쇄 회로 기판의 곳곳에 배치된

IC와 전자회로들에게 전원을 공급해주는 것은 가장 중요한 일이라고 할 수 있다. 파워 무결성은 인쇄 회로 기판의 전력공급 체계를 안정화 시키는 작업을 의미한다. 전자장에 있어서 전원과 전력공급의 안정화가 매우 중요한 문제이다. 만약 인쇄 회로 기판의 전원에 불필요한 잡음이 끼어 있다면, 그 전원을 사용하는 모든 전자회로의 성능에 광범위하게 악영향을 주게 되기 때문이다. 하지만 전원의 잡음은 전원 그 자체를 깨끗하게 만드는 것이 아니라 전원을 공급하는 선로와 체계를 어떻게 효율적으로 구성하느냐에 크게 의존한다는 것이다. 이러한 모든 작업과정을 파워 무결성 기법이라고 할 수 있다[2][3][4][5].

앞서 인쇄 회로 기판의 잡음에 대한 설명에서 알 수 있듯이 인쇄 회로 기판의 구조적 공진이 곧 잡음과 직접적으로 관련되어 있다. 파워 무결성 과정은 일반적으로 인쇄 회로 기판의 공급전원부와 그라운드면의 구조적인 공진을 찾기 위한 공진해석부터 시작하게 되며, 구조 해석을 위하여 전자장 해석법을 이용하게 된다.

그림 4.4는 전자장 해석을 이용하여 인쇄 회로 기판의 레이아웃을 그대로 해석하고, 공진 결과를 표시하고 있다. 이러한 간단한 공진해석을 통하여 인쇄 회로 기판의 어느 부위에 어떤 주파수 성분이 얼마만큼의 크기로 공진하고 있는지 알 수 있고, 결과적으로 문제가 발생할 수 있는 부분을 쉽게 찾을 수 있게 한다.

공진 해석을 통해 공진 주파수와 그 발생 위치를 알고 있다 하더라도, 모든 공진을

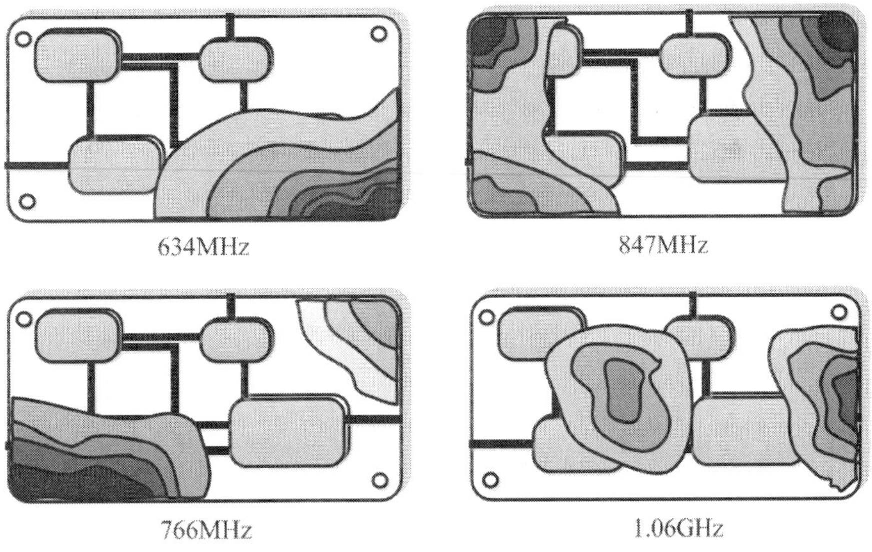

그림 4.4 주파수에 따른 공진 분석 결과

동시에 해결하기는 쉽지 않으며 그럴 필요도 없다. 중요한 것은 인쇄 회로 기판의 동작에 영향을 주는 주파수의 공진들만 잡아내면 된다. 그러기 위해서는 산발적으로 발생한 공진의 주파수와 크기를 가늠할 필요가 있다. 공진 해석을 하고 나면 공진 차트가 만들어지게 되며, 이 차트를 통해 공진 주파수와 그 값을 확인할 수 있다. 공진 주파수의 값은 공진이 얼마나 뾰족한가를 나타내는 값으로 표시된다. 이는 그림 4.5와 같이 해석될 수 있다. 결과적으로 그 값은 주파수별로 공진이 얼마나 날카롭게 발생하느냐를 의미하고, 절대적인 지표를 의미하는 것은 아니지만 공진 크기 분포를 가늠하는 지표가 될 수 있다.

공진 해석을 통하여 인쇄 회로 기판 상에서 공진이 크게 발생하는 지역들을 찾았다면, 그 위치에 측정용 포트를 추가한 후 전자장 해석을 수행하여 각 위치에서 주파수 별 임피던스 변화를 그래프로 확인할 수 있다. 즉 임피던스가 높다는 것은 공진이 크게 발생하는 지점을 의미하며, 이는 작은 전류 잡음이라도 큰 임피던스와 곱해져서 큰 전압 잡음으로 발현된다는 것을 의미한다. 그렇기 때문에 임피던스 분석결과는 임피던스가 높게 나타나는 주파수에서 잡음에 취약하다는 의미를 직관적으로 알려줄 수 있는 것이다. 이러한 임피던스 분석 결과를 통해 목표 임피던스를 설정할 수 있으며, 이는 파워 무결성 분석과정을 수행함에 있어 막연한 목표점이 아닌 수치적으로 계량화가 가능한 명확한 목표점을 갖고 개선에 임할 수 있게 한다.

파워 무결성에서 가장 주요한 작업은 앞의 단계를 통하여 임피던스가 높은 지점에 de-cap을 이용하여 임피던스를 낮추는 일이다. 파워 무결성 과정에서는 인쇄 회로 기판의 레이아웃에 가상으로 de-cap을 장착하고 바꾸어 가면서 임피던스 분석을 수행함으로서 결과적으로 공진을 완화시킬 수 있는 적절한 캡 값과 그 위치를 결정하게 된다. 실제 de-cap으로 사용되는 커패시터 모델은 S2P 형태로 되어 있는데, 각 소자

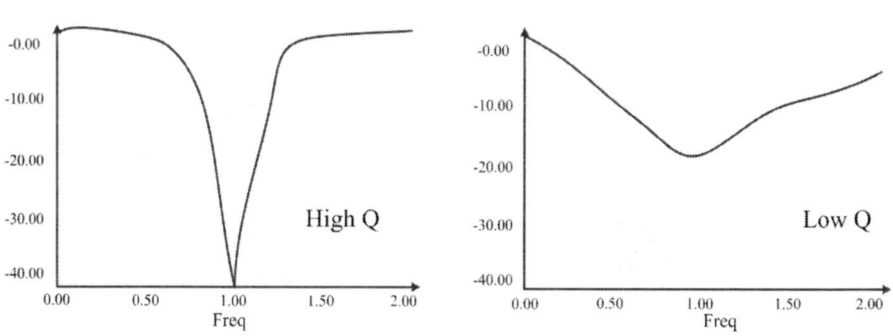

그림 4.5 주파수 별 공진 기울기

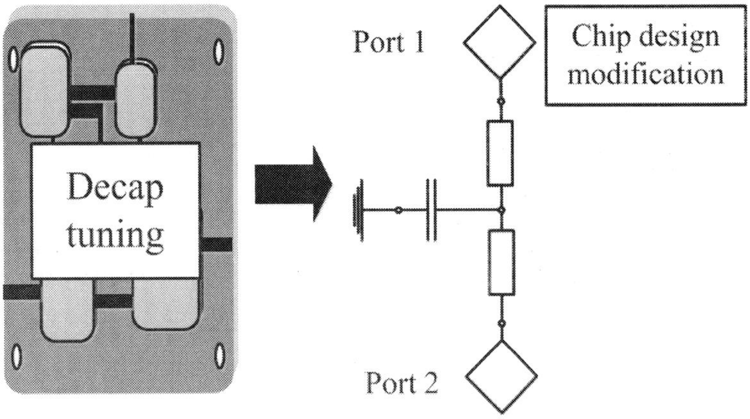

그림 4.6 De-cap을 이용한 파워 무결성 기법

값별로 저마다의 자기 공진 주파수를 가지게 된다. 자기 공진 주파수란 커패시터에 기생성분 때문에 캡이 더 이상 제기능을 못하고 인덕터로 동작하는 주파수를 의미하는데, 이 지점에서 발생하는 급격한 임피던스 변화는 결국 공진을 의미한다. 그림 4.6은 S2P 형태의 de-cap을 보여주고 있다.

이러한 자기 공진 주파수의 원래 의미는 커패시터로서 사용할 수 있는 최대 주파수를 의미하지만 de-cap으로 사용될 때는 이 특성을 역이용하여 특정 주파수 성분을 그라운드로 우회하여 빼버리는 역할을 수행하게 된다. 그래서 de-cap을 선정할 때는 임피던스를 낮추어 공진을 완화시키고자 하는 주파수 대역 근처에 자기 공진 주파수 값을 가지는 캡을 주로 이용하게 된다.

앞서 설명한 것처럼 위험한 공진 주파수를 찾아내고, 그에 따른 임피던스를 분석하였다면 인쇄 회로 기판을 개선해야 한다. 이러한 개선을 위해서는 특정한 주파수 대역에서 얼마 이하의 임피던스를 구현하겠다는 목표 임피던스를 설정해야 한다. 이러한 목표 임피던스에 도달하기 위해서는 기본적으로 세 가지의 방법이 존재한다. 첫 번째는 설명한 것처럼 de-cap을 이용하여 회로를 개선하는 것이다. 임피던스가 높은 지역의 de-cap 값을 바꾸어 보거나, 새로운 de-cap을 추가하여 임피던스의 변화를 관찰하는 것으로 가장 1차적으로 취할 수 있는 파워 무결성의 개선 작업이며, 많은 경우 적절한 de-cap을 설정하는 것으로도 임피던스를 충분히 안정시킬 수 있다. 두 번째로는 비아의 조절이다. 공급전원부나 그라운드의 비아 위치나 개수는 전원의 안정화에 매우 중요한 역할을 한다. 임피던스가 높은 지역 주변의 그라운드 비아를 증가시키거나 비아의 종류를 바꿈으로서 임피던스를 낮출 수 있는 조합을 찾아내고 레

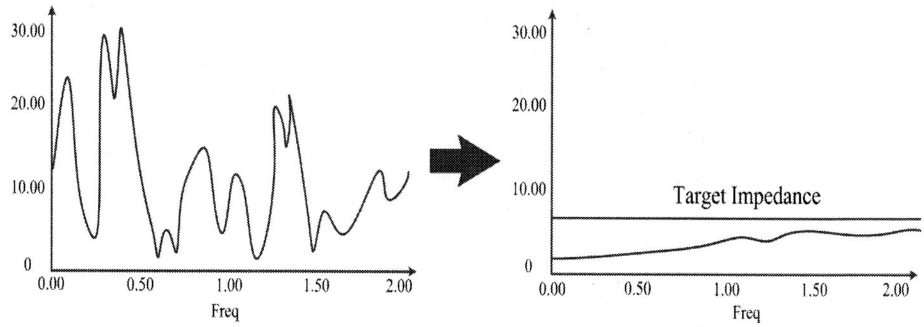

그림 4.7 파워 무결성 기법 적용 결과

이아웃에 반영하는 것이다. 마지막으로 패턴의 수정이다. De-cap과 비아 개선으로도 임피던스의 개선이 어렵다면, 공급전원 부와 그라운드 부의 향상과 밀도를 조절하여 파워 무결성을 개선해야 한다. 경우에 따라 공급전원 부와 그라운드를 각각 하나의 층 전체로 사용하기 어려운 경우도 존재하기 때문에 아날로그와 디지털의 그라운드를 분리한다던지, 각각의 그라운드 형상을 최적화하는 방법을 적용하여 임피던스를 안정화시켜야 한다. 그림 4.7은 이러한 방법들을 적용하여 목표 임피던스의 값에 도달하게 된 파워 무결성 결과를 보여주고 있다.

4.2.3 신호 무결성 기법(Signal Integrity)

신호 무결성은 밀집된 공간에서의 신호를 안정시키는 일련의 작업을 일컫는 말로서 고성능 디지털 설계에서는 매우 중요한 문제가 되어 왔으며, 설계자에게는 더욱 어려운 문제점으로 다가오고 있다. 많은 신호 무결성 문제는 근본적으로 전자기적 현상으로 볼 수 있으며 일반적으로 신호 무결성은 다음과 같이 설명된다. 바로 타이밍과 신호의 질이다. 신호가 예정대로 목적지에 도착하는가, 신호의 상태는 양호한가 하는 신뢰성 있는 고속 데이터의 전송을 확인하는데 있다. 디지털 시스템에서는 신호가 1 또는 0이라는 논리 형태로 한 지점에서 다른 지점으로 전송되며, 이는 실제로 특정한 기준 전압 형태를 의미한다. 그림 4.8에서와 같이 리시버의 입력 게이트에서 기준 Vih 이상의 전압은 1로 간주되며, 반면 기준 Vil 이하의 전압은 0으로 간주되는 것이다. 그림의 좌측은 완벽한 논리 집합에서 이상적인 전압 파형을 나타내고 있으며, 오른쪽은 실제 시스템에서의 신호를 나타내고 있다. 0과 1로 구성된 좀 더 복잡한 데이터는 실제로 연속적인 전압 파형인 것이다.

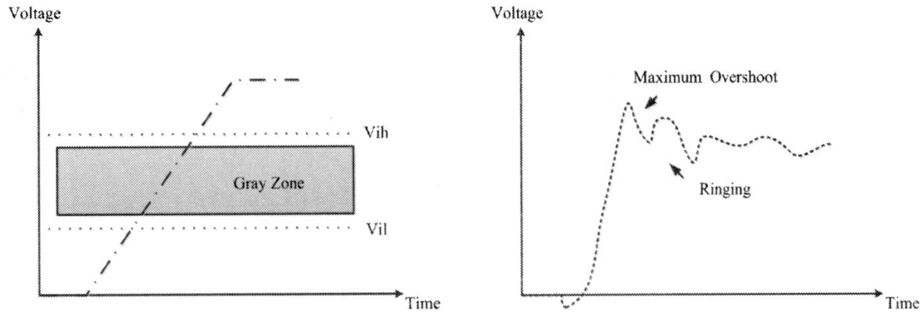

그림 4.8 신호 전달 파형

리시버에서는 이진 정보를 얻기 위해 파형을 표본화해야만 한다. 보통 clock 신호가 상승하거나 떨어질 때 이루어지는 것으로 데이터가 리시버에 제시간에 도달해 모호하지 않은 논리 상태로 안정되었을 때 리시버에서 데이터를 읽게 되는 것이다. 만약 데이터의 지연이나 데이터 파형의 왜곡이 발생한다면 데이터의 전송은 실패하게 될 것이다. 이러한 현상은 신호들이 응집되어 있어서 서로 간에 간섭이 발생하고 또 자신의 신호의 왜곡이 발생할 수 있기 때문이다. 그렇기 때문에 신호 무결성의 입장에서는 모든 선로가 하나의 회로처럼 보인다. 예전의 전자회로처럼 소자와 소자 사이를 연결만 하는 것이 아니라 그 모든 선로가 하나의 인덕터이며 저항이면서 모든 선로와 선로 사이의 공간은 커패시터라는 개념이 필요하게 되었다. 이러한 이유로 각종 시뮬레이션 기술들이 발전해 왔으며, 이러한 문제를 해결하는 모든 과정을 신호 무결성 기법이라고 한다[6].

타이밍은 고속 시스템의 가장 중요한 부분이다. 신호의 타이밍은 신호가 전파되어 가는 물리적 길이에 의해 발생하는 지연에 관계된다. 또한 문턱전압에 이르렀을 때 파형과도 관계가 된다. 또한 다른 작용들이 존재할 수 있다. 일반적으로 신호 잡음에는 다음과 같은 주요 세 가지 요소가 존재한다. 첫 번째로는 reflection 잡음으로 이는 신호의 전송 선로 또는 배선들에 따라 발생하는 임피던스의 불연속에 따른 것으로 이것이 reflection 잡음의 근본 이유이다[7]. Reflection은 신호가 라우팅 레이어를 변경하여 건너뛰거나 임피던스의 값이 경계면에서 불연속이 되며 발생을 하게 된다. 또한 신호 배선이 전원 층의 비아 홀 상단 등을 가르지를 때 발생하게 된다. 그림 4.9와 같이 reflection은 신호 파형의 overshoot, undershoot 상승을 야기한다. Reflection 잡음을 줄이기 위해서는 신호 배선의 특정 임피던스의 값을 조절하는 것과 같은 방법이 존재한다.

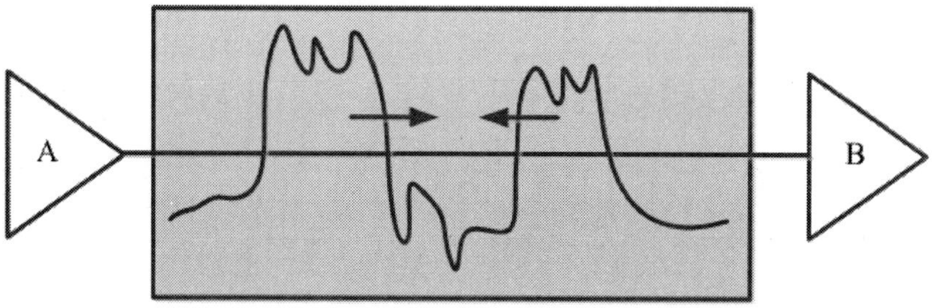

그림 4.9 Reflection에 의한 신호 잡음

다음은 크로스톡 잡음에 대해서 살펴본다. 크로스톡은 2개 이상의 신호 전송 라인이 진행할 때 발생하는 전자기 커플링으로 야기된다[8][9]. 그림 4.10에서와 같이 aggressor 배선에 신호가 전송될 때 가장 인접한 victim 배선에 신호 전송이 없더라고, 커플링에 의해서 신호 성분이 검출되는 것이다. 이는 로직 스위칭 부분에서 문제를 발생하게 만든다. 이러한 크로스톡은 크게 두 가지 관점에서 설명이 가능하다. 첫 번째로 모든 선로는 인덕터라는 것이다. 선로가 길어지면 그 주변을 회전하는 자기장이 생성되고, 이렇게 생성된 자기장 때문에 교류성분의 흐름을 막는 것이 바로 인덕터이다. 또한 두 개의 선로 사이에는 각각의 자기장에 담긴 정보가 서로 교환되어 버리는 현상이 존재한다. 두 번째로는 모든 금속과 금속 사이는 커패시터라는 것이다. 커패시턴스는 도체와 도체 사이에 유전체가 존재하면 발생하는 개념으로서 직류는 전달이 안 되지만 교류는 전달하는 특성이 있다. 그러다 보니 선로가 위 아래로 겹치

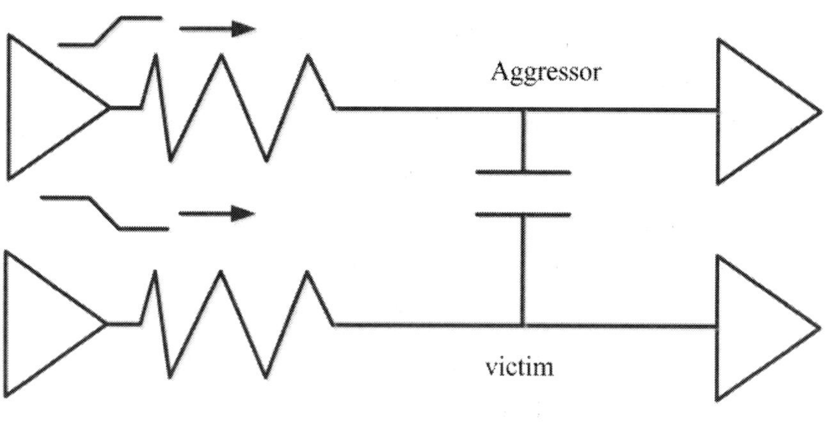

그림 4.10 크로스톡에 의한 신호 잡음

는 것은 물론, 옆으로 지나가는 경우에도 두 선로 사이에 존재하는 커패시턴스로 신호가 서로 섞이게 되는 것이다.

마지막으로 파워/그라운드 잡음에 대해서 설명하도록 한다[10]. 앞서 언급했던 크로스톡과 같이 다수의 신호 패턴에서 신호 전류의 스위칭이 발생할 때 또는 그 반대일 경우 중요한 변수가 바로 인덕턴스이다. 인덕턴스 값이 커짐으로서 파워 그라운드 층 사이에 지속적인 스위칭 잡음과 파형의 출렁거림이 발생하게 된다. 입력/출력 공급전류는 항상 반복전송이 이루어지며, 대부분의 입력/출력 신호들은 공통은 전송루프를 공유한다. 파워 및 그라운드와 입력/출력 핀의 위치가 이 루프의 사이즈를 결정하게 되는데 결과적으로 이 루프의 크기를 줄이는 것이 언덕턴스를 줄이게 되며 최종적으로 파워/그라운드 잡음도 줄일 수 있다.

신호 무결성을 위해서 특별한 제한이 없는 한 전자장 구조 해석이 가장 기본적인 요소이다. 전자장 해석은 해석 대상을 자그마한 mesh라는 단위로 분할하고 각 분할 구역에 대해 멕스웰 수식을 푸는 방법이다. 이 방법은 전압, 전류, 전자기파 등 모든 것을 정의하고 모델링할 수 있는 멕스웰 방정식을 풀기 때문에 해석 구조에 제약이 없고 해석 대상 내의 모든 대상을 한꺼번에 고려한 전자기 분석 결과를 얻을 수 있다. 바로 이런 장점 때문에 상대적으로 긴 해석시간을 요하지만 신호 무결성을 위한 가장 필수적인 해석방법으로 평가받고 있다.

하지만 회로적 해석법도 반드시 필요하다. 전자장 해석을 통해 얻을 수 있는 것은 결국 실제 신호를 인가하고 그 전달과 왜곡 과정을 관찰할 수 있는 spice 등가회로 모델이다. 이 등가회로 모델에 기반을 두어 신호의 왜곡과 변형의 정도를 가늠하는 것이 바로 신호 무결성 과정의 핵심이라고 할 수 있다. 인쇄 회로 기판의 신호 무결성 해석의 완성을 위해서는 레이아웃을 전자장 해석하여 추출한 스파이스 형태의 등가회로에 IBIS 모델 등에 기반을 둔 실제 전기적 신호 파형을 인가하고 그 신호의 변형 과정을 해석해야 하는 것이다. 바로 이렇게 임의의 전기적 신호를 인가하고 시간적 파형해석을 하려면 반드시 spice에 기반을 둔 회로해석이 적용되어야 한다.

IBIS 모델이란 칩의 각 단자에서 나오는 신호파형의 형태를 모델링한 것을 말한다. 이는 순전히 시뮬레이션을 위한 개념이며 각 칩의 단자에서 나오는 디지털 파형의 모양을 측정하고 테스트 데이터로 정리한 모델이다. 즉 IBIS 모델 파일 내부를 살펴보면, 시간 축에 대해 일정한 파형을 그리는 텍스트들이 핀 별로 정의되어 있으며 문자 그대로 단지 파형 데이터만을 넣어둔 것으로 매우 간단한 개념이다. IBIS 모델 파일은 칩에서 나오는 시간에 따른 파형을 해석함에 있어서 실제 칩에서 나오는 것과 동일한 모양의 출력파형을 인쇄 회로 기판의 spice 등가회로에 인가하고, 그 해석 결과를 본다는 것에 의의가 있다. 이러한 IBIS 모델에는 단순히 파형의 그래프 정보뿐 아니라 다음과 같은 추가적인 정보 또한 존재한다. 각 핀별로, 또는 패키지에 따른 본딩 와이어의 저항, 인덕턴스, 커패시턴스 기생성분 데이터와 시뮬레이션에서의 IBIS 버퍼 타입을 규정할 수 있는 모델 타입, 칩의 동작 모드의 정의 등이 존재한다.

디지털 파형의 품질을 검증하는 가장 훌륭한 잣대는 아이-다이어그램이다. 이는 그림 4.11과 같이 신호 무결성의 신호 품질 평가에 활용되는 지표로서 high/low 값을 넘나드는 디지털 파형을 한 주기 단위로 겹쳐서 본 그래프이다. 즉 여러 주기의 똑같은 1, 0의 디지털 파형을 하나로 겹쳐서 봄으로써 그 중에서 품질이 나쁜 파형은 어느 정도 수준인지 쉽게 알아 볼 수 있는 그래프이다. 아이-다이어그램이라 불리는 이유는 가운데 파형의 빈자리가 넓을 경우 좋은 품질을 보이며, 좁을 때 나쁜 품질을 보이기 때문이다. 왜곡이나 잡음이 많이 있는 경우는 나쁜 파형을 때문에 가운데 부분이 좁게 보이기 되어 마치 사람의 눈처럼 컨디션에 따라 열리고 닫히는 모양을 하고 있기에 아이-다이어그램이라고 불린다[11][12].

이러한 아이-다이어그램을 이용하여 신호 무결성 기법을 적용하는 단계는 다음과 같다. 우선 인쇄 회로 기판 레이아웃 상에서 주요한 분석을 원하는 선로에 입출력 포트를 설정하고 전자장 해석을 수행한다. 수행된 전자장 해석 결과에서 spice 형태의 등가회로를 추출한다. 그 후 추출된 spice 모델을 회로해석해서 각 포트에 적절한 입력 신호와 출력 부하를 설정한다. 마지막으로 파형의 해석으로 품질 변화를 관찰하고 개선점을 탐색하는 순서이다. 이러한 신호 무결성 과정은 여러 가지 관점에서 디지털 파형 품질을 평가할 수 있다. 우선 전원단의 지속적인 스위칭 잡음이 신호에 얼마만큼의 영향을 미치는지 평가해 볼 수 있으며, 또한 그림 4.12와 같은 아이-다이어그

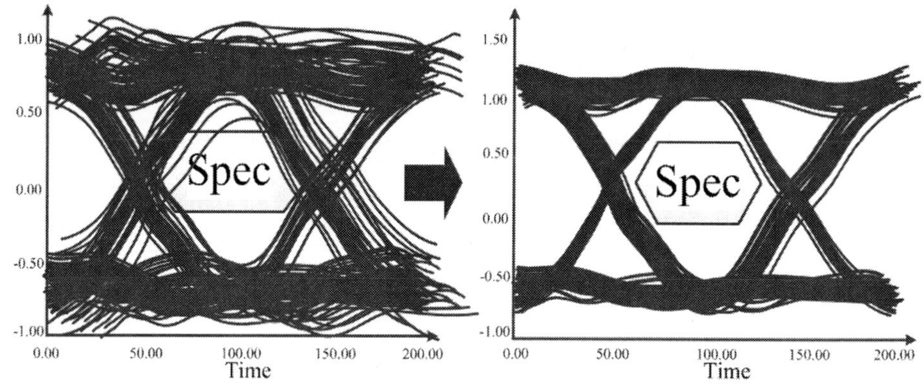

그림 4.11 아이-다이어그램

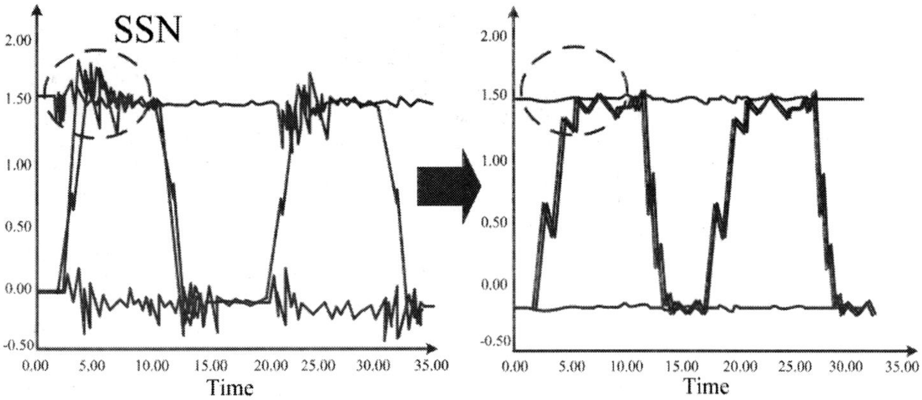

그림 4.12 아이-다이어그램

램을 이용하여 지연시간 문제와 전반적인 잡음 문제를 점검해 볼 수 있다. 실제로 신호 무결성 분석에서 얻을 수 있는 것은 현재의 구조에서 발생할 수 있는 문제점과 그 결과를 확인하는 것까지이며, 분석 결과를 바탕으로 인쇄 회로 기판과 소자 등 여러 의심부위를 바꾸어 가며 그 해석 결과를 개선해 나가게 되는 것이다.

4.2.4 전자파의 적합성

전자파의 적합성이란 전기를 사용하는 전기, 전자기기에서 발생되는 불필요한 전자파와 전자파 내성시험의 기준에 부합하는 것이다. 전자파 적합성 시험은 전자파 간섭(EMI), 전자파 내성(EMS), 그리고 전자파 적합성(EMC)이라고 부른다. 이는 그림 4.13에 보이고 있으며 다음과 같이 정의된다. 첫 번째로는 전자파 간섭으로 전기전자 제품으로부터 방사되는 RF에너지에 의해서 주변에 위치해 있는 다른 제품에 영향을 주는 것을 말한다. 전자기기적인 간섭은 회로 기능을 약화시키고 오동작을 일으킬 수 있는 불필요한 신호로 장비가 동작되는 동안은 불가분하게 발생된다. 다시 말해 선형적인 신호가 비선형회로망을 통과하면 출력에 비선형적인 고조파가 발생하는데 이른 전자파 간섭이라고 한다. 두 번째로는 전자파 적합성으로 협의적인 의미로 전자파 환경의 양립성이라고 부르며, 광의적 의미에서는 전자파 환경공학을 다루는 총칭으로 사용되기도 한다. 전자파를 주는 측과 받는 측의 양쪽에 적용하여 기기의 성능을 확보할 수 있는 능력으로 정의된다. 마지막으로 전자파 내성은 주변에 존재하는 모든 정전기, 서지와 같은 노이즈와 RF 노이즈에 의해서 제품의 정상동작에 영향을 받지 않을 수 있는 제품의 자체 내성을 의미한다. 일반적으로 전자파 간섭을 좋게 할 경우

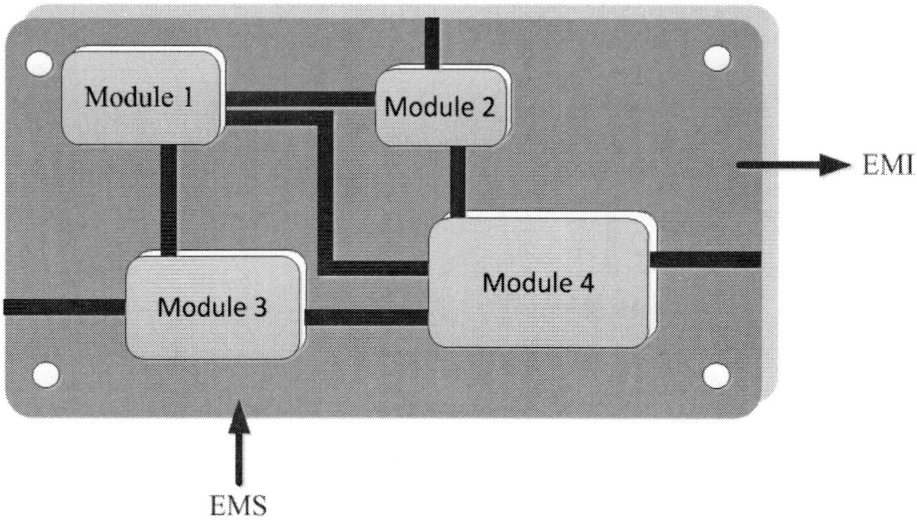

그림 4.13 전자파 간섭과 전자파 내성

전자파 내성도 좋다고 생각할 수 있지만 전자파 잡음 특성이 좋은 전자기기가 반드시 외래 전자파 동작 특성이 좋다고는 말할 수 없다. 본 장에서는 전자파 간섭에 대해 설명하도록 한다[12][13].

인쇄 회로 기판의 설계만으로는 전자파 간섭을 완벽하게 해결할 수 없다. 전파가 간섭의 경우 회로 설계, 부품 설계 인쇄 회로 기판 설계, 부품 실장과 조립, 그리고 설치와 같이 총체적으로 해결해나가는 것이 반드시 필요하며 그렇지 않을 경우에는 아무리 인쇄 회로 기판 설계를 여러 번 수행하여 최적화 하더라도 해결되지 않는다. 전자파 적합성이 어려운 이유는 문제를 예측하기 어렵고 발견된다 하더라고 그 원인과 해결점을 찾기가 막연한 경우가 많기 때문이다. 시스템은 점점 더 빨라지고 구조는 복잡해지고, 적합성 규격은 까다로워지고 있기 때문에 전자파 간섭 문제는 현장에서의 측정과 경험으로 잡아야 한다는 경향이 존재하였으나 최근 시뮬레이터의 기술의 발전으로 여러 가지 다양한 예측과 해결법이 제시되고 있다. 물론 정확하게 예측하기는 쉽지 않겠지만 물리 법칙에 근거한 시뮬레이션은 현실의 전자파 간섭 문제를 해결하는데 중요한 단서를 제공한다. 이러한 전자파 간섭을 위한 설계 기법과 시뮬레이션 기법은 다양하게 존재하고, 우선 전자파 간섭을 위한 설계 기법부터 살펴보도록 한다.

우선 전자기기의 전자파 간섭은 대부분 인쇄 회로 기판의 라인이 안테나가 되어 공중에 방사되어 불필요한 전자파를 발생시키는 것이므로, 이것을 억제한다는 것이 매우 중요하다. 또한 전원선에 유기되는 고주파 전압은 전원과 그라운드 사이에 고주파대의 전위차가 생겨서 발생되기 쉽게 때문에 전원과 그라운드를 강화해서 안정시키는 것 또한 중요하다. 이에 기본적으로 회로 설계 시에 임계 네트가 어느 것인가를 파악하고 이에 대한 적극적인 회로 설계상의 대책을 세워야 하며, 부품의 선정에도 유의해야 한다. 사용하는 부품에 따라서도 전자파 간섭의 특성은 달라지기 때문이다.

그럼 고성능의 인쇄 기판 설계 시 전자파 간섭을 억제하기 위한 고려 기법을 살펴보자. 첫 번째로 등장 배선의 고려이다. 신호의 스큐 없이 물리적인 길이뿐만 아니라 자기장(L)과 전기장(C)의 지연도 고려해야 할 필요가 있다. 지연시간을 고려사항은 크게 두 가지가 존재한다. 순수 웨이브 이동에 의한 전파 지연시간과 패턴의 커패시턴스에 의한 RC 지연시간이 그것이다. 통상적인 설계에서는 이 RC 지연시간 성분을 빠트리기 쉬우나 실제로 스텝 펄스의 반응을 본다면 패턴의 RC 지연시간이 더 큰 것을 볼 수 있다. 따라서 실제 설계할 때에는 각각의 소스와 리시버의 로딩까지 계산해 타이밍을 맞춰야 하므로 시뮬레이터의 도움의 받는 것이 지연시간에 의한 에러를 줄일 수 있는 방법이다. 두 번째로 clock 라인을 짧게 하는 것이다. clock 라인을 설계할 때에는 먼저 타이밍 설계를 하고 이를 기준으로 신호 무결성을 개선하는 방향으로 하는 것이 좋다. 타이밍이나 신호 무결성 기준에 대한 정보가 없을 때에는 가능한 대칭형, 즉 H-트리나 T 분기 기법으로 짧게 하는 것이 기본이다. 주의할 점이 이 규칙을 따랐을 때에 심각한 overshoot/undershoot가 발생할 수 있기 때문에 최소한의 경계선에 대한 공간은 두고 설계하는 것이 좋다. 복잡한 타이밍 설계를 할 때는 추가의 액티브 소자를 사용하는 방법과 시뮬레이션이나 계산을 통한 가이드라인을 찾은 후 설계하는 것이 좋다. 세 번째로 기판 단은 잡음 레벨이 높다는 것이다. 기판 단 근처에 고속 신호를 통하게 되면 그라운드 면에 노이즈의 레벨이 높게 나타날 수 있다. 네 번째로 배선길이를 짧게 하는 것이다. 이는 공진 및 반사를 방지하기 위함이다. 패턴의 저항, 인덕턴스, 커패시턴스를 계산하여 공진 주파수가 Tr 주파수의 제3고조파보다 최소 100배 이상이 나와야 안정적인 보드의 동작을 보장할 수 있다. 일반적으로 배선 길이가 특정 범위를 넘어설 경우 정재파가 발생 하고, 전자파에 의한 방사가 나타나게 된다. 다섯 번째로 T분기 금지의 원칙이다. 신호의 임피던스가 변화하며 반사의 원인이 되기 때문이다. T분기나 H-트리 등과 같이 패턴의 분기는 임피던스의 미스매칭을 가져와 이로 인한 소스쪽의 2번째 반사가 분기점에서 가장 가까운 리시버에 나타나게 되는데 이것 또한 여러 가지 기술로 줄일 수 있다. 분기를 사용하지 않고 단지 전류 스위치 형식의 논리구조로는 네트를 연결하기가 힘들기 때문에 이런 분기 형식 구조를 사용해야 하는 경우에는 각각의 분기에 의한 반사가 서로 상쇄되도록 하거나 termination을 이용하여 적용한다. 여섯 번째로 고속 신호에서는 최대한 비아를 줄이는 것이다. 이는 비아에 의한 인덕턴스 성분 증가 방지 때문이다. 대부분 비아에 의한 커패시턴스 성분보다는 인덕턴스 성분의 의한 영향이 더 큰 것이다. 참로고 레이어 변경 시 가장 유념해야 할 점은 현재 경로를 넘겨주는 것에 유의해야 한다는 것이다. 따라서 제일 좋은 레이어 변경은 그라운드 평면을 사이에 두고 사용하는 것이다. 일곱 번째로 드라이버와 전송선로 임피던스를 일치시키는 것이다. 이는 임피던스의 부정합에 의한 반사를 저감시키기 위함으로 임피던스 미스매칭에 의한 반사 효과를 감소시키는 가장 좋은 방법이다. 하지만 이는 구현하기에는 현실적인 어려움이 존재한다. 그 이유는 각 회사별 칩의 드라이버 출력 임피던스가 최대 20ohm 이상씩 차이가 나며, 또 드라이버의 임피던스에 인쇄 회로 기판의 임피던스를 맞추기가 어렵기 때문이다. 또 다른 이유는 드라이버에 연결되는 리시버의 수가 신호 네트별로 다를 경우 리시버의 부하에 따라서 RC 지연시간이 다르기 때문이다. 이로 인한 타이밍 스큐가 발생할 수 있어서 이러한 문제들을 해결하기 위해 통상적으로 사용하는 방법이 source-termination 기법이다. 임피던스가 다른 만큼 레지스터로 보충을 해주고 리시버의 수에 따른 RC 지연시간도 반사효과가 허용하는 범위 내에서 조절해준다. 여덟 번째로 리턴 패스를 고려한 배선이다. 고주파에 의한 전류의 리턴은 배선 패턴에 첨부된 형태로 흐른다. 그 흐름을 분단하지 않도록 전원 및 그라운드의 고려가 필요하다. 마지막으로 공급전원의 연결 위치를 최적화한다. 즉 전원 단자에 될 수 있는 한 가깝게 하는 것으로 기판 전체의 임피던스를 떨어뜨림으로서 잡음을 줄일 수 있다. 한정되어 있는 보드 크기에서 전원과 여타 지역과 배치에 대한 고려가 필요하다 임피던스가 상대적으로 높아도 좋은 지역은 어디인가를 찾고 이러한 지역은 전원부에서 먼 쪽에 배치하고, 반대로 잡음이 많이 생기거나 영향을 많이 받는 지역은 전원부에 가깝게 배치한다. 보드에서는 여러 종류의 전원을 사용하는 것이 보통이므로 전원을 바꾸기 위한 전압 레귤레이터나 전원이 나오는 부위 주위에 고속 IC를 배치하고 이것이 어려울 경우는 탄탈 커패시터와 같은 추가적인 회로를 배치하여 전원에 대한 보상을 해주도록 한다. 이외에도 전자파 간섭을 최적화하기 위한 다양한 기법이 존재하고 있다.

이제 전자파 간섭에 대한 시뮬레이션 기법과 다른 신호 무결성 사이의 관계를 살펴보도록 한다. 전자파 간섭은 결국 전자파에 대한 문제이다. 그렇기 때문에 예전부터 전자파 간섭 문제의 해결을 위해 전자장 해석 방법이 도입되어 왔다. 전자파 해석법의 필드 시뮬레이션을 이용하면 전자기기의 외부로 방출되는 전자의 분포와 그 양을 예측할 수 있다. 그렇기 때문에 전자파 간섭을 이론적으로 분석할 때 필드 시뮬레이션을 반드시 고려해야 한다. 물론 필드 시뮬레이션 결과 자체로는 문제 발생의 수준과 그에 대한 해결법을 직관적으로 알아채기 힘든 경우나 존재하나 불필요하게 에너지가 집중되는 부위를 탐색하여 문제의 근원을 찾거나 그에 기반을 두어 해결의 중요한 실마리를 얻을 수 있게 된다. 또한 필드 데이터를 기반으로 특정 방향과 위치의 방출량을 계량화함으로써 문제해결의 목표점과 기준을 설정할 수 있다. 이렇듯 필드 시뮬레이션은 전자파 간섭 분석에 있어서 중요한 기준을 제시해 줄 수 있다.

필드 시뮬레이션이 전자기기의 개괄적인 전자파 분포를 제시해준다면 특정한 방향과 지점의 필드량을 수치화한 방출 테스트 시뮬레이션은 보다 직관적이다. 계량화가 가능한 목표점을 제시해 줄 수 있다. 전자파 간섭에서 중요하게 해결해야 할 문제가 불요파 방사이다. 이것은 정말 측정하기 전에는 쉽게 예측할 수 없는 것으로서 어느 방향으로 얼마만큼의 불필요한 주파수 에너지가 방출될지 알기는 쉽지 않다. 이렇게 불필요한 방출은 결국 다른 부분에는 잡음을 방출하는 것과 마찬가지가 되며, 그렇기에 전자시스템의 기본이 되는 인쇄 회기 기판의 잡음을 제거하는 것은 방출과 깊은 관련이 있다. 즉 전자파 간섭의 문제를 해결하기 위해서는 인쇄 회로 기판의 잡음과 방출의 관계에 대한 이해가 필요하다. 즉 앞서 설명한 파워 무결성과 신호 무결성 사이의 관계에 대한 이해가 필요한 것이다.

그 첫 번째로 파워 무결성 사이의 관계를 살펴보도록 한다. 앞서 설명했던 인쇄 회로 기판에서의 파워 무결성 과정은 전원단의 잡음 자체를 해결하는 것이 아니라 전원 선로의 임피던스를 낮춤으로서 외부에서 잡음 전류가 유도되더라도 그로 인한 잡음 전압의 발생을 최소화하도록 일종의 냉성을 갖게 하는 과정이었다. 중요한 점은 이 방법이 전자파 간섭 문제해결에서도 도움이 된다는 것이다. 인쇄 회로 기판에서 파워 무결성이 잘 되어 있고, 주요 주파수 대역에서의 임피던스가 충분히 낮아서 잡음이 잘 출몰하지 못한다면, 전자파 간섭에 의해 외부로 날아가는 잡음인 불요파도 줄어들게 된다. 실제 파워 무결성 과정을 수행하고 불필요하게 높은 임피던스들을 최적화하면 전자파 방출 문제가 해결되는 경우가 많다. 물론 파워 무결성을 한다고 하여 전자파 간섭 문제가 완벽히 해결되지는 않는다. 그림 4.14를 보면 임피던스가 높았던 주파수는 전자파 방출 테스트에서도 높은 방출량을 보이고 있으나, 파워 무결성 과정을 거치며 임피던스를 낮추자 임피던스에 기인하던 전자파 방출의 양도 줄어든 것을 확인할 수 있다.

두 번째로 신호 무결성과 전자파 간섭 사이의 관계를 살펴보도록 한다. 신호 무결성 과정은 밀집한 선로들 속에서 주요한 신호 선로들의 파형 품질을 일정한 수준 이상 확보하기 위한 분석과 개선과정이라고 할 수 있다. 신호 무결성 관점에서 중요한

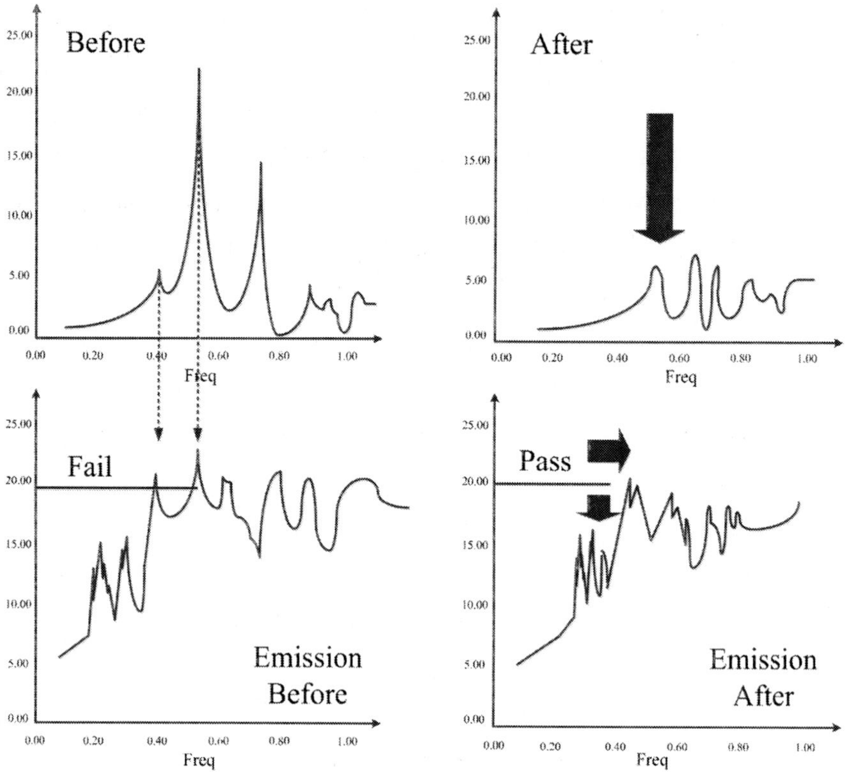

그림 4.14 파워 무결성 기법을 통한 전자파 간섭 현상 제거

것은, 입력 신호의 종류나 형상에 따라 전자파 간섭의 경향도 바뀔 수 있다는 것이다. 즉 입력이 단순한 아날로그 사인파 이냐, 복잡한 디지털 데이터의 여부에 따라서 발생되는 전자파 방출의 크기가 변화될 수 있다. 그 이유는 단일 주파수 신호의 아날로그 신호에 비해 디지털 데이터 신호는 푸리에 변환에 의거하여 매우 복잡한 주파수 분포도를 갖고 있기 때문이다. 그렇기 때문에 몇몇 중요한 전자파 간섭 문제는 신호 무결성 분석 상에서 실제 신호를 입력해야만 예측되기도 한다. 즉, 신호 무결성 문제를 해결해 나간다는 것은 신호 선로에 나타는 간섭과 잡음들을 해결하는 과정이기 때문에 주요한 신호 무결성 문제를 해결하다 보면 그 자체로 전자파 간섭 문제를 해결하는 과정이 되기도 한다는 것이다.

4.2.5 열 무결성(Thermal Integrity)

시스템과 고성능이 필요한 패키지들에 있어서 열 관리는 성능 신뢰성, 그리고 성

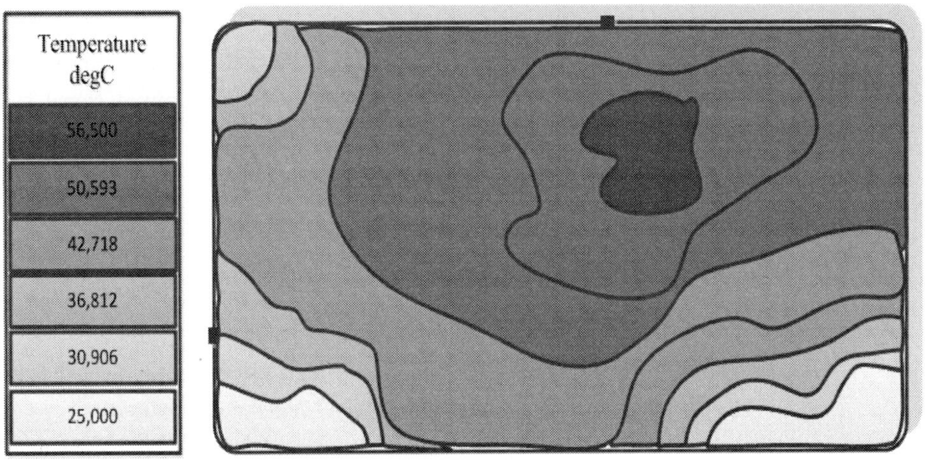

그림 4.15 회로의 열분석 결과

능유지를 위해 맹우 중요한 요소가 되었다 이에 최근에는 시스템 레벨에서의 시뮬레이션이나 분석과 같이 패키지 안에서의 열분석에 대한 방법들이 제시되고 있다. 그림 4.15는 패키지 상에서의 열분석에 대한 결과를 보여주고 있다 만약 낮은 열 한계치를 가진 기판에서 발생되는 높은 온도는 회로의 실패를 가져오게 되기 때문에 최적의 발열을 보이는 회로 디자인이 필요하다.

이러한 열 관리가 중요한 이유는 다음과 같다. 첫 번째로 온도의 증가는 누설 전류의 지수 승에 비례한다. 두 번째로는 65nm에서는 누설 전류가 전체 파워 손실의 약 70%에 해당하고 있다. 세 번째로는 온도의 증가는 회로의 지연시간에 손실을 가져다 주며, 마지막으로 온도와 비례하여 저항이 증가된다는 것이다.

이처럼 열 관리는 회로의 전체적인 성능에 영향을 미칠 수 있다는 것을 알 수 있다. 현재 40nm 이하의 공정에서 열 효과의 효율적인 제어는 회로의 지연시간, 신호 전달, 파워 무결성, 그리고 회로의 노화정도에 모두 영향을 미치기 때문에 매우 중요한 문제로 부각되고 있다.

참고문헌

[1] Kim, J., Li, E. "Special Issue on PCB Level Signal Integrity, Power Integrity, and EMC", IEEE Transactions on Electromagnetic Compatibility, 2010, vol. 52, pp.246-247

[2] Tzong-Lin Wu, Hao-Hsiang Chuang, and Ting-Kuang Wang, "Overview of Power Integrity Solutions on Package and PCB: Decoupling and EBG Isolation", IEEE

Transactions on Electromagnetic Compatibility, 2010, vol.52, pp.346-356

[3] HuiFen Huang, QingXin Chu, ZeMing Xie, and JianKang Xiao, "A novel fractal PCB power plane for power integrity in high speed mixed signal system", Microwave Conference, 2009, pp.661-664

[4] Fizesan, R, Pitica, D. "Simulation for power integrity to design a PCB for an optimum cost", Design and Technology in Electronic Packaging(SIITME), 2010, pp.141-146

[5] Fizesan, R, Pitica, D. "Pre-layout power integrity analysis in the design flow of a PCB", Design and Technology in Electronic Packaging(SIITME), 2011, pp.77-80

[6] Tsai, C.-T. "Signal integrity analysis of high-speed, high-pin-count digital packages", Electronic Components and Technology Conference, 1990, vol 2, pp.1098-1107

[7] Simovich, S, Mehrotra, S, Franzon, P, Steer, M, "Delay and reflection noise macromodeling for signal integrity management of PCBs and MCMs", Components, Packaging, and Manufacturing Technology, Part B: Advanced Packaging, IEEE Transactions on, 1994, vol 17, pp.15-21

[8] Jing Xiaosong, Zhou Runjing, "Crosstalk Analysis and Simulation in High-Speed PCB Design", Electronic Measurement and Instruments, 2007, pp.437-440

[9] Eged, B, Mernyei, F, Novak, I, Bajor, P. "Reduction of far-end crosstalk on coupled microstrip PCB interconnects", Instrumentation and Measurement Technology Conference, 1994, pp.287-290

[10] Chia-yu Jin, Chia-hsing Chou, Dian-rung Li, and Tsung-ying Chuang, "Improving signal integrity by optimal design of power/ground plane stack-up structure", Electronics Packaging Technology Conference, 2006, pp.853-859

[11] Dongchul Kim, Hyewon Kim, Yungseon Eo, "Signal integrity verification of coupled interconnect lines using efficient eye-diagram determination", Circuits and Systems (ISCAS), Proceedings of 2010, pp.3669-3672

[12] Kim D, Kim H, Eo Y, "Analytical Eye-Diagram Determination for the Efficient and Accurate Signal Integrity Verification of Single Interconnect Lines", Computer-Aided Design of Integrated Circuits and Systems, IEEE Transactions on, 2012, vol 31, pp.1536-1545

[13] Cheng-Chang Chen, Jian-Li Dong, Yen-Tang Chang, Chu-Kuo Chen, Ching-Wen Hsue, Ikami S, "A study of PCB EMI measurement and simulation", Electromagnetic Compatibility(APEMC), 2010, pp736-739

[14] Deb, G.K, "Low EMI design of microprocessor based PCB-a case study", Electromagnetic Compatibility, 1998, vol 1, oo.614-618

제 5 장

상위수준 저전력 설계 방법론

5.1 서론

5.1.1 SoC 설계 동향

반도체 공정이 점점 세밀해 지면서 단일 크기의 칩 위에는 점점 더 많은 트랜지스터를 집적할 수 있게 되었으며, 이에 따라서 더욱 복잡하고 다양한 기능들을 한 칩 위에 집적할 수 있게 되었다. 이러한 설계 동향에서 설계의 복잡도는 점점 증가하고 있으며 제품 개발 주기는 점점 짧아져서 시장에 초기 제품을 내놓아야 하는 시기(Time-to-market)는 오히려 짧아지고 있다. 또한 많은 칩들이 하나의 제품에 들어가게 되면서 배터리로 구동되는 현대의 임베디드 시스템에서 에너지 소모를 줄이는 것이 설계의 가장 큰 제약 조건의 하나가 되었다. 그림 5.1은 이러한 SoC 설계 동향을 보여준다.

설계 복잡도 증가에 대한 해결책으로는 기존 설계된 IP들의 재사용, 플랫폼 기반의 설계, 그리고 기능의 일부를 소프트웨어로 설계하는 비중의 증가 등이 있다. 설계 과정을 간단히 하고 복잡도를 감소시키기 위해서는 디자인의 추상화 수준을 올리며 이때는 하드웨어들의 물리적 특성들을 잘 분석하여야 한다. 그림 5.2는 이러한 내용을 나타내고 있다. 플랫폼 기반의 설계를 통해 기존에 설계된 하드웨어 IP들을 재사용하고 하드웨어/소프트웨어 협력 개발로 칩의 생산 전에 소프트웨어 검증 등을 통해 설계 시간도 줄이고 개발 비용도 감소시킨다. 그림 5.2와 그림 5.3은 위의 내용을 보충해 준다.

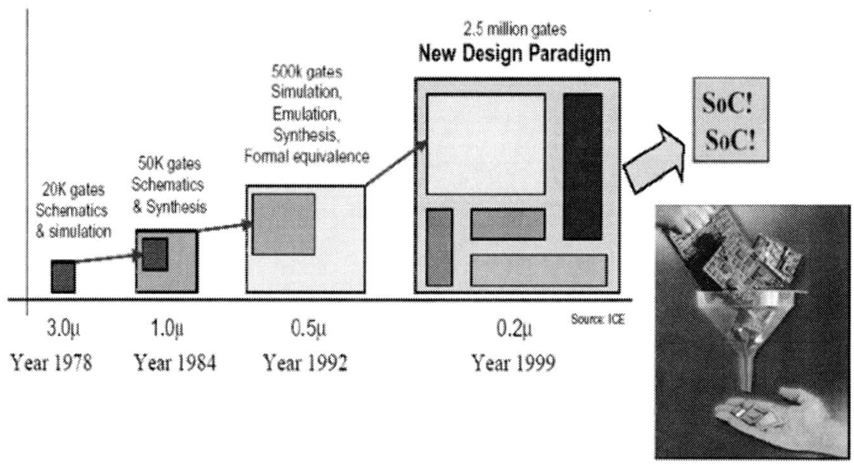

그림 5.1 SoC 설계 동향

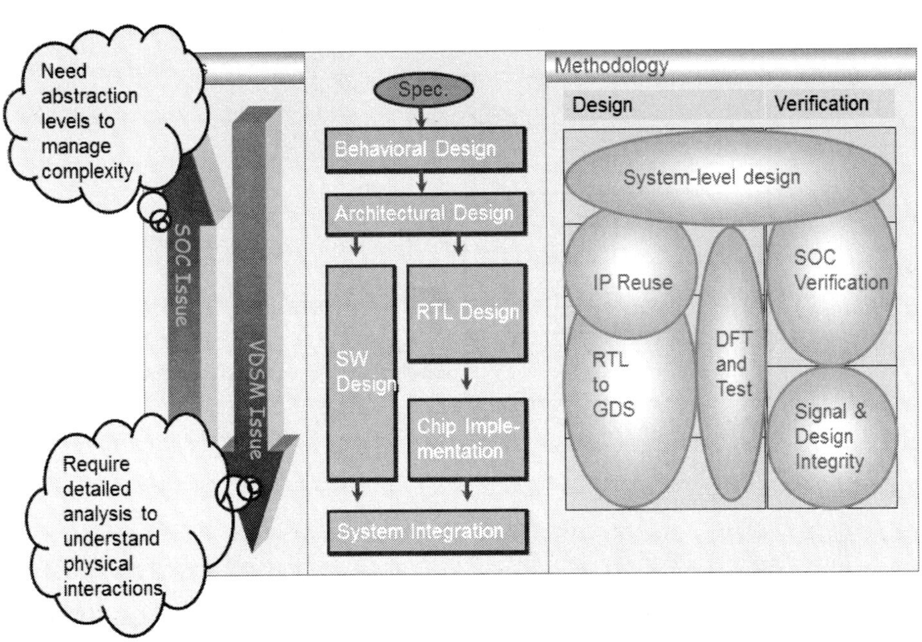

그림 5.2 SoC Design Process

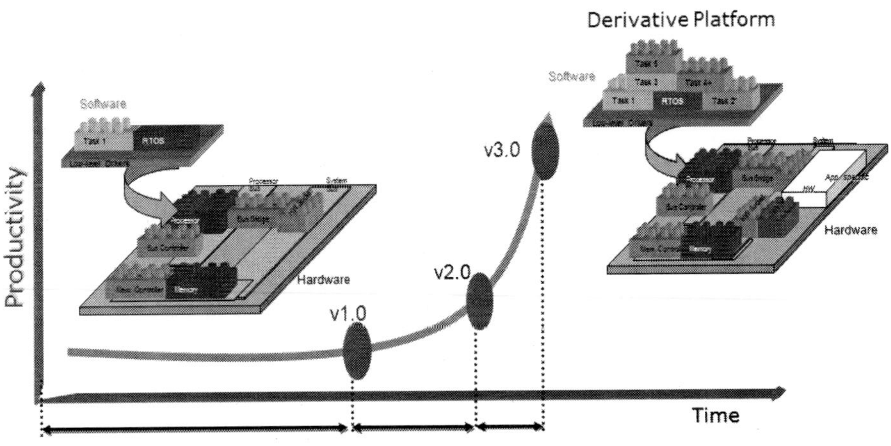

그림 5.3 platform-based design

5.1.2 저전력 설계의 필요성

그림 5.4는 전형적인 현대의 임베디드 시스템을 보여준다. 프로세서, 메모리, 디스플레이 등이 있는 하드웨어는 실제로 전력을 소비하며, 그 하드웨어에서 응용 프로그

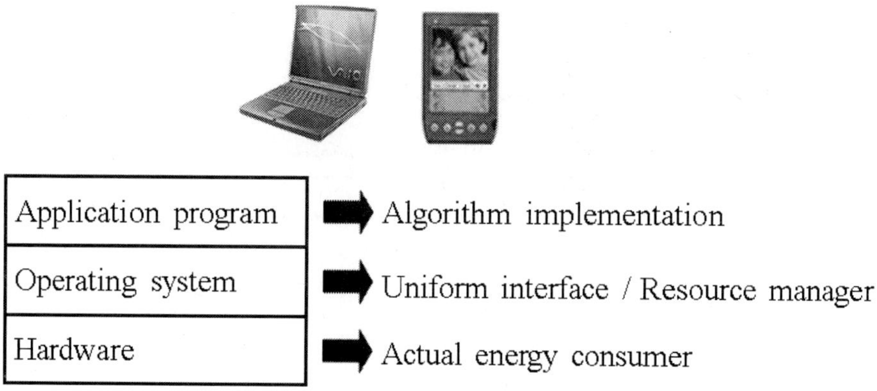

그림 5.4 현대 임베디드 시스템

램들이 실행된다. 운영체제는 응용 프로그램들이 하드웨어를 이용하게 하기 위해 자원을 관리하고 할당한다. 여기에서 하드웨어가 실제 전력을 소비하더라도 실행되는 소프트웨어(응용프로그램과 운영체제)에 따라서 전력 소모의 특성이 변하게 된다.

소프트웨어의 중요도는 그림 5.5에서도 확인할 수가 있다. 그림 5.5는 공정 기술이 점점 세밀해짐에 따라 소프트웨어의 상대적인 설계 노력도를 보여준다. 130nm 시대로 들어서면서 소프트웨어 설계비용이 하드웨어 전체 설계비용을 넘어섰으며, 90nm 시대에는 Architecture에 대한 노력도가 Physical 설계의 노력도를 넘어섰다. 따라서 시스템 환경의 구축은 SoC 설계에 있어 매우 중요한 요소이다.

반도체 기술의 동향을 보여주는 ITRS(International Technology Roadmap for Semiconductors)에서는 향후 십여 년간의 설계기술 동향을 제시하면서 저전력 기술의 중요성을 보여주었다. 소비자들이 요구하는 프로세싱 성능은 계속 증가하는 반면, 이러한 요구를 충족시키기 위해 디바이스의 설계 복잡도는 점점 증가하고 동작 주파수 또한 가파르게 높아지고 있다. 하지만 배터리의 충전 용량의 증가는 배터리 구성 물질이 근본적으로 바뀌지 않는 이상 배터리 크기를 키워야 하는데, 휴대기기의 특성상 무작정 크기를 키울 수도 없으므로 배터리 용량은 매우 천천히 증가할 수밖에 없다. 요컨대 성능과 배터리 용량에 의한 차이가 시간이 갈수록 심화됨에 따라 전력 소모 감소 기술은 필수적 설계 요소가 되었다. 그림 5.5[1]의 처리 성능을 보면 2012년 77에서 2018년 2458로 6년간 32배나 성능 요구치가 증가하는 반면 평균 전력과 대기 전력은 2003년과 같은 것을 볼 수 있다. 그만큼 더욱 저전력 설계가 중요하다. 그림 5.6 또한 마찬가지의 결과를 보여주고 있다.

YEAR OF PRODUCTION	2003	2006	2009	2012	2015	2018
Process Technology (nm)	101	90	65	45	32	22
Supply Voltage (V)	1.2	1	0.8	0.6	0.5	0.4
Clock Frequency (MHz)	300	450	600	900	1200	1500
Application (maximum required performance)	Still Image Processing	Real Time Video Codec (MPEG4/CIF)		Real Time Interpretation		
Application (other)	Web Browser Electric Mailer Scheduler	TV Telephone (1:1) Voice Recognition (Input) Authentication (Crypto Engine)		TV Telephone (>3:1) Voice Recognition (Operation)		
Processing Performance (GOPS)	0.3	2	14	77	461	2458
Required Average Power (W)	0.1	0.1	0.1	0.1	0.1	0.1
Required Standby Power (mW)	2	2	2	2	2	2
Battery Capacity (Wh/Kg)	120	200	200	400	400	400

그림 5.5 System functional requirements for the PDA SoC-LP Driver

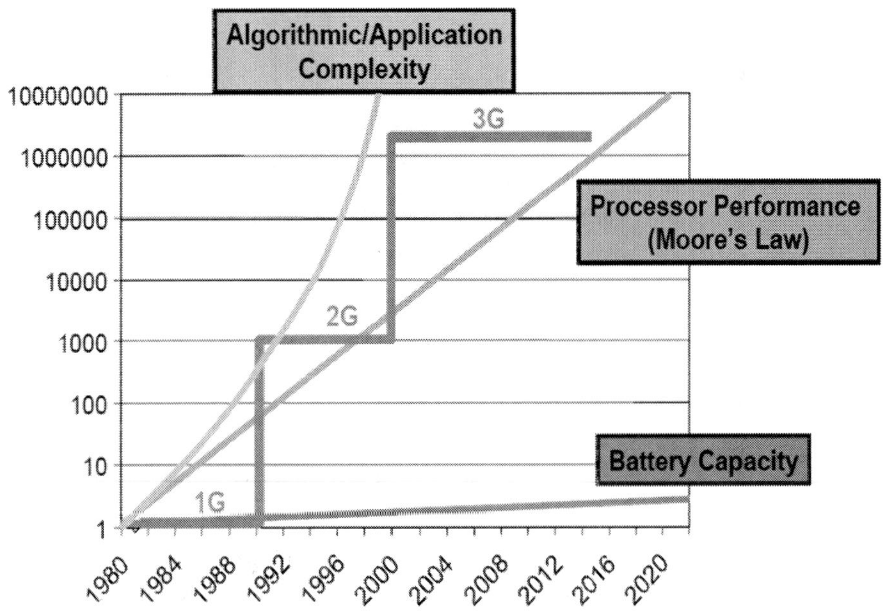

그림 5.6 System Functional Requirements

따라서 시스템 설계의 가장 큰 이슈는 에너지를 효율적으로 관리하여 기기를 좀 더 오랜 시간 사용하게 만들어주는 것이다. 전력 소모 감소 기술은 소프트웨어뿐만 아니라 하드웨어 수준에서도 필요하고, 프로세서뿐만 아니라 메모리, 디스플레이에서도 필요한 기술이다. 또 시스템 수준에서의 전력 관리 기법도 필수적이다.

하드웨어에서 어떤 작업이 수행되는지에 따라 전력 소모 양상이 달라진다. 그림 5.7[2]은 휴대기기에서 각 응용 프로그램별로 데이터 전송량을 보여준다. 전체적으로 데이터 사용량이 급격하게 증가하는데 이 중에서 mobile video는 2013년 경 전체 사용량의 66%에 달하게 될 것이라 예측된다. 휴대전화에서 비디오를 재생할 때 각 IP별 전력 소모가 그림 5.8에 나타나있다. 각 IP별로 전력 소모를 분석하는 것은 효율적인 전력 관리 기법을 개발하기 위해 필요하다.

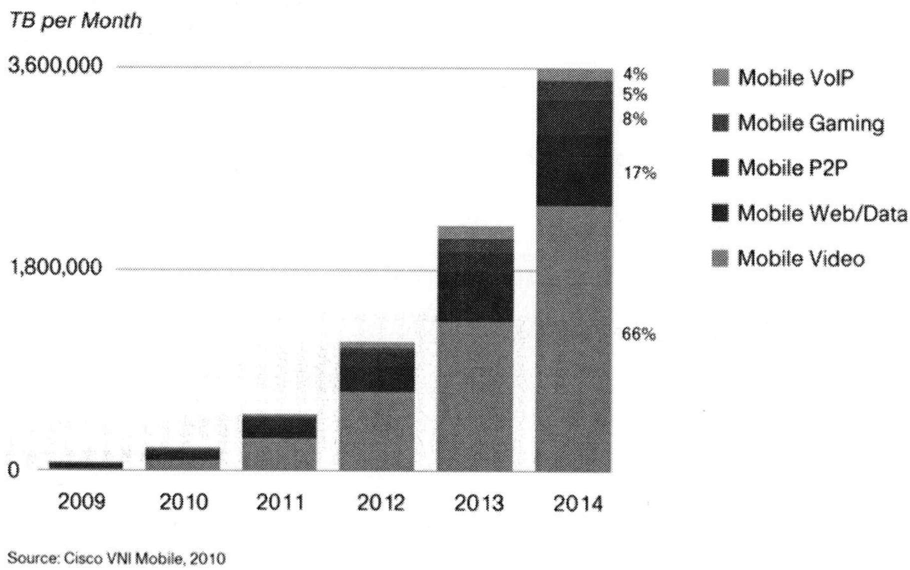

그림 5.7 Data-intensive applications

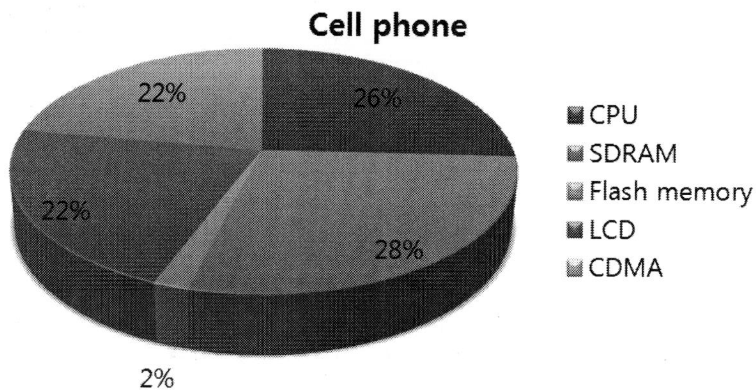

그림 5.8 System-level power consumption

5.1.3 결론

결론적으로 TTM(Time-to-Market)이 점차 중요해지면서 하드웨어뿐만 아니라 소프트웨어 수준에서의 저전력 개발의 필요성이 증대되고 있다. 또한 멀티프로세서 환경으로 진화하면서 고사양 기기들이 주를 이루게 되고 전력 소모량이 늘어나지만 배터리 용량은 정해져 있기 때문에 전력 소모 기술은 반드시 개발되어야 한다.

5.2 RTL 이상의 하드웨어 설계 기법

5.2.1 서론

저전력 설계는 하드웨어 측면과 소프트웨어 측면에서 모두 진행되어야 한다. 하나의 칩 위에 회로의 성능과 좀 더 다양한 기능을 탑재하기 위하여 지속적으로 트랜지스터의 선폭이 줄어들어왔다. 이러한 결과로 단위 면적당 전력 소모량은 크게 증가하였고 이로 인해 발열 문제나 냉각 문제는 점차 나빠지고 있다. 다양한 기능을 집적시키면서 지속적으로 공급 전압을 낮추는 데에도 전력 측면에서 좋아지지 않고 있다. 이번 장에서는 여러 가지 회로 상의 전력 감소 기술에 대해 살펴본다.

5.2.2 전력 소모의 원천

디지털 CMOS 회로에서 전력 소모가 발생하는 이유는 세 가지가 있다. 첫 번째는 신호의 변화로 발생한다. CMOS 회로에서 node는 두 가지의 논리 수준인 0과 1로 값들이 변한다. 물리적으로는 이 nodes와 관련된 커패시터를 충전하거나 방전시킨다. 트랜지스터의 채널을 따라서 전류가 흐르게 되며, 이때 전기 에너지는 열이나 다른 형태로 소모된다. 두 번째로는 단락 전류(short-circuit current)로 생긴다. 이 전류는 CMOS 게이트에서 값이 변할 때 공급 전압쪽에서 접지쪽으로 순간적으로 합선이 되면서 발생한다. 입력값이 안정적으로 공급될 때에 두 트랜지스터에는 전류가 흐르지 않지만 입력값이 변할 때에 순간적으로 단락되고 이때 전류가 흐른다. 위의 두 가지 전력 소모는 CMOS 회로의 값이 바뀌는 중에 전력을 소모하기 때문에 동적 전력 소모(dynamic dissipation)라 한다. 반면 세 번째 경우는 누설 전류(leakage current)에 의한 전력 소모이다. 따라서 이것은 정적 전력 소모(static dissipation)라고 한다. 공급 전압(V_{DD})은 기술 세대별로 30%씩 감소해 왔다. 따라서 전력 소모도 기술 세대별로 30%씩 좋아졌으며, 트랜지스터의 문턱 전압(V_{th})도 같이 감소했다. 하지만, 문턱 전압의 감소는 subthreshold 누설 전류의 상당한 증가를 야기했다[3].

전력 소모 요인별로 전력을 줄이기 위한 많은 기술들이 제안되었다. 다음 장에서는 이러한 기술들을 알아본다.

5.2.3 Power Optimization

5.2.3.1 Clock Gating

CG(Clock Gating)는 동작 전력 소모 감소를 위해서 동기화 회로에서 많이 쓰는 유명한 기법이다. clock tree에 추가의 간단한 회로를 추가함으로 기능상 변동없이 구현이 가능하다. 이 기술을 위한 회로는 activation block에 추가하여 만들 수 있다. 이 회로는 clock을 차단할 수 있는 신호가 추가되며, 따라서 조합 회로(combinational logic)와 레지스터의 전력을 줄일 수 있다. 특정 회로에서 동작이 필요하지 않을 경우에 그 회로에 clock 신호를 공급하지 않음으로써 그 회로의 플립플롭의 상태 변화를 막는다. 이때 게이트들의 스위칭 동작이 일어나지 않기 때문에 동적 전력 소모를 전혀 일어나지 않게 하며, 정적 전력 소모만 발생하게 한다. 일반적으로 동적 소비 전력에 관한 식은 $P=\alpha \cdot C \cdot V^2 \cdot f$와 같다. 여기서 α는 스위칭 정도이며, C는 회로의 정전 용량, V는 공급 전압, f는 clock 주파수이다. clock을 인가하지 않음으로써 f는 0이 되고, 동적 소비 전력이 0이 된다[4][5].

그림 5.9는 CG가 적용되지 않은 플립플롭 기반의 회로이며, 그림 5.10은 CG를 위해 몇 가지가 추가된 회로이다. 이 기법을 사용하기 위해서는 먼저 상태나 출력값이 변하지 않을 조건을 찾아야 하며, 이 조건이 만족될 때에 clock을 차단하는 제어 신

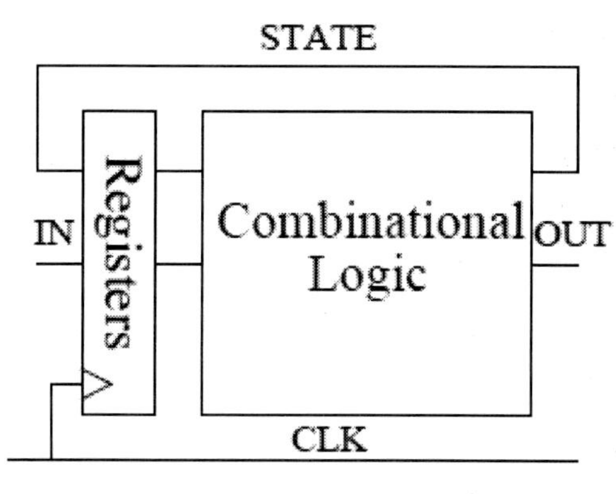

그림 5.9 플립플롭 기반 FSM

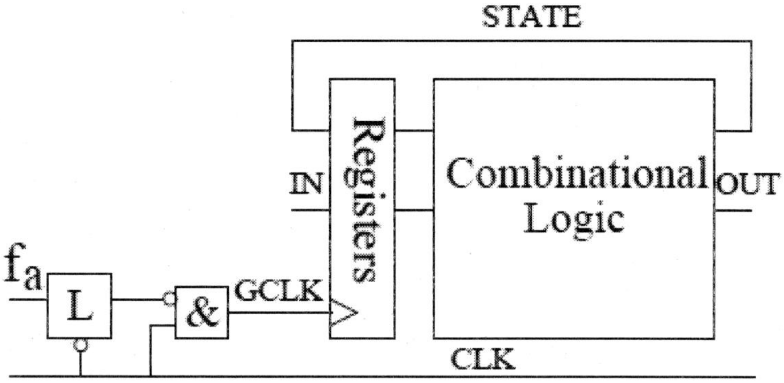

그림 5.9 CG 기술이 추가된 회로

호를 인가한다. FSM이 OFF이거나 상태 변화가 없을 때 FSM의 clock을 선택적으로 차단할 수 있는 역할을 하는 새로운 신호를 activation function(f_a)라 정의하자. 이것을 사용함으로 인해 소모되는 전력은 장치의 전원을 차단하였을 때 절약할 수 있는 전력과 교환(trade off)된다. $f_a = 1$일 때, clock이 끊긴다. 그림 5.10에서 "L"로 표시된 블록은 level-sensitive 레지스터이며, 글로벌 clock이 low일 때 보이지 않는(없는) 회로처럼 아무 것도 하지 않는다. f_a는 clock의 상승 가장자리 이전에 이미 유효한 값을 가진다고 가정한다. 이때 clock 신호가 low이면 L은 무시된다. 만약에 f_a 신호가 high로 바뀌면, 다음 상승 가장자리에서 글로벌 clock은 AND 게이트를 통과하지 못할 것이고, 그러므로 FSM의 clock 신호는 끊길 것이며 GCLK 신호는 low 상태에 있게 된다. 글로벌 clock이 high가 되면 회로는 f_a의 신호에 따라 통제된다. 로컬 clock이 멈춰질 때에 FSM의 조합 회로(combinational logic)는 전력을 소모하지 않는다.

FSM의 유휴 조건의 결정은 무어 형식으로 구현된 FSM에서는 간단한 일이다. 현재 상태와 입력으로 다음 상태가 변하지 않는다면, 무어 FSM은 유휴로 간주한다. 하지만 불행하게도 이러한 속성이 밀리 FSM에서는 유효하지 않다. CG는 이러한 조건하에서 clock을 차단한다.

그림 5.10은 상태 변환 그래프(State Transition Graph, STG)를 밀리 FSM과 무어 FSM으로 나타낸 그림이다. 그림 5.10(a)는 밀리 머신을 STG로 나타낸 것인데, 이를 같은 기능을 하게끔 무어 머신으로 나타낸 것이 그림 5.10(b)이다. 무어 머신의 STG는 출력값이 상태(state)와 연관 지어져 있으며, 반면 밀리머신은 출력값이 상태가 아닌 edge에 관련되어 있다. 무어머신이 밀리머신에 비해서 state와 edge가 더 복잡

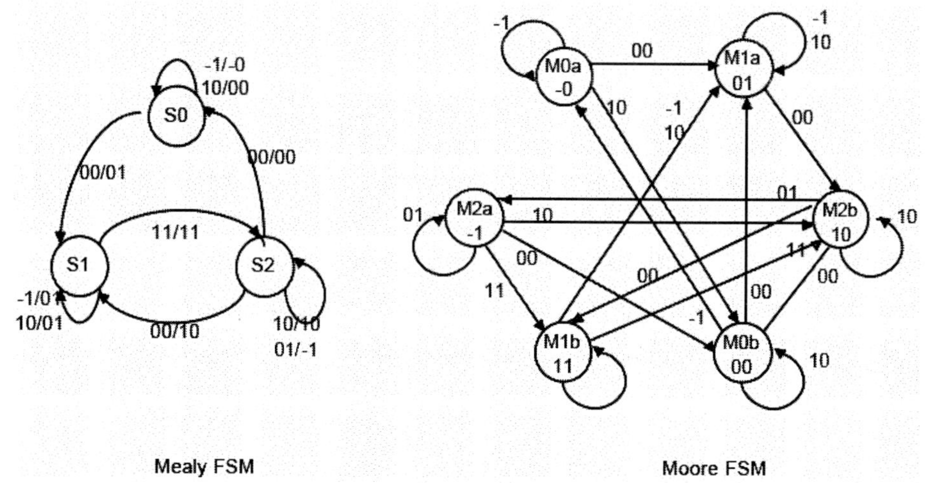

그림 5.10 (a) 밀리 머신(Mealy Machine)의 상태 변화 그래프
(b) 무어 머신(Moore Machine)의 상태 변화 그래프

하다는 것은 증명되어 있는 사실이다.

activation function을 찾는 간단한 알고리즘을 소개한다. 첫째, 주어진 activation function에 대해서 subfunction을 찾는다. subfunction 비용이 최소이고, 참값에 대한 확률이 activation function으로 정의되어 있는 함수이다. 둘째로 프라임 임플리컨트(prime implicant) 생성과 제약 커버링(constrained covering)을 바탕으로 휴리스틱 방법으로 함수를 찾는다.

전체적 과정은 다음과 같다. 먼저 밀리 머신을 동작이 같은 무어 머신으로 바꾼다. 두 번째로 바뀐 무어 머신의 상태를 바탕으로 완전한 activation function, f_a를 추출한다. 세 번째로 f_a의 확률을 구한다. 네 번째로는 f_a의 프라임을 결정하고, 다섯 번째로는 분기와 한정(branch-and-bound) 알고리즘으로 이미 정의된 확률을 만족하는 최소 리터럴 보조함수 F_a를 구한다. 마지막으로는 F_a를 사용하여 FSM의 조합을 줄이기 위해 don't care 집합을 구한다.

CG 기술을 사용함으로 인한 영향은 다음과 같다. 임의의 테스트 벡터로 구성된 표준 벤치마크로 실험하였을 때 30%의 전력 감소를 이루었다. 하지만 don't care를 바탕으로 최적화를 위한 계산이 문제가 되며, 가장 큰 한계점은 많은 상태로 인한 FSM 표를 명확하게 표현하기가 쉽지 않다는 점이다.

5.2.3.2 FSM partitioning

제어 회로는 여러 개의 서로 연결된 FSM들의 제어 함수로 구현될 수 있다. 각 FSM들은 전체 FSM들을 순차적으로 수행하는 작은 부분들로 나누어진다. 이 기법의 가장 중요한 점은 유휴 FSM을 결정하는 것이다. 대부분의 시간동안 하나의 유닛만 유휴 상태가 아니기 때문이다. 두 개의 유닛이 활동상태가 되는 경우는 제어의 변환이 일어나는 경우이다. 이 경우 사용하지 않는 상태(state)에 대해서는 제어기의 전력과 데이터 패스의 전력을 줄일 수 있다. 즉, 한 clock 사이클 안에 동작하는 플립플롭 간의 조합 회로를 기능에 따라 분할하고 이때 사용하지 않는 회로의 clock을 차단한다.

아래 그림 5.11(a)를 생각해 보자. 이때 상태 파티션 $\Pi(S)$를 다음으로 가정한다. $\Pi(S) = \{P_1, P_2\} = \{\{st0, st1\}, \{st2, st3\}\}$. 두 가지 분할 예시가 그림 5.11(b)와 그림 5.11(c)이다. 여기서 리셋 상태는 음영표시되어 있다. P_1이 변해서 그림 5.11(c)가 되었으며, P_2가 변해서 그림 5.11(b)가 되었다. 아래의 그림에서 "go" 신호는 리셋 상태로 가거나 리셋 상태에서 복귀할 경우에만 표시되어 있다. 부분으로 나누어져 상호 작용하는 FSM의 경우 대부분의 기기 F_i는 많은 clock 사이클 동안에 상태 $s_{o,i}$에 머물러 있게 된다. 만약 리셋 상태에 있을 때 clock을 차단한다면 소모 전력을 줄일 수 있는데, 오직 활성 상태의 시스템 부분만 동작하도록 할 수 있기 때문이다. clock을 멈추게 하기 위해서는 다음의 두 가지 조건이 만족되어야 한다.

첫 번째로는 F_i가 OFF 상태여야 한다는 것이다. F_i가 $s_{0,i}$ 상태에 있을 때 참을 갖는 값을 정의한다. 이러한 함수를 is_in_reset$_i$로 정의하고, F_i가 $s_{0,i}$일 때는 1, 아닐 경우 0을 갖도록 한다. 두 번째로는 나누어진 하위 FSM이 리셋 상태에 있더라도 언

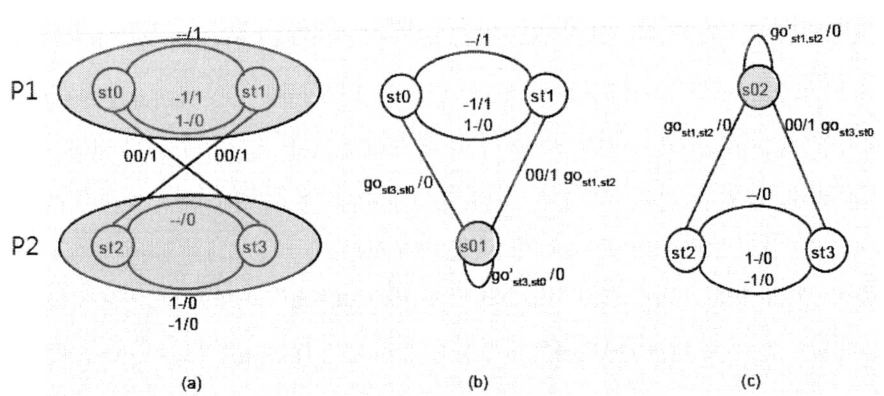

그림 5.11 단일 FSM의 분할

제든 clock을 인가해 줄 수 있어야 한다는 것이다. 이러한 상황은 하위 FSM이 go 신호를 받거나 $s_{0,i}$ 상태에서 다른 어떤 상태로 변해야 할 때 쓰인다.

그림 5.11의 STG를 하위 FSM으로 나눈 것이 그림 5.12이다. 외부로 인가되는 결과값은 두 하위 FSM의 출력값의 OR 연산으로 얻을 수 있다. 그림 5.13은 clock 파형과 "in_reset" 신호, "go" 신호들을 보여준다.

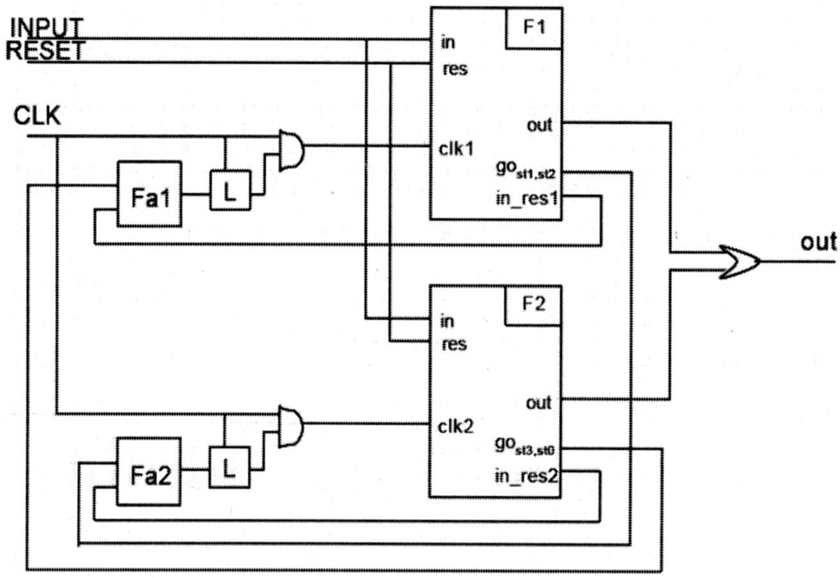

그림 5.12 분할된 CG의 구현

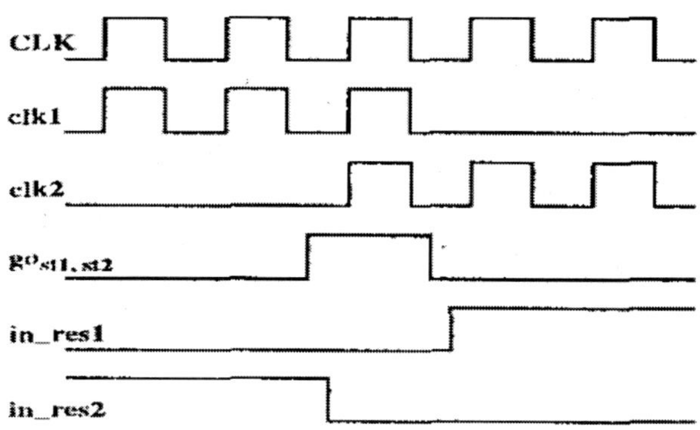

그림 5.13 파형 예시

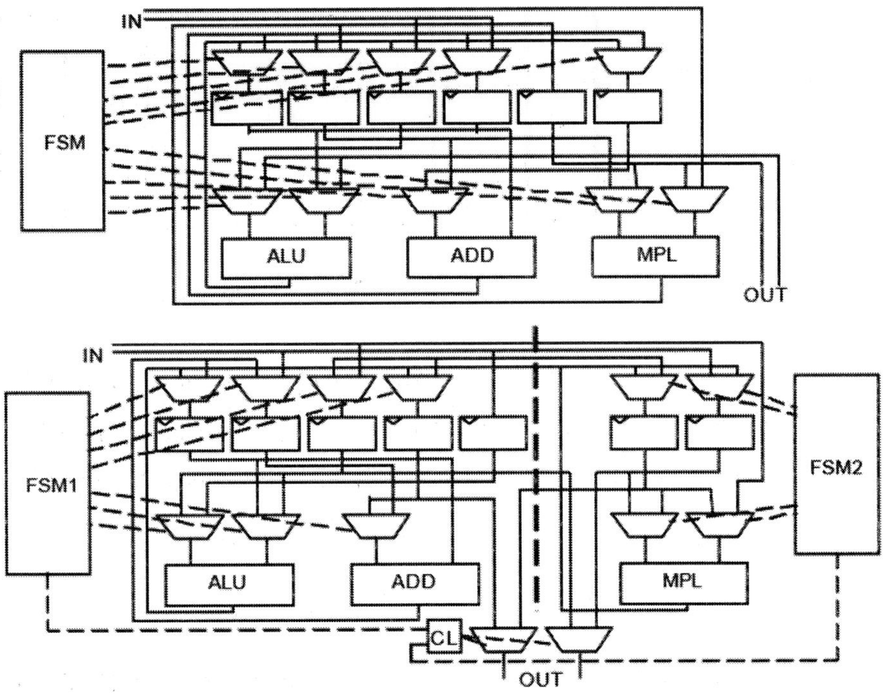

그림 5.14 분할의 예시

파형에서 $go_{st1,st2}$ 신호의 인가에 의해서 어떻게 하위 FSM-1이 비활성화되고, 하위 FSM-2가 활성화되는지가 보인다. 그림 5.14는 분할 제어의 또 다른 예시이다.

5.2.3.3 Precomputation

이 기술은 필요로 하는 시점보다 먼저 논리회로의 값을 계산하는 것이다. 이렇게 함으로 스위칭 활성도(switching activity)를 줄여서 저전력을 실현하는 것이다. 여기에서는 두 가지의 다른 precomputation 기법에 대해 소개한다. 성공적인 precomputation을 위해서는 입력 조건의 부분집합으로부터 출력값을 계산할 수 있어야 한다. 만약 출력값을 미리 계산할 수 있다면, 기존의 논리회로를 "꺼버릴" 수 있다. 이 기술의 분명한 단점은 출력값을 미리 계산하기 위한 추가 회로들이다.

그림 5.15의 회로를 생각해보자. 아래의 회로는 레지스터 $R1$과 $R2$로 구분되는 A의 조합회로로 구성된다.

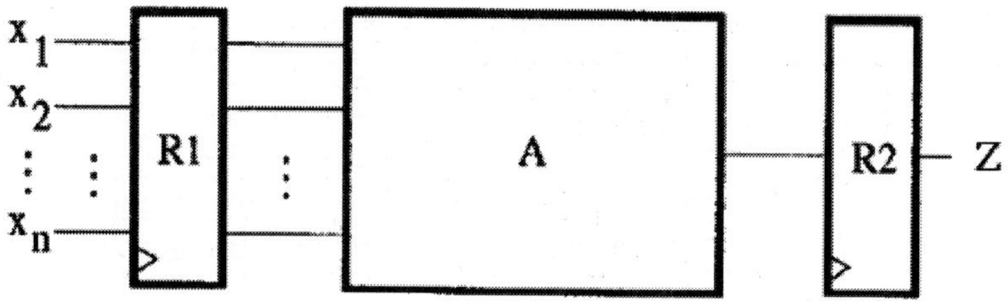

그림 5.15 원본 회로

먼저 블록 A는 하나의 출력값을 갖고 이것이 불 방식(Boolean)의 함수 Z로 구현할 수 있다고 가정하자. 그림 5.16은 첫 번째 precomputation 구조를 보인다. $f1$과 $f2$라는 두 개의 Boolean 함수는 예측 함수이며, 다음으로 정의된다.

$$f1 = 1 \Rightarrow Z = 1 \tag{5.1}$$

$$f2 = 1 \Rightarrow Z = 0 \tag{5.2}$$

그러므로 clock 사이클 t 동안에 만약 $f1$과 $f2$ 둘 중 하나라도 1이 되면 레지스터 $R1$의 LE(Load Enable) 신호를 0으로 한다. 이는 clock 사이클 $t+1$에서 조합 회로 블록 A의 입력에 의해 값이 변하지 않는 것을 의미한다. 만약 $f1$이 clock 사이클 t에서 1이라면 레지스터 $R2$의 입력은 1이 될 것이고, 만약 $f2$의 값이 1이라면 레지스터 $R2$의 입력은 0이 될 것이다. 여기서 $f1$과 $f2$는 동시에 1이 될 수 없다고 가정한다.

입력 조건의 조합에 따라 출력값을 미리 계산할 수 있다면 블록 A의 스위칭 활성도는 전혀 없을 것이고, 이로 인해 전력 감소를 이룰 수 있다. 다만 $f1$과 $f2$에 관한 회로들과 그림 5.16에서 FF로 표기된 플립플롭, 그리고 몇 개의 게이트들이 면적에 추가된다. 레지스터 $R1$과 $R2$의 지연시간도 추가된 AND-OR 게이트들에 의해서 늘어나게 된다. 또한 원래의 회로에서는 입력값이 $R1$에 바로 입력되었다면, 바뀐 회로에서는 $f1$과 $f2$와 NOR 게이트를 지나는 값이 $R1$에 LE 신호로 입력되어야 한다. 그러므로 이 기술은 크리티컬 경로인 회로에는 적용하기가 어렵다.

$f1$과 $f2$를 결정하는 것이 매우 중요하다. 최대한 많은 입력 조합을 $f1$과 $f2$에 추가하는 것이 좋다. 즉, $f1$과 $f2$가 1이 될 확률을 최대화해야 한다. 극단적인 경우에 $f1 = Z$이고, $f2 = \overline{Z}$인 확률을 1로 만들 수도 있다. 하지만 이렇게 하는 것은 $f1$와 $f2$을 계산하기 위해서 블록 A를 똑같이 복사할 수밖에 없어서 면적은 두 배로 늘어나면서 전력 소모는 그대로인 회로가 만들어진다. 회로의 면적과 지연시간이 크게 증

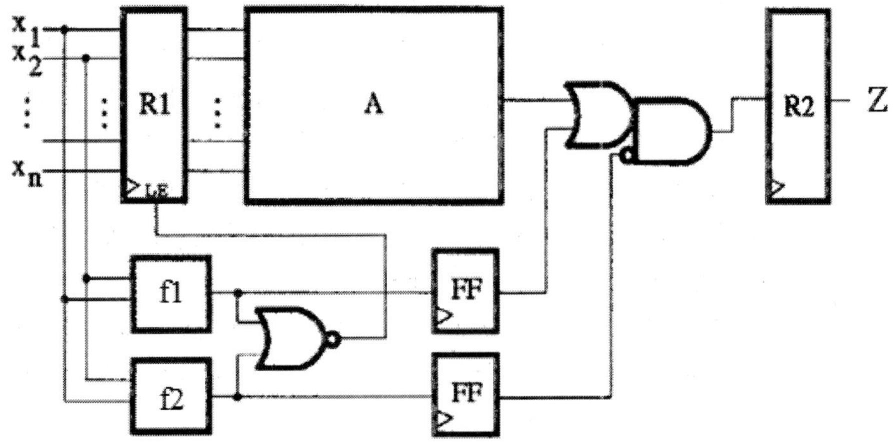

그림 5.16 첫 번째 precomputation 구조

가하지 않으면서 전력 소모를 줄이기 위해선 $f1$과 $f2$의 계산 복잡도가 Z에 비해 현저하게 낮아야 한다. 이것을 보장하기 위한 방법 중 하나로는 Z보다 충분히 적은 수의 입력값으로 $f1$과 $f2$를 계산해야 한다는 것이다. 두 번째 precomputation 구조가 다음의 그림 5.17에 보인다.

그림 5.17에서 보이는 구조에서는 블록 A에 들어가는 입력값이 $R1$과 $R2$의 두 부

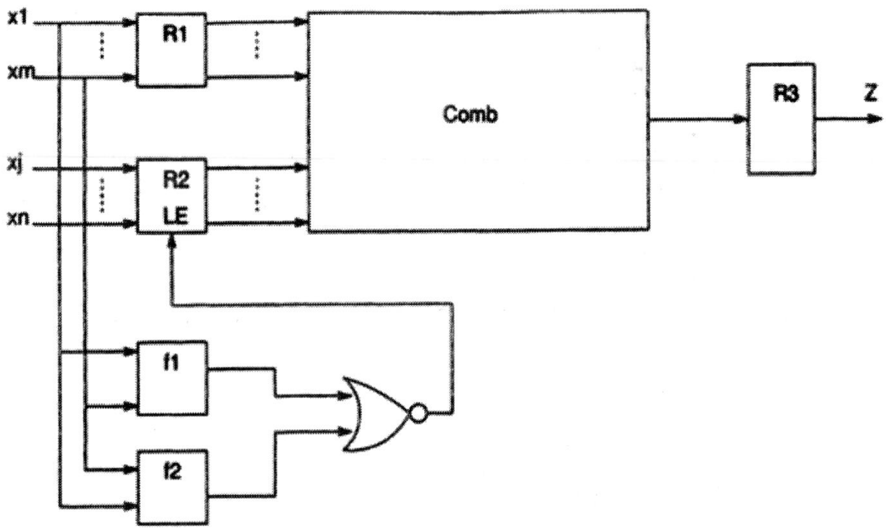

그림 5.17 두 번째 Precomputation 구조

분으로 나뉘어져 있다. 논리회로의 출력값은 $R3$에 들어간다. $f1$과 $f2$는 위의 식 (5.1), (5.2)와 같다. 만약 $f1$이나 $f2$가 클럭 사이클 t 동안 1이라면, $R2$로의 LE 신호는 0이다. 이것은 clock 사이클 $t+1$에서는 $R2$의 입력 신호가 바뀌지 않는다는 것이다. 하지만 레지스터 $R1$의 출력값이 갱신되기 때문에 조합회로의 일부가 작동된다. 블록 A의 입력의 일부만 변하기 때문에 원래 회로에 비해서 계산 시 생기는 스위칭 활성도가 줄어들어서 전력 소모가 감소한다. 앞에서 언급했듯이 $f1$과 $f2$의 복잡도는 Z의 복잡도에 비해서 매우 낮아야 한다.

또 다른 예시가 그림 5.18에 나타나 있다. 이 회로는 n-비트 비교기인데, 두 n-비트 숫자 A와 B를 비교하여 A가 B보다 큰지를 계산하는 회로이다. 각 precomputation 회로는 다음과 같다.

$$f1 = A(n-1) \cdot \overline{B(n-1)}$$

$$f2 = \overline{A(n-1)} \cdot B(n-1)$$

$f1=1$일 때, A는 B보다 크며, $f2=1$일 때, A는 B보다 작다. 이것을 다음으로 구현한다.

$$\overline{f1+f2} = A(n-1) \otimes B(n-1)$$

여기서 $\otimes$는 XNOR 연산자이다. 입력값이 균일한 확률로 변한다고 할 때, XNOR 게

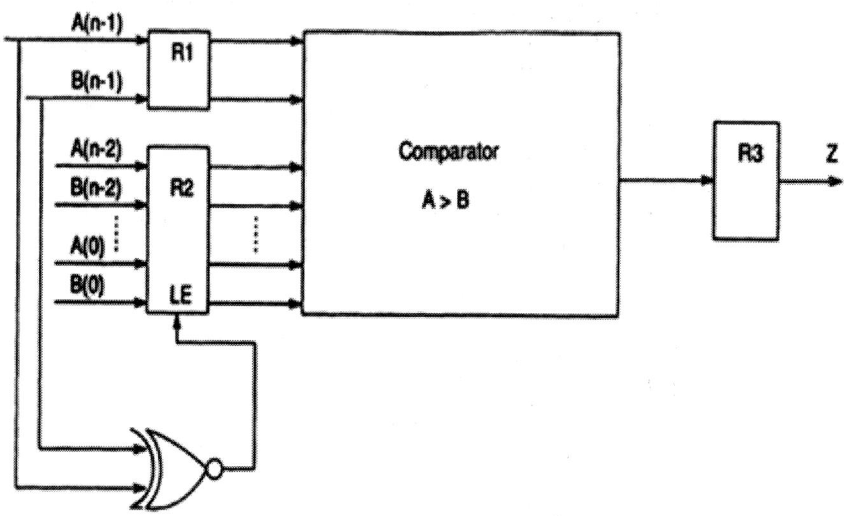

그림 5.18 비교기 예시

이트가 1을 도출할 확률은 n에 상관없이 0.5이다. 이 경우 50%의 전력 소모가 줄어든다.

출력값을 먼저 계산하는 것은 반드시 한 clock 사이클에 할 필요는 없다. 2 사이클 혹은 그 뒤에 출력값이 계산되어도 된다. 이러한 예시가 그림 5.19로 표현된 덧셈-비교 회로(adder-comparator)이다. 이 회로는 $(A+B)>(C+D)$를 두 clock 사이클에 계산한다.

$$f1 = A(n-1)\cdot B(n-1)\cdot \overline{C(n-1)}\cdot \overline{D(n-1)}$$

$$f2 = \overline{A(n-1)}\cdot \overline{B(n-1)}\cdot C(n-1)\cdot D(n-1)$$

여기서 $f1$과 $f2$는 식 (5.1)과 (5.2)의 제약 조건을 각각 만족한다. 이때 확률 $prob(f1+f2)=\frac{2}{16}=0.125$이기 때문에 12.5%의 스위칭 활성도를 줄일 수 있다.

또 다른 구조의 precomputation 구조가 있다. 그림 5.20은 Shannon 확장에 기반을 둔 구조를 보여준다. 모든 논리 표현은 Shannon의 확장으로 표현할 수 있다. 입력 $X=\{x_1, \cdots, x_2\}$에 대해 함수 Z는 다음으로 표현할 수 있다.

$$Z = x_j Z_{x_j} + \overline{x_j} Z_{\overline{x_j}}$$

여기서 Z_{x_j}와 $Z_{\overline{x_j}}$는 x_j에 대한 Z의 공통인자이다. x_j의 선택은 매우 중요하다. 이

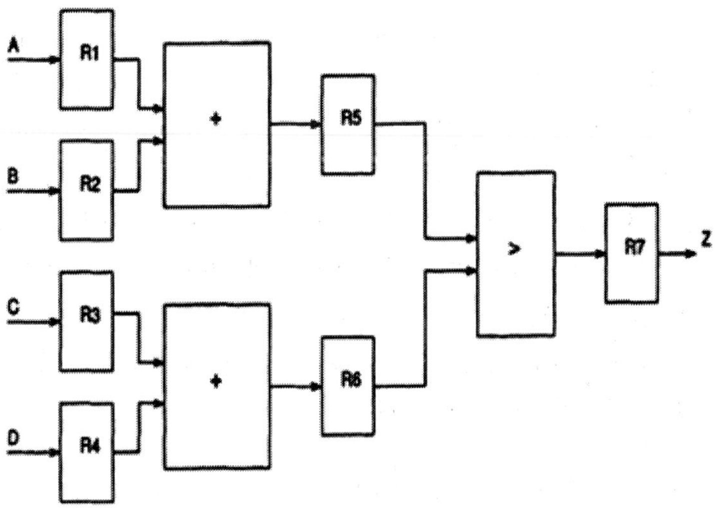

그림 5.19 덧셈-비교 회로

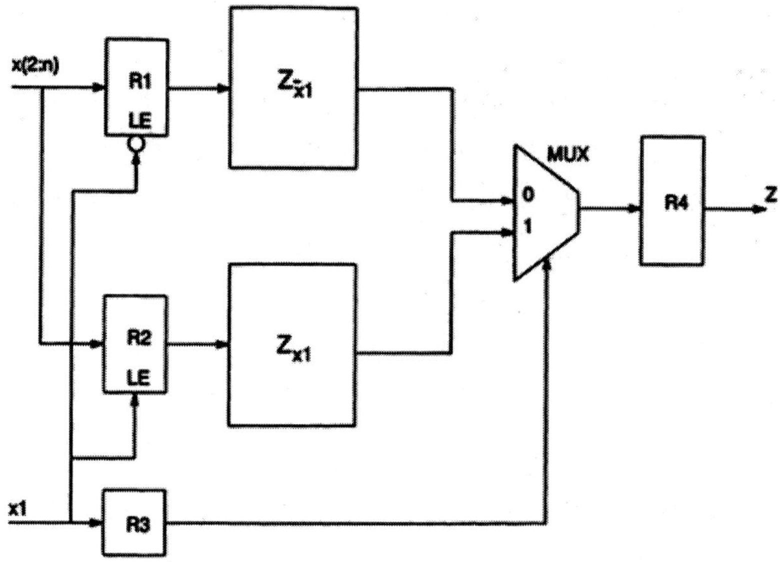

그림 5.20 섀논(Shannon) 확장을 이용한 precomputation

구조의 가장 큰 장점은 모든 논리회로에 이것을 적용할 수 있으며 precomputation 회로가 불필요하다는 점이다. 반면 이 구조의 단점은 입력값이 각 레지스터에 불필요하게 복제된다는 것이다.

5.2.3.4 통합 구조

두 기술은 각기 다른 형식의 유휴(idleness)를 이용한다. precomputation은 외적 유휴(external idleness)를 활용한다. 이 기술은 여러 입력 신호가 빈번히 변할 때는 성능을 발휘하기 힘들다. CG 기술은 내적 유휴(internal idleness)를 활용한다. 이 기술은 결과값이 매 사이클 바뀐다면 성능이 좋을 수가 없다.

CG 기술과 precomputation 기술은 같은 회로에 적용될 수 있다. 위에 언급했듯이 두 기술 모두 회로의 유휴를 이용하기 때문이다. 그림 5.21은 두 가지 기술을 통합한 예시이다. 통합 구조에 대한 영향은 파이프라인 설계의 효율성에 달려있다. Precomputation은 순차 회로(sequential circuit)에는 별로 효과가 없다. 통합 회로는 순차 회로에서도 효과적이다.

5.2.3.5 피연산자 고립(operand isolation)

피연산자 고립 기법은 데이터 경로(data path) 요소의 불필요한 연산을 확인하고,

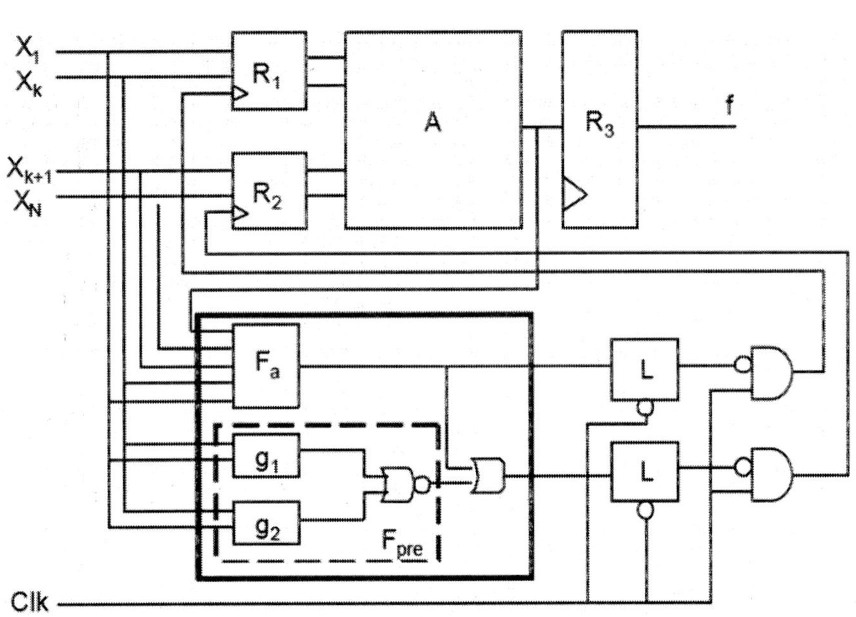

그림 5.21 통합 구조

특정 회로를 이용해 그러한 요소들을 고립시킨다. 불필요한 계산은 조건부로 연산되거나 전달된다. 그림 5.22는 피연산자 고립 기법이 적용되지 않은 것을 나타내며, 그림 5.23은 자동 피연산자 고립 기법이 적용된 것이다. 위쪽의 활성화 논리회로와 입력단의 고립 회로가 추가되어서 출력값이 필요하지 않으면 자동으로 입력 데이터를 받지 않는다.

피연산자 고립 기술에서 논점이 되는 것은 불필요한 연산을 어떻게 정의할 것인가

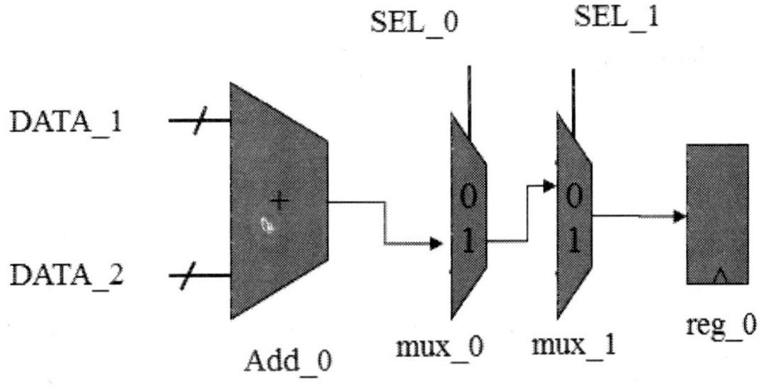

그림 5.22 피연산자 고립 기법이 적용되지 않은 설계

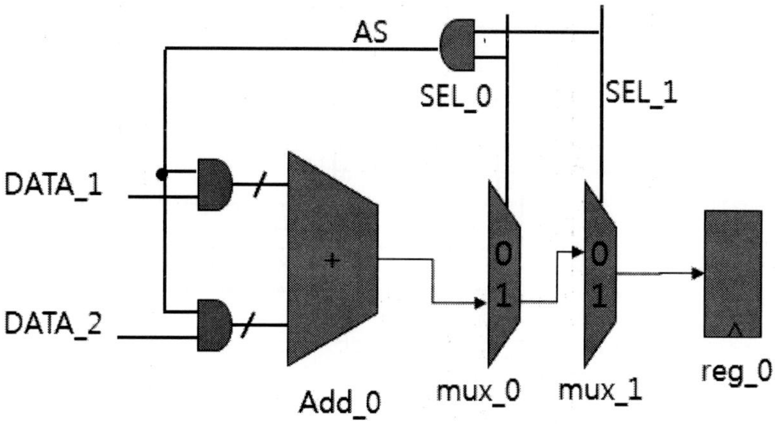

그림 5.23 피연산자 고립 기법이 적용된 회로

이다. 또한 고립 조건을 어떻게 설정하고, 설정했다 하더라도 어떻게 회로로 구현할 것인지도 문제이다. 래치를 쓰는 것은 효율적이지만 비용이 많이 들며, 논리 게이트를 쓰는 것은 비용상 이득이지만 효율에서 떨어진다.

5.2.4 결론

하드웨어는 전력을 직접 소모하는 원천이다. 이 장에서는 기기가 어떨 때 전력을 소모하는 지 알아보았고, 이러한 전력 소모를 줄이려면 하드웨어적으로 어떤 방법들을 적용시킬 수 있는지 알아보았다.

하드웨어에 적용되는 기술들은 하나만 적용시키는 것이 아니다. 여러 가지 기술을 함께 적용하여 시너지 효과를 노려야 한다.

5.3 저전력 소프트웨어 설계 기법

5.3.1 서론

앞 장에서 저전력 설계에서의 소프트웨어 측면의 중요성을 충분히 설명하였다. 마이크로프로세서, 마이크로 제어기, 디지털 신호 처리 프로세서를 기반으로 하는 시스템에서 소프트웨어는 하드웨어의 작동에 직접적으로 영향을 준다. 결과적으로 소프트웨어는 시스템의 전력 소모 양상에 상당한 영향을 준다. 전력 예측기 없이는 전력 소모를 최소화하기 위한 소프트웨어의 신뢰성을 검증할 방법이 없다. 1993년 이

래로 많은 연구자들은 이러한 문제를 해결하기 위해 노력했다. 이번 장에서는 전력 소모에 있어서 소프트웨어의 기여에 대해 알아본다.

먼저 소프트웨어에 의해서 가장 큰 영향을 받는 전력 소모 요인에 대해 살펴본다. 그 후에 특정 응용 프로그램의 전력 예측을 가능하게 하기 위해서 전력 소모가 어떻게 모델링 되는지 살펴본다. 이번 장의 가장 중요한 핵심은 소프트웨어 전력 최적화의 다양한 기술에 대해서 살펴보는 것이다.

5.3.2 전력 소모 요인

소프트웨어가 수행되면서 전력을 소모하는 부위는 적어도 크게 세 부분이 있다. CPU, 시스템 버스, 메모리이다. CPU의 전력 소모는 당연하게 소프트웨어에 의해서 중대한 영향을 받을 것이다. 메모리 시스템 또한 중요한 전력 소모처 중 하나이다. 이는 또한 메모리에 빈번히 접근하는 응용 프로그램(예, DSP 프로그램, 비디오 처리)에서는 제일 큰 전력 소모처가 될 것이다. 시스템 버스(주소, 명령어, 데이터)는 소프트웨어에 의해서 스위칭 활성도(switching activity)가 변한다[9]. 정수 ALU 혹은 부동 소숫점 유닛은 모든 명령어 유닛(adder, multiplier) 혹은 파이프라인 단계가 활성화될 때 항상 전력을 사용한다. 모든 전력 소모처에서 프로그램에 의한 전력 소모는 수행되는 clock 사이클의 수에 비례한다.

메모리 접근(memory access)은 몇 가지 이유에서 전력을 많이 쓴다. 메모리 위치에 읽기 혹은 쓰기를 하는 것은 축전기의 데이터를 바꾸기 위해 전하를 충전 혹은 방전하게 되며 행과 열 정보를 복호하고, 워드나 데이터라인은 fanout이 높기 때문이다. 데이터 구조를 다중의 메모리 뱅크에 맵핑하는 것은 다중의 데이터를 병렬적으로 읽는 것을 가능하게 만든다[14]. 병렬 로드(parallel load)는 성능을 향상시킬 뿐만 아니라 에너지 효율적이기도 하다[12]. 프로그램의 메모리 접근 양식은 시스템의 캐시 성능에 지대한 영향을 준다. 부적절한 접근 양식(혹은 매우 작은 캐시 크기)은 캐시 미스나 빈번한 메모리 접근을 야기한다. 캐시 접근은 주메모리 접근보다 에너지 효율이 좋다. 캐시는 주메모리보다 CPU에 더 가깝고, 크기가 작아 주소와 데이터 라인이 적다.

명령어 처리 시스템에서 버스는 다른 버스들과 연결되거나 버스 라우팅의 길이로 인해서 보통 높은 부하 정전용량(load capacitance)을 가진다. 이러한 버스에서 스위칭 활성도는 소프트웨어에 의해서 큰 영향을 받는다 [9]. 명령어 버스의 스위칭은 수행될 명령어 코드들의 시퀀스에 의해 결정된다. 비슷하게 주소 버스의 스위칭은 데이터나 명령어 접근의 시퀀스에 의해 결정된다. 두 영향 모두 컴파일 시에 알 수 있다.

스위칭과 관련된 데이터는 컴파일 시에 예측하기 힘든데 이는 입력 데이터를 프로그램이 수행되기 전까지는 알 수 없는 경우가 대부분이기 때문이다.

주어진 프로그램 코드를 수행하는 CPU는 코드의 수행 사이클을 최소화해야 한다. 주변 장치들끼리 통신을 하게 도와주는 시스템 버스는 버스의 스위칭 활성도를 최소화해야 하며, 데이터들을 저장할 메모리들은 데이터 재사용을 통해 메모리 접근을 최소화해야 한다.

각 전력 소모 요인들에 대해서 동작 모드에서 전력을 줄이려면 다음과 같은 일들이 수행되어야 한다. CPU는 산술 연산을 수행할 때 전력을 소모하기 때문에 계산 비용을 줄이는 일이 필요하다. 더 빠르게 만든 프로그램 코드는 더 적은 전력을 소모한다. 시스템 버스는 명령어나 주소 접근으로 인해 발생하는 스위칭 활성도를 줄어야 한다. 버스의 인코딩 효율을 향상시키는 일로 이를 이룰 수 있다. 메모리에서는 전력을 고려한 메모리 계층 설계가 우선되어야 한다. 사용 목적에 맞게 메모리의 형태와 크기를 적절히 설정해야 한다. 소프트웨어 프로그래밍을 통해 메모리 계층 구조에 적절한 데이터 재사용을 해야 한다. 빈번하게 메모리에 접근하는 것은 시스템 버스와 메모리의 전력을 모두 크게 사용하게 된다.

각 요인들이 스탠드바이 모드일 때에도 전력 소모는 다양한 방식으로 가능하다. 먼저 CPU는 사용하지 않을 때 기능을 꺼버리는 방식으로 전력을 줄일 수 있다. 어떨 때에 전력을 차단할지는 다음 장에서 논의하도록 한다. 시스템 버스는 CG 방식을 고려할 수 있으며, 메모리는 CPU와 마찬가지로 사용하지 않을 때 전력을 차단할 수 있다. 주메모리의 경우 전력을 차단할 때에 데이터가 손실되지 않도록 주의해야 한다.

5.3.3 소프트웨어 전력 소모 예측

저전력을 위한 소프트웨어 최적화에 앞서 각 프로그램 코드들이 수행될 때 전력 소모를 정확히 예측하는 것이 선행되어야 한다. 이것은 두 가지 기본적인 추상화 수준에 의해 완료되었다. 더 낮은 수준은 존재하는 게이트 수준 시뮬레이션을 사용하고 명령어 처리 시스템의 게이트 수준 서술의 전력 예측 도구를 이용한다. 더 높은 수준은 명령어의 종류나 명령어 시퀀스(eg. 수행 프로필)의 수행 빈도를 바탕으로 전력을 예측한다. 수행 프로필은 다양한 방법으로 사용될 수 있다. 구조적 전력 예측(architectural power estimation)[15]은 프로그램의 수행 사이클 동안에 프로세서의 각 요소가 동작을 실행 중인지를 확인한다. 전력은 각 활성화된 요소별 전력을 색인표(look up table)에서 참조하고 이것의 합으로 예측한다.

5.3.3.1 게이트 수준(Gate-level) 전력 분석

게이트 수준의 전력 분석은 게이트의 자세한 기술(description)에 대해 알 때 가장 정확한 방법이다. 이러한 기술은 소프트웨어 개발자가 얻기 힘들며, 특히 회사 내부 설계로 프로세서에 대한 정보를 공개하지 않으면 더욱 얻기 힘들다. 상세 스펙을 구한다 하더라도 이 수준에서는 프로그램의 전력 예측이 매우 느리다. 대부분의 게이트 수준 시뮬레이터들은 쉽게 보다 높은 수준의 전력 모델로 확장할 수 있다.

5.3.3.2 구조 수준(Architecture-level) 전력 분석

구조 수준의 전력 분석은 게이트 수준 전력 분석에 비해 정확도는 떨어지지만 훨씬 빠르다. 이 수준의 전력분석에는 주요한 구성 성분인 ALU, 레지스터 파일 등의 전력 분석이 선행되어야 한다. 각 명령어가 수행될 때에 활성화된 구성요소들에 대한 정보들이 있어야 한다. 예를 들어, ESP(Early design Stage Power and Performance simulator)는 프로그램 실행을 시뮬레이션하고 실행되는 동안 활성화된 구성요소들을 확인하며 각 구성요소들의 전력을 더하여 전체 시뮬레이션의 전력을 분석한다.

5.3.3.3 명령어 수준(Instruction-level) 전력 분석

명령어 수준의 전력 분석은 ILPA(Instruction-Level Power Analysis)[11]로도 알려져 있다. ILPA는 각 명령어별로 전력 소모들을 특성화하여 그것을 바탕으로 프로그램의 전력 소모를 실증적으로 분석하는 방법이다. 목표로 하는 프로세서의 내부 설계에 대한 자세한 기술이 없어도 적용할 수 있다. ILPA는 분석 시간도 빠르고 쉽게 시스템 수준의 구성요소들과도 결합할 수 있기 때문에 큰 규모의 임베디드 시스템의 전력 소모 분석 기법 중 가장 적절한 방법이다. 이 방법은 소프트웨어의 비중이 증가할수록 더욱 중요해지고 있다.

ILPA를 위한 첫 번째 필요조건은 각 명령어나 명령어 시퀀스와 연관된 평균 전력 소모를 특징짓는 것이다. 이러한 특징화를 달성하기 위해서 세 가지 접근 방법이 있다. 가장 직관적인 방법은 목표 프로세서가 다양한 명령어 시퀀스를 수행할 때에 프로세서에 흐르는 전류를 직접 측정하는 것이다. 이것이 가능하지 않다면 다른 방법으로는 첫 번째 방법과 마찬가지로 프로세서의 전류를 시뮬레이션하기 위해 verilog나 VHDL 같은 하드웨어 기술 언어(Hardware Description Language, HDL)를 이용하는 것이다. 세 번째 방법은 게이트 수준 전력 시뮬레이션을 사용하여 명령어 수준의 예측치를 구하는 것이다. 특성화를 위해 명령어 시퀀스를 고르는 것은 ILPA가 성공적으로 수행되기 위해 매우 중요하다.

기본 비용(base cost)은 프로세서의 이전 상태와 독립적인 명령어의 전력 소모의 비율이다. 기본 비용은 파이프라인 정지(pipeline stalls), 캐시 미스, 버스 스위칭 등을 제외한다. 특성화를 위한 명령어 시퀀스는 루프의 같은 명령어를 반복해서 추출한다. 여기서 명령어 시퀀스는 루프의 오버헤드를 무시할 수 있을 정도로 충분히 길어야 한다(루프의 끝에서 처음으로 돌아가는 점프 명령어가 무시될 정도로). 하지만 캐시 미스가 발생하지 않을 정도로 짧아야 한다. 이렇게 만든 명령어 시퀀스를 수행하여서 이때의 전류, 공급 전압 그리고 명령어 당 실행 사이클을 측정하여 평균 전력과 에너지를 측정한다.

각 명령어에 대한 기본 비용은 정확한 소프트웨어 전력 예측치에 항상 적절한 것은 아니다. 각 명령어의 전력 소모에 대한 이전 프로세서 상태의 효과를 고려하기 위하여 추가의 명령어 시퀀스가 필요하다. 파이프라인 정지, 버퍼 정지, 캐시 미스들은 프로세서의 이전 상태에 의존하여 발생하는 전력 소모이다. 따라서 명령어들은 측정하고자 하는 전력 소모를 위해서 이전의 상태들에 대해서 고려되어야 한다. 그러나 정지(stall)나 미스에 대해서는 실용적이지 못한데 프로그램 수행의 대용량 분석과 시뮬레이션이 필요하기 때문이다. 이러한 상태를 고려하기 위하여 추가 비용(additional cost)이 정의된다. 추가 비용은 파이프라인 정지, 캐시 미스 등의 요소를 고려하며, 이전 상태에 대해 종속적이다. 명령어 시퀀스는 기본 비용 방법과 유사하다. 예를 들어, 버스의 스위칭, 제어 라인의 스위칭, 모드 변화 등이 있다. 이러한 것들은 회로-상태 비용(circuit-state cost)이라 한다. 이와 관련된 명령어들은 동일 루프 안에 들어가 있으며, 이 루프는 무한히 반복된다.

회로-상태 비용에 대한 예시를 살펴보자. 다음의 코드를 보려해 보자.

```
ADD  A ← B, C
MULT A ← A, B
```

회로 상태 효과에서 가장 중요한 것은 덧셈 연산 코드에서 곱셈 연산 코드로의 연산 코드 변화에 의한 명령어 버스의 상태 변화에 관련된 에너지 비용이다. 이 예제에서의 다른 회로 상태 효과는 덧셈에서 곱셈 연산 코드로의 명령어 라인의 스위칭, ALU의 모드 변화, ALU와 레지스터 파일간의 라우팅으로 인한 데이터 라인의 스위칭도 포함된다.

연속된 명령어 쌍에 연관된 회로 상태 비용은 무한 루프에서 두 명령어의 시퀀스가 번갈아 수행될 때 공급 전류를 측정함으로써 추출할 수 있다. 불행하게도 여러 번 수행하면서 평균을 측정하기 때문에 A→B의 상태변화와 B→A의 상태 변화는 구분할 수가 없다.

두 가지 비용 모델에 대한 예측은 각 수행된 명령어들의 기본 비용의 합과 명령어 쌍이 관찰될 때의 회로 상태 비용의 합으로 간편화할 수 있다. 위의 설명을 아래의 방정식 형태로 나타낼 수 있다.

$$E_p = \sum_i (B_i \cdot N_i) + \sum_{i,j} (O_{ij} \cdot N_{ij}) + \sum_k E_k$$

여기서 E_p는 전체 에너지 비용이고, B_i는 기본 비용, N_i는 i형식 명령어의 개수, O_{ij}는 i형식 명령어가 j형식 명령어 뒤에 실행됨으로 인해 발생하는 비용, N_{ij}는 j형식 명령어 뒤에 오는 i형식 명령어의 개수, 그리고 E_k는 정지(stall), 캐시 미스 등으로 인한 다른 효과들이다.

간단한 예제를 통해 예측 방법에 대해서 알아보자. 가상의 DSP를 가정하고 이를 MyDSP라 칭해 보자. 네 개의 명령어(LOAD, DLOAD, ADD, 그리고 MULT)가 한 사이클이 25ns인 머신에서 수행된다. 그리고 네 개의 레지스터 A, B, C, D가 있다. 누군가가 앞에서 설명한 방법대로 각 명령어와 명령어쌍이 수행될 때의 전류를 측정했다고 가정하자. 측정된 전류는 각 명령어의 기본 비용과 명령어 쌍의 회로 상태 비용을 구하는 데 쓰인다. 이런 비용들은 그림 5.24에 나타나 있다. 실제로 그림 5.24는 Fujitsu사의 Elixir의 값과 비슷하다. 이제 MyDSP에서 수행되는 $(x \times y) + z$의 에너지와 평균 전력을 분석해보자.

다음의 코드를 고려해 보자. 코드는 정지나 캐시 미스를 발생시키지 않는다고 가정한다.

```
DLOAD   A ← x, B ← y                # prior instruction was ADD
LOAD    C ← z; MULT  D ← A, B       # LOAD & MULT packed
ADD     A ← C, D                    # A now contains (x*y)+z
```

Instruction Name	Base Cost (pJ)	Circuit State Effects (pJ)					
		LOAD	DLOAD	ADD	MULT	LOAD ADD	LOAD MULT
LOAD	1.98	0.13	0.15	1.19	0.92	1.25	1.06
DLOAD	2.37		0.17	1.19	0.92	1.32	1.06
ADD	0.99			0.26	0.53	0.86	0.99
MULT	1.19				0.66	0.79	0.96
LOAD; ADD	2.10					0.40	0.53
LOAD; MULT	2.25						0.79

그림 5.24 MyDSP의 명령어 집합, 기본 비용, 회로 상태 효과

Instruction Name	Base Cost (pJ)	Circuit State (pJ)	
DLOAD	2.37	1.19	
LOAD;MULT	2.25	1.06	
ADD	0.99	0.99	
Totals	5.61	3.24	Total energy = 8.85 pJ Average power = 8.85 pJ/75 ns = 118 μW

그림 5.25 예제 코드에 대한 전력과 에너지 측정치

각 명령어의 기본 비용은 그림 5.24의 두 번째 열로 계산한다. 또한 연속된 명령어 간의 관계는 회로 상태 비용을 보고 구한다. 그러면 기본 비용은 5.61pJ이며, 회로 상태 비용은 3.24pJ이다. 계산 방법이 그림 5.25에 설명되어 있다. 자동화 분석 과정은 각 기초 블록들에 대해서 그림 5.24의 표를 참조하여 구하고, 각 기초 블록을 몇 번 반복하는지 횟수를 곱하고, 여기에 정지 정보나 캐시 미스 정보를 더하여 구한다.

5.3.3.4 시스템 수준 전력 분석

버스 스위칭 분석은 프로세서 전력 소모의 단순화된 모델을 기반으로 하는 소프트웨어 전력 소모의 또 다른 지표이다. 버스 스위칭 활성도의 모델링에는 프로세서 버스 구조, 명령어 집합의 연산 코드, 프로그램 입력 데이터의 통계, 코드와 데이터가 주소 공간에 어떻게 사상되는지에 대한 지식이 필요하다. 시뮬레이션에 기반을 둔 접근은 널리 쓰이고 있다. 이 기법은 스위칭 통계를 계산하고 이를 활용하여 전력 감소를 실현할 수 있다. 스위칭 활성도(switching activity)를 줄이는 것은 전력 소모 감소에 큰 영향을 준다.

5.3.4 소프트웨어 전력 최적화

전력과 에너지를 최소화하기 위한 소프트웨어 최적화는 하나 혹은 여러 개의 다음의 카테고리로 빠지는 경향이 있다. 가장 비용이 많이 드는 명령어나 명령어 시퀀스를 선택하거나, 메모리 접근에 대한 빈도와 비용을 최소화하거나, 하드웨어의 전력 최소화 특징을 활용하는 것이다. 다음의 하위 장들은 이러한 카테고리들에 대해서 설명한다.

최적화 절차는 사용 가능한 하드웨어로 잘 맵핑하고, 성능은 최대화시키고 에너지 소모는 최소화 시키는 코드를 작성하는 알고리즘을 설계한다. 최적화 전략은 대상 응용프로그램에 따라 다르다. 배터리 구동 시스템은 배터리 수명을 길게, 열이나 신뢰성에 민감한 시스템들은 순간 혹은 평균 전력 낭비를 줄일 수 있게 전략을 수립한다.

전력을 줄이는 데이는 사실 하드웨어적인 접근이 더 선호되어 왔다. 공급 전압을 낮추거나 clock 속도를 낮추는 것만으로도 전력이 크게 감소되기 때문이다. 소프트웨어적인 접근은 NOP들을 삽입하는 등의 방법이 있다.

5.3.4.1 알고리즘 변환(Algorithm Transformation)

알고리즘 변환에는 많은 방법들이 있다. 먼저 계산 자원을 살펴보자. 그리고 알고리즘의 병렬화 정도를 할당 가능한 병렬 자원의 수와 매치시킨다. 주요 응용 프로그램 분야는 병렬 프로세서 응용 프로그램과 저전력 DSP 합성(이 또한 병렬성을 이용)

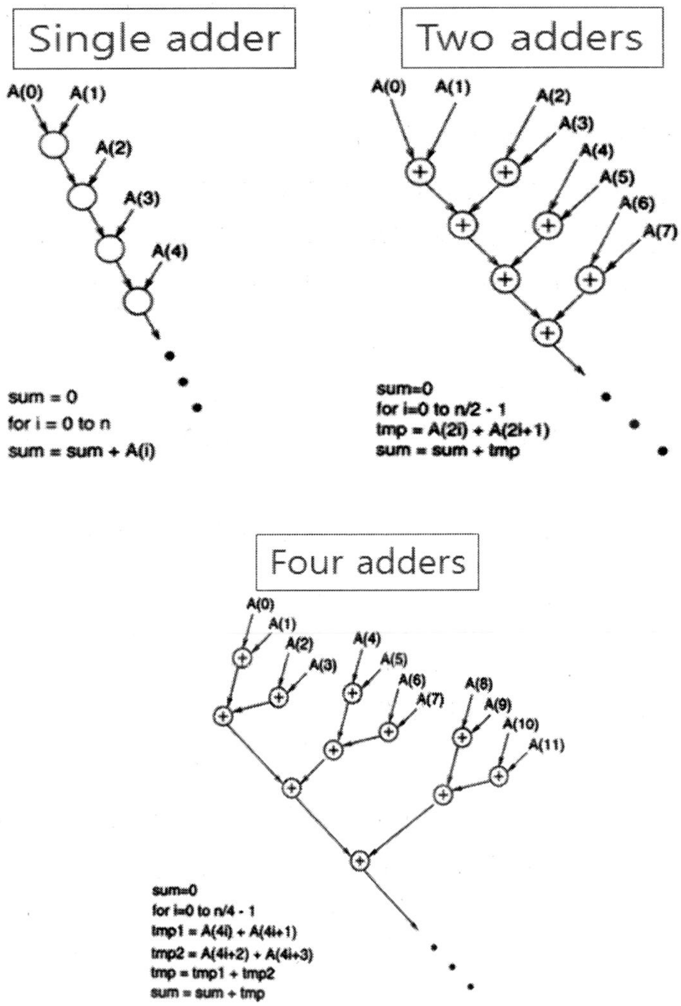

그림 5.26 자원 사용 제어 예시(덧셈)

이다. 병렬화의 증대는 수행시간의 감소를 가져온다. 이렇게 하면 공급 전압과 clock 속도를 줄일 수 있다. 이러한 개념을 바탕으로 DVS를 적용할 수 있다. 병렬화의 감소는 더 적은 운영 유닛을 사용하게 된다. 이것은 운영 유닛을 제거하거나 종료하여 누설 전력을 줄일 수 있다. 이러한 개념을 바탕으로 DPM이 적용 가능하다.

자원 사용과 수행시간의 상호 교환의 하나로 잘 알려진 기술은 자원 사용량 감소 작업(Reduction operations)이다. 그림 5.26은 이러한 예제를 보인다. 하나의 덧셈기만 사용하면 하나씩 계속 더해야 하기 때문에 수행시간은 많이 늘어난다. 두 개의 덧셈기를 사용하면 좀 더 빨리 계산을 할 수 있으며, 네 개의 덧셈기를 사용하면 더욱 빨리 계산을 완료할 수 있다. 더 빨리 실행하고 회로를 차단하여 전력을 사용하지 않을지, 혹은 느리지만 하나의 덧셈기에서만 전력을 소모할지는 설계자가 선택해야 한다.

5.3.4.2 메모리 접근 비용 최소화

일반적으로 메모리 시스템의 효율성을 개선하는 것은 전력이나 에너지 손실을 줄이는 것에 많은 도움이 된다. 이것은 보통 메모리가 전력과 성능의 병목 현상(bottle neck)을 일으키기 때문이다. 몇몇 기술들로 이것들을 분류할 수 있다.

- 알고리즘에 의한 메모리 접근 횟수 최소화
- 알고리즘에 의한 전체 메모리 최소화
- 사용 빈도가 높은 데이터는 높은 계층의 메모리에 저장
  (레지스터 → 캐시 → DRAM → 보조 메모리)
- 가능한 메모리 대역폭에서 가장 효율적으로 사용하게 만들기

1) 루프 제어 기술

대부분의 많은 프로그램 코드들은 많은 루프들이 수행된다. 메모리 접근 비용을 최소화하기 위해서 여러 가지의 루프 제어 기술들이 있다.

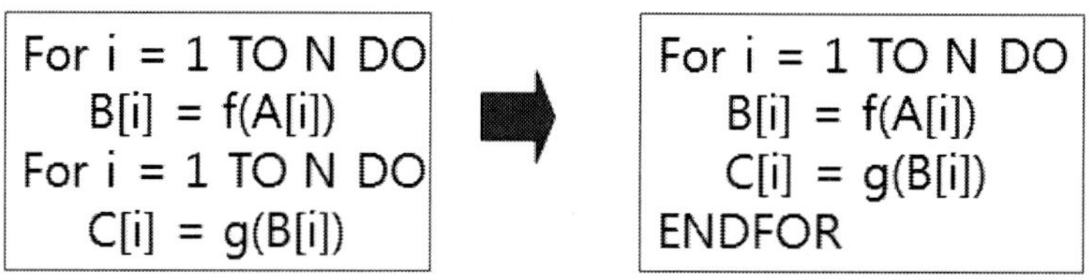

그림 5.27 loop fusion

루프 퓨전(loop fusion)은 두 개의 루프를 병합하여 메모리 접근을 줄이는 기술이다(그림 5.27). 그림 5.27에서 B[i]는 재사용되었다. 이 예제에서 명령어 캐시는 함수 f와 g가 모두 수용될 정도로 커야 한다.

루프 분열(loop fission)은 여러 조각으로 루프를 분할한다. 그림 5.28이 이것을 표현한다. 명령어 캐시가 작을 경우에 이 기법을 사용한다.

루프 교환(loop interchange)은 루프의 순서를 변경한다(그림 5.29). 포트란 언어는 컬럼 방향으로 데이터가 순서화된 언어이다. 변경 전 코드에서는 a[i][j] 이후에 a[i][j+1]을 접근하여 n+1의 공간만큼 떨어진 곳을 접근하지만, 변경된 코드에서는 a[i][j] 후 a[i+1][j]를 접근하여 1만큼 떨어진 곳을 접근한다. 따라서 이 예제에서 두 개의 연속 배열 접근은 공간 지역성(spatial locality)을 개선한다.

루프 타일링(loop tiling or blocking)은 캐시 재사용에 대한 배열 접근을 국한시킨다(그림 5.30). 예제에서 (n×n) 접근을 $(n/64)^2$ * (64×64)의 접근으로 만들기 때문에, n이 64보다 매우 크다면 데이터의 공간 지역성을 개선한다.

루프 스와핑(loop swapping)은 큰 배열의 수명을 줄이기 위해서 루프 블록들을 교

```
For i = 1 TO N DO
    A[i] = A[i] + B[i-1]
    B[i] = C[i-1] * X + C
    C[i] = 1/B[i]
    D[i] = sqrt(C[i])
ENDFOR
```

➡

```
For ib = 0 TO N-1 DO
    B[ib+1] = C[ib] * X + C
    C[ib+1] = 1/B[ib+1]
ENDFOR

For ib = 0 TO N-1 DO
    A[ib+1] = A[ib+1] + B[ib]

For ib = 0 TO N-1 DO
    D[ib+1] = sqrt(C[ib+1])

i = N+1
```

그림 5.28 loop fission

```
do i = 1,n
  do j = 1,n
    total[i] = total[i] + a[i,j]
  end do
end do
```

➡

```
do j = 1,n
  do i = i,n
    total[i] = total[i] + a[i,j]
  end do
end do
```

그림 5.29 loop interchange

```
do i=1, n
  do j=1, n
    a[i,j] = b[j,i]
  end do
end do
```

➡

```
do TI=1, n, 64
  do TJ=1, n, 64
    do i=TI, min(TI+63, n)
      do j=TJ, min(TJ+63, n)
        a[i,j] = b[j,i]
      end do
    end do
  end do
end do
```

그림 5.30 loop tiling(blocking)

```
For i = 1 TO N DO
   B[i] = f(A[i])
For i = 1 TO N DO
   D = g(C[i], D)
```

➡

```
For i = 1 TO N DO
   D = g(C[i], D)
For i = 1 TO N DO
   B[i] = f(A[i])
```

그림 5.31 loop swapping

환한다. 일부 물리적 메모리 위치는 쉽게 공유할 수 있다. 예제 코드가 그림 5.31에 나타나 있다. 만약 원래의 코드에서 C가 나중에 사용되지 않을 경우, C는 두 번째 루프가 끝날 때까지 메모리 공간을 차지한다. 하지만 바뀐 코드에서는 첫 번째 루프가 끝날 때 더 이상 C를 사용하지 않으므로 할당된 메모리 공간을 해지할 수 있다.

2) **벡터 양자화 예시**

하드웨어 구조에 알고리즘을 맞출 수도 있다. Lidsky와 Raeby는 비디오의 벡터 양자화(Vector Quantization, VQ)를 메모리 시스템에 맞추었다[10]. 벡터 양자화는 음성 인식이나 비디오 시스템에서 쓰이는 데이터 압축 방법이다. 벡터 양자화에서 비디오 이미지는 4×4의 픽셀 이미지의 열로 이루어지며 각 픽셀은 조도를 표현하는 8비트의 word로 구성된다. 따라서 4×4의 이미지는 16워드의 벡터로 생각할 수 있고, 각 8비트의 길이를 가진다. 이 벡터들은 사전에 생성된 256개의 서로 다른 벡터들로 구성된 코드북의 벡터와 비교된다. 압축된 양자화된 이미지들은 역시 코드북을 써서 복호된다.

벡터 양자화 방식에는 몇 가지 종류가 있다. 전체 검색 벡터 양자화(Full Search

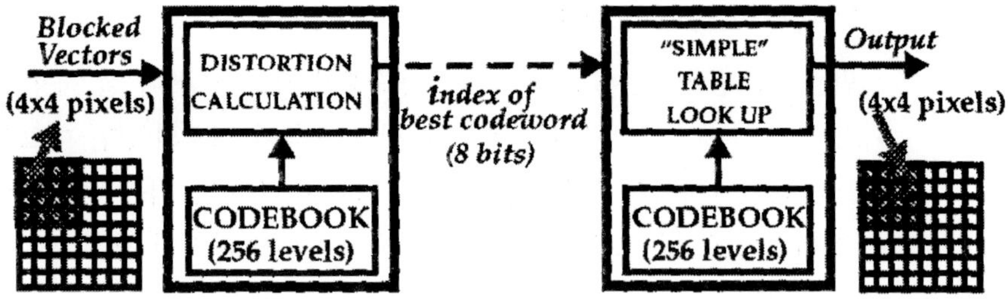

그림 5.32 벡터 양자화, 부호와 복호[10]

Vector Quantization, FSVQ)는 코드북에서 순서대로 맞는 벡터를 찾는다. 4×4 벡터는 코드벡터들과 비교된다. FSVQ의 가장 큰 단점은 상대적으로 각 벡터들의 압축에 많은 시간이 필요하다는 것이다. 면적과 전력 소모 면에서 비용 소모가 크다. FSVQ를 실시간으로 적용하려면 좀 더 많은 회로들을 삽입하여 속도를 빠르게 해야 하기 때문이다.

다른 벡터 양자화 방식으로 트리 검색 벡터 양자화(Tree Search Vector Quantization, TSVQ)가 있다. 이 기법은 훨씬 적은 시간이 필요하다. 전체 검색이 아닌 트리 구조의 이진 검색을 한다. 결과적으로 계산 복잡도는 N이 아니라 $\log_2 N$에 비례하며, 여기서 N은 코드북의 벡터 수이다. 그림 5.33은 트리 검색의 구조를 도식화한다. 이와 같은 구조로 압축을 함으로써 빠른 파이프라인 구현에 좋으며, clock 주파수를 8배 줄일 수 있고, 30배나 메모리 접근이 줄어든다. 전력 면에서는 17배나 FSVQ에 비해 감소한다.

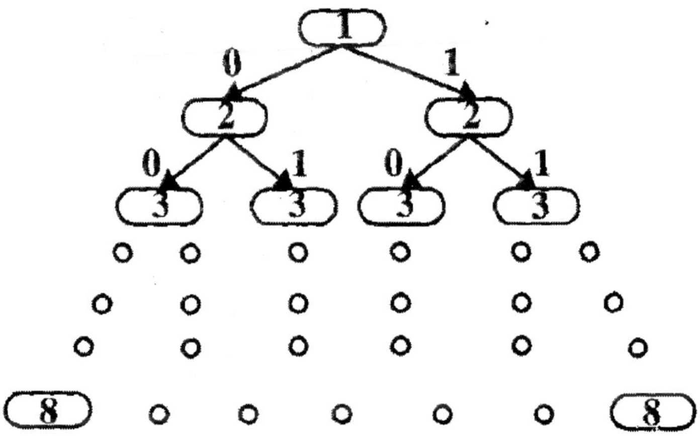

그림 5.33 TSVQ[10]

3) 다중 로드(Parallel loads)

범용 시스템에서는 소프트웨어와 하드웨어 기술을 둘 다 잘 적용시키기가 힘들다. 여러 가지 분야에서 이를 해결하기 위한 기술들이 개발되었다. 메모리로부터 다수의 'word'의 병렬 로드를 활용하는 기술이 이중 하나이다. 이중 로드(dual load)는 기술은 에너지 절감에는 효과적이지만, 전력 면에서 효과적인 것은 아니다. 왜냐하면 순간 전력 소모는 두 개의 싱글 로드에 비해서 전력 소모가 높을 수 있다. Tiwari[11]는 이중 로드 기술을 최대화할 경우 47%까지의 에너지 절약을 할 수 있다고 하였다. 이러한 절약을 하기 위해서는 두 단계가 필요하다. 첫 번째 단계는 이중 로드 사용의 기회를 최대화하기 위해서 프로그램의 메모리 할당을 최적화해야 한다. 그림 5.34 [12]에 도식화되어 있는 데이터경로를 가정해 보자. 그림은 $(x \times y) + z$의 식을 계산한다. 또한 두 개의 메모리 뱅크가 있고, 모든 명령어들은 반드시 레지스터의 값에 의해 수행되며, 프로세서는 이중 로드를 지원한다고 가정하자. 메모리 할당과 객체 선택에 의존하여 최적의 명령어 시퀀스 선택은 변경될 수 있다.

그림 5.35는 가상의 MyDSP(그림 5.24)를 사용하였을 때 무슨 일이 일어날 수 있는지를 보여준다. (a)의 경우 모든 변수들은 동일한 메모리 블록에 있기 때문에, 이중 로드 기술이 불가능하다. 이 경우 로드와 곱셈만 동시에 가능하다. (b)의 경우 x와 z는 동시에 읽어올 수 있지만 다른 명령어들은 동시에 처리될 수 없다. (c)의 경우

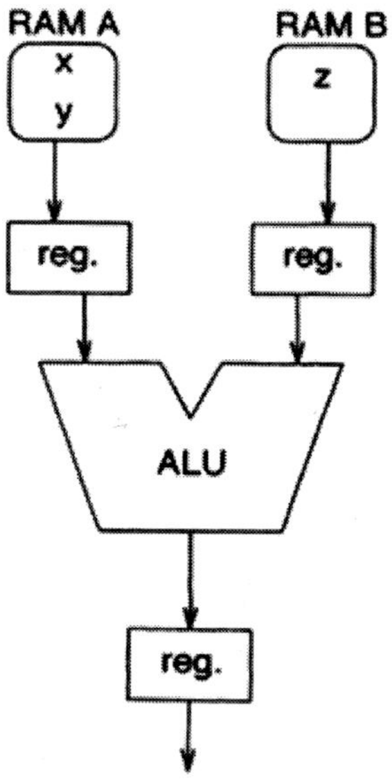

그림 5.34 이중 메모리 로드 예제

	Case (a)	Case (b)	Case (c)
RAM A	x, y, z	x, y	x, z
RAM B		z	y
	LOAD $B \leftarrow x$	DLOAD $B \leftarrow x, A \leftarrow z$	DLOAD $B \leftarrow x, C \leftarrow y$
	LOAD $C \leftarrow y$	LOAD $C \leftarrow y$	LOAD $A \leftarrow z$; MULT $B \leftarrow B, C$
	LOAD $A \leftarrow z$; MULT $B \leftarrow B, C$	MULT $B \leftarrow B, C$	ADD $A \leftarrow A, B$
	ADD $A \leftarrow A, B$	ADD $A \leftarrow A, B$	
Energy (pJ)	10.57	9.32	8.85
Power (μW)	105.7	93.2	118.0

그림 5.35 메모리 할당에 의한 에너지, 전력 효과

에는 x와 y가 이중으로 읽어올 수 있으며, 곱셈 또한 동시에 가능하다. 최적 에너지 솔루션이 명령어의 명령 수행이 최대화될 때 이루어진다.

위의 예제는 적절한 메모리 할당이 에너지 이득에 미치는 영향을 보여주지만, 코드 일부분뿐만 아니라 전체 프로그램의 이득을 얻을 수 있는 알고리즘이 필요하다. 다른 연구들이 최적의 성능을 위해 자동으로 메모리 할당을 할 수 있는 문제들을 다루었으며 이러한 예제들은 [13]과 [9]에 소개되어 있다. 비록 성능이 그들의 목표일지라도 프로그램의 수행 시간을 줄이는 것이 프로그램 에너지 소모를 줄이는 것과 직접적으로 연결되어 있으며, 이는 전압과 clock 주파수를 낮추는 기회를 제공한다.

Lee와 Tiwari[12]는 특별히 분할된 메모리에서의 에너지 소모 감소를 목적으로 하는 메모리 할당 기술을 소개한다. 메모리 뱅크 할당을 위한 이 알고리즘은 그래프 분할(graph partitioning) 문제를 공식으로 만들고, 이 문제를 시뮬레이티드 어닐링(simulated annealing) 방식으로 푼다. 각 꼭짓점(vertex)은 변수를 나타내며, 각 edge는 두 개의 변수를 필요로 하는 ALU 연산이 존재한다는 것을 의미하는 인수이다. 다음 예제 코드를 살펴보자.

```
ADD R1 ← a, e
ADD R2 ← e, b
ADD R3 ← a, b
ADD R4 ← b, d
ADD R5 ← a, c
ADD R6 ← c, d
```

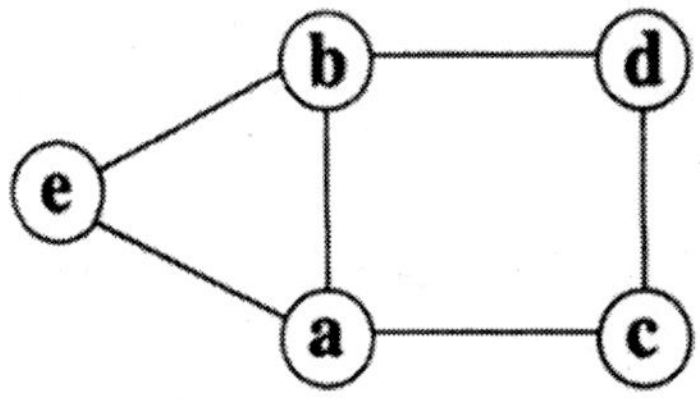

그림 5.36 코드 그래프

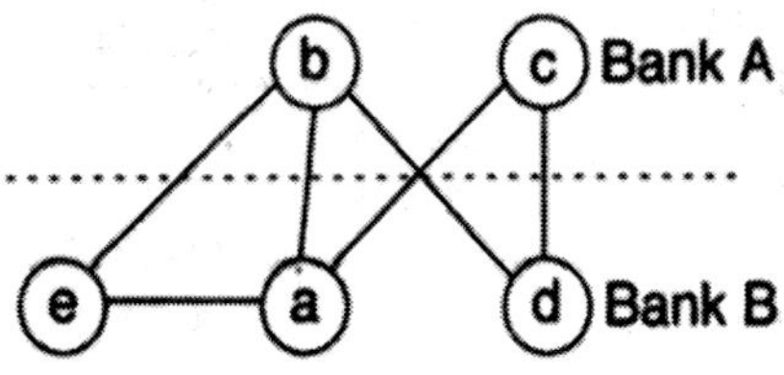

그림 5.37 그래프

위의 예제 코드에 대한 그래프가 그림 5.36에 표현되어 있다. 이 그래프의 두 방식의 분할은 메모리 뱅크 할당에 직접적 연관이 있다. 한 분할에서의 모든 변수들(vertices)은 동일 메모리 뱅크로 할당된다. 이때 분할에 대한 비용은 그래프에 의해 표시되는 모든 메모리 읽기 수행 사이클의 수로 표현된다. 만약 edge가 하나의 '분할'의 한 쪽에만 있다면, 표기된 변수에 대해서 두 번의 메모리 읽기가 필요하다. 만약 '분할'된 것에 걸쳐서 edge가 있다면, 두 변수에 대한 메모리 접근은 하나의 이중 로드 명령어로 합칠 수 있으며 한 clock 사이클에 수행할 수 있다. 이러한 '분할'이 그림 5.37에 표현되었다.

그림 5.37은 이중 로드를 최대한 활용하기 위해서 edge가 '분할'선에 최대한 걸치도록 되어 있다. 이 예제에 대한 비용은 7인데, a, e의 edge에서 2 그리고 나머지 edge들에선 1이기 때문이다.

Davidson의 방법[13]은 전체 성능 향상을 위해 루프 언롤링(unrolling)의 이점을을 활용하며 메모리 참조 압축(memory reference compaction)을 혼합하였다. 루프 언롤링 기법은 여러 번 반복해야 하는 루프의 일부를 풀어 헤쳐서 하나의 커다란 코드로 변환한다. 이렇게 함으로써 원래 코드에 비해서 반복 횟수를 줄인다. 이렇게 변환하는 목적은 메모리 참조 변환을 위해 메모리 종속성을 더 쉽게 분석하기 위해서이다. Davidson은 루프 언롤링과 메모리 참조 압축의 성능 이득은 프로세서에 따라 크게 변한다는 것을 찾아내었다. DEC alpha 프로세서에서는 40%나 속도가 향상되었으며, Motorola 88100에서는 25% 향상되었다. 반면 Motorola 68030에서는 성능이 하락하였다.

5.3.4.2 명령어 선택 및 순서

3.3절의 ILPA에서 명령어 코드로부터 전력과 에너지를 계산할 수 있는 것을 알아보았다. 많은 코드 최적화 기술은 전력 또는 에너지 최적화에 동일하게 적용할 수 있

어야 한다. 사실 속도와 코드 사이즈 최적화를 위한 많은 코드 기술은 전력과 에너지 최적화에 적용할 수 있다. 코드 생성 결정에 사용되는 목적 함수에서 가장 큰 차이가 있다. 코드 사이즈 최소화는 특히 임베디드 시스템에서는 필요할 수 있지만, 에너지 절약과 상당히 밀접하게 연관되어 있는 것은 아니다. 성능과 에너지 최소화에 관해 캐시 성능은 매우 중요하다. 큰 코드와 작은 캐시는 빈번하게 캐시 미스를 발생시켜서 전력을 많이 쓸 것이다. 코드 사이즈와 캐시 성능에 관한 것은 코드의 밀도를 최대화하는 노력으로 이어졌다[16].

1) 명령어 포장(Instruction packing)

명령어 포장은 Fujitsu DSP나 다른 몇몇 프로세서들의 특징이다. 이 기술은 ALU 명령어나 메모리 데이터 이동 명령을 하나의 명령어로 묶는다. 각 개별 명령어의 비용에 대한 오버헤드는 작업이 병렬로 처리될 때에 복제되지 않는다. 결과적으로 두 명령어를 하나로 묶는 것은 에너지 면에서 거의 50%의 절약을 가져온다. 다른 메모리 뱅크로부터 다중 워드를 병렬로 읽는 것과 유사하다. 또한 정수와 부동소수점 연산을 동시에 수행하는 것도 명령어 그룹의 전체 에너지를 줄이는 데 도움이 된다. 이러한 기술들은 VLIW(Very Long Instruction Word)나 superscaler 구조의 특별한 경우이다.

그림 5.34와 동일한 데이터 경로를 갖고 그림 5.38의 명령어들을 테스트한다고 하면 그 결과가 그림 5.39에 나타나 있다.

2) 명령어 순서화(Instruction ordering)

명령어 순서화는 회로 상태 효과에 연관된 에너지를 최소화한다. 회로 상태 효과는 한 종류의 명령어에서 다른 종류의 명령어 수행으로 스위칭될 때 발생하는 에너지

class	addressing	functionality
LDI	immed → reg	load immediate data to a register
LAB	mem1 → reg A, mem2 → reg B	transfer memory data to registers A, B
MOV1	reg1 → reg2	move data from one register to another
MOV2	mem → reg, or reg → mem	move data from memory to a register, or from a register to memory
ASL	reg specified implicitly	add/sub, shift, logic operations in ALU
MAC	reg specified implicitly	multiply and accumulate in ALU

그림 5.38 tested instructions

	LDI	LAB	MOV1	MOV2	ASL	MAC
range	15.8 - 22.9	34.6 - 38.5	18.8 - 20.7	17.6 - 19.2	15.8 - 17.2	17.0 - 17.4
average base	19.4	36.5	19.8	18.4	16.5	17.2

instruction	ASL:LAB	ASL:MOV1	ASL:MOV2
range	34.5 - 38.7	15.7 - 17.4	18.7 - 20.4
average base	36.6	16.6	19.6
instruction	MAC:LAB	MAC:MOV1	MAC:MOV2
range	33.9 - 39.9	15.9 - 18.9	19.0 - 21.2
average base	36.9	17.4	20.1

Base cost reduction

Overhead cost reduction

	LDI	LAB	MOV1	MOV2	ASL	MAC
LDI	3.6	13.7	15.5	6.3	10.8	6.0
LAB		2.5	1.9	12.2	20.9	15.0
MOV1			4.0	18.3	10.5	3.8
MOV2				25.6	26.7	22.2
ASL					3.6	8.0
MAC						12.5

adjacent instructions	overhead
LDI, ASL·LAB	23.8
LDI, ASL:MOV1	19.6
LDI, ASL:MOV2	20.0
MOV1, ASL:LAB	14.7
MOV2, ASL:LAB	27.1
MOV2, ASL:MOV2	19.3
MAC, ASL:LAB	27.9
ASL:LAB, ASL:MOV1	27.1
ASL:LAB, MAC:MOV1	29.3
ASL:MOV2, ASL:MOV2	18.7

그림 5.39 실험 결과

소모이다. 프로세서의 형식(특히 DSP)에 따라 회로 상태 효과의 크기는 변한다. 앞에서 연속된 명령어 쌍에 대해 회로 상태 효과를 측정하고 예측하는 기술을 살펴보았다. 명령어 순서화는 프로그램의 특성을 바꾸지 않고 전체 회로 상태 비용을 명령어들의 재순서화를 통해 전력 소모를 최소화한다. 이것은 프로그램 수행 사이클의 최소화보단 효과가 적으며 범용 프로세서보다 DSP에서 더 효과적이다.

3) Cold scheduling

Su 등[9]에 의해 연구된 cold scheduling은 명령어들의 스케줄링을 통해서 스위칭 활성도가 최소화되도록 하는 소프트웨어 기법이다. 전통적인 폰 노이만 구조에서 메모리에 있는 데이터는 수행되기 전에 프로세서로 가져오게 된다. 이진 코드 주소 방법은 데이터와 명령어가 연속된 이진 주소 영역에 순차적으로 위치해 있다. 순차적 메모리 접근에서 다음 주소는 현재 주소에서 이진으로 증가시켜서 얻는다.

이진 코드 주소 시스템에서 10010110은 다음으로 표현된다.

$$1\times2^7+0\times2^6+0\times2^5+1\times2^4+0\times2^3+1\times2^2+1\times2^1+0\times2^0=170$$

이진 코드를 십진수로 나타낸 것이 그림 5.40이다.

Binary code	Decimal Equivalent	Binary code	Decimal Equivalent
0000	0	1000	8
0001	1	1001	9
0010	2	1010	10
0011	3	1011	11
0100	4	1100	12
0101	5	1101	13
0110	6	1110	14
0111	7	1111	15

그림 5.40 binary code

그레이 코드 시퀀스는 0과 1의 수의 조합이다. 이때 연속된 수는 하나의 비트만 다를 뿐이다. 그림 5.41은 4비트 그레이 코드와 그에 해당하는 십진수를 나타낸다.

Gray code	Decimal Equivalent	Gray code	Decimal Equivalent
0000	0	1100	8
0001	1	1101	9
0011	2	1111	10
0010	3	1110	11
0110	4	1010	12
0111	5	1011	13
0101	6	1001	14
0100	7	1000	15

그림 5.41 gray code

이진 코드와 그레이 코드의 변환은 다음으로 정의된다. B와 G가 각각 이진 코드와 그레이 코드의 같은 수를 표현한다고 하면 각기 다음으로 표현할 수 있다.

$$B = < b_{n-1}, b_{n-2}, \cdots, b_1, b_0 >$$

$$G = < g_{n-1},\ g_{n-2},\ \cdots,\ g_1,\ g_0 >$$

g_i와 b_i가 G와 B의 i번째 비트를 의미한다고 하면 다음은 이진 코드의 그레이 코드로의 변환에 관한 수식이다.

$$g_n = b_n$$
$$g_i = b_{i+1} \otimes b_i \ \ (i = n-1,\ 0)$$

예를 들어, B=〈1101〉이면 이것은 십진수로 13이다. b_3, b_2, b_1, b_0는 각기 1, 1, 0, 1을 나타내며 이때 그레이 코드는 $< b_3,\ b_3 \otimes b_2,\ b_2 \otimes b_1,\ b_1 \otimes b_0 >$로 나타낼 수 있으며 이를 계산하면 〈1011〉이다.

비슷하게 그레이 코드를 이진 코드로 변환할 수도 있다. 이에 대한 수식은 다음과 같다.

$$b_n = g_n$$
$$b_i = b_{i+1} \oplus g_i \ \ (i = n-1,\ 0)$$

예를 들어, G=〈1101〉이고 이것은 십진수로 9이다. 이진 코드로 표현하면 〈1001〉이 된다.

코드 표현에 따라서 연속된 숫자의 비스 스위칭 횟수가 차이가 난다. 그림 5.42는 이러한 예를 보여준다. 왼쪽의 이진 코드에서는 총 24번의 스위칭이 있었지만 이를 그레이 코드로 변환했을 때에는 18번의 스위칭만 발생한다. 임의의 접근 양상에 대해서, 그레이 코드나 이진 코드 모드 비슷한 수의 스위칭을 보인다. 하지만 일반적인 프로세서에서 발생하는 연속적인 접근 양상에 대해서는 그레이 코드가 비트 스위치

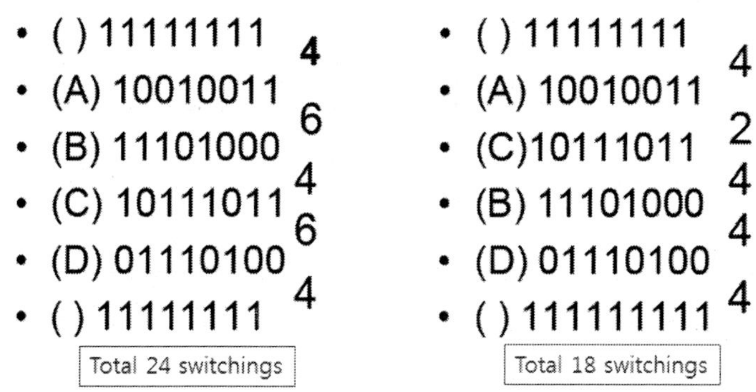

그림 5.42 연산코드의 해밍거리를 사용한 예시

횟수가 훨씬 적다.

수행되는 명령어당 스위칭되는 비트 수를 BPI(Bit per Instruction)라 정의하고, 이진 코드와 그레이 코드의 BPI를 비교한 실험 결과가 그림 5.43과 그림 5.44에 나타나 있다. 명령어 주소와 데이터 주소를 그레이 코드로 바꾸면 각각 37%와 8%의 BPI 감소가 있다.

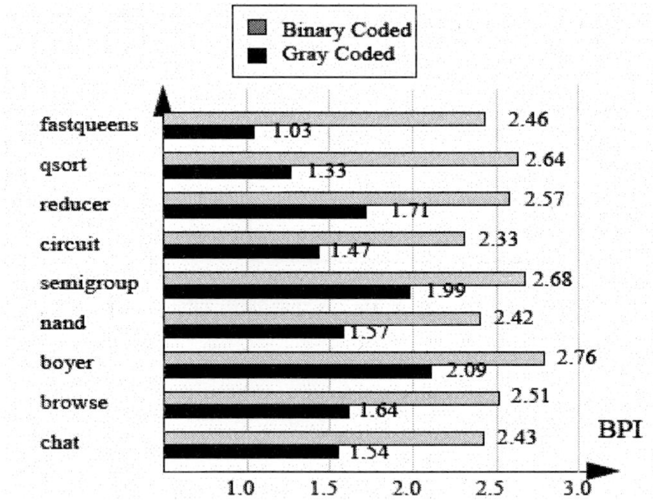

그림 5.43 그레이 코딩의 영향(명령어 주소)

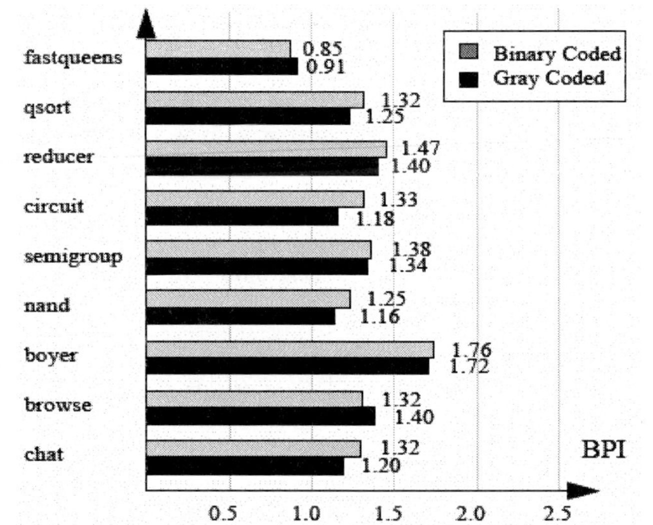

그림 5.44 그레이 코딩의 영향(데이터 주소)

4) 소스 수준 코딩 스타일

프로그램 코드를 작성할 때에도 저전력을 위해 할 일이 많다. 일반적인 소프트웨어 코딩 지침으로 조건문보다는 색인표를 사용하는 것이 좋으며, 전역 변수를 지역변수로 할당하는 것이 레지스터 사용 면에서 효과적이다.

기본적으로 "int" 변수형은 "char"형이나 "short"형보다 18.2%나 더 에너지 면에서 효율적이다. 이는 부호나 0확장이 더 비트수가 짧은 변수에서 많이 발생하기 때문이다. 그림 5.45에서 왼쪽처럼 코딩하기보단 오른쪽처럼 코딩하는 것이 유리하다.

```
char charinc (char a)
{
    return a + 1;
}
```

```
int wordinc (int a)
{
  return a + 1;
}
```

그림 5.45 소프트웨어 저전력 코딩 스타일(변수형)

모든 ARM 명령어는 조건부 수행이며, 조건부 수행은 명령어의 임의적 분기(branch) 횟수를 줄여준다. 그룹으로 묶인 조건들은 분리되어 수행되기보다 하나로 묶여서 수행되는 것이 컴파일러가 조건부 명령어를 생성하는 데 도움을 준다. 그림 5.46은 그룹으로 묶은 조건문들의 예시이다. 이를 통해 1.25%의 에너지를 줄일 수 있다.

```
int g(int a, int b, int c, int d)
{
   if (a > 0 && b > 0 && c < 0 && d < 0)
        return a + b + c + d;
   return -1;
}
```

그림 5.46 조건부 수행

색인표를 사용했을 때가 switch 명령어를 사용했을 때보다 전력 면에서 52.3% 효과적인데, 이는 명령어 점프가 훨씬 적기 때문이다.

MPEG에 최적화 방법을 적용했을 때 컴파일러 최적화로는 겨우 0.6%의 에너지 절약이 이루어지는 반면 소스 코드 최적화를 수행하면 32.3%나 되는 절약을 이룰 수 있다. 아래의 그림 5.48이 이를 나타낸다.

```
switch(condition)
{
    case 0: return "EQ";
    case 1: return "NE";
    case 2: return "CS";
    case 3: return "CC";
    default: return 0;
}
```

```
if ((unsigned) condition >= 4 )
    return 0;
return "EQ\0NE\0CS\0CC\0" + 3*condition;
```

그림 5.47 switch 명령어 vs. 색인표

Source Opt.	General Opt.	Special Opt.	Size %change	Time %change	Energy %change
none	Balance	none	0	0	0
none	Code Size	none	0	-0.6	-0.6
none	Time	none	0	-0.2	-0.2
none	Balance	all	0	-0.6	-0.6
all	Balance	none	-5.8	-35	-32.3
all	Balance	all	-5.8	-35	-32.3

그림 5.48 MPEG 적용 시의 결과

5.3.5 결론

이 장에서는 몇 가지의 저전력 명령어 처리 시스템을 위한 소프트웨어 설계 기법에 대해 알아보았다. 저전력 소프트웨어를 설계하는 중요한 목적은 이미 설계된 하드웨어에서 소프트웨어를 잘 설계하는 것만으로도 전력 소모에 지대한 영향을 미치기 때문이다. 최적의 알고리즘을 선택하는 문제는 매우 중요하다. 만약 이것을 실패했을 경우 전력 최적화를 통해 얻는 이득이 없다.

메모리의 사이즈와 메모리 접근을 최소화하는 알고리즘 변환을 사용하고, 응용 프로그램의 최적화를 위해 가능한 한 하드웨어가 지원하는 범위에서 병렬화를 사용하며, 명령어, 명령어 시퀀스, 명령어 재순서화를 통해 CPU와 데이터경로의 스위칭을 최소로 줄인다.

참고문헌

[1] ITRS(International Technology Roadmap for Semiconductors), 2001.

[2] CISCO VNI mobile, 2010.

[3] V. De, S. Borkar, "Technology and Design Challenges for Low Power and High Performance," in *Proceedings of International Symposium on Low Power Electronics and Design*, pp. 163-168, 1999.

[4] P. R. Panda, B. V. N. Silpa, A. Shrivastava, K. Gummidipudi, "Power-efficient System Design,", pp. 25, 73, Springer.

[5] J. C. Monteiro, "Power optimization using dynamic power management," in *Proceedings of the XIIth conference on Integrated Circuits and Systems Design*, pp. 134-139, 1999.

[6] L. Benini and G. De. Micheli, "Transformation and synthesis of FSMs for low-power gated-clock implementation," in *Proceddings of International Symposium on Low Power Electronics and Design*, pp. 21-26, 1999.

[7] L. Benini and G. De. Micheli, F. Vermeulen, "Finite-state machine partitioning for low power," in *Proceedings of the International Symposium on Circuits and Systems*, pp. 5-8, 1998.

[8] M. Alidina, J. Monteiro, S. Devadas, A. Ghosh, "Precomputation-Based Sequential Logic Optimization for Low Power"

[9] C.-L. Su, C.-Y. Tsui, A. M. Despain, "Low Power Architecture Design and Compilation Techniques for High-Performance Processors", in *Proceedings of the IEEE COMPCON*, pp. 498-498, 1994.

[10] D. B. Lidsky, J. M. Rabaey, "Low Power Design of Memory Intensive Function Case Study: Vector Quantization", in *Proceedings of the Workshop on VLSI Signal Processing*, pp. 378-387, 1994.

[11] V. Tiwari, S. Malik, A. Wolfe, M. T-C. Lee, "Instruction Level Power Analysis and Optimization of Software", in *Proceedings of the International Conference on VLSI Design*, pp. 326-328, 1996.

[12] M. T.-C. Lee, V. Tiwari, "A Memory Allocation Technique for Low-Energy Embedded DSP Software", in *Proceedings of the Symposium on Low Power Electronics*, pp. 44-45, 1995.

[13] J. W. Davidson, and S. Jinturkar, "Memory Access Coalescing: A Technique for Eliminating Redundant Memory Accesses", *ACM SIGPLAN Notices*, vol. 29, no. 6, 1994.

[14] A. Sudarsanam, and S. Malik, "Memory Bank and Register Allocation in Software Synthesis for ASIP's", in *Proceedings of the International Conference on Computer-Aided Design*, pp. 388-392, 1995.

[15] T. Sato, Y. Ootaguro, M. Nagamatsu, and H. Tago, "Evaluation of Architecture-level Power Estimation for CMOS RISC Processors", in *Proceedings of the Symposium on Low Power Electronics*, pp. 44-45, 1995.

[16] A. Hasegawa, I. Kawasaki, K. Yamada, S. Yoshioka, S. Kawasaki, and P. Biswas, "SH3: High Code Density, Low Power," *IEEE Micro*, pp. 11-19, 1995.

제 6 장

시스템 수준 저전력 관리 기법

6.1 서론

앞장에서는 RTL 수준에서의 하드웨어 저전력 설계와 저전력 소프트웨어 설계 기법에 대해서 살펴보았다. 이번 장에서는 에너지 소모를 최소화하기 위해서 동적으로 시스템을 관리하는 기술에 대해서 배운다. 이상적으로는 기기에서 사용하는 에너지를 최소화하기 위한 문제를 다루기 위해서는 하드웨어 설계나 소프트웨어 최적화뿐만 아니라 시스템 수준에서도 동적으로 전력을 관리해야 한다. 많은 연구들이 이러한 문제를 해결하기 위해 노력하였으며, 앞장에서 이러한 노력의 일부를 소개하였다.

시스템은 유용한 서비스를 제공하기 위한 구성요소들의 집합으로 이루어져 있다. 전형적인 시스템들은 하나 혹은 다중 칩으로 구성된 하드웨어이며 여기에 여러 가지의 소프트웨어층이 있다.

여러 가지 이유로 전력과 성능 간의 상호 교환적인 연구가 이루어져 왔다. 첫 번째로는 대부분의 임베디드 시스템의 경우 배터리의 한정된 용량과 크기로 인하여 오랜 시간 전력을 제공하지 못하기 때문에 이를 잘 관리할 필요가 있다. 두 번째로는 기기가 동작 시에 열 발생으로 인하여 성능에 제한을 받기 때문이다. 세 번째로는 전력 소모로 인해 높은 열이 발생하고 이는 기기의 영구적 손상을 가할 수 있기 때문이다.

시스템과 구성요소들은 소비자의 요구에 맞춰 최대의 성능을 발휘하게끔 설계되었다. 하지만 대부분의 시간 동안 최대 성능을 발휘할 필요가 없으며, 아무 것도 안하고 있는 시간도 많다. 이러한 유휴시간을 활용하기 위한 시스템 수준 저전력 관리 기법을 소개한다.

6.2 동적 전력 관리(Dynamic Power Management)

동적 전력 관리 기법은 동적으로 요구되는 서비스나 성능 수준에 맞추어 활성화된 구성요소들의 수를 최소로 낮춤으로 실시간으로 전력 소모를 막는 기술이다. 다시 말하면, 사용하지 않는 요소들에 대해서는 선택적으로 공급 전압을 차단함으로써 에너지 효율적인 계산을 수행하며 이를 통해 전력 소모를 최소화하는 기술이다. DPM을 적용하기 위한 기본적인 가정은 작업(workload)이 항상 수행되지는 않는다는 것이다. 이러한 가정은 대부분의 시스템에서 성립하는데, 작업들은 때에 따라 수행되거나 수행되지 않기 때문이다. 그림 6.1은 DPM을 적용하기 위한 하드웨어 예시를 보여

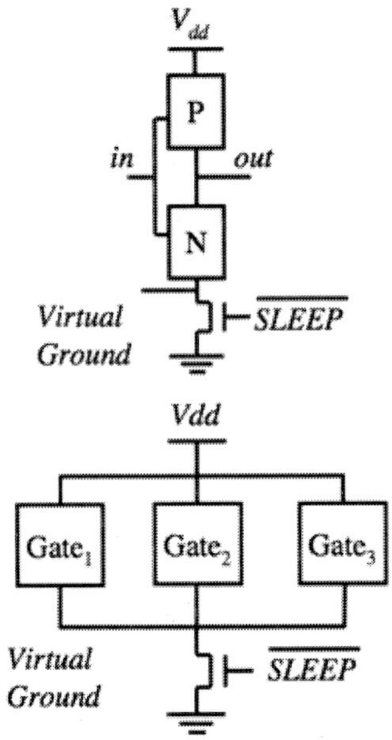

그림 6.1 HW for DPM

준다. SLEEP 신호가 인가될 경우 회로가 차단된다.

DPM 기술 적용을 위해서 에너지-관리 컴퓨터(Energy-Managed Computer, EMC) 시스템에 초점을 맞춘다.

다른 전력 상태로 변경되는 데 지연시간이 없고 변경에너지 오버헤드가 존재하지 않는다고 가정하자. 이러한 시스템에서 DPM은 사소한 문제가 될 것이다. 시스템이 OFF 상태이면 가능한 한 가장 깊은 수면 상태로 변경하고, 작업 요청이 도착하면 즉시 활성화시키면 된다. 불행하게도 대부분의 PMC(Power Manageable Components)의 상태 변화 간 성능 및 전력 오버헤드는 무시할 수준이 되지 않는다. 공급 전력을 차단하여 저전력 상태에 있다가 활성 상태로 변경할 때에는 1) 전력을 공급하고 clock 주파수가 안정화되기까지, 2) 시스템을 재초기화하기까지, 3) 활성 상태 전의 컨텍스트들을 복원하기까지 꽤 많은 시간이 걸린다. 이러한 오버헤드들 때문에 최적의 DPM 방식을 찾는 것은 매우 어려운 문제가 되었다.

아래의 그림 6.2는 DPM을 시스템에 적용했을 때의 오버헤드를 보여준다. DPM이 적용되지 않았을 때에는 모드 변경이 없기 때문에 OFF(idle) 상태에서 전력을 약간 덜 사용하지만, DPM 적용 시에는 시스템 상태가 수면 모드로 전환되면서 전력을 거의 소모하지 않는다. 단지 모드 변경 시에 전력을 더 크게 사용한다.

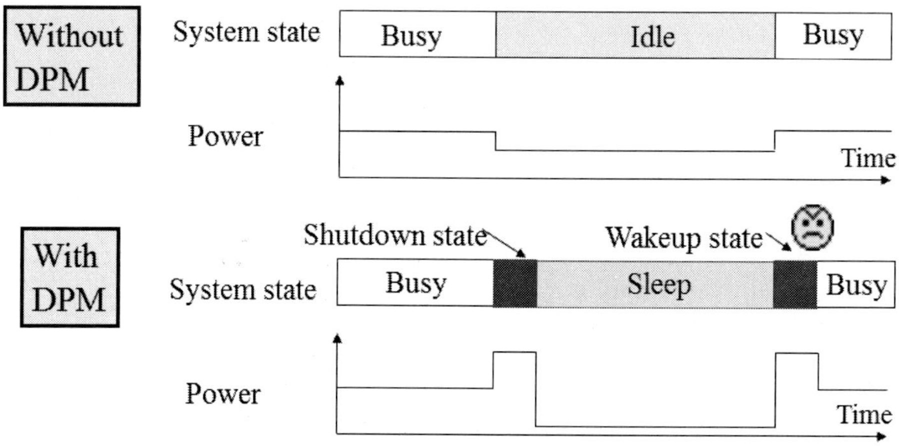

그림 6.2 DPM 오버헤드

StrongARM SA-1100 프로세서는 전력 관리 장치의 예시이다. 이 프로세서는 *RUN*, *IDLE*, *SLEEP*의 세 가지 모드로 동작한다. *RUN* 모드에서는 보통의 동작을 수행한다. 칩의 모든 자원이 사용 가능한 상태이다. *IDLE* 모드에서는 CPU가 사용하지 않을 때 동작을 멈춘다. 하지만 인터럽트 요청을 확인하고 있다. 이 상태에서는 인터럽트 발생 시 CPU가 빠르게 *RUN* 모드로 돌아갈 수 있다. 언제든 CPU가 정상 동작하도록 얕게 잠들어 있는 상태이다. SLEEP 상태에서는 최대로 전력 소모를 줄이며 따라서 동작할 수 있는 칩의 기능이 극히 제한적이다. 각 상태에서의 전력 소모 및 상태 변환의 오버헤드가 그림 6.3에 표시되어 있다.

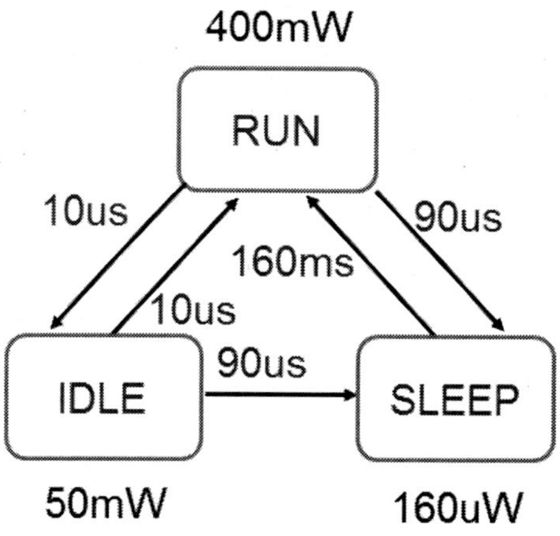

그림 6.3 StrongARM SA1100 예제

DPM을 잘 하기 위한 작업은 두 단계로 구분할 수 있다. 첫 번째는 *정책 최적화(policy optimization)*라 부르는 작업으로 성능 제약 하에 전력 최적화 문제를 푸는 과정이다. 간단히 언제 기기의 전력을 차단하거나 활성화시킬지를 결정하는 문제이다. 두 번째는 *작업량 예측(workload estimation)*의 단계이다. 다음에 어떤 작업량을 수행해야 할지를 예측하는 문제이다. 두 가지를 어떻게 구현하느냐에 따라서 많은 DPM 기술들이 있다.

작업량 예측은 유휴 상태가 전력 상태 변화의 오버헤드를 상쇄할 수 있을 정도로 충분히 길어야 DPM을 적용할 수 있기 때문에 중요하다. 전력을 줄이기 위한 유휴 상태의 최소 시간을 손익 평형(break-even) 시간이라 하고 T_{be}로 나타낸다. 이 값은 기기에 따라 정해지며, 소프트웨어 요청에 대해선 독립적이다. 그림 6.4의 왼쪽은 장치가 여전히 작동 상태에 있다. 오른쪽 그림은 전원을 차단한 상태이다. 손익 평형 시간(break-even time)은 두 경우의 에너지 소모를 같게 만들어 주는 시간이다. 상태 변환 지연시간을 제외하고 손익 평형 시간은 장치를 차단할 수 있는 최소한의 유휴 시간이라고 생각할 수 있다.

장치의 상태 변환 지연시간을 T_{tr}이라 하자. 실제로 장치를 켜거나 끄는 지연시간은 서로 다르지만 같다고 가정하자. 그리고 이때 소모되는 전력은 P_{tr}이라 하자. 그리고 장치가 동작 중일 때의 전력은 P_{on}, 차단 중일 때는 P_{off}라 하자. 그림 6.4의 왼쪽 그림은 기기가 동작 중인 상태이고, 오른쪽 그림은 차단된 상태이다. 손익 평형 시간은 에너지 소모가 같아지게 만드는 시간이기 때문에 T_{BE}는 다음 수식으로 나타낼 수 있다.

$$T_{BE} = T_{tr} + T_{tr}\frac{P_{tr} - P_{off}}{P_{on} - P_{off}}$$

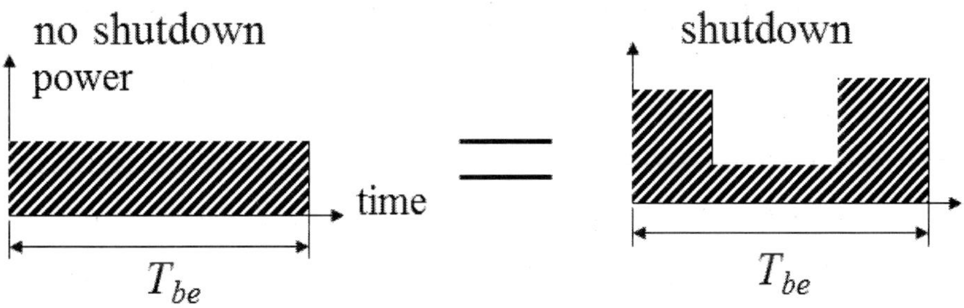

그림 6.4 손익 평형 시간(break-even time)

초기의 DPM 기술은 "타임아웃(time-out)"을 쓰는 예측 차단(predictive shutdown)[1, 2]에 초점을 맞추었다. 이산 시간 마코비안 결정 과정에 기반을 둔 전력 관리 기법[3]도 제안되었다. 그러나 이산 시간 모델은 주기적으로 정책을 평가해야 하고 따라서 시스템 상태 변화가 없더라도 많은 전력을 소모해야 했다. 이러한 단점을 극복하기 위하여 연속 시간 마코비안 결정 과정(continuous-time Markovian decision processes, CTMDP)[4]가 제안되었다. 이 모델에서 정책 변경은 비동기적으로 발생하며 따라서 실시간 운영 체제 환경에 더 적합하다. [5]에서는 시간 색인 세미-마코비안 결정 과정을 시스템 모델링에 제안하였다. 적응형-학습에 기반을 둔 방식[6], 세션 클러스터링과 예측 전략[7], 온라인 전략[8, 9], 계층 시스템 분할과 모델링[10] 또한 DPM 정책을 위해 제안되었다. 다음 장에서는 이러한 여러 가지 DPM 기술에 대해서 좀 더 자세히 알아본다.

6.2.1 타임아웃(time-out) 기법

타임아웃 기술은 오래된 DPM 기술이다. 타임아웃 정책은 타임아웃값 τ를 가지고 있다. 이 정책은 기기가 τ후에 유휴 상태가 될 것이고, 최소 T_{be} 시간 동안은 유휴 상태에 있을 것이라고 가정한다. 따라서 τ후에 전원을 차단하는 것이다. 이 기법의 명백한 단점은 타임아웃 값 이전에 기기가 꺼지지 않는데, 이때의 전력이 소모된다는 점이다.

예를 들어, 미국의 마이크로소프트사의 운영체제인 윈도우즈의 경우 제어판에서 사용자들이 하드디스크나 모니터의 전원을 차단할 수 있는 값을 조정할 수 있도록 설계되어있다. 최근의 휴대폰의 경우 30초 동안 아무것도 하지 않으면 디스플레이의 전원이 차단되어서 전력을 절약할 수 있다.

이 정책에서는 τ의 선택이 매우 중요하다. 크게 설정하면 시스템의 동작은 보장되지만 전력 면에서 효과가 없다. 오랫동안 전력을 사용하고 차단되기 때문이다. 반면 너무 작은 값을 선택하면 오버헤드가 크다. 곧 유휴 상태에 들어갈 것이라 생각하고 차단하였으나 금방 시스템이 활성 상태에 있어야 한다면 전력 상태 변경에 대한 추가 에너지 소모가 크다.

타임아웃 정책에도 크게 두 가지의 기법이 있다. 고정 타임아웃 정책은 사전에 미리 설정된 대로만 τ가 정의된다. 반면 타임아웃 값이 실시간으로 바뀔 수도 있다. 예를 들어 한 적응형 타임아웃 정책(adaptive time-out policy, APO)은 τ의 값을 이전 유휴 시간의 비율로 결정한다[11]. 만약에 τ 값이 비율이 너무 작으면 τ를 증가시키고, 반대의 경우 τ를 감소시킨다. 따라서 이전에 τ를 너무 작게 잡았다고 판단되면 다음 워크로드에 대해서는 τ를 보다 긴 시간으로 설정해서 전력을 더 절약할 수 있다.

몇몇 타임아웃 정책은 하드웨어 인자의 변동성을 고려하였다. 이러한 기기 종속 타임아웃(device dependen time-out) 정책은 기기의 독립적인 손익 평형 시간에 따라 τ를 설정한다. 만약 $\tau = T_{be}$의 정책이면 이상적인 "oracle" 정책보다 두 배의 에너지를 더 소모한다. 기기의 전력 소모는 어떤 정책을 사용하느냐에 따라서 달라진다. 아무런 전력 관리도 적용하지 않았을 때 기기가 P_w의 전력을 사용한다면, 최적 전력 소모를 살펴보기 위해 기적의 전력 관리기(oracle power manager, OPM)[12, 13]를 상상해볼 수 있다. 이 OPM은 미래의 작업 요청이 언제 도착할지 완벽하게 알고 있다. 그렇기 때문에 기기의 유휴 시간도 정확히 알고 있어서 손익 평형 시간보다 크다면 작업이 끝난 후 즉시 기기의 전력을 차단한다. 따라서 OPM은 최상의 전력 절약 방법을 제공한다. 불행하게도 미래를 정확히 예측하는 기술은 존재하지 않기 때문에 OPM 또한 존재할 수 없다. OPM은 다만 작업량에 대해 OFF라인으로 추적 분석하여 시뮬레이션해 볼 수는 있다. 많은 전력 관리 기법에서는 이러한 방법으로 가장 최적의 전력 소모를 구하고 이것으로 제안하는 기법을 비교한다.

타임아웃 정책의 제약점은 전력 차단 이후 다음 일을 할 때 시스템을 깨우기 위한 성능 불이익이 있다는 것과 유휴 기간이지만 τ에 도달할 때까지 전력 낭비가 있다는 점이다. 그림 6.5에 나타나 있다.

6.2.2 예측 셧다운(Predictive Shutdown) 기법

디스플레이 서버, 사용자 인터페이스 기능, 통신 인터페이스 같은 응용 프로그램들은 "사건 구동(event-driven)" 방식으로 동작한다. 사건 구동은 기기가 외부의 어

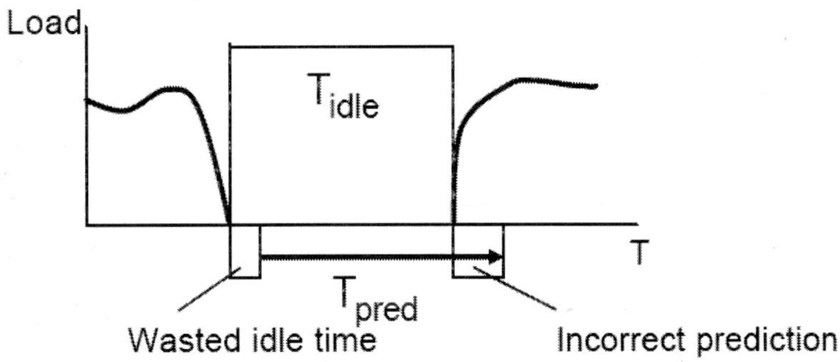

그림 6.5 타임아웃 정책의 약점

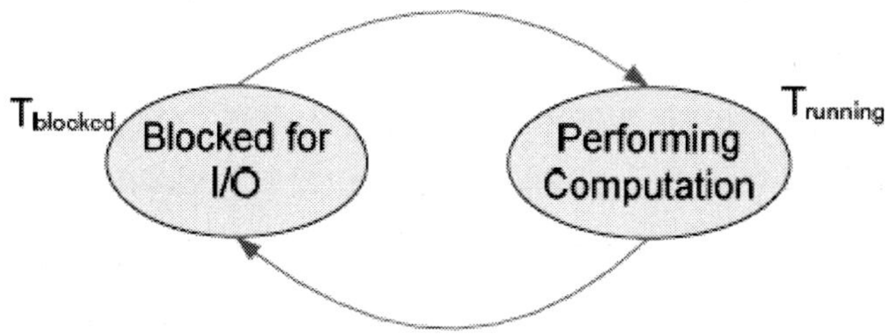

그림 6.6 차단과 동작 상태의 사건 구동 응용 프로그램

떤 간헐적인 자극에 의해서 활동이 시작되며 자극이 없을 때 비활성 상태로 구분된다. 이러한 응용 프로그램에서 평균 전력을 감소시키기 위한 명백한 방법은 비활성 상태에서 시스템을 차단하는 것이다. 이것은 시스템 clock을 차단하거나 공급 전압을 차단하여 달성할 수 있다(그림 6.6).

사건 구동 응용 프로그램은 외부의 사건을 기다리면서 CPU가 정지 상태에 있는 차단 상태와 명령어를 수행하는 활성상태를 왔다갔다 한다. $T_{blocked}$와 $T_{running}$을 차단 상태와 활성 상태에서의 평균적인 시간 소모라고 하자. 에너지 효율은 시스템이 차단 상태일 때 셧다운함으로써 $1+T_{blocked}/T_{running}$만큼 증가한다.

이 기법에는 두 가지의 의문점이 있다. 1) 어떻게 전력을 차단할 것인지, 2) 언제 차단할 것인지에 대한 문제이다. 첫 번째 문제는 clock을 정지, 재시작하거나 공급 전력을 차단하거나 켜는 메커니즘을 개발하는 것이다. 두 번째 문제는 "사용자가 5분 동안 시스템을 사용하지 않을 때 전력을 차단한다."와 같은 정책을 개발하는 것이다. 이 두 가지의 이슈는 실제로 독립적일 수가 없다. 왜냐하면 언제 전력을 차단하는 지에 대한 결정은 시스템의 차단에 대한 오버헤드에 종속적이다. 예측 셧다운 기법은 언제 전력을 차단할 지에 대해 초점을 맞춘다. 예를 들어 간단한 셧다운 기술은 '사용자가 5초 동안 키보드 입력이 없으면 전력을 차단한다.'와 같은 조건으로 전력을 차단한다.

이번 장에서 우리는 계산 히스토리에 기반을 둔 OFF 시간 길이의 예측을 통하는 셧다운 기술을 살펴보고, 만약 예측된 유휴 시간의 길이가 에너지와 전력 오버헤드를 따져보았을 때 전력 이득이 있다고 생각되면 전력을 차단한다. 예측 기법에 깔린 중요한 아이디어는 $T_{blocked}$가 셧다운을 시켜도 될 만큼 충분히 길지를 예측하는 데에 이전 과거값을 사용하겠다는 것이다. 불행하게도 이것은 어렵고 오류가 발생하기 쉬운 일이다. 몇 가지 일들이 곧 수행될 작업에 대해서 $T_{blocked}$를 예측하기 위해 발견적 방법(heuristic method)에 의존하였다. 최근 과거값을 바탕으로 계산을 하는 [1, 2]은 셧다운 오버헤드와 관련하여 손익 평형(break-even) 시간보다 예측 유휴 시간이 충분히 긴지 아닌지를 판단한다. 타당한 셧다운 오버헤드 값에 대하여 예측 기법은 타임아웃 셧다운 방법에 비해서 성능 감소는 무시할 수준이면서도 상당한 에너지 절약을 가져왔다.

SA-1100 프로세서에서 동작하는 응용 프로그램의 단순한 사건 구동 모델에 제약된 시스템을 고려해 보자. 이 시스템은 RUN과 STDBY 상태의 변화는 내부 제어에 의하고, STDBY와 SLEEP 상태의 이동은 외부 제어에 의한다. 오직 ON과 OFF 두 개의 상태로 구성된 부분적 전력 관리 PSM은 그림 6.7로 모델링할 수 있다.

ON 상태는 프로세서의 RUN과 STDBY 상태로 구성된 모다 큰 상태이며 RUN과 STDBY 상태의 지역적 변화는 워크로드 특성에 기반하여 프로세서 내부 정책에 의한다. OFF 상태는 SLEEP 상태와 같다. ON 상태와 관련된 전력 소모는 ON 상태에서의 대기 시간, 내부 변화 확률, 상태 변경에 의한 오버헤드를 계산하여 얻는다.

프로세서는 ON 상태에서 시작하며, ON에서 OFF로 갔다가 다시 ON으로 변화한다. $T_{ON}[i]$와 $T_{OFF}[i]$는 ON 상태나 OFF 상태에 i번째 수행하는 응용 프로그램의 시간 소모를 나타낸다. 그리고 T_{ON}은 모든 i에 대해 $T_{ON}[i]$의 평균을 나타내며, 비슷하게 T_{OFF}는 모든 i에 대한 $T_{OFF}[i]$의 평균이다. 그리고 T_{ON-OFF}와 E_{ON-OFF}는 OFF 상태로 상태 변경 시에 시간과 에너지 소모 오버헤드이다. 비슷하게 T_{OFF-ON}과 E_{OFF-ON}은 ON 상태로 변경 시에 시간과 에너지 소모 오버헤드이다. 그림 6.8에 이에 대한 간단한 예제가 있다. 예측 셧다운 기법에서 PM은 곧 다가올 시간 구간

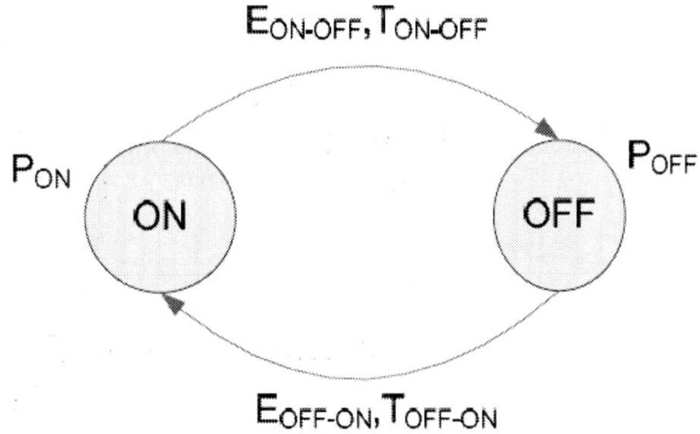

그림 6.7 두 가지 상태의 PSM

동안 시스템이 OFF 상태($T_{OFF}[i]$)일지를 현재의 활성 기간($T_{ON}[i]$)과 이전의 활성 기간 $T_{ON}[j]$와 OFF 기간 $T_{OFF}[j]$ $(j=i-1,\ i-2,\ \cdots,\ 1)$의 정보에 기반을 두어 예측한다. 만약 $T_{OFF}[i] \geq T_{BE}$일 때에 ON에서 OFF 상태로 변경하는 정책을 사용한다. 그리고 새롭게 처리될 데이터가 요청되면 그 즉시 OFF에서 ON 상태로 깨어난다.

[17]에서 저자는 $T_{OFF}[i]$를 예측하기 위한 두 가지 다른 방법을 제안하였다. 첫 번째 방법은 $T_{OFF}[i-1]$과 $T_{ON}[i]$로부터 회귀 분석(regression analysis)을 사용하여 $T_{OFF}[i]$를 계산하고 예측한다. 여기서 $T_{OFF}[i-1]$은 프로세서가 (i-1)번째 OFF 상태에서 실제로 있었던 시간이다. 저자의 두 번째 방법은 프로세서가 OFF 상태에서 오랜 시간 있고, ON 상태에서는 짧은 시간만 있다는 것을 관찰한 결과를 사용한 방법이다. 그러므로 현재의 ON 상태의 기간에 기반하여 단순한 법칙을 만들 수 있다. PM은 다음 OFF 기간이 손익 평형 시간보다 클지, 작을지만 예측한다. 즉, 프로세서의 현재 전력 상태를 유지할지 변경할지만 결정한다.

[2]에서는 [1]의 기법을 더욱 발전시켜서 곧 다가올 유휴 기간을 예측하기 위해서 이전 OFF 기간들의 지수 평균(exponential average)을 사용한다. 좀 더 정확히 예측값은

$$T_{off}^{est}[i] = aT_{off}^{act}[i-1] + a(1-a)T_{off}^{act}[i-2] + a(1-a)^2 T_{off}^{act}[i-3] + \cdots \\ + a(1-a)^{m-2} T_{off}^{act}[i-m+1] + (1-a)^m T_{off}^{act}[i-m]$$

의 수식으로 표현할 수 있으며, a는 $0 \leq a \leq 1$인 가중치 계수이다. 인자 a는 예측에서 최근과 이전의 과거값의 상대적 가중치를 조절한다. 만약 a=0이면, $T_{off}^{est}[i] =$

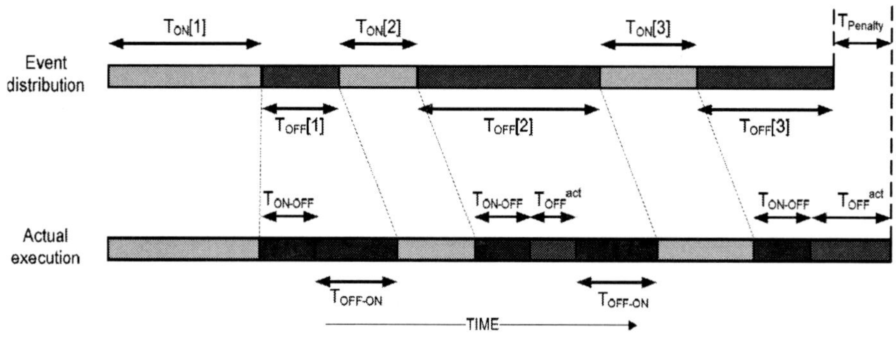

그림 6.8 간단한 알고리즘의 예시

$T_{off}^{act}[i-m]$이 되는데, 최근의 과거값이 예측에 영향을 주지 않는다는 것이다. 반대로 만약 a=1이면, $T_{off}^{est}[i]=T_{off}^{act}[i-1]$이 되는데, 바로 직전 값을 다음 유휴 기간으로 예측한다는 것이다. 그러나 일반적으로 가까운 과거의 값들로 구하게 된다. 예를 들어 $a=1/2$일 경우, $T_{off}^{act}[i-1]$은 1/2의 가중치를 갖는 반면 $T_{off}^{act}[i-3]$은 1/8의 가중치를 갖게 된다.

앞에서 언급한대로, PMC는 OFF 상태에서 ON 상태로 재개할 때, 원래의 시스템 상태로 복구하기 위해 T_{OFF-ON}이라는 지연시간을 가진다. 이 지연시간 페널티는 PMC의 성능에 크게 나쁜 영향을 준다. [2]에서는 다음 사건이 도착하기 전에 미리 기기를 깨워서 피해간다. 이 연구에서 시스템은 현재의 예측된 유휴 상태가 지나면 즉시 기기를 깨운다. 이제 예측된 유휴 기간이 긴 경우를 가정해 보자. 즉, $T_{off}^{est}[i]=T_{off}^{act}[i]+d$이며 $d>0$인 경우이다. $d\le T_{OFF-ON}$인 경우 시스템은 T_{OFF-ON} 후에 활성 상태로 돌아가며 이때 지연시간 페널티는 $T_{OFF-ON}-d$이다. 예측값이 낮은 경우도 생각해 볼 수 있다. 즉, $T_{off}^{est}[i]=t_{off}^{act}[i]-d$인 경우이다. 이때 시스템은 T_{OFF-ON} 후에 즉시 기기를 활성화시키며 다음 작업이 도착하자마자 즉시 수행한다. 결과적으로 사전 활성 정책은 더 짧은 지연시간 페널티를 가진다.

비정상(non-stationary) 작업을 다루기 위한 다른 적응형 예측 기법들도 제안되었다. Krishnsn의 일 [14]에서는 유휴 기간의 길이에 대한 예측 값들의 집합을 가진다. 추가적으로, 이전 예측값들이 얼마나 성공적으로 예측에 쓰였는지를 각 예측 값들에 지표로 표시해 놓는다. 그러고 나면 이 정책은 가능한 집합에서 가장 높은 지표값을 갖는 예측을 가지고 다음 유휴 기간의 길이를 예측한다. Helmbold에 의해 제안된 다른 정책[15] 또한 예측 후보군의 목록을 가지고 있다가 과거 요청에 대해 상대적으로 최적 OFF라인 전략과 가까운 것들과 비교하여 타임아웃 값의 가중치를 구한다. 실제 예측 값은 모든 후보 예측값들의 가중 평균으로 구한다. Douglis에 의해 소개된 다른 정책[11]은 오직 하나의 예측 값만 가지고 있지만, 적응적으로 값이 변한다. 특별히 이 정책은 예측값이 너무 많은 셧다운을 일으키면 예측 값을 증가시키며, 반대로 너무 적게 셧다운이 발생하면 예측 값을 감소시킨다.

작업 예측의 정확도는 예측하려는 작업의 특성에 맞추어 예측기를 설계함에 따라 증가할 수 있다. 응용 프로그램에 맞추어 특별 제작된 종류는 적용성의 범위에 제한을 받아서 일반적인 작업에 대해 적용하기가 힘들다. [7]에서 제안된 적응형 기술은 특별히 하드디스크 드라이브에 맞추어졌다. 이것은 세션별로 디스크 접근을 클러스터링한 관찰 결과를 가지고 예측을 한다. 세션은 비활성의 긴 구간으로 구분된 디스크 활성도가 상대적으로 높은 구간이다. 세션으로의 디스크 접근이 클러스터화 되었다는 가정 하에, 적응형 기법은 세션 길이를 예측하는 데에만 쓰인다. 하나의 인자의 예측은 쉽게 달성할 수 있으며 정확도 또한 높게 나타났다.

앞에서 언급한대로 수행할 작업이 없어서 기기가 전력을 차단할 기간을 알 수가 없다. 유휴 기간은 새로운 서비스 요청이 도착하면서 끝난다. s_0, ... , s_k로 표기된 전력 감소 상태와 이에 연관된 전력 소모 감소를 P_0, ..., P_k라 하자. 유휴 기간이 끝날 때 장치는 반드시 가장 높은 전력 상태 s_0로 돌아간다. 상태 s_i에서 s_j로 이동할 때의 변이 에너지를 e_{ij}라 하고 이때의 시간을 t_{ij}라 한다. 목표는 유휴기간 동안 소모되는 에너지를 최소화하는 것이다. 온라인 전력-차단 기술은 경쟁 비율(competitive ratio)로 정할 수 있다(비율이 1일 경우 최적 솔루션). 상태가 2개인 시스템에 대한 결정론적 2-경쟁 알고리즘이 있다. 이 알고리즘은 활성 상태에서 소모되는 전체 에너지가 상태 변화로 생기는 에너지와 같도록 서비스 제공자를 유지한다. 이 알고리즘은 최적 경쟁 모델로 인증되었다. 게다가 유휴 기간이 알고 있는 확률 분포로 발생되면 확률 기반 최적 경쟁 모듈 알고리즘은 $(e/(e-1))$-경쟁이 된다[16]. 몇몇 시스템들에 대해서 더 높은 전력 상태에서 낮은 전력 상태로 이동 시에 에너지와 시간이 무시할 수준으로 작은 경우가 있다. Irani 등은 이러한 시스템에서 최근의 과거값을 갖고 확률 분포를 배워나가는 효율적인 발견적(heuristic) 방법을 제시하였다[9].

6.2.3 확률적 기법(Stochastic method)

가장 공격적인 예측 전력 관리 정책은 유휴 상태가 발생하자마자 모든 PMC를 차단하는 것이다. 시스템이 작업 수행을 필요로 할 때마다 시스템은 먼저 "켜져야"하고 모든 기능 상태를 복구해야 한다. 위에 언급한 것처럼 비활성 상태와 기능 상태를 변경하는 것은 대기 시간과 에너지 오버헤드가 존재한다. 이러한 이유로 어떤 정책들은 전력 소모를 줄이지 못하고 성능만 감소시켜서 받아들일 수 없다. 발견적 전력 관리 정책은 실제로 유용하지만 최적화를 시키긴 어렵다는 것이 증명되었다. 반면에 마코프(Markov) 모델에 기반을 둔 확률 제어 방법은 효율적인 전력 관리 틀로 떠올랐다. 특별히, 확률적 PM 기술은 예측 기술을 넘어서는 몇 가지의 장점이 있다. 첫째로 시스템의 전체 관점을 포착할 수 있어서 다중 비활성 상태를 활용하여 전역 최적값을 찾을 수 있다. 둘째로 다항 시간(polynomial time) 동안에 성능을 고려한 전력 최적화 문제의 정확한 해답을 찾을 수 있다는 점이다. 셋째로 여러 다양한 정책들을 활용할 수 있다. 그러나 확률적 DPM 기술을 활용할지 말지를 결정할 때에는 반드시 고려해야 할 몇 가지 사항들이 있다. 첫 번째는 정책에 의해 구해지는 성능과 전력은 기댓값이며 결과가 특정 작업에 대해서 항상 최적값을 보장하지 않는다는 것이다. 두 번째로 정책 최적화는 서비스 제공자(Service Provider, SP)와 서비스 요청자(Service Requestor, SR)의 선험적인 마코프 모델을 필요로 한다. 마지막으로 SR이나 SP에 대한 마코프 모델은 훨씬 더 복잡한 확률적 과정의 근사치일 수 있다는 점이다. 만약에 모델이 정확하지 않다면 "최적의" 정책은 근사화된 해답이다. 하지만 작업들은 고유의 불확실성을 가지고 있기 때문에 미래 사건에 대한 정확한 예측은 불가능하다.

6.3 동적 전압/주파수 조절 기법(Dynamic Voltage/Frequency Scaling)

동적 전압/주파수 조절 기법(DVFS)[17]은 VLSI의 에너지 소모 최적화를 위한 가장 효율적인 설계 기술 중 하나이다. CMOS 회로에서 에너지 소모는 공급 전압의 제곱에 비례하기 때문에 공급 전압을 낮추는 것은 에너지 소모를 크게 줄일 수 있다. 주어진 응용 프로그램이 VLSI 시스템의 최대 성능을 요구하지 않을 때에 clock 속도와 그것에 관련된 공급 전압을 응용 프로그램이 요구하는 성능에 맞게 동적으로 낮추어서 성능 하락은 막으면서 에너지를 줄이는 기법이다. 이것이 DVFS 기법의 주요 아이디어이다.

예를 들어, 50MHz의 clock 속도와 5.0V의 공급 전압을 갖는 프로세서에서 데드라인이 25ms인 작업이 수행된다고 하자. 만약 태스크가 작업 수행을 위해 5×10^5 사이클이 필요하다고 하면, 프로세서는 10ms 동안에 작업을 끝내고 15ms 동안 유휴 상태에 있게 된다. 이때 이 유휴 상태를 slack이라고 정의한다. 여기서 만약 clock 속도와 공급 전압을 각각 20MHz와 2.0V로 낮춘다면 이 작업은 25ms에 맞추어서 끝날 것이며 결과적으로 84%의 에너지를 절약할 수 있다.

공급 전압을 낮추고 또한 최대 clock 스피드를 낮추는 것은 다양한 DVFS 알고리즘의 개발을 촉진시켰다. DVFS 알고리즘의 목표는 작업의 시간 제약조건을 만족하면서도 동적으로 공급 전압과 clock 스피드를 가능한 가장 낮은 수준으로 낮추는 것이다. 실시간 시스템에서 시간 제약조건은 반드시 엄격하게 만족되어야 한다.

그림 6.9는 DVFS 기법의 분류이다. 어떤 것을 기준으로 삼는지에 따라 여러 가지의 분류가 가능하다. 본 장에서는 이러한 시스템에서 전압의 설정 단위에 따라 두 종류의 전압 스케쥴링 알고리즘으로 구분된다. 내부작업 DVFS(intratask DVFS)와 상호작업 DVFS(intertask DVFS)이다. 내부작업 DVFS 알고리즘[18, 19]은 개별 작업

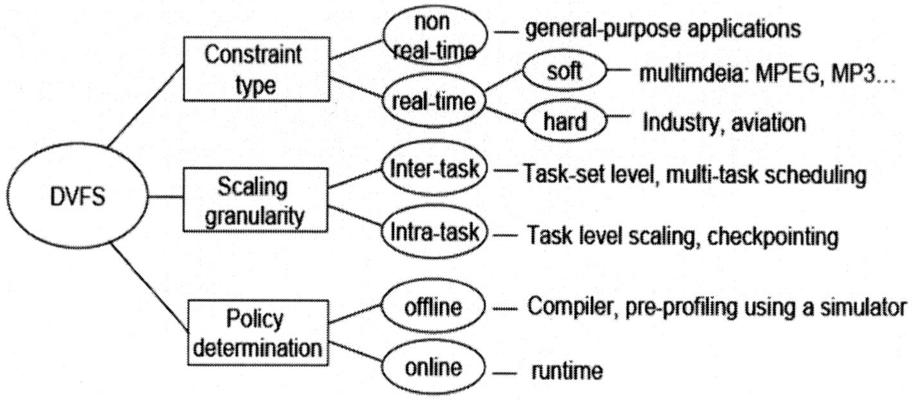

그림 6.9 DVFS 기법의 분류

의 경계 안에서 전압을 조절하는 반면에 상호작업 DVFS 알고리즘은 개별 작업에서 다른 작업으로 넘어갈 때 전압을 결정한다. 두 방식의 주요 차이점은 현재의 작업에 대한 슬랙을 사용할지 혹은 다음에 수행될 작업의 슬랙을 활용할지에 대한 것이다. 상호작업 DVFS 알고리즘은 슬랙을 현재의 작업과 다음에 수행될 작업에 분배하는 반면 내부작업 DVFS 알고리즘은 현재 작업의 슬랙은 오로지 현재의 작업을 위해서만 쓰여진다.

DVFS 알고리즘의 효용성은 슬랙 식별과 슬랙 분배의 작업에 크게 의존적이다. 슬랙 식별 단계의 목표는 가능한 한 빨리 유휴 기간을 식별하는 것이다. 이렇게 식별된 슬랙은 공급 전압을 줄여서 에너지 최소화를 가능하게 한다. 기존의 대부분의 기술들이 실시간으로 동적으로 변하는 작업량의 특성을 미리 알기 위한 일을 했다. 슬랙 분배 단계의 목표는 이후 수행될 코드나 작업에 적절하게 슬랙을 분배하는 일이다. 미래의 작업 수행 행동에 따라 적절히 슬랙을 분배하는 일이 어렵기 때문에, 최적 분배 문제는 도전해볼 문제이다. 기존의 DVFS 알고리즘은 이 두 단계를 어떻게 하느냐에 따라 많은 연구가 되어왔다.

그림 6.10은 DPM과 DVFS의 차이점을 보여준다. 데드라인 d_t에 대해서 DPM은 일을 수행하고 전원을 차단하는 반면, DVFS는 전압과 주파수를 줄여서 d_t 시간 안에 일이 끝나도록 한다. 그림 6.11의 하드웨어로 DVFS를 구현한다.

6.3.1 에너지와 지연시간의 관계

현대의 마이크로프로세서는 CMOS 회로로 구현된다. 에너지와 성능의 상호 교환

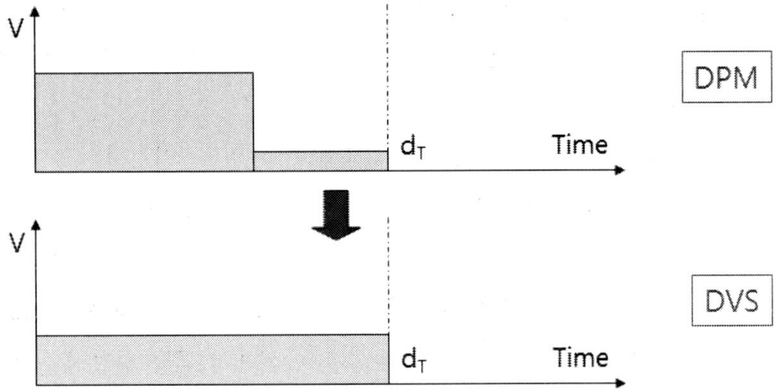

그림 6.10 DPM과 DVFS

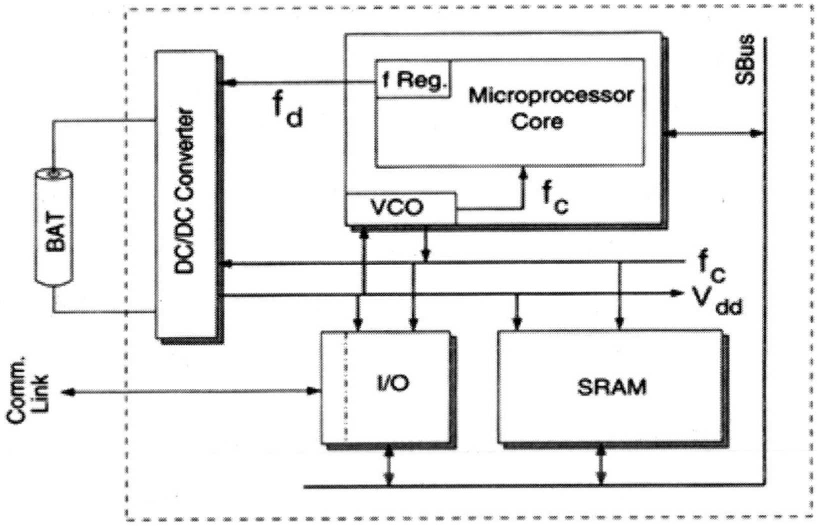

그림 6.11 HW for DVFS

관계를 실험하기 위해서 먼저 CMOS 회로의 물리적 특성, 특히 에너지 소모와 회로 지연시간에 대해서 설명한다.

CMOS 회로에서 소모되는 전력 P_{CMOS}는 두 가지 형태로 구분할 수 있는데, 앞 장에서 설명한 대로 정전 전력 소모 P_{static}과 동적 전력 소모 $P_{dynamic}$이다. 이상적인 경우 CMOS 회로는 정적 전력이 소모되지 않지만 항상 누설 전류가 흐르기 때문에 정적 전력 소모가 생긴다. 과거에는 이것이 큰 문제가 되지 않았으나 65nm 이하의 공정으로 점점 세밀해지면서 비중이 점차 커지고 있다. 하지만 여기서는 현재 VLSI 시스템의 가장 큰 전력 소모처인 동적 전력 소모에 대해서만 알아본다.

CMOS 회로의 동적 전력 소모는 축전기가 충전되거나 방전될 때 발생하며 이때의 식은 $P_{dynamic} = \alpha C_L V_{dd}^2 f_{clk}$로 표현할 수 있다. 여기서 α는 스위칭 활성도이며 C_L은 부하 축전 용량이며 V_{dd}는 공급 전압, f_{clk}는 clock 주파수이다. 동적 전력 소모 측면만 본다면, 시간 간격 [0, T]에서 에너지 소모는 $E = \int_0^t P(t)dt \propto V_{dd}^2 f_{clk} T = V_{dd}^2 N_{cycle}$로 표현할 수 있다. 여기서 $P(t)$는 t에서의 전력 소모이며 N_{cycle}은 구간 [0, T]에서의 clock 사이클 수이다. 이 식에서 공급 전압 V_{dd}를 낮춤으로써 에너지 절약이 상당하다는 것을 알 수 있다. 공급 전압을 절반으로 낮추면 에너지 소모는 1/4로 낮아지는 것이다.

불행하게도 공급 전압은 그냥 낮출 수 없다. 회로의 최대 동작 주파수와 관련있는 지연시간 t_{delay}은 공급 전압에 의해 결정되며 그 식은 아래와 같다[20].

$$\frac{1}{f_{clk}} \propto t_{delay} \propto \frac{V_{dd}}{(V_{dd} - V_{th})^{\gamma}}$$

여기서 V_{th}는 문턱 전압이며 γ는 속도 포화 지수($1.3 \le \gamma \le 2$)이다. V_{th}가 충분히 작다고 가정하면 clock 주파수와 공급 전압은 $f_{clk} \propto V_{dd}^{(\gamma-1)}$로 주어진다. 따라서 clock 주파수는 공급 전압에 따라서 변하게 된다. 결과적으로 공급 전압을 줄이는 것은 에너지 절약을 가져오지만 성능 저하도 함께 생긴다.

6.3.2 부분-기반 DVFS(Segment-based DVFS)

부분-기반 내부작업 DVFS 기술은 작업을 몇 개의 부분으로 쪼갠 후 연속적으로 수행될 작업으로 고려한다[21]. 이 알고리즘은 다음으로 요약할 수 있다.

작업을 N개의 부분으로 나눈 후에 다음의 인자들을 정적 분석[22] 혹은 직접 측정해서 구한다. 전체 작업과 각 i번째 부분에 대한 최악 경우의 수행 사이클(worst-case execution cycles, WCEC)을 각각 C_{WC}와 C_{WC}^i로 놓고, i번째 부분의 남은 WCEC를 C_{RW}^i라 한다. 추가적으로 다음의 인자들도 정의한다. D는 전체 작업의 데드라인이며 f_{ref}는 C_{WC}가 데드라인 D전에 끝나기 위한 clock 속도로 $f_{ref} = C_{WC}/D$로 구한다. T_{WC}^i는 i번째 부분이 클록 주파수 f_{ref}로 동작할 때의 최악 경우의 수행 시간(Worst-Case Execution Time, WCET)을 나타내며 $T_{WC}^i = C_{WC}^i / f_{ref}$

이다. T_{RW}^{i}는 clock 주파수 f_{ref}로 동작할 때의 i번째의 남은 WCET이며, $T_{RW}^{i} = C_{RW}^{i}/f_{ref}$로 구할 수 있다.

i번째의 부분을 수행하기 전에 슬랙 T_{slack}은 $D - T_{ACC}^{i} - T_{RW}^{i}$로 정의되며, 여기서 T_{ACC}^{i}는 첫 번째 부분부터 (i-1)번째 부분까지의 수행 시간의 합이다. 목표로 하는 목적 clock 주파수 f_{tar}는 슬랙 T_{slack}로부터 계산할 수 있다.

그림 6.12는 동작 주파수가 결정되는 과정을 보여준다. 두 번째 부분의 수행이 막 완료되었다고 가정하자. T_{slack}를 제외한 나머지 인자들은 컴파일 시에 결정되며 T_{slack}은 수행 중에 결정된다. 위의 기술을 사용하면, 각 부분들은 이전에 수행된 부분으로부터 생성된 슬랙을 활용할 수 있다.

주어진 식별화된 슬랙의 바로 다음 이어지는 부분이 주어졌다. 목적 clock 주파수 f_{tar}는 다음의 식으로 정의된다.

$$f_{tar} = \frac{C_{WC}^{i}}{T_{slack} + T_{WC}^{i}}$$

여기서 슬랙을 모든 남아있는 부분에 분배한다.

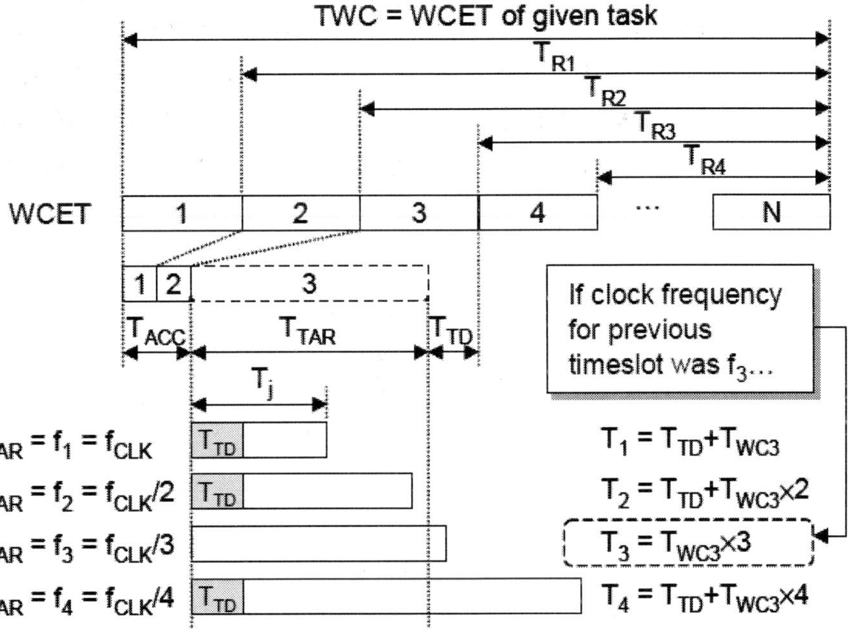

그림 6.12 동작 주파수의 결정

$$f_{tar} = \frac{C_{RW}^{i}}{T_{slack} + t_{RW}^{i}}$$

여기서 다시 예측된 미래의 슬랙과 식별화된 슬랙을 함께 합치면,

$$f_{tar} = \frac{C_{WC}^{i}}{T_{slack} T_{WC}^{i} + \Sigma_{j=i+1}^{N} (T_{WC}^{j} - T_{AC}^{j})}$$

로 쓸 수 있으며 T_{AC}^{j}는 clock 주파수 f_{ref}에서 j번째 부분의 평균 수행 시간이다.

부분 기반 내부작업 DVFS의 가장 큰 문제는 응용 프로그램을 어떻게 부분으로 나눌 것인가에 대한 문제이다.

6.3.3 경로-기반 DVFS(Path-based DVFS)

어떤 특정 프로그램 포인트에서 두 가지 종류의 슬랙이 정의된다. 백워드 슬랙과 포워드 슬랙이다. 백워드 슬랙은 수행되는 프로그램 부분이 빨리 완료되는 바람에 생긴 슬랙이며 포워드 슬랙은 예측했던 남은 작업량의 변화로 생기는 슬랙이다. 부분-기반 내부작업 DVFS가 백워드 슬랙을 활용하였다면 경로-기반 내부작업 DVFS는 포워드 슬랙을 활용하는 기법이다.

데드라인이 $2\mu s$ 인 그림 6.13의 예제 코드를 생각해보자. 이 코드에 대한 제어 흐름 그래프(control flow graph, CFG)가 그림 6.14에 표시되어 있다. 이 그래프에서 node는 프로그램 블록을 나타내며 각 선들은 기본 블록들 사이의 제어 종속관계를 나타낸다. 각 node의 숫자들은 연관된 기본 블록의 수행 사이클의 수를 나타낸다. b_5

```
S1;
if (cond1) S2;
else
   while (cond2) {
         S3;
         if (cond3) S4;
         S5;
   }
if (cond4) S6;
S7;
```

그림 6.13 경로-기반 DVFS 기법 예제 코드

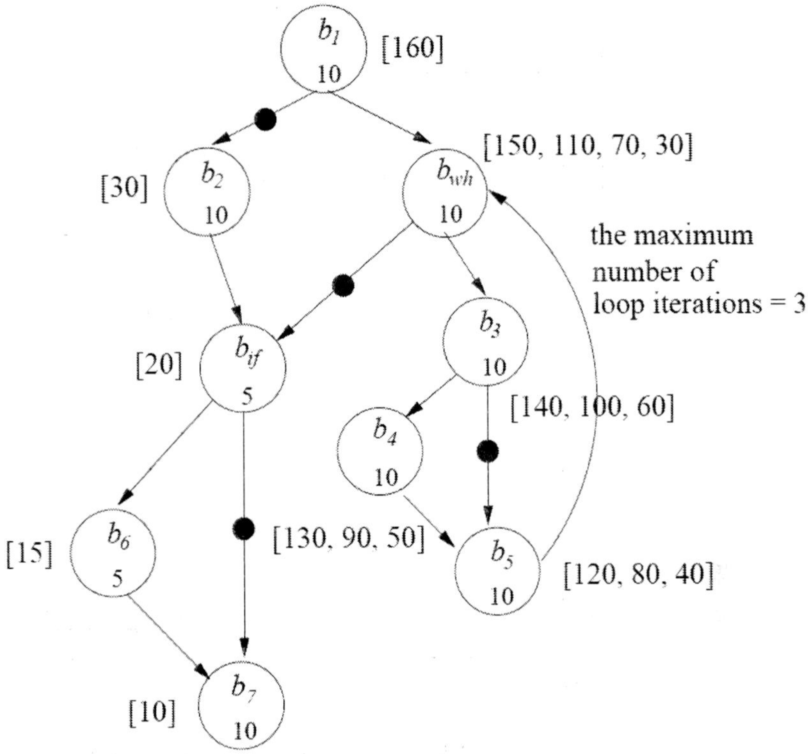

그림 6.14 제어 흐름 그래프

에서 b_{wh}로 가는 선은 프로그램의 while 문을 나타낸다. 이 프로그램의 WCEC는 2×10^8 사이클이다.

경로-기반 DVFS [18]는 clock 속도를 제어 흐름에 의지하여 조절한다.

예를 들어 수행 경로에 대한 프로그램의 제어 흐름이 그림 6.14에서 $\pi = (b_1, b_2, b_{if}, b_6, b_7)$이라면 처음엔 WCEP로 계산하여 160 사이클이 필요하다. 하지만 b_1에서 b_2로 넘어갈 때에 WCEP를 보면 30 사이클만 필요하기 때문에, 계속 높은 주파수로 수행할 필요가 없으며 즉시 전압을 낮추어도 된다. 그림 6.15와 그림 6.16은 이러한 결과를 그래프로 보여준다. 그림 6.15에서는 최대 동작 전압과 주파수로 수행해서 데드라인 훨씬 전에 일을 끝냈으며, 유휴시간이 한참이나 생긴다. 하지만 위의 기법을 쓰면 b_1을 수행한 후 즉시 전압과 주파수를 낮추어서 정해진 데드라인에 맞게 일을 마칠 수 있다. 이 예시에서 에너지 소모를 무려 69%나 줄일 수 있다.

이러한 기법을 RWEC(Remaining Worst-case Execution Cycles) 기법이라 한다.

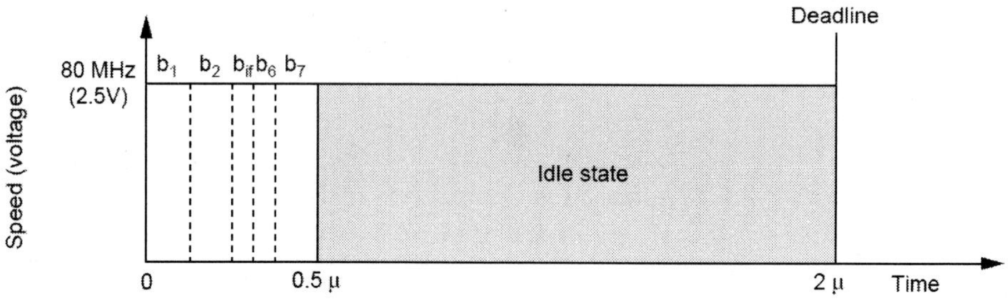

그림 6.15 전력 관리를 하지 않은 예시

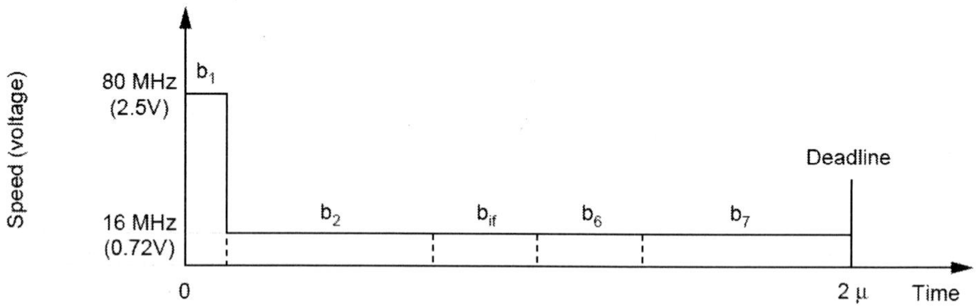

그림 6.16 RWEC 방법을 사용한 예시

최악의 경우를 가정하고 남아 있는 사이클의 수를 계산하여 일을 수행한다. 그림 6.17과 그림 6.18은 같은 수행 경로에서 속도 스케줄링의 효과를 보여준다. RWEC 기법은 두 가지 장점을 제공한다. 첫 번째로는 슬랙을 제거하여 에너지 효율을 높였다는 점이고, 두 번째는 스케줄된 프로그램은 항상 시간 제약조건의 만족을 보장한다는 점이다.

하지만 보통 프로그램은 항상 최악의 경우로만 수행되지 않는다. 평균적으로 수행 빈도가 높은 경로가 존재한다. 이러한 문제점을 해결한 방법이 RAEC(Remaining Average-case Execution Cycles) 기법[23]이다. RWEC의 예시와 똑같은 프로그램 코드에 대한 RAEC 기반의 제어 흐름 그래프가 그림 6.19에 표시되어 있다. RWEC는 최악의 경우를 가정하였기에 전압과 주파수를 낮추는 경우만 존재하였지만 RAEC는 평균적인 경우를 가정하기 때문에 전압과 주파수를 높이는 경우가 생길 수 있고 그림에서 선의 하얀색 원으로 표시되어 있다.

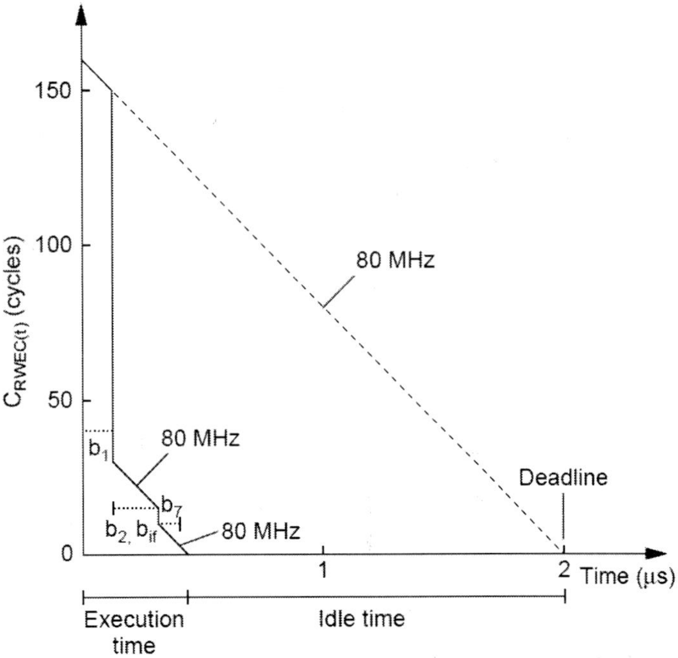

그림 6.17 DVFS를 사용하지 않았을 때 남은 사이클

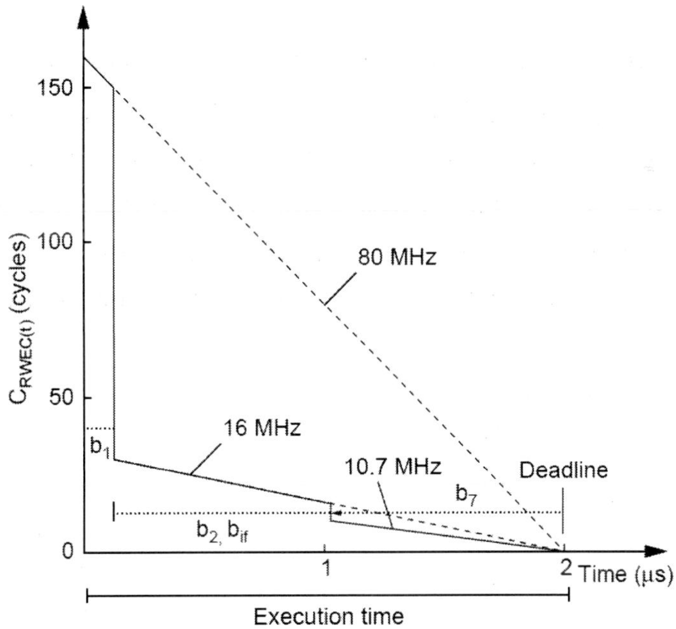

그림 6.18 RWEC 방법을 사용하였을 때의 남은 사이클

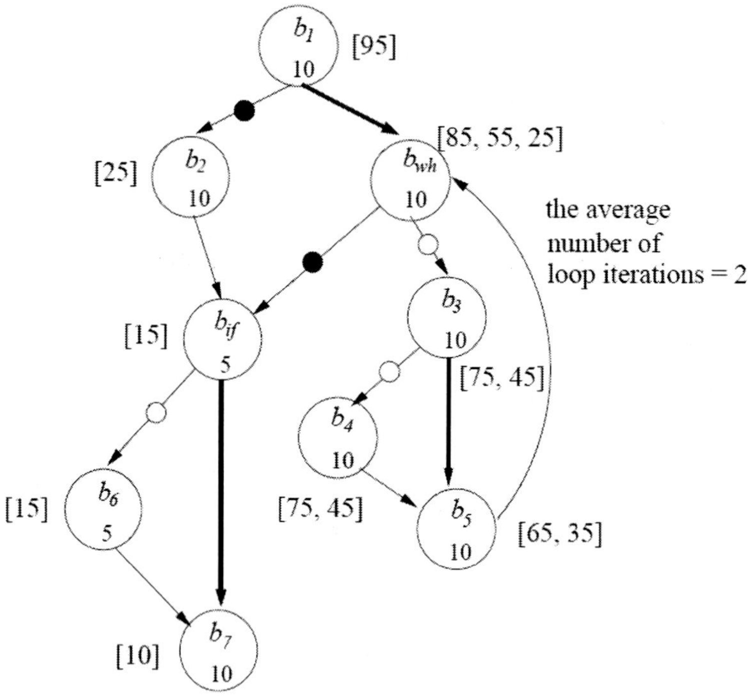

그림 6.19 RAEC 기반의 제어 흐름 그래프

평균을 가정하기 때문에 남은 수행 사이클에 대한 정보도 바뀌었다. 그림 6.20은 RAEC를 사용하였을 때의 전압과 속도 변화를 보여준다. 이 방법을 사용하였을 경우, 전력 소모 절감에 대한 실험 결과가 그림 6.21이다. MPEG-4 복호기에 이를 적용하였을 때 기존 방법보다 34% 에너지 소모가 줄어드는 것을 실험으로 보였다.

ROEC(Remaining Optimal-case Execution Cycle)[24]는 RWEC와 RAEC의 방법에서 발전하여 가상의 경로를 설정하고 이를 토대로 전압/주파수를 조절한다. 그림

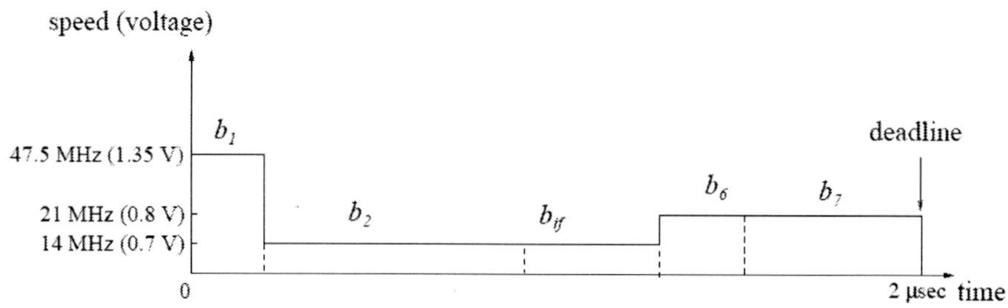

그림 6.20 RAEC 기반 DVFS 기법의 전압과 속도 변화

6.22는 경로 기반 DVFS 기법들의 간단한 예시이다.

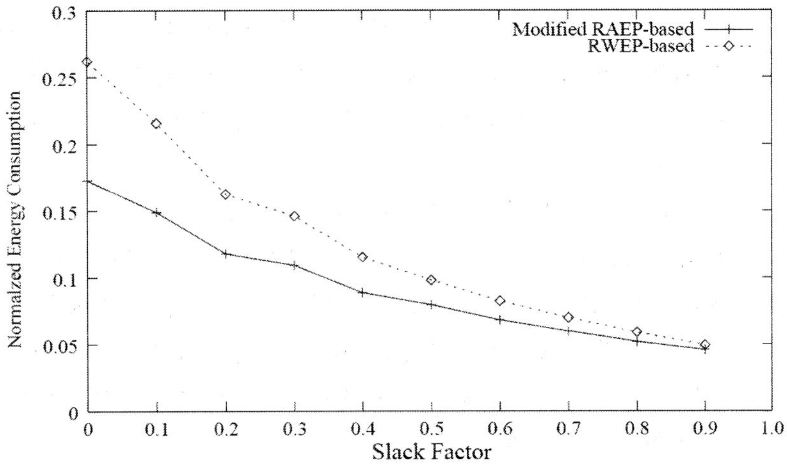

그림 6.21 RWEC 기법과 RAEC 기법의 정규화된 에너지 소모 비교

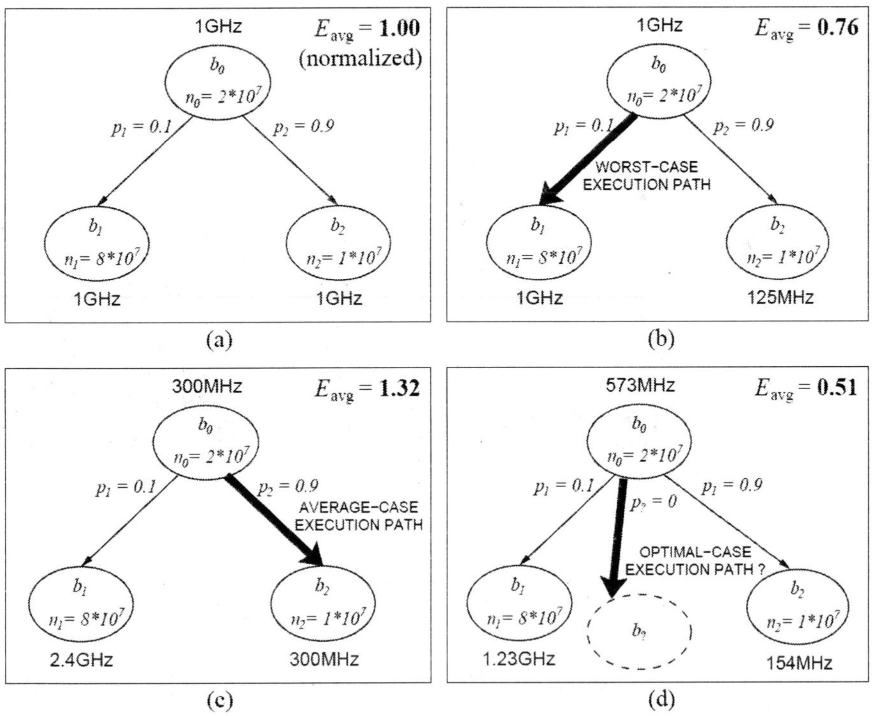

그림 6.22 (a) DVFS 적용 안함 (b) RWEC 방법 적용 (c) RAEC 방법 적용 (d) ROEC 방법 적용

6.3.4 선형 모델(Linear model)

MPEG 동영상을 복호화할 때에 DVFS를 적용해 본다고 생각하자. 동영상은 DVFS를 적용하기 좋은 응용 프로그램이다. 왜냐하면 동영상은 예를 들어 1초에 30fps를 복호해야 할 경우 33ms 안에 하나의 영상을 복호해야 한다. 주기적으로 처리되어야 하고 데드라인이 명확하며 각 영상마다 처리 시간도 다르기 때문에 DVFS를 적용하기 좋다.

그림 6.23은 동영상을 재생할 때에 시간 순서대로 프레임의 형식과 복호 시간을 나타낸 도표이다. 매우 심하게 처리 시간이 바뀌는 것을 볼 수 있다. 이 상태로 다음 프레임의 복호 시간을 예측하기가 매우 힘들다. 이를 복호해야 하는 프레임의 크기와 그 프레임의 복호 시간의 관계를 나타낸 것이 그림 6.24이다. 이를 보면 프레임의 크기만 가지고도 어느 정도 예측이 정확히 이루어질 것을 알 수 있다. R^2값에 의한 예측 정확도는 0.97 이상이다.

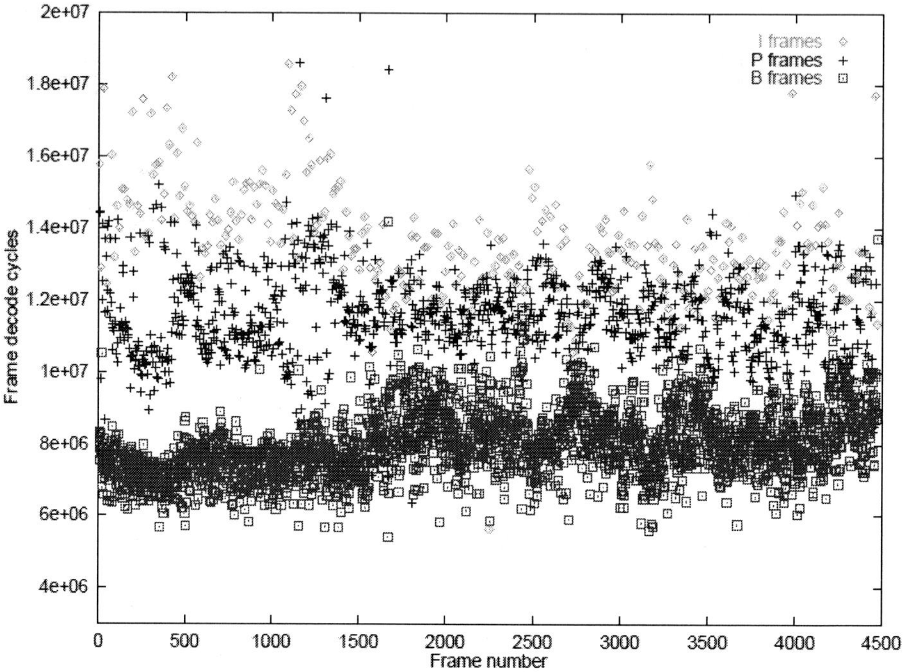

그림 6.23 프레임 형식에 의해 구분된 프레임 복호 시간[25]

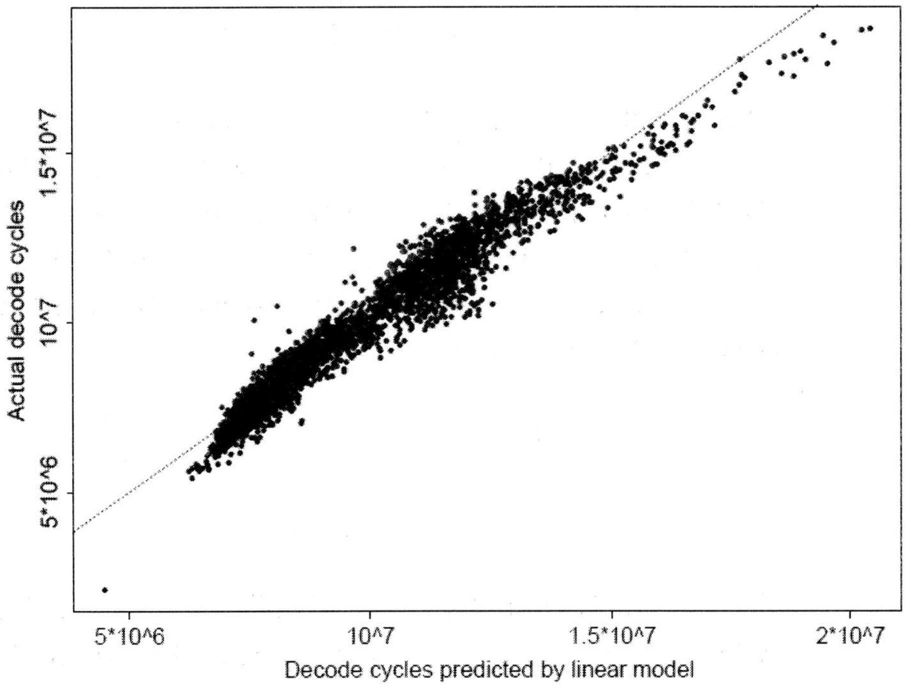

그림 6.24 프레임 크기와 복호 시간의 관계

6.3.5 필터 기반 DVFS(Filter-based DVFS)

미래를 예측하기 위해서는 적응형 필터를 사용할 수 있다. 필터는 과거의 값을 바탕으로 여러 인자들을 계산하여 다음 작업을 예측한다. 필터에는 여러 종류가 있다.

이동평균 기법(Moving Average, MA)은 시불변 환경에서 가장 간단한 필터이다. 이 필터는 다음 작업에 대한 예측을 이전 N개의 작업의 평균으로 예측한다. 그러나 이 기법은 너무 단순해서 시간에 따라 변하는 작업 환경에서는 잘 동작하지 않을 수 있다.

$$w_p[n+1] = \sum_{k=0}^{N-1} \frac{1}{N} w[n-k]$$

가중 이동 평균(Weighted MA, WMA)[26]은 이동 평균 기법과 매우 흡사하지만, 다음 작업은 바로 이전의 작업에 더 많은 영향을 받고 시간이 좀 더 지난 작업에 대해서는 영향이 적을 것이라는 가정에서 출발했다. 이 아이디어는 유휴 시간을 예측하여 전원을 차단하는 DPM에서도 많이 사용되었다. 예측을 위한 수식은 다음과 같다.

$$w_p[n+1] = \sum_{k=0}^{N-1} \alpha^{-k} w[n-k]$$

PID 제어 기술은 예측에서 에러를 수정하면서 예측하는 널리 쓰이는 방법이다. 기본적으로 피드백 제어기의 형태를 가지고 있다. 대상의 출력값을 측정하고 이를 설정값과 비교하여 오차를 계산하고, 이 오차를 이용하여 제어값을 계산한다. $\overline{\omega}_i$를 측정 변수라 하고 ω_i를 설정값이라 하자. 주기적으로 PID 제어기에 의해 측정되는 에러는 $\epsilon(t) = \omega_i - \overline{\omega}_i$로 쓸 수 있으며 여기서 t는 i번째 프레임의 시간이다. PID 제어기는 다음의 수식으로 나타낼 수 있다.

$$\Delta\overline{\omega}_i = K_p \cdot \epsilon(t) + \frac{1}{I} \cdot \sum_{T_I} \epsilon(t) + D \cdot \frac{\epsilon(t) - \epsilon(t - T_D)}{T_D}$$

$$\overline{\omega}_{i+1} = \overline{\omega}_i + \Delta\overline{\omega}_i$$

여기서 K_p, I, D는 각각 비례, 적분, 미분 인자이다. 이를 이용한 연구[27]에서 꽤 정확한 예측을 할 수 있었다. 하지만 이 방법은 비례, 적분, 미분 인자를 어떻게 설정하느냐에 따라서 예측 정확도가 크게 차이가 난다. 그림 6.25는 적분, 미분 인자는 그대로 두고, 비례 인자를 변경했을 때의 예측 추세에 대한 그래프이다. (a)는 실제 처리 시간에 비해서 그 지연시간을 두고 예측한 반면 (b)에서는 오차가 있긴 하지만 실제 값과 비슷한 추세를 보이는 것을 볼 수 있다.

Kalman 필터를 적용한 연구[28]도 있다. 이 연구는 KF를 멀티미디어 복호 환경에 맞추어 재설계하였으며, 이를 토대로 평균적으로 전력 소모를 57.5%나 절감하였으며, 예측 실패로 데드라인을 넘겨 프레임을 복호 도중 버려야 할 비율을 6.1%로 만들었다.

하지만 KF를 이용한 예측은 피드백을 통해 인자들을 수정하기 때문에 다음 예측 결과가 실제값과 위상 차이가 나는 문제가 생긴다. 그림 6.26은 이것을 나타낸다. 반면 선형 모델로 예측을 진행하면 위상은 맞지만 예측값의 크기에 대해 오류가 발생한다. 이것이 그림 6.27에 보인다. 두 가지 문제를 해결하기 위해 Particle 필터를 이용한 연구[29]가 진행되었다. PF를 적용하여 동영상을 예측하였을 때에 예측 정확도는 평균적으로 MPEG의 경우엔 99.55%였으며 조금 더 변화가 심한 H.264의 경우엔 92.77%로 타 기법에 비해 매우 높은 정확도를 보여주었다. 이러한 예측 정확도에 힘입어 전력 소모도 최대의 효율을 달성하였다.

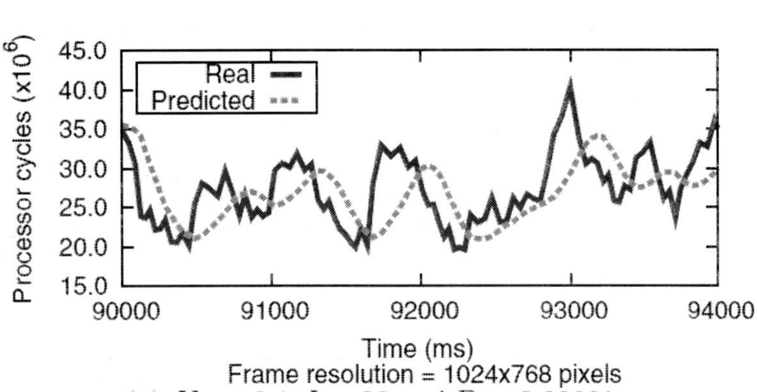

(a) $K_p = 0.1, I = 28$, and $D = 0.00001$.

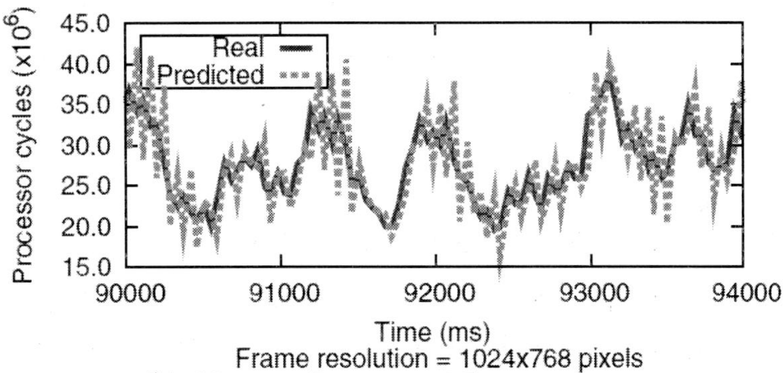

(b) $K_p = 1, I = 28$, and $D = 0.00001$.

그림 6.25 작업량 예측에서 K_p의 영향

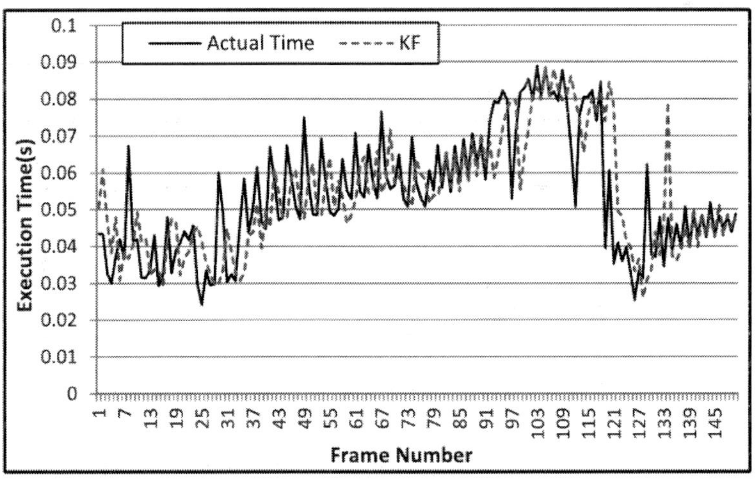

그림 6.26 실제 복호 시간과 KF를 이용한 예측과의 위상 차이

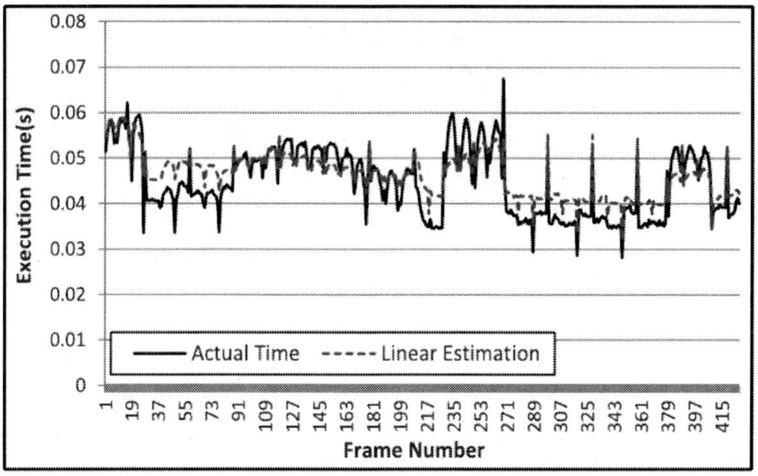

그림 6.27 선형 모델의 예측

6.3.6 통계 기반 DVFS(Stochastic DVFS)

이 기법은 처음에는 낮은 속도로 일을 시작하고 마감시간을 넘어설 것 같으면 필요에 의해서 좀 더 속도를 올리도록 하고, 추가로 여유가 생기면 속도를 낮추는 것을 기본 아이디어로 삼았다. 이론적으로 작업의 수행시간에 관한 확률 밀도 함수(Probability Density Function, PDF)를 미리 알고 있다면, 최적의 속도를 계산해낼 수 있다. 이러한 통계 기반 기법에서 어떤 수행 경로에 상관없이 특정 시간에서 속도를 올릴 수 있다.

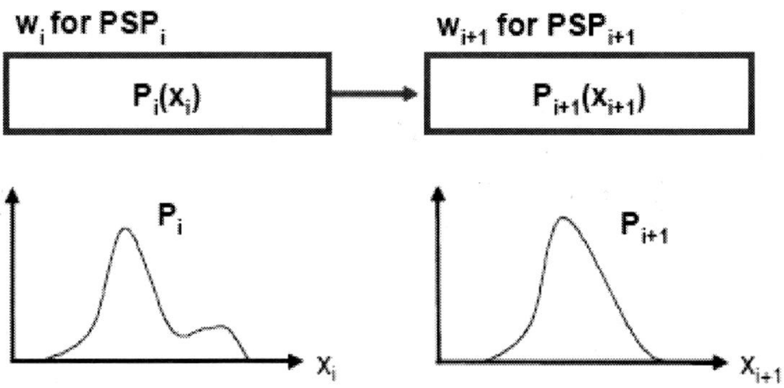

그림 6.28 실시간 분배를 이용한 두 개의 성능 지역

참고문헌

[1] M. Srivastava, A. Chandrakasan, and R. Brodersen, "Predictive System Shutdown and Other Architectural Techniques for Energy Efficient Programmable Computation", IEEE Trans. VLSI Systems, vol. 4, pp. 42-55, 1996

[2] C.-H. Hwang and A. Wu, "A Predictive System Shutdown Method for Energy Saving of Event-driven Computation", in *Proceedings of International Conference on Computer-Aided Design*, pp. 28-32, 1997.

[3] L. Benini, G. Paleologo, A. Bogliolo, and G. De Micheli, "Policy Optimization for Dynamci Power Management", *IEEE Trans. Computer-Aided Design of Integrated Circuits and Systems*, vol. 18, pp. 813-833, 1999.

[4] Q. Qiu, Q. Wu, and M. Pedram, "Stochastic Modeling of a Power-managed System-construction and Optimization", *IEEE Trans. on Computer-Aided Design of Integrated Circuits and Systems*, vol. 20, pp. 1200-1217, 2001.

[5] T. Simunic, L. Benini, P. Glynn, and G. De Micheli, "Event-Driven Power Management", *IEEE Trans. on Computer-Aided Design of Integrated Circuits and Systems*, vol. 20, pp. 840-857, 2001.

[6] E.-Y. Chung, L. Benini, and G. De Micheli, "Dynamic Power Management using Adaptive Learning Trees", in *Proceedings of International Conference on Computer-Aided Design*, 1999.

[7] Y. Lu and G. De Micheli, "Adaptive Hard Disk Power Management on Personal Computer", in *Proceedings of the Great Lakes Symposium on VLSI*, 1999.

[8] S. Irani, R. Gupta, and S. Shukla, "Competitive Analysis of Dynamic Power Management Strategies for Systems with Multiple Power Savings Ststes", in *Proceedings of Design, Automation and Test in Europe*, 2002.

[9] S. Irani, S. Shukla, and R. Gupta, "Online Strategies for Dynamic Power Managment in Systems with Multiple Power Savings States", *IEEE Trans. on Embedded Computing Systems*, 2003.

[10] Z. Ren, B. H. Krogh, and R. Marculescu, "Hierarchical Adaptive Dynamic Power Management", in *Proceedings of Design, Automation and Test in Europe*, 2004.

[11] F. Douglis, P. Krishnan, and B. Bershad, "Adaptive Disk Spin-down Policies for Mobile Computers", in *Proceedings of USENIX Symposium Mobile and Location-Independent Computing*, pp. 121-137, 1995.

[12] A. Karlin et al, "Competitive Randomized Algorithms for Non-Uniform Problems", in Algorithmica, vol. 11, no. 6, pp 542-571, 1994.

[13] D. Ramanathan and R. Gupta, "System Level On-Line Power Management Algorithm", in *Proceedings of Design Automation and Test in Europe*, pp. 606-611, 2000.

[14] P. Krishnsn, P. Long, and J. Vitter, "Adaptive Disk Spin-down via Optimal Rent-to-Buy in Probabilistic Environments", in *Proceedings of International Conference on*

Machine Learning, pp. 322-330, 1995.

[15] D. Helmbold, D. Long, and E. Sherrod, "Dynamic disk Spin-Down Technique for Mobile Computing", in *Proceedings of Conference on Mobile Computing*, pp. 130-142, 1996.

[16] A. Karlin, M. Manasse, L. McGeoch, and S. Owicki, "Randomized Competitive Algorithms for Non-uniform Problems", *ACM-SIAM Symposium on Discrete Algorithms*, pp. 301-309, 1990.

[17] T. D. Burd, T. A. pering, A. J. Stratakos, and R. W. Brodersen, "A Dynamic Voltage Scaled Microprocessor System", *IEEE Journal of Solid State Circuits*, vol. 35, no. 11, pp. 1571-1580, 2000.

[18] D. Shin, J. Kim, and S. Lee, "Intra-task Voltage Scheduling for Low-energy Hard Real-Time Applications", *IEEE Design and Test of Computers*, vol. 18, pp. 20-30, 2001.

[19] F. Gruian, "Hard Real-Time Scheduling using Stochastic Data and DVS Processors", in *Proceedings of International Symposium on Low Power Electronics and Design*, pp. 46-51, 2001.

[20] T. Sakurai and A. Newton, "Alpha-power Law MOSFET Model and Its Application to CMOS Inverter Delay and Other Formulators", *IEEE Journal of Solid State Circuits*, vol. 25, pp. 584-594, 1990.

[21] S. Lee and T. Sakurai, "Run-Time Voltage Hopping for Low-power Real-Time Systems", in *Proceedings of Design Automation Conference*, pp. 806-809, 2000.

[22] S.-S. Lim, Y. H. Bae, G. T. Jang, B.-D. Rhee, S. L. Min, C. Y. Park, H. Shin, K. Park, and C. S. Kim, "An Accurate Worst case Timing Analysis for RISC Processors", *IEEE Transactions on Software Engineering*, vol. 231, pp. 593-604, 1995.

[23] D. Shin and J. Kim, "Optimizaing Intra-Task Voltage Scheduling using Data Flow Analysis", in *Proceedings of Asia and South Pacific Design Automation Conference*, pp. 703-708, 2005.

[24] J. Seo, T. Kim, and K.-S.. Chung, "Profile-based Optimal Intra-task Voltage Scheduling for Hard Real-Time Applications", in *Proceedings of Design Automation Conference*, pp. 87-92, 2004.

[25] A. C. Bavier, A. B. Montz, and L. L. Peterson, "Prediction MPEG Execution Times", in *Proceedings of SIGMETRICS International Conference on Measurement and Modeling of Computer Systems*, pp. 131-140, 1998.

[26] A. Sinha and A. P. Chandrakasan, "Dynamic Voltage Scheduling Using Adaptive Filtering of Workload Traces", in *Proceedings of International Conference VLSI Design*, pp. 221-226, 2001.

[27] Y. Gu and S. Chakraborty, "Control Theory-based DVS for Interactive 3D Games", in *Proceedings of Design Automation Conference*, pp. 740-745, 2008.

[28] S.-Y. Bang, K. Bang, S. Yoon, E.-Y. Chung, "Run-Time Adaptive Workload Estimation for Dynamic Voltage Scaling", *IEEE Transactions on Computer-Aided Design of Integrated Circuits and Systems*, vol. 28, no. 9, pp. 1334-1347, 2009.

[29] J.-B. Lee, M.-J. Kim, S. Yoon, and E.-Y. Chung, "Application-support Particle Filter for Dynamic Voltage Scaling of Multimedia Applications", *IEEE Transactions on Computers*, vol. 61, no. 9, pp. 1256-1269, 2012.

제 7 장

테스트를 고려한 설계
(DFT : Design For Testability)

7.1 서론

7.1.1 DFT의 필요성

VLSI 설계기술 및 공정기술이 급격히 발전함에 따라 회로의 집적도와 복잡도가 크게 증가하고, 완성된 VLSI 시스템의 정상 동작을 판단하기 위한 테스트에 소요되는 비용 또한 증가한다. 이는 VLSI의 설계뿐만 아니라 정확한 동작을 보장하는 테스트 또한 중요한 요소가 된다. 테스트를 수행하는데 필요한 비용은 테스트 패턴의 생성, 고장 정보의 생성과 시뮬레이션, 테스트 장비 등에 의해 결정되며, 이러한 이유로 효율적인 비용의 테스트 방법이 필요하게 된다. 특히 ATPG(Automatic Test Pattern Generation)와 같은 방법은 순차회로로 구성된 복잡한 회로에서는 고장 정보 및 패턴 생성을 통한 테스트가 조합회로에 비해 어렵기 때문에 VLSI의 설계단계에서부터 테스트를 쉽게 할 수 있는 기법으로 DFT(Design for Testability)가 도입되었다. 회로를 효율적으로 테스트하기 위해서는 회로의 특성에 맞도록 여러 가지 DFT 방법이 사용되어야 하며, 이에 따른 성능저하 및 면적의 증가 등 부과되는 오버헤드를 최소화 할 수 있는 기법이 적용되어야 한다. 일반적으로 사용되는 DFT 방법에는 ad-hoc 설계와 구조적 설계로 나눌 수 있으며, 구조적 설계에는 스캔(scan), BIST(Built in Self Test), 경계 스캔(boundary scan)이 있고, 두 가지 접근 방식 외에 IEEE 표준인 P1500을 통한 SoC 테스트도 사용된다.

7.1.2 DFT의 효과

DFT는 테스트를 쉽게 하기 위해 주어진 회로를 변형시키거나 여분의 하드웨어를 첨가시키는 방식을 말한다. DFT를 적용하였을 때는 부수적으로 회로의 크기나 입출력 단자의 증가와 그에 따른 타이밍이나 전력 소비 측면에서 성능저하가 생길 수 있다. 하지만 복잡한 회로에서도 상대적으로 쉽게 높은 품질의 테스트가 가능하여 테스트 비용 및 테스트 시간 절감 등 DFT에 의한 이득이 매우 크다. 그래서 최근에 개발되는 시스템들은 DFT를 적극적으로 적용하고 있다.

그림 7.1과 같이 DFT를 적용하지 않을 시에는 칩에서 테스트를 위한 추가적인 면적이 필요하지 않지만 칩을 제작하는데 필요한 테스트 비용이 크게 발생한다. 그러나 DFT를 적용하면 테스트를 위한 비용은 줄어들지만 면적의 증가로 인해 칩의 제조비용은 증가하지만 전체적인 비용은 줄어든다. 비록 DFT의 면적을 크게 증가할수록 테스트 비용은 계속 감소하지만 그만큼 제조비용은 계속 증가하므로 사용하고자 하는

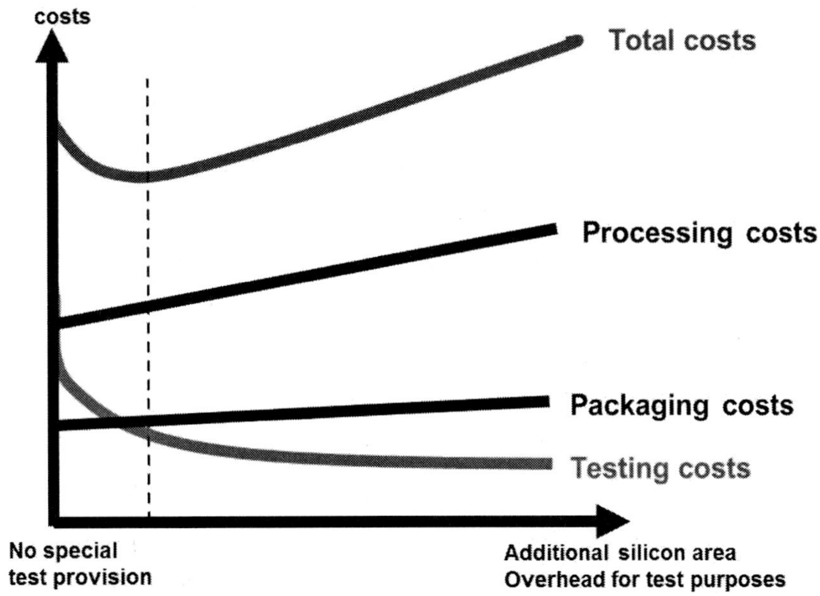

그림 7.1 DFT의 적용에 대한 면적과 비용의 상관관계

DFT의 적용에 따른 이득과 그에 따라 요구되는 오버헤드의 증가에 의한 손실간의 최적의 선택을 할 수 있도록 DFT를 적용할 때 많은 주의를 기울여야 한다.

7.1.3 DFT 적용 과정

DFT를 적용할 때에는 상용 DFT 툴을 일반적으로 사용하는데 Verilog 또는 VHDL로 작성한 넷리스트(netlist)의 DFT 규칙을 확인한다. DFT 규칙의 확인을 통해 넷리스트에 비동기 플립플롭(flip-flop), 래치(latch), tri-state component 등의 DFT에 적용하기 힘든 설계 관점에서의 위반 사항들에 대한 검사를 한다. DFT 규칙에 이상이 없으면 선택하고자 하는 DFT 방법을 넷리스트에 적용하고 다시 DFT 규칙을 확인한다. 이때 주의할 사항은 이미 설계한 넷리스트에 DFT를 적용하면 구조의 변경에 의해 회로의 테스트 모드가 아닌 정상(normal) 동작에 영향을 줄 수 있다. 그러므로 DFT를 적용한 후에는 반드시 타이밍 분석 등을 통해 회로의 정상적인 동작을 보장해 주어야 한다. DFT를 적용한 후에는 테스트를 위해 필요한 테스트 패턴을 생성해서 이 패턴들을 이용해 회로를 테스트한다.

7.2 Ad-hoc Design

DFT에서의 Ad-hoc 설계는 회로의 설계자의 결정에 의해 사용되며, 일반적인 설계에 항상 적용되는 방법이기 보다는 설계된 회로의 구조 및 특성에 따라 특수하게 적용되는 기법이다. Ad-hoc 설계 방법은 DFT의 구조적인 접근 방식에 비하여 적은 설계비용이 요구되고, 이는 조절 용이도(controllability), 관측 용이도(obsevability)로 설명할 수 있는 테스트 용이도(testability)를 향상시키는 것에 목적이 있다. 하지만 Ad-hoc 방법은 설계에 전문적인 지식이 필요하고 Ad-hoc 방법을 적용하기 위한 자동화된 툴이 충분하지 않은 상황에서 테스트를 위한 설계를 반복하면서 Ad-hoc 방법을 적용하여 최적점을 찾아야 하는 어려움이 있다. 그래서 Ad-hoc 방법은 충분한 경험을 통해 숙지할 수 있어야 하는데, Ad-hoc 방법을 이용한 설계를 위해서는 그림 7.2와 같이 회로와 회로 사이의 피드백 경로가 없어야 하고, 플립플롭을 초기화 시켜주는 구조가 필요하며, 여분의 게이트(gate)와 fan-in 게이트, 게이트 clock (clock)의 사용을 피해야 한다.

Ad-hoc 방법의 목적인 테스트 용이도와 조절 용이도, 관측 용이도는 다음과 같이

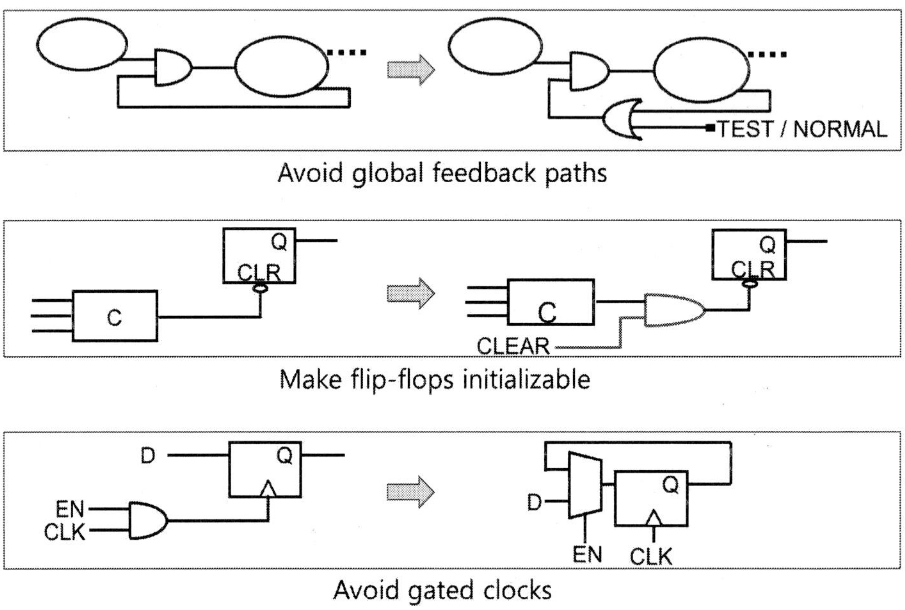

그림 7.2 Ad-hoc을 이용한 설계

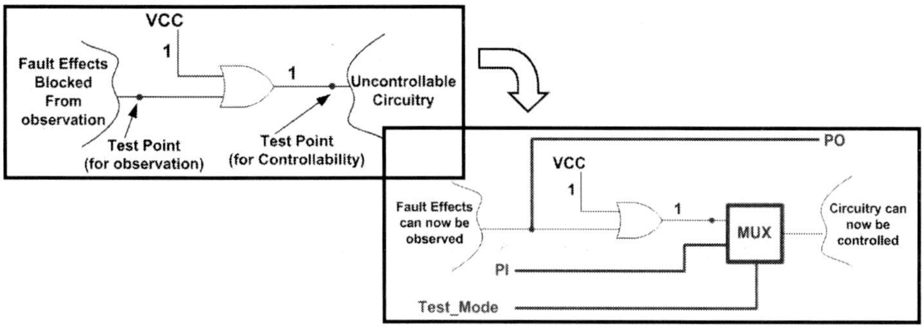

그림 7.3 테스트 접점의 첨가

설명할 수 있다. 우선 테스트 용이도는 회로의 구조에 대하여 어떤 임의의 테스트 패턴이 회로내의 특정 고장에 대하여 찾을 수 있는 확률을 말한다. 테스트 용이도는 조절 용이도와 관측 용이도로 나누어 보면, 조절 용이도는 회로 내의 임의의 node에 대하여 입력 값의 조절을 통해 그 node의 값을 설정할 수 있는 정도고 이는 조절 접점(control point)의 첨가를 통해 향상시킬 수 있다. 그리고 관측 용이도는 회로 내의 임의의 node의 값을 회로의 출력 값을 통해 알 수 있는 정도고 이는 관측 접점(observe point)을 첨가하여 향상 시킬 수 있다. 조절 접점과 관측 접점을 크게 테스트 접점(test point)이라고 하며 테스트 접점의 첨가는 그림 7.3과 같이 조절과 관측이 어려운 회로 사이에 첨가하게 되며, 여기서 조절 접점은 조절 용이도를 향상시키는데 쓰이는 주입력(primary input)이며 관측 접점은 관측 용이도를 향상시키는데 쓰이는 주출력(primary output)이 된다.

7.3 스캔

7.3.1 스캔 테스트

DFT 기법 중 가장 널리 사용되는 방법이 스캔 테스트 기법이다. ATPG의 등장으로 조합회로에 대한 테스트 패턴의 생성은 비교적 쉽게 할 수 있게 되었지만, 일반적으로 순차회로에 대한 테스트 패턴의 생성은 쉽지 않다. 스캔 테스트는 순차회로에서 내부의 플립플롭과 같은 기억소자를 스캔 셀(cell)로 구성하여 외부로부터 테스트 모드를 통해 쉽게 제어하여 순차회로의 조절과 관측을 용이하게 할 수 있도록 한 기법이다. 또한 조합회로와 순차회로를 분리해서 테스트할 수 있으며 FSM(Finite State

Machine)의 응용이 가능하다. 스캔 테스트의 기본 소자가 되는 스캔 셀은 스캔 모드에서만 활성화되며, scan-in의 입력과 scan-out의 출력으로 회로의 조절과 관찰을 한다. 스캔 테스트를 적용하기 위해서 회로는 미리 지정된 설계 규칙을 따라야 하며 스캔 테스트는 높은 고장 검출률을 얻을 수 있지만 변형된 기억소자와 부가된 회로소자에 의해 하드웨어의 면적증가를 발생시킨다. 이는 스캔 테스트의 제어를 위한 입력을 추가하고 테스트 모드에서 변형된 기억소자인 스캔 셀 간의 연결, 스캔 셀을 주입력/출력에서 조절과 관측이 가능한 입력과 출력으로 연결해 주어야 하기 때문이다. 이를 통해 조합회로에 사용하는 ATPG를 스캔 테스트에서 사용할 수 있다.

스캔 테스트를 위해서 각각의 플립플롭을 스캔 셀로 변형시킬 때는 일반적으로 하나의 추가적인 멀티플렉서가 필요하다. 그림 7.4는 플립플롭에 멀티플렉서를 추가하

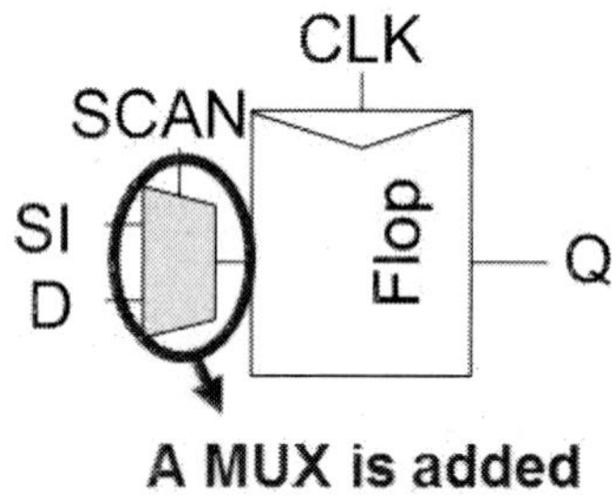

그림 7.4 플립플롭에 멀티플렉서를 적용한 스캔 셀

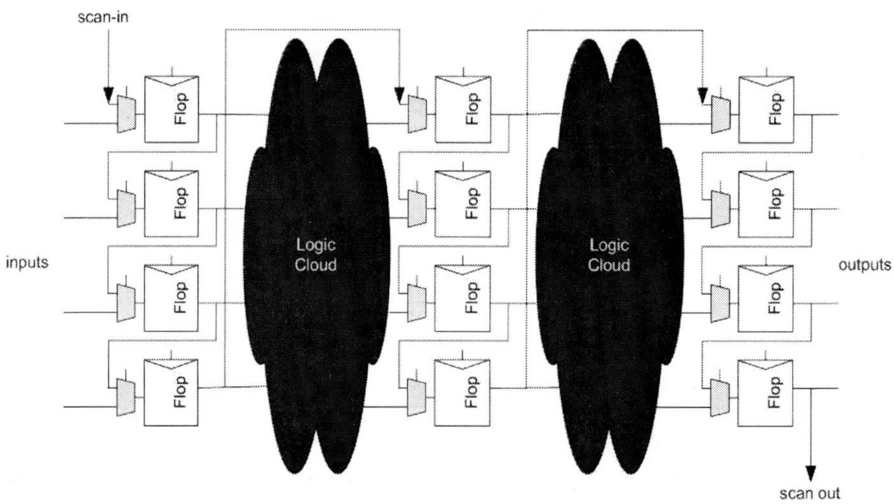

그림 7.5 스캔 체인의 구성을 통한 스캔 테스트 적용 회로

여 스캔 셀로 변형한 예시이며, 그림 7.5는 스캔 셀의 배열을 통해 조합회로에 스캔 체인(scan chain)을 구성한 그림이다.

7.3.2 스캔 테스트의 동작

일반적으로, 스캔 테스트를 위한 설계는 정상(normal) 모드, 천이(shift) 모드, 캡처(capture) 모드의 세 가지 동작 모드를 기반으로 수행된다. 정상 모드일 때 모든 테스트 신호는 비활성화가 되고, 스캔 테스트를 위해 설계한 스캔 셀과 스캔 체인과 같은 스캔 테스트 구조는 단지 대상 회로의 기능적인 정상 동작에만 관여하여 대상 회로는 정상 동작을 하는 순차회로와 같은 동작을 하게 된다. 스캔 모드 신호가 활성화되면 스캔 셀과 스캔 체인 등의 스캔 테스트 구조가 같이 활성화되고 테스트 대상 회로는 테스트 단계가 된다. 테스트 단계에서 스캔 테스트는 우선 회로의 동작 모드를 스캔 모드로 설정하고 테스트 패턴을 scan-in의 입력을 통해 스캔 체인으로 clock에 동기화하여 시프트 시키는 시프트 모드를 수행한다. 이 경우에 회로의 주입력은 임의의 값을 갖게 된다. 스캔 체인에 테스트 패턴의 인가가 완료되면, 회로의 동작 모드를 캡처 모드로 설정하고 회로의 테스트 응답 결과를 받을 준비를 한다. 그리고 시프트된 테스트 패턴은 회로의 주입력을 통해 테스트 대상 회로로 인가되고 회로를 통과한 테스트 패턴의 응답 결과가 주출력을 통해 해당되는 스캔 셀에 저장하게 된다.

캡처 모드가 끝나고 테스트 응답 결과가 스캔 체인에 다시 시프트 모드를 통해 테스트 패턴 응답을 스캔 체인의 시프트과정으로 scan-out 출력으로 내보낸다. 이때 이전 테스트 패턴이 scan-out의 응답으로 나오면서 동시에 다음 테스트 패턴이 scan-in으로 인가된다. Scan-out으로 나오는 테스트 응답을 미리 예상했던 응답값과 비교하여 결과의 다름을 바탕으로 대상 회로의 고장유무를 판단하게 된다.

스캔 테스트를 할 때는 타이밍과 전력소모에 대한 고려가 필요하다. 스캔 체인의 삽입으로 인해 발생할 수 있는 다소의 시간 지연으로 인해 스캔에 필요한 clock의 속도는 원래의 회로에 필요한 clock보다 느려질 수 있다. 또한 이러한 시간 지연으로 인해 스캔에서 clock 타이밍의 왜곡이 발생할 수 있다. 테스트 clock에서의 타이밍 왜곡은 일시적으로 데이터와 스캔 데이터 입력 사이에 합선 문제를 일으킬 수 있고, 임의적인 테스트 패턴이 조합회로를 통과할 때 평소의 전력보다 많은 전력을 소모할 수 있다. 이러한 이유로 스캔 테스트를 위한 스캔 설계의 삽입은 최대한 대상 회로의 정상 동작에 대한 성능 저하가 일어나지 않도록 노력을 기울여야 한다.

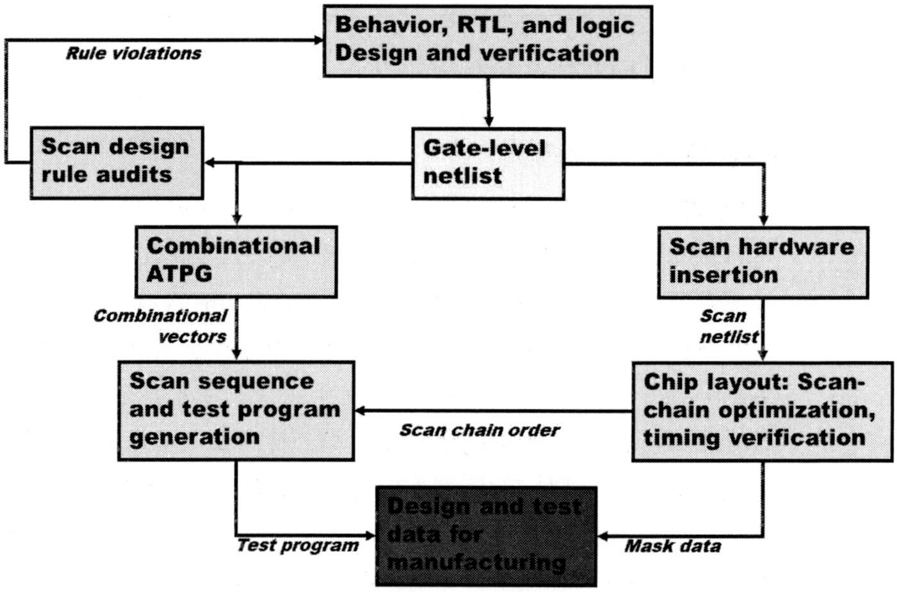

그림 7.6 자동화 된 스캔 테스트 설계

7.3.3 스캔 테스트 설계

스캔 테스트를 위한 설계는 일반적으로 전용 툴을 이용하여 진행된다. 그림 7.6은 자동화된 스캔 테스트를 위한 설계를 도식화하여 보여주고 있다. 먼저, 설계한 회로를 합성을 통해 게이트 레벨의 넷리스트를 얻어내고, 이를 스캔 규칙을 적용하여 검사한다. 만약 스캔 규칙에 위반되는 내용이 있으면 원래의 회로를 수정하여 스캔 규칙에 위반이 되지 않도록 회로를 재설계한다. 합성된 회로의 넷리스트는 스캔 체인을 삽입하여 스캔 테스트가 가능한 구조로 변형되고, 이를 타이밍 조절과 스캔 체인의 배열의 조정을 통해 최적화한다. 또한 합성된 회로의 넷리스트를 이용하여 ATPG를 통해 테스트 패턴을 생성한다. 마지막으로 생성된 테스트 패턴과 테스트 프로그램의 생성을 통해 스캔 테스트가 가능한 하드웨어 구조를 완성한다.

7.3.4 스캔 테스트 기법

스캔 테스트 구조를 설계할 때는 스캔 테스트 성능의 향상을 위해 스캔 체인의 구조에 대한 설정이 중요하며, 이때의 스캔 체인 구성의 방법으로 다중스캔 레지스터(multiple scan register)와 분할스캔(partial scan)기법이 일반적으로 사용된다.

다중 스캔 레지스터는 테스트 시간을 줄이기 위해 사용되는 기법으로 그림 7.7과

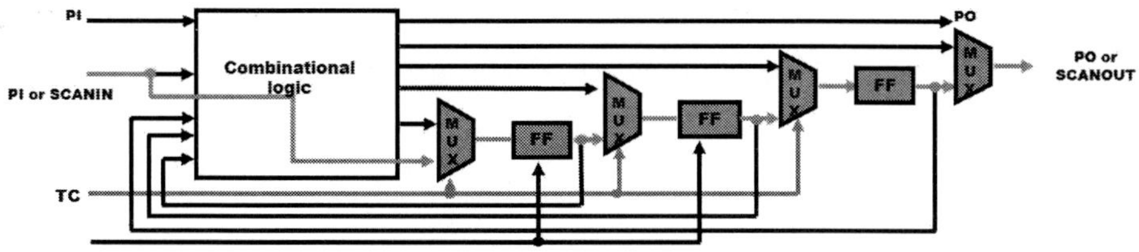

그림 7.7 다중스캔 레지스터

같이 다수의 레지스터를 스캔 플립플롭으로 하여 완전스캔(full scan) 기반의 스캔 체인을 구성하고 하나의 조합회로마다 하나의 스캔 체인을 할당한다. 다수의 스캔 체인이 필요함에 따라 각각의 스캔 체인은 분리된 스캔 입력과 스캔 출력이 필요하다. 하지만 이를 위해서 추가적인 테스트 핀의 허용이 용이하지 못하다면, 그림 7.7과 같이 회로의 주입력을 멀티플렉서의 사용을 통해 스캔 입력으로 사용할 수 있다. 이와 유사하게 스캔 아웃도 주출력과 공유할 수 있고, 멀티플렉서의 사용으로 인해 테스트 조절(TC) 신호도 하나의 신호로 제어가 가능하다. 다중스캔레지스터에서는 조합회로가 다수가 되면 조합회로마다 할당된 스캔 체인의 개수도 늘어나게 되며, 테스트 시간은 가장 긴 스캔 체인에 의해 결정된다. 하지만 모든 조합회로의 레지스터를 스캔 체인으로 연결하였을 때 보다 테스트 시간은 줄어들 수 있는데, 이는 각각의 조합회로에 대한 스캔 테스트를 분리하여 수행할 수 있기 때문이다.

분할스캔기법은 그림 7.8과 같이 전체 플립플롭 중 일부분만을 스캔체인으로 연결시키면서 완전스캔기법에 버금가는 고장 검출률을 얻을 수 있도록 하는 기법이다. 분할스캔기법은 완전스캔기법의 하드웨어 면적을 줄일 수 있는 한 가지 방법이지만, 일반적으로 외부로부터 직접 관측할 수 없는 플립플롭을 필연적으로 갖게 되기 때문에

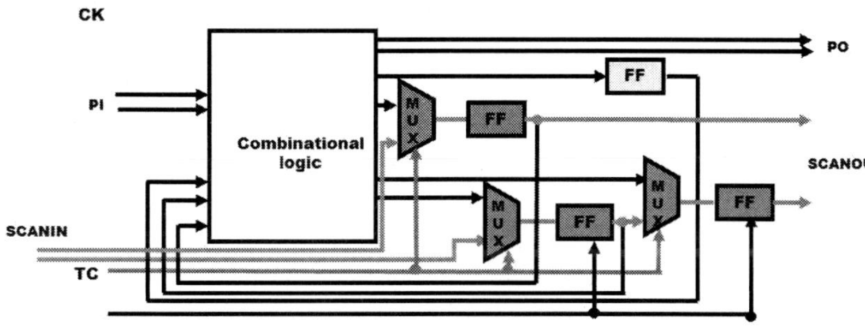

그림 7.8 분할스캔기법

순차회로의 특성을 갖게 되며, 따라서 이 순차회로부분에 대해서는 테스트 패턴을 따로 생성해야만 한다. 또한 분할스캔의 적용에 따른 면적에서의 오버헤드 경감과 테스트 패턴 생성의 용이성 사이에는 상호조정효과(trade off)가 존재하므로 적합한 타협점을 찾아야 한다.

분할스캔기법을 적용할 때 고려해야 할 점은 스캔체인에 속하지 않는 플립플롭들의 clock과 스캔체인의 clock이 동일 clock원(clock source)에 의해 구동된 경우이다. 이때 스캔체인에 속한 플립플롭들의 값들은 외부에서 정확하게 제어할 수 있지만, 스캔체인에 속하지 않는 플립플롭의 값은 계속 변하게 되기 때문이다. 이를 해결하기 위해서 또 다른 테스트 clock을 입력단자로 추가하든지 스캔체인에 속하지 않는 플립플롭의 값을 모르는 상태(unknown state)로 가정하고 테스트 패턴을 생성해야 한다. 그리고 추가적으로 고려해야 할 점은 분할스캔기법을 적용할 때 어떤 플립플롭을 스캔체인으로 적용하는 것이 고장 검출률 및 오버헤드 측면에서 좋은가 하는 것이다. 이처럼 스캔 테스트의 성능 향상을 위해서는 스캔기법의 선택과 제약사항을 고려한 설계가 필요하다.

7.4 Logic Built In Self Test

7.4.1 Built In Self Test

최근에 구현되는 회로는 집적도 및 복잡도가 크게 증가함에 따라 칩 외부의 장비에서 테스트 패턴을 인가하고 이에 따른 테스트 응답을 저장된 정확한 값과 비교하는 방식의 전통적인 테스트 기법은 점차 그 적용이 어려워지고 있다. 이러한 문제점을 효율적으로 해결하기 위한 방편으로서 BIST(Built In Self Tests) 기법이 등장하였다. BIST는 테스트 패턴을 칩 내부에서 생성하고 그 테스트 응답 또한 칩 내부에서 고장의 유무만을 외부에 알려주는 효율적인 기법이다. 이 기법의 장점으로는 테스트 패턴 생성이 쉽고 테스트가 칩의 동작 주파수에 의해 수행이 가능하므로 테스트 소요시간이 적게 걸리며 테스트 응답의 비교를 위한 부수적인 테스트 장비가 필요하지 않다는 점이다. 또한 이 기법을 효과적으로 적용하기 위해서는 시스템 설계 단계에서부터 top-down 방식에 의한 모듈단위의 회로구현 방법을 적용하여 모듈 단위의 자체 테스트 기법의 적용이 가능하도록 하여야 한다.

하드웨어 방식의 BIST는 해당 모듈의 동작을 소프트웨어 방식으로 테스트하는 것이 낮은 고장 검출률을 보이고 고장의 위치를 찾아내기가 쉽지 않은 점에 비해 적은 노력으로도 시스템과 모듈의 유지와 수리가 용이하고 보다 높은 성능의 고장 검출률을 얻을 수 있고 테스트 패턴을 통해 고장의 위치를 찾는 것이 가능하다는 점이 있다.

7.4.2 LBIST의 구조

LBIST(Logic Built In Self Test)는 BIST를 논리회로에서의 고장 검출을 위해 사용하는 구조로 칩 내부에서의 자체 테스트를 말한다. 그림 7.9는 LBIST의 구조를 도식화하여 보여주는 것으로 LBIST의 테스트 패턴은 칩에서 자동으로 생성되며 LFSR (Linear Feedback Shift Register) 기반의 PRPG(Pseudo-Random Pattern Generator)를 테스트 패턴의 생성을 위해 일반적으로 사용한다. 또한 테스트 응답을 비교하기 위하여 MISR(Multiple Input Signature Register)를 이용한다. LBIST는 정상 모드시에는 입력 신호에 따라 회로가 본래의 기능에 대한 동작을 하고 그 결과는 출력 단자로 전해진다. 테스트 모드시에는 테스트 패턴 생성기에서 생성된 패턴으로 회로를 테스트한 후 결과를 테스트 응답 비교기에서 분석하여 회로의 고장 유무를 판단하게 된다. 그리고 LBIST는 LFSR이 무작위로 패턴을 생성하기 때문에 테스트 패턴을 생성하기 위해 외부에서 특별한 동작을 가하지 않는다. 다만 외부적으로 필요한 것은 단지 테스트를 시작하고 테스트 결과에 의해 고장 유무를 확인하기 위한 신호만이 필요할 뿐이다.

하지만 이 방법을 사용할 경우 테스트를 위한 부수적인 하드웨어의 추가로 인해

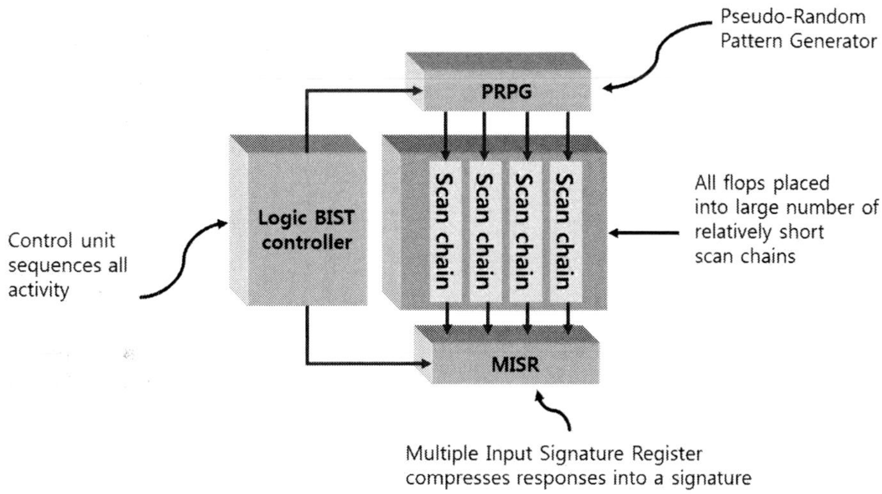

그림 7.9 일반적인 LBIST 구조

하드웨어 면적이 커지고 또한 약간의 시간지연 증가에 따른 성능저하를 가져오게 된다. 그리고 무작위의 테스트 패턴에 잘 테스트되지 않는 회로가 존재하며 테스트 결과의 분석시 고장이 있는 회로를 고장이 없다고 여기는 문제가 발생할 수 있다는 점 등을 잘 고려해야 한다.

테스트 패턴의 생성에 사용되는 PRPG의 기본 구조인 LFSR은 clock 이외에 다른 입력이 없고 D 플립플롭과 XOR로만 구성되어 있으며 출력 값들은 일정 길이를 갖고 반복되는 특징을 가진다. n개의 플립플롭을 갖는 이진 카운터가 0, 1, ..., 2^n-1까지의 상태를 계속해서 반복하듯이, n개의 플립플롭을 갖는 LFSR은 최대 2^n개의 상태를 갖게 된다. LFSR은 초기의 값과 특성 다항식의 조합에 의해 상태변화를 보이며 LFSR이 출력할 수 있는 반복되지 않는 긴 수열의 길이가 2^n-1인 수열을 발생시킬 수 있는 특성 다항식을 기본 다항식이라 한다. 기본 다항식에 의해 구현된 LFSR이 생성하는 수열을 의사 무작위(pseudorandom) 수열이라 부르고 이들은 무작위인 것처럼 보이지만 실제로는 규칙을 갖고 반복되는 수열을 생성한다.

그림 7.10은 3개의 플립플롭을 갖는 LFSR에서 초기값에 따라 상태값이 어떻게 변하는 지를 보여준다. (a)는 초기값이 100일 때 7개의 상태변화를 보여주고 있다. 즉

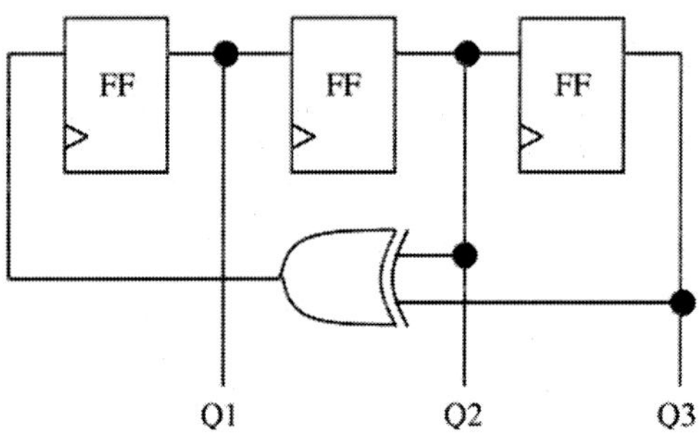

Q1	Q2	Q3
1	0	0
0	1	0
1	0	1
1	1	0
1	1	1
0	1	1
0	0	1
1	0	0
0	1	0
1	0	1

(a) Initial state is 100

Q1	Q2	Q3
0	0	0
0	0	0

(b) Initial state is 000

그림 7.10 LFSR을 이용한 패턴 생성기

유한개(k)의 상태를 갖는 회로는 또한 k번의 clock이 인가될 때마다 같은 출력이 반복된다. 하지만 (b)에서 초기값이 000이면 LFSR은 상태변화 없이 항상 000만을 내보내는 것을 알 수 있다. 이는 초기값이 111인 경우도 마찬가지여서 만약 초기값이 000 또는 111인 경우에는 상태의 변화가 없이 항상 일정한 값만을 내보낸다.

응답신호를 분석하기 위한 MISR도 LFSR을 이용하여 테스트 패턴을 생성했던 것과 마찬가지로 LFSR을 이용하여 테스트 응답을 압축시키고 최종적인 압축치를 검사함으로써 고장유무를 판단하는 다중입력의 분석기이다. 테스트 응답을 비트별로 하나씩 확인하기 위해서는 많은 분석 시간이 필요하기 때문에, 테스트 응답을 MISR을 통하여 압축하여 최종적인 압축치만을 분석하면 분석시간의 절감을 가져올 수 있다. 여기서 테스트 응답을 압축시키는 기본 연산은 다항식의 나눗셈 연산이 된다.

그림 7.11은 일반적인 MISR의 구조를 보여준다. MISR은 다수의 플립플롭과 XOR 게이트로 구성되어 있고, 기본적인 연산은 나눗셈이 된다. MISR에서 특성 다항식에 의한 나눗셈의 최종 나머지는 MISR의 입력으로 들어오는 값을 특성 다항식으로 나눈 나머지들의 XOR 합이 된다. 즉, MISR의 입력 신호를 $G(x)$, 출력 신호를 $Q(x)$라 하고, LFSR의 초기값을 0이라고 가정하여 LFSR의 마지막 상태를 $R(x)$라 하면 수식 (1) 같은 식을 표현할 수 있다.

$$\frac{G(x)}{P(x)} = Q(x) + \frac{R(x)}{P(x)} \tag{1}$$

여기에서 $P(x)$는 LFSR의 특성 다항식이 된다. LFSR의 동작에 따라 입력 신호는 특성 다항식으로 나눗셈을 수행하게 되고 이때 몫은 $Q(x)$이며 나머지는 $R(x)$가 된다. MISR을 이용하여 테스트 응답을 테스트 수행 동안 나눗셈 연산을 통해 압축하고

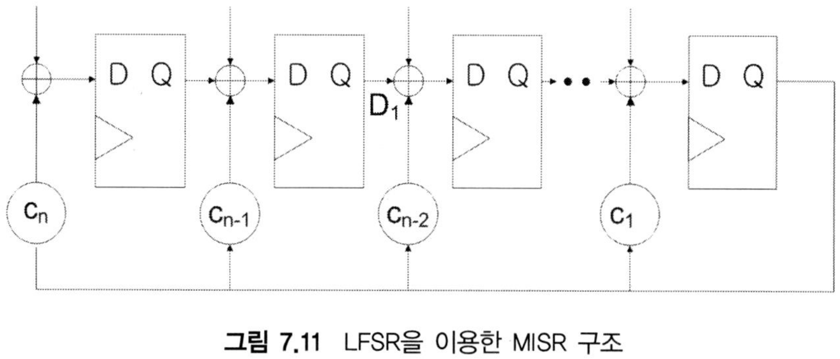

그림 7.11 LFSR을 이용한 MISR 구조

마지막에 남은 압축치인 $R(x)$만을 검사하면 된다.

고장의 존재에도 불구하고 정상적으로 압축치가 생성되는 압축치의 동일현상 문제(aliasing problem)가 발생할 수 있다. 압축치 동일현상 문제는 n비트의 MISR에서 테스트 응답의 각 비트에서 에러 발생 확률이 p이고, 모든 비트에서 같은 확률인 $p=1/2$로 에러가 발생할 수 있다고 가정하면 동일현상 확률은 $1/2^n$의 확률로 존재하게 된다. 이것은 테스트 응답의 압축을 사용할 때, 고장이 없는 경우의 압축치와 있는 경우의 압축치가 달라야 하지만 압축치의 동일현상 문제로 인해 확률적으로 고장이 있음에도 없다고 판단할 수 있게 된다. 그러므로 이러한 동일현상 문제를 최소화시키고, 압축치의 크기를 작게 하며 이로 인해 발생하는 부가적인 지연시간을 줄일 수 있는 압축 기술에 대한 연구가 필요하다.

7.4.3 LBIST에서의 고장 검출률 향상

의사 무작위의 패턴을 이용한 테스트는 무작위의 성격을 띠는 테스트 패턴을 사용하지만, 실제로는 패턴의 발생순서가 정해져 있다. 하지만 의사 무작위의 테스트 패턴을 생성하여 사용할 때는 만족할 만한 고장 검출률을 얻기 위해서 모든 패턴의 조합을 생성이 필요하지 않은 경우도 생긴다. 만약 의사 무작위 패턴만을 사용할 경우 어떤 패턴의 일부는 특정 회로의 테스트 용이도로 인해 고장을 검출할 수 없는 경우도 생기며, 때로는 특정 node의 고장의 검출을 하는 데 있어서 필요한 패턴이 중복될 수 있으므로 하나의 패턴이 존재하는 한 필요가 없는 다른 패턴이 있을 수도 있다. 이러한 이유로 의사 무작위 패턴만을 사용하면 고장 검출률이 낮아지거나 테스트 시간이 길어지는 문제가 발생하게 된다.

이를 해결하고자 의사 무작위의 패턴을 사용할 때는 고장 검출률을 높이거나 테스트 시간을 단축시키기 위한 개선안이 필요하다. 이 경우 크게 두가지 방식을 사용하게 되는데 하나는 테스트 대상이 되는 회로에 테스트 접점을 삽입하여 테스트 용이도를 높이거나 고장 검출이 되지 않는 부분에 대하여 결정패턴(deterministic pattern)을 혼용하기도 한다.

그림 7.12는 테스트 접점의 삽입이나 결정패턴을 이용하였을 때 고장 검출률의 향상이 어떻게 되는가를 보여주고 있다. 의사 무작위 패턴만을 사용하면 어느 정도의 테스트 시간까지는 고장 검출률이 빠르게 올라가지만 그 이후에는 원하는 고장 검출률을 달성하기까지 많은 시간이 필요하다. 그래서 일정 수준의 고장 검출률을 얻기 위해 처음에는 의사 무작위 패턴을 사용하고 그 이후의 나머지 고장에 대해서는 결정패턴을 통해 높은 고장 검출률을 달성하면서 테스트 시간을 단축한다. 또는 테스트

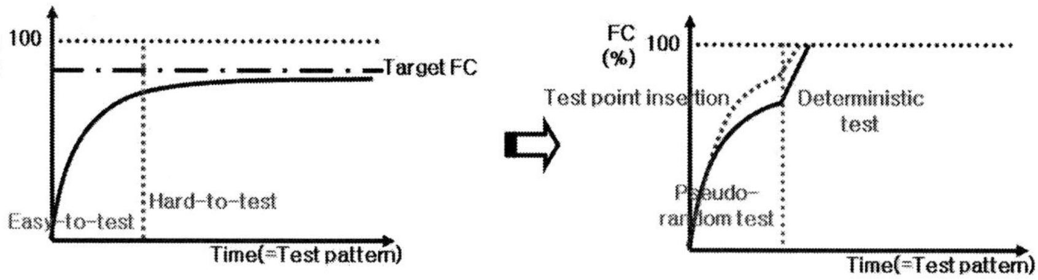

그림 7.12 LBIST에서 고장 검출률의 향상

접점을 삽입하여 의사 무작위 패턴을 이용한 테스트에서의 고장 검출률부터 높이고 다시 결정패턴을 사용하여 고장 검출률을 높이고 테스트 시간을 더 단축한다.

하지만 테스트 접점의 삽입은 테스트 대상이 되는 회로의 구조를 바꿔야 하고 테스트 단자의 개수가 늘어나기 때문에 원래 회로가 갖는 성능에 문제가 발생할 수 있다. 그래서 의사 무작위 패턴과 결정패턴을 혼용하는 방식이 일반적으로 사용되고 있고 더 효율적으로 결정패턴을 생성하기 위한 연구 또한 진행되고 있다. 여기서 결정패턴을 생성하는 방법은 기본적인 LBIST 구조에 추가적인 하드웨어를 필요로 하므로 결정패턴을 얼마만큼 사용하는가에 따라 상호조정효과가 발생한다.

그림 7.13과 같이 결정패턴을 많이 사용할 경우 테스트 시간은 짧아지지만 그만큼 많은 결정패턴을 생성하기 위한 큰 하드웨어 면적 필요하다. 하지만 결정패턴을 적게 사용하면 하드웨어 면적은 줄어들지만 테스트 시간이 오래 걸린다. 그러므로 이 두 측면 사이에서 최적의 성능을 보일 수 있도록 결정패턴의 조절을 해야 한다.

보통 LBIST에서 사용되는 결정패턴 생성방법은 비트 고정(bit fixing)방식과 비트 반전(bit flipping)방식이 적용된다. 두 방식은 의사 무작위 패턴에서 고장 검출에 필요하지 않은 패턴들을 결정패턴으로 바꾸어주는 방식으로 비트 고정방식[1]에서는 의사 무작위 패턴 중 고장 검출에 상관도가 높은 비트를 0 또는 1로 고정시켜서 결정

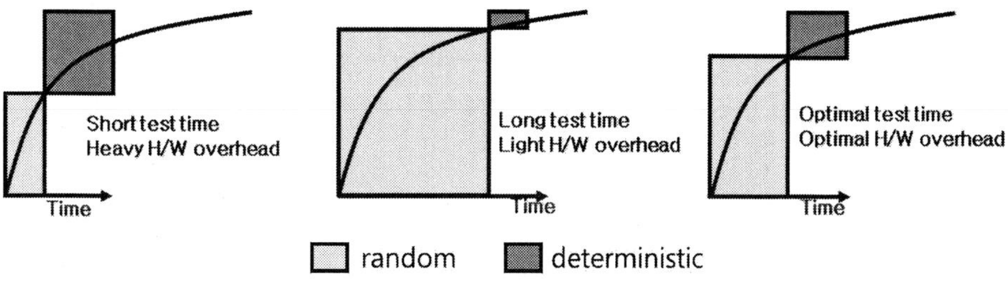

그림 7.13 결정패턴 사용에 의한 상호조정효과

패턴을 생성한다. 이를 위해서 각각의 테스트 패턴에 ID를 부여하고, LFSR에서 생성된 의사 무작위 패턴이 스캔 체인으로 인가될 때, 카운터가 패턴의 비트 수를 세어서 패턴의 길이를 분석하고, 새로운 패턴이 인가된다고 카운터가 인식하는 순간마다 순차 ID 레지스터(sequence ID register)가 패턴의 ID를 인식하여 그 패턴에 해당되는 고장 검출률과 상관도가 높은 위치의 비트를 미리 해당 패턴 ID의 패턴 정보를 저장하고 있는 비트 고정 생성 로직(bit fixing generation logic)에서 0 또는 1로 고정시켜서 스캔 체인으로 인가한다. 즉, 특정 ID의 패턴에서 상관도가 높은 위치의 비트는 비트 고정 생성 로직에서, 상관도가 없는 비트는 LFSR에서 스캔 체인으로 인가되게 된다. 이를 통해 높은 고장 검출률을 얻고 테스트 시간을 단축할 수 있다. 하지만 고정을 해주어야 하는 비트의 개수가 때로는 많이 필요하기 때문에 그만큼 하드웨어 면적이 늘어날 수 있다.

비트 반전방식[2]에서는 그림 7.14와 같이 비트 반전 회로(bit flipping circuit)에서 LFSR의 상태값을 맵핑(mapping)한다. 비트 반전 회로에는 고장 검출률과 상관도가 높은 비트가 다수 포함된 고정된 패턴이 저장되어 있고, LFSR에서 생성된 몇 개의 의사 무작위 패턴들을 그 고정된 패턴과 비교하여 반전이 필요한 비트의 수가 가장 적은 패턴을 찾는다. 이렇게 찾은 패턴은 XOR 게이트를 통한 비트 반전을 통해 상관도가 높은 결정패턴이 되고, 비트 반전 회로의 고정된 패턴은 반전으로 수정한 패턴 다음으로 반전이 필요한 비트의 수가 적은 패턴으로 바뀐다. 다시 바뀐 고정된 패턴을 이용하여 위의 동작을 반복하면서 비트 반전 회로는 더 많은 고장 검출에 상관도가 높은 결정패턴들을 생성한다. 이 방법에서 맵핑을 위한 회로는 대체적으로 적은 하드웨어 면적을 갖고 있지만 LFSR 자체의 면적이 있으므로 전체적인 결정패턴 생성을 위한 하드웨어 면적은 큰 편이다.

테스트 복잡도의 증가에 따라 기하급수적으로 증가하는 테스트 비용 측면에서 살

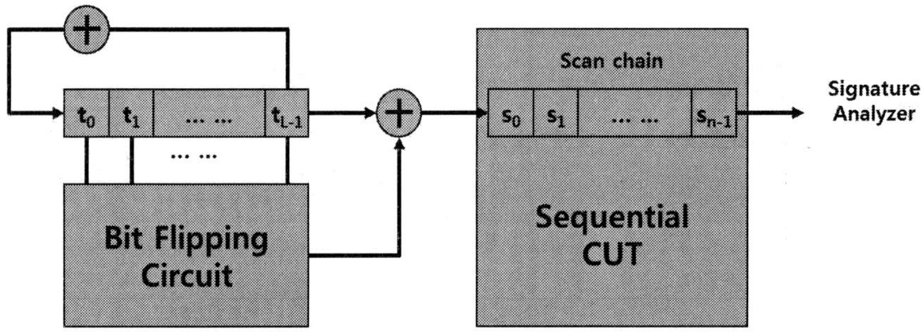

그림 7.14 비트 반전방식을 이용한 결정패턴의 생성

펴볼 때, LBIST는 회로를 테스트하기 위해 발생하는 면적증가 및 시간지연 등과 같은 필연적인 오버헤드에도 불구하고 대부분의 많은 반도체 회사에서 칩의 설계시 광범위하게 실제로 적용되고 있다.

7.5 Memory Built In Self Test

7.5.1 메모리 테스트의 필요성

반도체 메모리의 지속적인 발전은 메모리의 저장용량을 꾸준히 증가시켜 왔다. 메모리의 저장용량이 증가하면서 저장되는 비트의 수는 많아지고 제조공정의 발달로 인해 단위 면적 당 메모리 셀의 수도 늘어나게 되었다. 메모리 셀의 집적도가 증가함에 따라 메모리 셀들은 서로 더욱 가깝게 위치하게 되고 이로 인해 이웃 셀의 영향에 더욱 민감하게 작용하게 된다. 이는 메모리 셀의 주소나 데이터선의 잡신호에 의한 방해를 더욱 잘 받게 되기 때문이다. 따라서 이웃 셀에 의해 영향을 받는 결함은 더욱 복잡하게 되어 긴 시간을 요구하는 테스트가 필요하게 되었다. 메모리 테스트를 할 때의 문제점은 메모리의 결함 모델을 정의하고 구현하기가 어려워서 특정한 결함 모델에 기반한 테스트가 쉽지 않고, 메모리의 용량이 커질수록 보다 많은 테스트 시간이 요구되기 때문에 테스트 비용이 크다. 이로 인해 그동안 다양한 테스트 방법과 알고리즘이 연구되었다.

7.5.2 MBIST의 구조

MBIST(Memory Built In Self Test)는 내장형 메모리가 갈수록 빠른 속도로 동작하기 때문에 이를 외부의 장비로 테스트할 때 메모리의 동작 속도에서 테스트하기 어렵고, 외부 장비에서 내장형 메모리에 접근성 또한 어렵기 때문에 고속의 메모리에서 동작 속도와 접근성에 초점을 맞춘 테스트 방식이다.

MBIST의 구조는 일반적으로 그림 7.15와 같고 메모리 테스트를 위해서는 기본적으로 BIST 제어기와 메모리를 테스트하기 위한 패턴을 생성하는 패턴 생성기, 패턴을 메모리 셀에 인가한 후 메모리 셀에 저장된 값을 읽어서 이를 비교하기 위한 비교기로 구성되어 있다. 또한 MBIST는 크게 두 가지 방식으로 구분되는데 결함 모델에 따른 march 알고리즘 등의 패턴 생성을 위한 테스트 알고리즘의 변경 가능 유무에 따라 programmable MBIST와 non-programmable MBIST로 나눌 수 있다.

MBIST의 제어기는 그림 7.16와 같이 clock 도메인과 물리적인 연관성, 테스트 시

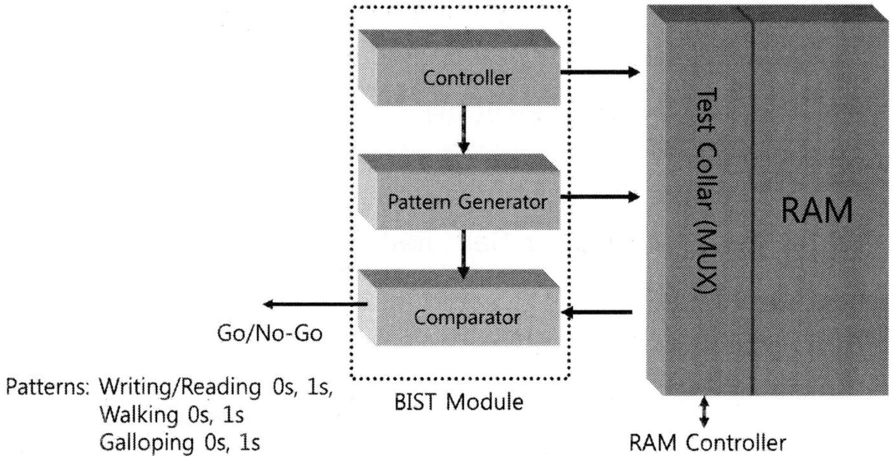

그림 7.15 MBIST의 일반적인 구조

간과 테스트 전력 등의 제어기를 구성하기 위한 제약사항과 기준을 기반으로 하여 다수의 메모리들을 묶어서 효율적으로 구성한다.

7.5.3 Non-programmable MBIST

Non-programmable MBIST는 고정된 테스트 알고리즘을 사용하는 방식으로 미리 정해진 테스트 알고리즘의 패턴만을 생성하도록 설계된다. 또한 고정된 특정 테스트 알고리즘만을 수행하도록 설계되기 때문에 하드웨어 면적을 최소화할 수 있다. Non-programmable MBIST에서는 크게 FSM 기반의 방식과 microcode 기반의 방식이 사

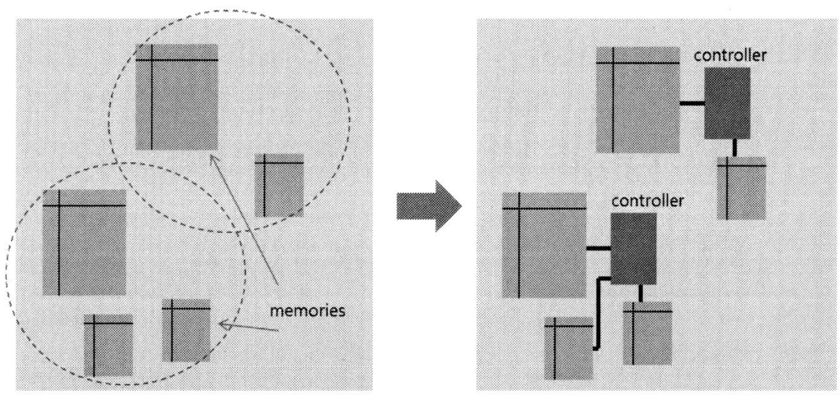

그림 7.16 MBIST 제어기의 구성

용된다.

그림 7.17은 FSM 기반의 non-programmable MBIST[3]로 주소에 선형적으로 비례하는 개수를 갖는 테스트 알고리즘과 메모리 셀에 데이터를 유지하여 테스트를 하는 방식을 사용한다. 이때 메모리에 읽기와 쓰기 동작을 하는 과정을 MBIST 제어기 내부에서 미리 설계된 FSM을 통하여 테스트 패턴을 생성하는 전체 알고리즘을 수행한다. 이 방식은 적은 하드웨어 면적을 갖고 메모리 성능의 감소를 최소화할 수 있다. 하지만 미리 설계된 FSM을 이용하므로 복잡한 형태의 테스트 알고리즘을 생성하는 것이 힘들다.

그림 7.18은 microcode 기반의 non-programmable MBIST[4]로 자유도 개념에 따라 변형된 march 알고리즘을 microcode로 구현하였다. Microcode 기반의 MBIST의 경우 내부에 명령어를 저장하는 공간이 있어서 이 안에 수행되어야 할 테스트 알고리즘이 명령어 형태로 저장되어 있다. 따라서 MBIST는 이렇게 저장되어 있는 명령어들을 순차적으로 디코딩하여 테스트 패턴을 생성하게 된다. 이 구조는 명령어를 저장해야 하는 공간을 사용함으로 인해 FSM 기반의 MBIST에 비하여 필요로 하는 하드웨어의 크기는 다소 크지만 보다 복잡한 형태의 테스트 알고리즘을 생성하기에 용이하므로 이웃 패턴간의 감응 결함을 찾아내는데 더 유리하다.

Non-programmable MBIST 방식은 고정된 테스트 알고리즘을 사용하므로 테스트를 하기 위한 하드웨어 면적이 적은 반면 다양한 테스트 알고리즘을 사용하기 위한 유연성이 적으며 이로 인해 제한된 고장 검출률을 보이는 특징을 갖고 있다. 이처럼

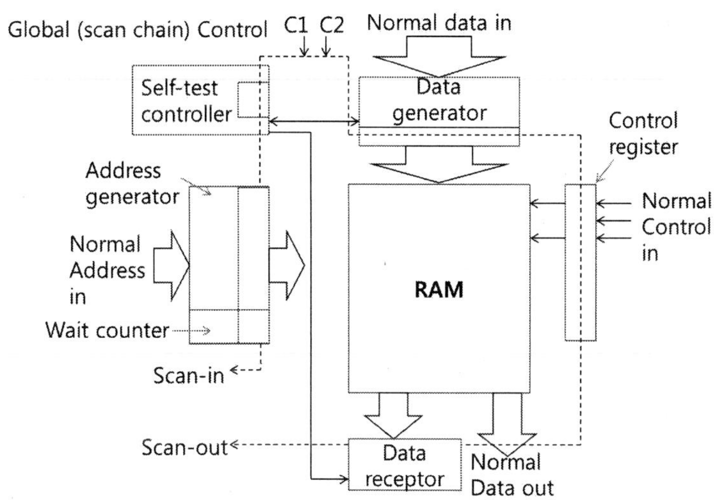

그림 7.17 FSM 기반의 non-programmable MBIST

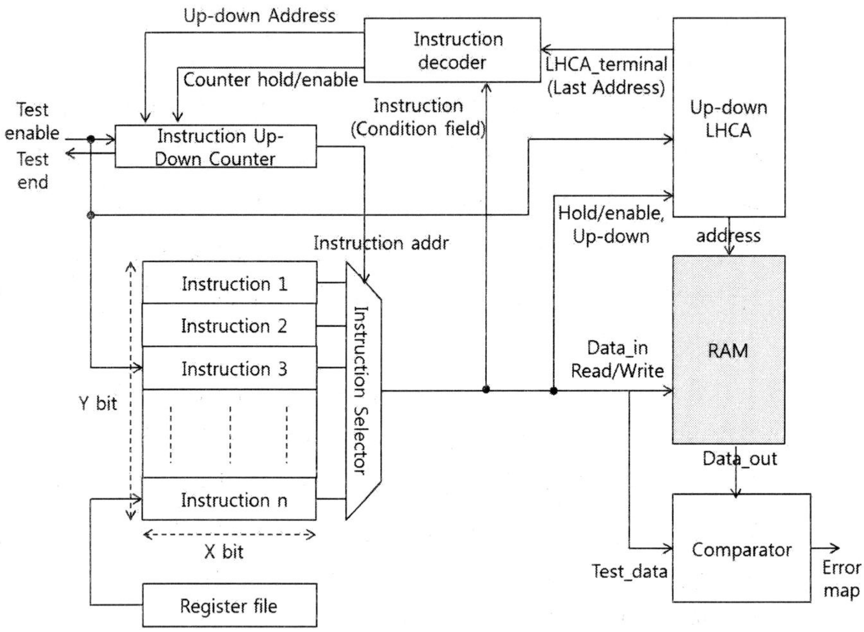

그림 7.18 Microcode 기반의 non-programmable MBIST

테스트 유연성이 낮은 구조의 MBIST는 SoC안의 다양한 형태의 내장 메모리에 적용하기가 힘들고, 메모리 공정의 안정성에 따라 수행되는 테스트 알고리즘을 유연하게 바꿔줄 수 없는 단점이 존재한다.

7.5.4 Programmable MBIST

Programmable MBIST는 테스트 유연성이 낮은 non-programmable MBIST의 단점을 보완하기 위하여 고안된 구조로 다양한 테스트 알고리즘을 적용할 수 있어서 대체적으로 높은 테스트 유연성을 갖고 있으며, 이로 인해 높은 고장 검출률을 가진다. Programmable MBIST의 경우, MBIST가 설계 된 후에도 테스트 환경에 맞추어 테스트 알고리즘을 유연하게 변경할 수 있는 구조이다. 따라서 non-programmable MBIST 방식에 비해 다양한 테스트 알고리즘을 구현해야 하므로 상대적으로 하드웨어 면적이 크다. Programmable MBIST는 FSM 기반과 명령어(instruction) 기반으로 구분할 수 있다.

그림 7.19는 FSM 기반의 programmable MBIST[5]로 적용 가능한 몇 가지의 테스트 알고리즘을 MBIST 설계 시 미리 FSM을 통해 MBIST 제어기에 구현해 놓는다. 이는 march 알고리즘과 march 요소들을 인코딩하여 FSM의 상태로 구성하는데 여기

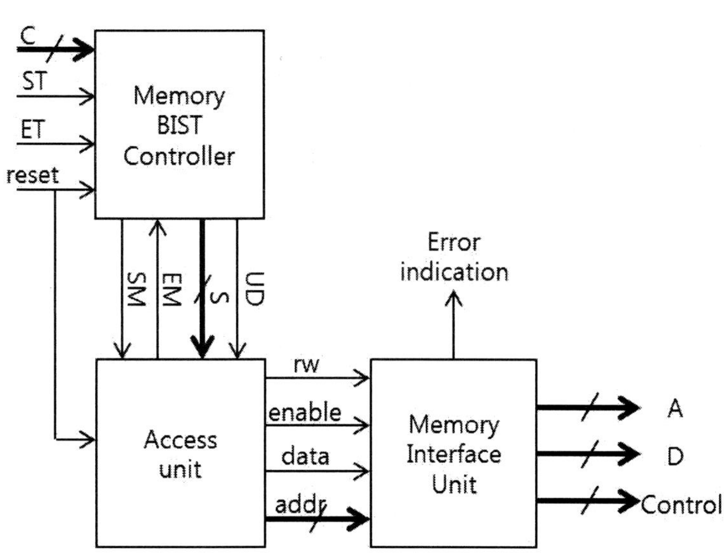

그림 7.19 FSM 기반의 programmable MBIST

서 march 요소와 읽기 및 쓰기 동작 패턴을 생성하기 위해 FSM을 사용한다. 그리고 외부에서 메모리에 적용한 테스트 알고리즘을 선택하는 신호를 입력하면, 이 정보를 받아 선택된 테스트 알고리즘의 패턴을 생성한다. 이 구조는 미리 설계된 FSM을 통해 테스트 패턴을 생성하기 때문에 명령어 기반 MBIST에 비해 하드웨어 면적을 절약할 수 있고, 외부에서는 테스트 알고리즘 선택 신호만 입력을 하면 되기 때문에 테스트 복잡도 측면에서도 장점이 있다. 하지만 적용 가능한 테스트 알고리즘이 제한되기 때문에 테스트 유연성 측면에서는 분명한 한계가 존재한다.

그림 7.20은 명령어 기반의 programmable MBIST[6]로 명령어를 스캔 경로를 이용하여 명령어 레지스터에 삽입한다. 그리고 명령어를 디코딩하여 테스트 패턴을 생성할 수 있다. 이 구조에서는 디코딩이 되는 명령어들을 외부에서 입력받기 때문에 명령어의 구조를 효율적으로 정의한다면 다양한 형태의 테스트 알고리즘을 적용할 수 있기 때문에 테스트 유연성 측면에서 큰 장점을 보인다. 하지만 FSM 기반의 MBIST 방식에 비해 하드웨어 면적이 크고, 외부에서 명령어를 입력해 주어야 하기 때문에 테스트 복잡도가 높다는 단점이 존재한다.

최근의 메모리 복잡도의 증가 및 제조공정의 발전과 이로 인한 다양한 결함 모델을 더욱 효율적으로 테스트하기 위해서 다양한 테스트 알고리즘이 적용되는 방식은 더욱 중요해지고 있다. 또한 다양한 테스트 알고리즘을 구현하기 위해 필수적으로 증가하는 하드웨어 면적을 줄이기 위한 노력도 연구되고 있다.

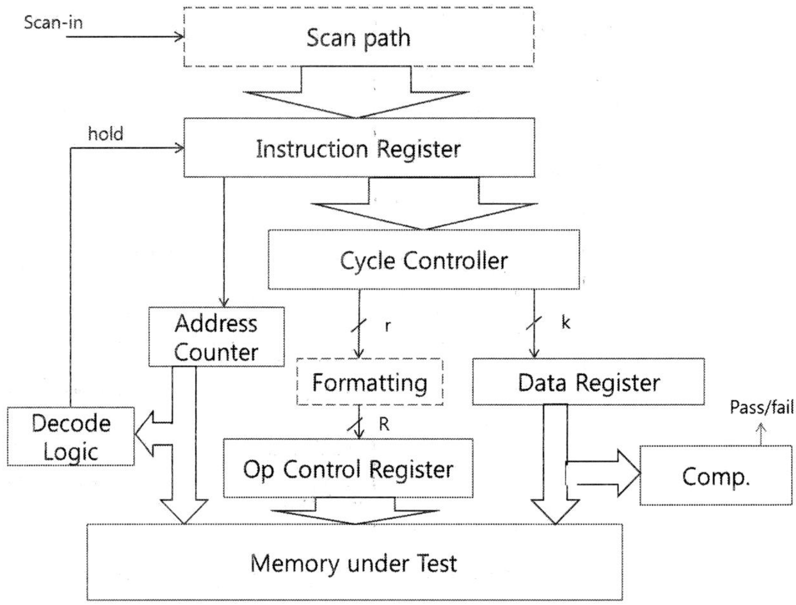

그림 7.20 명령어 기반의 programmable MBIST

7.5.5 Built In Self Repair

MBIST와 더불어 최근에는 메모리의 결함을 찾아내는 것과 더불어 메모리를 수리하는 방식도 연구되어 메모리 공정에서의 수율 향상을 위한 연구도 진행되고 있다. 이를 BISR(Built In Self Repair)라고 하며 MBIST에 여분의 메모리 셀을 이용하여 결함이 있는 메모리 셀을 대체하는 알고리즘인 BIRA(Built In Redundancy Analysis)를 그림 7.21과 같이 접목시키기도 한다[7]. 여기서 BIRA는 메모리 내에 고장에 대비한 여분의 메모리 셀을 두고, 고장이 발생한 메모리 셀에 대하여 자체적으로 여분의 메모리 셀과 대체할 수 있는 가장 효율적인 방법을 제시할 수 있는 알고리즘이다.

그림 7.21의 BISR 구조는 MBIST와 BIRA를 외부의 ATE(Automatic Test Equipment)에서 동시에 제어한다. 일반적으로 ATE를 사용하는 것은 높은 비용의 ATE가 필요하지만 BISR는 MBIST와 BIRA를 접목시킴으로 인해 ATE에서는 MBIST를 위한 테스트 시작과 종료 신호, BIRA에 의한 RA(Redundancy Analysis)결과와 수리 솔루션에 대한 정보만을 필요로 하므로 상대적으로 적은 비용의 ATE가 사용될 수 있는 장점이 있다. 이렇게 메모리 자체적으로 고장에 대한 테스트와 수리를 할 수 있으므로 BISR는 메모리의 수율 향상에 대한 최적의 방법을 제공한다. BISR에서 MBIST는 테스트 알고리즘을 통해 메모리 내에서 고장 셀의 위치를 파악하고 이 고장 셀의 주

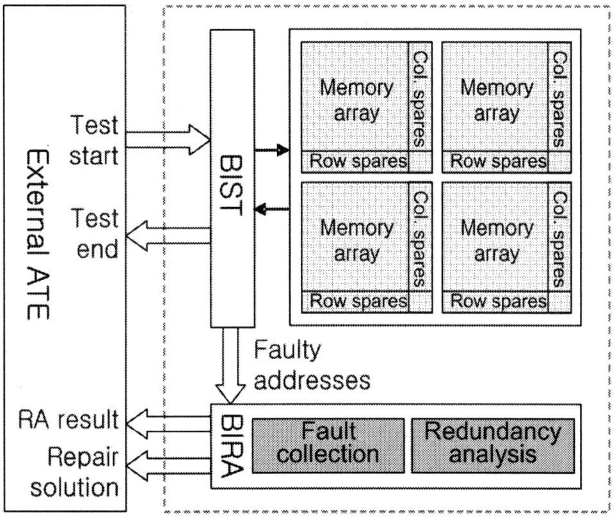

그림 7.21 메모리의 수율 향상을 위한 BISR 구조

소를 BIRA로 전달한다. BIRA에서는 고장 셀에 정보를 수집하여 이 고장 셀에 대한 RA 알고리즘을 수행하게 된다. 이때 BISR는 메모리의 수율 향상을 목적으로 하는 구조이므로 BISR를 적용함에 있어서 수리율의 향상과 분석 시간, 하드웨어 면적이 고려사항이 된다.

7.6 혼성 신호(mixed signal) 테스트

7.6.1 혼성 회로의 테스트와 디지털 회로 테스트의 차이점

보통 집적회로는 디지털 회로 뿐만 아니라 아날로그 및 디지털과 아날로그가 합쳐진 혼성 회로로 구성되어 있다. 이는 제조공정의 비용을 줄이기 위해 아날로그와 디지털을 같이 구현하는 것이 일반적이고 특히 무선 통신, 네트워크, 실시간 제어 시스템 등의 구현에 있어서 디지털 코어들은 ADC(Analog to Digital Converter)나 DAC(Digital to Analog Converter) 또는 아날로그 필터를 통해 아날로그 입력과 출력에 연결되기도 한다. 이러한 이유로 칩의 테스트를 함에 있어서 디지털 회로의 테스트와 더불어 아날로그와 혼성 회로에 대한 테스트 문제도 많이 연구되고 있다.

혼성 회로에 대한 테스트를 할 때는 디지털 회로와는 다른 점을 보이는데 우선 혼성 회로의 아날로그 트랜지스터 등의 장치는 디지털 장치에 비해 크지만 적은 수의 아날로그 장치가 칩에 포함되어 있으므로 크기 자체는 문제가 되지 않는다는 점이다. 그리고 아날로그 장치는 테스트를 위한 모델이 디지털 장치보다 어려운 점이 있고 외부 장비를 이용한 아날로그 장치의 테스트는 디지털 장치의 테스트에 비해 높은 비용을 요구한다. 아날로그 장치의 모델링이 어려운 이유는 일반적으로 통용되는 고장 모델이 없고, 디지털이 0과 1의 신호를 갖는데 비해 아날로그 신호의 범위는 무한대이기 때문이다. 그리고 아날로그 신호의 측정에 대한 오차의 범위가 존재하며 이는 외부 ATE 장비에서 단자의 부하나 저항에 의해서도 발생한다. 이와 더불어 아날로그 신호는 디지털 신호에 비해 노이즈에 민감하며 디지털 신호와 아날로그 신호의 혼성 회로로 인해서도 노이즈가 발생할 수 있다. 아날로그 신호의 흐름은 특정한 방향성이 없으며 다수의 아날로그 신호가 서로의 간섭으로 발생하는 고장 때문에 실제로 어느 장치에서 고장이 발생하는가에 대한 접근이 쉽지 않고, 이 관계를 분석하는 것은 복잡하다. 마지막으로 디지털 방식에 비해 아날로그 회로에 대한 테스트는 아직 표준화가 뚜렷하게 마련되어 있지는 않다. 이러한 이유로 아날로그 회로는 다양한 관점에서 종합적으로 분석하여 테스트가 수행되어야 한다.

7.6.2 혼성 신호의 테스트 방법

혼성 신호의 테스트 방법에는 회로의 기능적 특징에 기반한 테스트(specification based testing)와 고장 모델에 기반한 구조적 테스트(fault model based testing)의 두 가지 방법으로 나눌 수 있다. 표 7.1은 두 혼성 신호의 테스트 방법을 정리한 것이다.

아날로그와 디지털 회로는 모두 고장 모델에 기반한 구조적인 ATPG를 사용한다. 하지만 아날로그 회로는 고장 모델링이 쉽지 않기 때문에 아날로그 회로에서 ATPG는 일반적으로 잘 사용하지는 않는 편이다. 회로의 기능적 특징에 기반한 테스트는

표 7.1 혼성 신호의 테스트 방법

Specification based test	Fault-model based test
"The fabricated chip complies specs!"	"There's no defect provoking an error!"
CUT is a black box	CUT topology must be known
Stimuli and responses are derived from functional specs	Stimuli are targeted at detecting specific faults in specified components
Fault coverage is generally unknown	Faults models are essential
Tests can require lengthy prologues	Tests cover selected faults
Tests may overlap and be redundant	Tests supplement functional tests to maximize fault coverage
Tests do not guarantee defect-free IC	Tests may replace functional tests to avoid redundancy

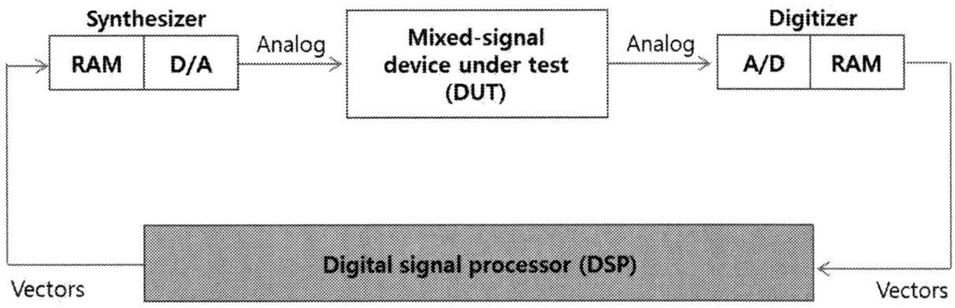

그림 7.23 DSP 기반의 혼성 신호 테스트

아날로그와 디지털 회로에 모두 적용 가능하지만 주로 아날로그 회로가 고장 모델이 필요 없고 다루기 쉽기 때문에 아날로그 회로의 테스트에 주로 사용되는 기법이다.

7.6.3 고장 모델에 기반한 테스트

고장 모델에 기반한 테스트에서는 모든 결함에 대해 정의하고 이러한 결함들이 발생하는 짧은 길이를 갖는 입력 패턴을 관찰한다. 특히 이 방식은 테스트 시간이 짧고 간단한 구조로 테스트가 가능하다. 테스트의 질을 평가하기 위해서는 catastrophic 고장과 parametric 고장으로 고장 모델을 정의하여 고장 검출률을 분석한다. 여기서 catastrophic 고장은 회로의 쇼트나 오픈 등 물리적인 고장에 의한 구조적인 문제가 되고, parametric 고장은 정상 동작의 허용 오차범위를 벗어나서 기능적인 문제를 일으키는 고장이 된다.

그림 7.22는 고장 모델에 기반한 테스트 방식의 구조를 보여준다. 우선 아날로그 신호 생성기에서 테스트를 위한 신호를 생성하고 이를 대상 회로에 넣어주어 이것의

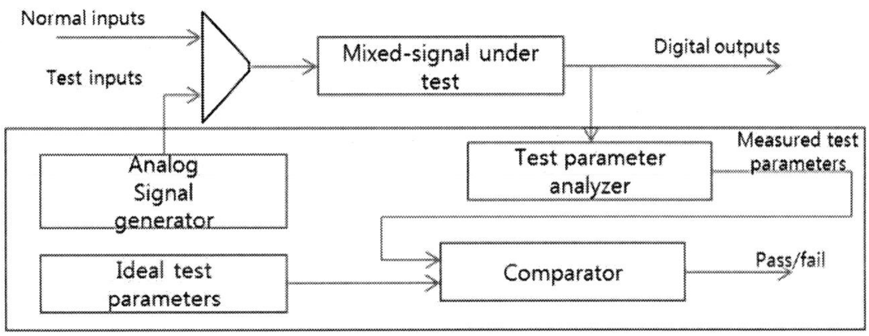

그림 7.22 고장 모델에 디반한 혼성 회로 테스트

응답 파라미터를 정상적인 경우의 파라미터와 비교하게 된다. 예를 들어 회로가 쇼트나 오픈의 경우, 정상 동작을 할 경우와 다른 파라미터의 값을 보이고 이를 고장으로 판단할 수 있다.

7.6.4 기능적 특징에 기반한 테스트

회로의 기능적 특징에 기반한 테스트는 대상 회로가 그 회로의 특성에 부합하는 동작을 하는지 분석하여 테스트를 하는 것이다. 보통 입력과 출력의 상호 동작을 통해 테스트를 진행하며 상대적으로 긴 테스트 시간을 요구한다. 이 테스트 방법은 일반적으로 DSP(Digital Signal Processor)에 기반한 테스트가 주로 수행된다.

그림 7.23은 DSP 기반의 혼성 신호 테스트의 구조이다. 이 구조에서 DSP를 통해 파형(waveform)의 발생과 응답 신호의 분석이 동기화 된다. DSP는 우선 파형이나 주파수 등을 디지털 형태의 테스트 벡터(vector)를 생성하고 전압 또는 전류를 측정하여 이를 분석한다. 이 벡터를 synthesizer의 RAM에 저장하였다가 DAC를 통해 테스트 대상이 되는 회로에 아날로그 신호로 입력하고 회로의 아날로그 응답 신호는 다시 digitizer의 ADC를 통과하여 RAM에 저장된다. 다시 디지털화된 응답 신호를 DSP가 분석하여 고장 유무를 판단한다.

DSP 기반의 혼성 신호 테스트 방법은 보다 정확한 결과를 보이며 잡음이나 혼선을 줄일 수 있는 방법 방법이다. 또한 구현이 쉽고 반복적인 테스트가 가능하며 비용이 저렴하고 작은 하드웨어 면적을 가지면서 적은 전력소비가 가능하므로 많이 사용되는 혼성회로 테스트 방법이다.

7.7 테스트 압축

지금까지의 테스트 기법들은 특정 테스트 패턴을 인가한 이후 테스트 응답이 나올 때마다 저장된 정확한 결과값과의 비교를 통하여 고장 유무를 판단하는 방법을 사용하였다. 그러나 이러한 방식은 테스트 대상이 되는 회로의 크기가 커지고 테스트 패턴의 수가 증가함에 따라 시간 및 메모리 측면에서 살펴볼 때 실제로 적용하기가 쉽지 않다. 이에 대한 해결책으로 등장하게 된 방식이 테스트 압축이다.

테스트 압축은 테스트 패턴을 압축하여 패턴의 길이와 수를 줄이고 테스트 응답을 다시 풀어서 원래의 신호로 돌려놓게 된다. 이를 통해 테스트 시간을 줄이고 ATE 장비에서의 테스트 패턴과 응답을 저장하기 위한 메모리와 ATE와 테스트 칩 간의 채널

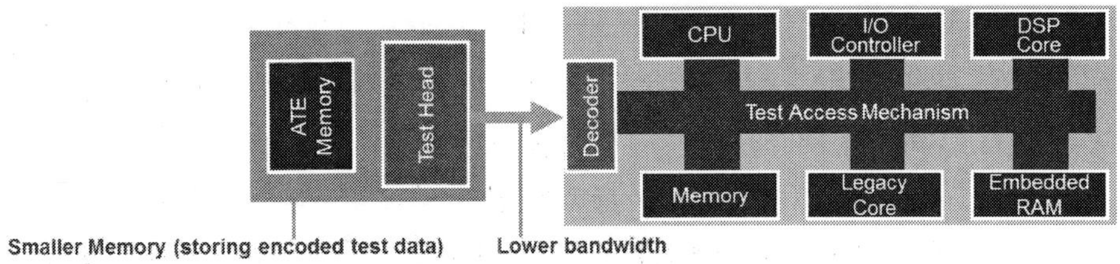

그림 7.24 테스트 압축

대역폭을 줄일 수 있는 효과가 있다. 테스트 압축 기법의 효율은 세 가지 측면에서 분석되는데 인코딩된 데이터를 위한 메모리의 크기, 압축률, 인코딩 효율로 나눌 수 있다. 압축률은 전체 데이터와 인코딩된 데이터의 비율로 정의할 수 있고, 인코딩 효율은 인코딩된 데이터에서 테스트 대상이 되는 회로의 특정 node를 테스트하는데 필요한 특정 비트를 유지하는 양의 비율이 된다. 그림 7.24는 테스트 압축에 대하여 도식화하여 보여준다.

테스트 압축 기법 중에서 특히 스캔 압축 기법은 테스트 데이터와 테스트 시간 그리고 하드웨어 면적을 감소시키는 방법이다.

그림 7.25의 스캔 압축 기법은 일반적인 스캔 테스트 구조에서 스캔 입력과 스캔 체인 사이에 'decompressor'가 위치하고 스캔 체인과 스캔 출력 사이에 'compressor'가 있어서 이러한 압축 구조를 통해 높은 테스트 품질과 적은 테스트 비용의 효과를 얻을 수 있다. 테스트 압축은 칩을 설계함에 있어서 하드웨어 면적이 커지게 되고 복

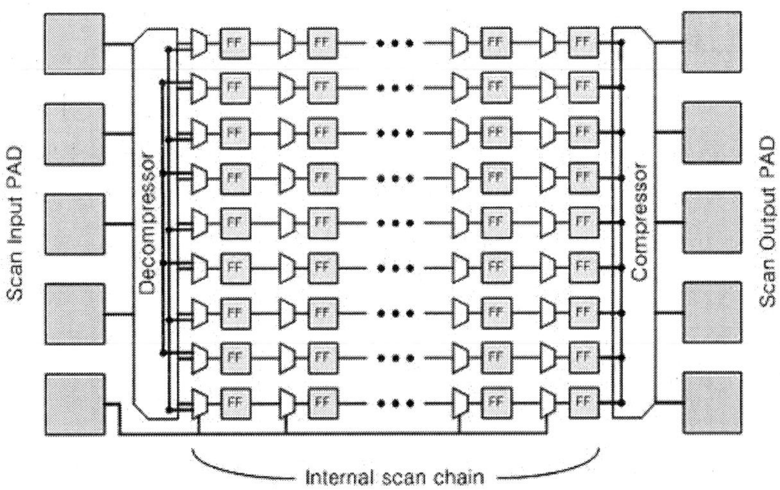

그림 7.25 스캔 압축

잡한 고장에 대한 새로운 기술이 요구된다. 그래서 이에 따른 테스트 비용을 줄이기 위해 스캔 압축은 일반적인 테스트 압축에 비해 10배~100배 이상의 테스트 데이터의 압축율과 테스트 시간의 단축을 보여준다.

스캔 압축 기법에서 사용하는 압축 방법에는 다양한 압축 구조가 있지만 그 중에서 XOR 로직은 구현하기가 가장 쉽고 높은 관측용이성 때문에 흔히 사용된다. 또한 동작은 일반적인 스캔 모드와 스캔 압축 모드의 두 가지로 구분되어지므로 필요에 따라 압축을 선택적으로 사용할 수 있다. 이와 같은 스캔 압축 기법을 사용함으로써 얻는 이점을 살펴보면 아래와 같다.

가. 테스트 비용이 더 적게 든다.
나. 높은 고장 검출률을 제공한다.
다. 표준 스캔 기법과 함께 쉽게 적용이 가능하다.
라. 설계 타이밍의 영향을 피할 수 있다.
마. 면적 최적화가 가능한 물리적인 디자인 설계 가능하다.
바. 면적 영향을 최소화한다.
사. 테스트에 필요한 핀 수를 최소화한다.
아. 저전력으로 설계된 디자인 유지가 가능하다.
자. 테스트 동안에 파워 소모를 최소화한다.

테스트 압축은 테스트 데이터와 테스트 시간을 줄일 수 있는 것뿐만 아니라 ATPG의 테스트 패턴을 모두 적용할 수 있기 때문에 테스트 품질의 유지 또한 가능하다. 그리고 스캔 및 BIST 기법 등의 기존의 테스트에 적용할 때 테스트 규칙을 어기지 않으면서 적용이 가능하다. 그래서 현재 생산되는 많은 칩들이 이를 채택하여 테스트에 이용하고 있다. 하지만 테스트 압축은 발생한 고장들끼리의 상호 상쇄 등의 효과에 의해 고장이 있음에도 불구하고 없는 것처럼 보이는 현상인 압축치 동일현상 문제가 발생할 수 있기 때문에 이러한 문제를 해결하면서 압축율을 높이고 테스트 시간을 줄일 수 있는 연구가 진행되고 있다.

7.8 경계 스캔 기법

7.8.1 경계 스캔의 용도

인쇄 회로 기판(PCB: Printed Circuit Board) 수준의 테스트는 기판에 실장된 칩들에 대한 테스트와 칩들 사이의 연결선(interconnection)에 대한 고장의 유무를 판단하는데 쓰여진다. 기존의 단순한 구조를 갖는 기판의 경우에는 직접 테스트 단자를 기판에 인가하여 신호를 관측하는 방법이 사용되었으나, 다층 구조의 기판이 등장하고 표면 실장 기법(SMT: Surface Mounting Technology)의 사용에 따라 기판 수준의 테스트가 어려운 문제가 되었다. 이러한 기판 수준의 테스트의 문제점을 해결하고, 기판상의 여러 칩들의 테스트를 용이하게 하기 위한 방식이 1990년도에 IEEE에서 표준으로 제정한 기판 수준의 테스트를 위한 IEEE 1149.1 표준안인 경계 스캔(boundary scan) 기법이다. 경계 스캔 기법은 JTAG(Joint Test Action Group) 경계 스캔 표준이라고도 불리며 기판상의 칩들과 연결선을 테스트하고 일반 시스템 데이터를 관찰하기 위해 사용된다.

7.8.2 경계 스캔 구조

그림 7.26은 일반적인 경계 스캔 구조를 보여주고 있다. 기판 수준의 테스트를 지원하기 위해 경계 스캔 기법을 적용하고자 할 때에는 기판에 실장되는 칩들이 실제 회로의 기능과 함께 부수적으로 경계 스캔을 지원할 수 있어야 한다. 이때 필요한 회로는 경계 스캔 레지스터(boundary scan register)와 이들을 제어하는 FSM인 TAP(Test Access Port) 제어기로 구성된다. 테스트 대상이 되는 코어 회로는 스캔 체인을 포함하고 있을 수 있다. 스캔 체인의 입력과 출력단은 경계 스캔 레지스터와 연결

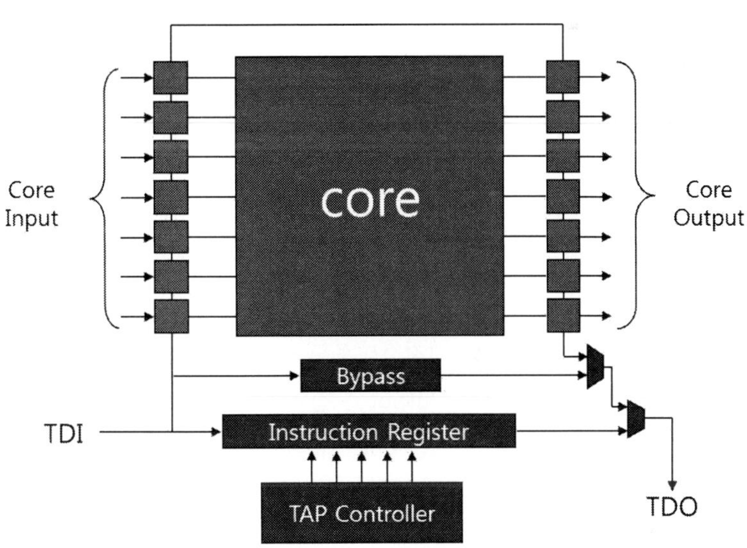

그림 7.26 경계 스캔 구조

될 수 있고 테스트 데이터의 경계 스캔 레지스터로의 입력과 출력을 위하여 테스트 데이터 입력신호(TDI: Test Data In)과 테스트 데이터 출력신호(TDO: Test Data Out)이 있고, 이 단자들은 테스트 clock(TCK: Test ClocK) 및 테스트 모드 선택 신호(TMS: Test Mode Selection), 테스트 리셋(TRST: Test ReSeT)과 함께 경계 스캔 버스(boundary scan bus)를 구성한다. 여기서 테스트 clock과 테스트 모드 선택 신호는 경계 스캔 기법을 이용하여 수행되는 여러 가지 종류의 테스트 방식을 선택하고 제어하기 위해 사용된다.

경계 스캔 기법의 기본 동작은 다음과 같다. 먼저 TDI를 통해 명령어가 명령어 레지스터(instruction register)에 순차적으로 인가된다. 그리고 해당 명령어에 따른 테스트를 위해 테스트 패턴이 TDI를 통해 순차적으로 경계 스캔 레지스터에 인가된다. 테스트 패턴의 인가 후 회로의 테스트가 수행되고 테스트 응답은 TDO를 통해 순차적으로 나오게 된다. 이때 TDI를 통해 새로운 테스트 패턴이 경계 스캔 레지스터에 인가될 수 있다.

경계 스캔 구조에는 경계 스캔 레지스터와 명령어 레지스터 외에도 바이패스(by-pass) 레지스터가 존재한다. 이는 기판상의 경계 스캔 체인의 길이가 지나치게 길기 때문에 발생하는 테스트 시간을 줄이기 위해 사용되는 것으로 칩의 TDI 단자와 TDO 단자를 직접 연결시키는 기능을 가진다. 이 레지스터를 통해 특정 회로에 대한 선택적인 테스트도 가능하다.

경계 스캔 기법의 장점으로는 기판에서 고장이 발생한 칩의 위치를 알 수 있고 테스트와 수리의 반복을 줄일 수 있다. 또한 표준화된 테스트가 가능하므로 효율적이고 스캔 등 기존 테스트 기법의 재활용이 가능하다. 마지막으로 기판에서 특정 칩에 대한 외부로부터의 테스트 접근성이 향상된다.

7.8.3 경계 스캔 셀

경계 스캔 셀은 경계 스캔 레지스터에서 각각의 레지스터를 뜻한다. 그림 7.27은 경계 스캔 셀의 예를 보여주고 있다.

경계 스캔 셀은 입력 레지스터로도 사용 가능하며 출력 레지스터로도 사용될 수 있다. Core Input과 Core Output은 칩의 단자와 회로를 연결하는 부분으로서, 입력 경계 스캔 셀로 쓰일 경우에는 Core Input은 칩의 입력단자에 연결되고 Core Output은 회로의 입력단자에 연결된다. 출력 경계 스캔 셀로 쓰일 경우에는 Core Input은 회로의 출력단자에 연결되고 Core Output은 칩의 출력단자에 연결된다. TDI와 TDO는 이웃한 경계 스캔 셀과의 순차적이 연결을 통하여 칩의 모든 입력과 출력단자를 통과하

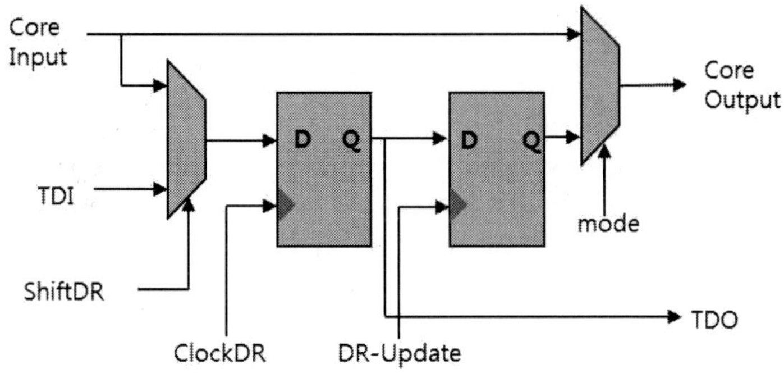

그림 7.27 경계 스캔 셀

는 스캔 체인을 형성하게 된다.

경계 스캔 셀은 네 가지 동작 모드 중 하나로 쓰이게 되는데, 정상 모드, 스캔 모드, 캡처 모드, 갱신(update) 모드로 구분된다. 이러한 모드들은 TAP 제어기의 제어에 따라 변하는 신호인 ShiftDR, ClockDR, DR-Update에 따라서 결정된다. 각각의 모드를 설명하면 다음과 같다.

정상 모드는 mode 신호가 0인 경우로서 Core Input 단자는 곧바로 Core Output 단자로 연결된다. 따라서 칩의 정상 동작 시에는 경계 주사 셀이 없는 것과 같이 쓰인다.

스캔 모드는 ShiftDR 신호에 1이 인가되고 ClockDR에 clock이 인가되는 경우로서 인접 셀끼리 서로 연결되어 스캔 체인을 형성하게 된다. 즉 이전 단에 위치한 셀의 출력값이 TDI를 통하여 들어오게 되고, 현재 셀의 값은 TDO를 통하여 다음 단의 셀로 전달된다.

캡처 모드는 ShiftDR 신호가 0이고 ClockDR의 clock이 한 번 인가되는 모드로서 Core Input 단자로부터 출력 경계 스캔 셀에 인가된다. 이때 Core Output 단자에는 mode 신호에 따라서 Core Input의 값이나 셀의 이전 값 중 하나가 나오게 된다.

갱신 모드는 mode 신호가 1이고 DR-Update에 clock이 한 번 인가되는 모드로서 캡처 모드나 스캔 모드를 통해 출력 스캔 셀에 저장된 데이터를 Core Output 단자를 통해 내보내게 된다.

7.8.4 기판 수준의 외부 테스트

그림 7.28은 IEEE 1149.1을 지원하는 4개의 칩으로 구성된 기판을 보여주고 있다.

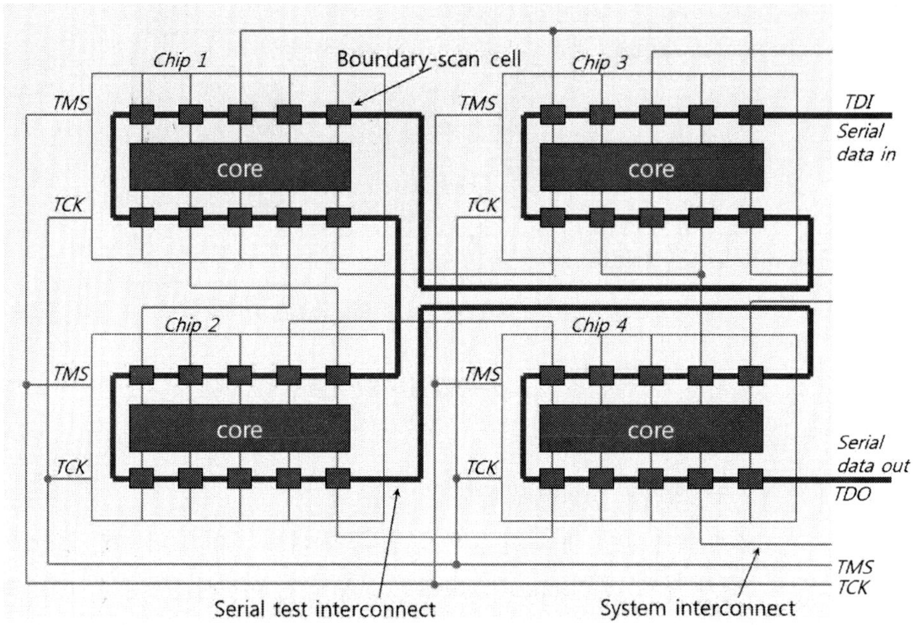

그림 7.28 경계 스캔 표준에 따른 기판의 구성

경계 스캔 레지스터들은 서로 연결되어 하나의 스캔 체인을 형성하고 있으며, 기판의 단자와 직접 연결된 두 칩을 제외하고 한 칩의 TDI와 다른 칩의 TDO가 연결되어 있다. 이렇게 기판을 구성하였을 때, 사용되는 칩들이 경계 스캔 표준을 지원하면 칩과 칩 사이의 연결선의 상태를 테스트할 수 있고, 특정 시간에 칩의 입력과 출력 데이터의 확인이 가능하며, 경계 스캔 레지스터를 이용하여 칩의 내부 회로를 테스트할 수 있다.

7.8.5 명령어 레지스터

명령어 레지스터는 현재 보유하고 있는 명령어를 자신의 출력 단자에 고정적으로 유지시키면서 새로운 명령어를 이동시킬 수 있는 기능을 가지고 있다. 이 레지스터는 실행할 동작을 명시하고 테스트 데이터 레지스터를 선택하는 기능을 한다. 각각의 명령어는 TDI와 TDO 사이에 있는 여러 테스트 레지스터 중 하나를 구동시킨다. 표 7.2에서 BYPASS, EXTEST, SAMPLE/PRELOAD는 표준에 따라 반드시 필요한 명령어이며 나머지 명령어들은 필요에 따라 선택적으로 사용되는 명령어이다.

BYPASS 명령어는 기판상의 칩 중 선택적으로 테스트를 하여 스캔 경로의 길이를

표 7.2 경계 스캔 기법의 명령어

Instruction	Opcode	Mode	Selected Data Register	Remarks
EXTEST	All zero	Test	Boundary	Mandatory
SAMPLE/ PRELOAD	User-specified	Normal	Boundary	Mandatory
BYPASS	All one	Normal	Bypass	Mandatory
INTEST	User-specified	Test	Boundary	Optional
RUNBIST	User-specified	Test	User-specified	Optional
IDCODE	User-specified	Normal	Device-ID	Optional
USERCODE	User-specified	Normal	Device-ID	Optional
CLAMP	User-specified	Test	Bypass	Optional
HIGHZ	User-specified	Test	Bypass	Optional

줄이기 위한 것이다. 해당 칩을 제외한 나머지 칩은 바이패스 모드가 되어 전체 스캔 경로를 줄일 수 있고, 이에 따라 테스트 시간도 줄일 수 있다.

EXTEST 명령어는 기판상의 칩과 칩사이의 연결선을 테스트하는데 사용된다. 이 명령어가 수행될 때는 칩의 출력단자에 연결된 경계 스캔 레지스터가 테스트 신호를 인가시키며 입력단자에 연결된 경계 스캔 레지스터는 테스트 응답을 적재한다.

SAMPLE/PRELOAD 명령어는 칩의 입출력 패드의 데이터가 기판의 정상 동작 중에 샘플링되고 경계 스캔 레지스터에 인가될 수 있도록 한다.

INTEST 명령어는 경계 스캔 경로를 통하여 칩의 회로에 테스트 패턴을 인가시키고 테스트 응답을 얻는데 사용된다. 회로에 대한 테스트 입력은 입력 경계 스캔 레지스터에 의해 인가되고, 칩의 테스트 응답은 출력 경계 스캔 레지스터에 적재된다.

RUNBIST 명령어는 칩의 자체 테스트(self test) 기능을 수행할 수 있게 해준다.

7.9 IEEE 1500

7.9.1 IEEE 1500의 목적

IEEE 1500은 칩의 코어를 테스트하기 위해 내장된 프로세서나 메모리 등의 코어와 시스템 칩의 테스트 인터페이스(interface)를 정의하기 위해 2001년에 제정한 표준이다. 시스템 칩은 다수의 집적 회로를 포함하고 있으며 높은 성능과 저전력, 작은 면적의 설계가 기반이 된다. IEEE 1500은 내장된 코어를 위해 DFT 등의 테스트 기법을 재활용하고 코어에 대한 접근성 향상을 통해 시스템 칩의 연결선 및 회로에 대한 테스트 용이도를 향상시키는 데 목적을 둔다. 1500에서는 사용자의 설정에 의해 plug-and-play의 프로토콜을 사용할 수 있으며 코어의 설계자와 사용자간의 테스트 효율을 높이기 위해 널리 사용되고 있다. 이는 코어의 내부 동작을 몰라도 사용자가 쉽게 코어를 테스트할 수 있는 표준이 되며, 실제로 IEEE 1500은 코어의 내부를 테스트할 수 있는 방법을 제시하고 있지는 않다. 하지만 코어를 둘러싸고 있는 테스트 래퍼(wrapper)를 정의하고 있으며, 테스트 접근 메커니즘(test access mechanism)을 사용자가 직접 정의하도록 하여 기존의 정형화된 테스트 기법보다 많은 유연성을 가지고 있다. 이로 인해 최근의 칩 제작에 있어서 IEEE 1500 표준을 따른 설계를 적용하여 테스트의 효율성이 높아지고 있다.

그림 7.29는 IEEE 1500 구조를 보여주고 있다. 여기서 코어는 래퍼에 의해 둘러싸여 있으며, 크게 래퍼 명령어 레지스터(WIR: Wrapper Instruction Register), 래퍼 바이패스 레지스터(WBY: Wrapper BYpass register), 래퍼 경계 레지스터(WBR: Wrapper Boundary Register)로 구성되어 있다. 테스트 접근을 위한 단자로는 표준에 의해 필수적인 래퍼 직렬 포트(WSP: Wrapper Serial Port)와 래퍼 병렬 포트

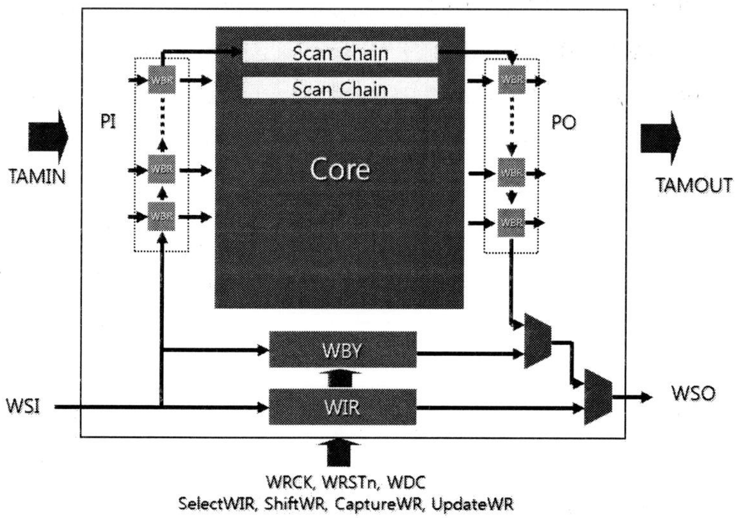

그림 7.29 IEEE 1500 표준

(WPP: Wrapper Parallel Port)가 정의되어 있다[8]. IEEE 1500을 제어하기 위한 신호는 IEEE 1149.1의 TAP 제어기와 같은 테스트 제어부와 병렬 테스트를 위한 TAM (Test Access Mechanism)은 사용자에 의해 직접 설계되어야 한다.

7.9.2 테스트 래퍼

IEEE 1500의 테스트 래퍼는 코어를 둘러싸고 있는 로직이며 코어에 대한 테스트 접근성을 제공한다. 테스트 래퍼에는 입력 WBR과 출력 WBR이 있는데 입력 WBR은 코어의 입력에 연결되어 있고 WPI 또는 WSI를 통해 칩의 외부에서 접근한다. 출력 WBR은 코어의 출력에 연결되어 있고 WPO 도는 WSO를 통해 칩의 외부로 데이터를 내보낸다. 테스트 래퍼는 입력과 출력에 대하여 정상 모드, 외부 테스트 모드, 내부 테스트 모드를 제공한다.

정상 모드일 때 코어의 입력은 칩에 의해 데이터를 받고, 출력은 칩으로 데이터를 내보낸다.

외부 테스트 모드일 때 래퍼의 입력 WBR에는 연결선 테스트를 위한 테스트 응답이 적재되고 래퍼의 출력 WBR에는 연결선 테스트를 위한 테스트 데이터가 인가된다. 이를 통해 칩과 칩 사이의 연결선에 대한 테스트가 가능하다.

내부 테스트 모드일 때 입력 WBR에는 코어의 내부를 테스트하기 위한 테스트 데이터가 인가되고, 출력 WBR에는 코어의 내부를 테스트한 응답이 적재된다.

그림 7.30은 IEEE 1500의 테스트 래퍼의 기본 구조를 보여준다. 테스트 래퍼에는 래퍼 직렬 입력(WSI: Wrapper Serial Input)과 래퍼 직렬 출력(WSO: Wrapper Serial Output)을 통해 직렬 테스트뿐만 아니라 래퍼 병렬 입력(WPI: Wrapper Parallel Input)과 래퍼 병렬 출력(WPO: Wrapper Parallel Output)을 통한 병렬 테스트도 가능하다. 여기서 WSI와 WSO가 WSP를 구성하고 WPI와 WPO가 WPP를 구성한다. 래퍼 인터페이스 포트(WIP: Wrapper Interface Port)는 래퍼 인스트럭션 레지스터와 연결되어 테스트 래퍼의 동작을 제어한다. 테스트 래퍼에 테스트 데이터를 인가할 때는 직렬 방식과 병렬 방식이 사용되는데 직렬 방식은 마치 IEEE 1149.1 경계 스캔 방식과 흡사하다. 이 방식은 테스트 데이터를 한 비트씩 차례대로 WSI를 통해 인가하고 테스트 응답을 WSO를 통해 내보내는데 칩의 연결간의 대역폭을 제한할 필요가 있을 때 사용된다. 또는 대역폭을 사용자가 정의하여 병렬적으로 테스트 데이터를 인가하거나 테스트 응답을 내보낼 때는 WPI와 WPO를 이용한 병렬 입출력으로 확장할 수 있다. 또한 IEEE 1500에도 래퍼 바이패스 레지스터가 있어서 다수의 코어 테스트에서 특정 코어를 선택적으로 테스트할 수 있기 때문에 시스템의 테스트 시간

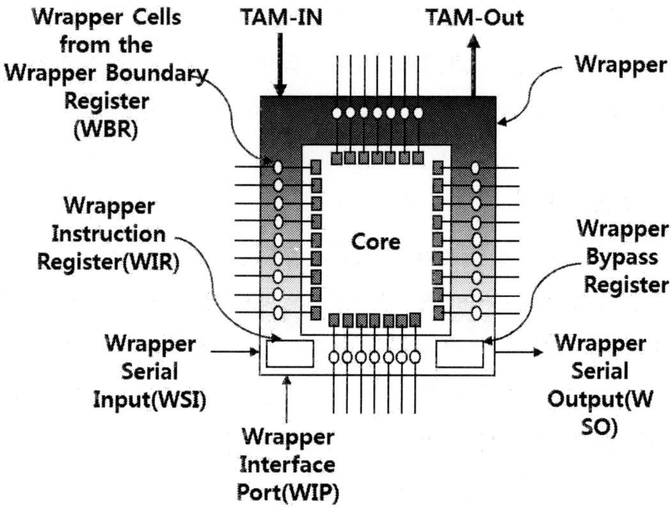

그림 7.30 IEEE 1500 테스트 래퍼

을 단축시킬 수 있다. 하지만 바이패스를 사용할 때는 테스트 데이터의 직렬 입출력만을 사용가능하고 WSI와 WSO를 직접 연결시킴으로서 바이패스를 활성화한다. 다만 병렬 테스트의 경우 바이패스를 하고자 할 때는 사용자가 TAM에서 바이패스 기능을 구현하거나 래퍼에 병렬 테스트의 바이패스를 추가하여 이 기능을 사용할 수 있다.

래퍼 명령어 레지스터의 제어 신호는 SelectWIR, ShiftWR, CaptureWR, UpdateWR로 구성된다.

SelectWIR 신호가 활성화되면 명령어를 인가하거나 테스트 데이터를 WSI와 WSO 단자를 이용하여 인가할 수 있다. SelectWIR이 비활성화되면 래퍼 명령어 레지스터에 의해 제어되는 WBR이나 WBY 또는 코어의 내부 데이터 레지스터조차 제어할 수 없게 된다.

ShiftWR 신호를 활성화하면 입력 WBR에 WSI로부터 테스트 데이터를 인가할 수 있으며, CaptureWR로 코어를 테스트한 응답을 출력 WBR에 적재할 수 있다. 그리고 UpdateWR을 활성화하여 WBR에 저장된 응답을 WSO를 통해 외부로 내보낼 수 있다. ShiftWR, CaptureWR, UpdateWR은 동시에 활성화되지 못하는 특징을 갖고 있다.

7.9.3 테스트 접근 메커니즘

IEEE 1500 표준은 코어를 둘러싼 래퍼만을 제시하고 있기 때문에 테스트 접근 메커니즘은 사용자가 직접 정의하고 설계하여야 한다. 그림 7.31은 테스트 접근 메커니즘의 예를 보여준다.

일반적으로 직렬 테스트를 위한 테스트 접근 메커니즘은 TAP 제어기를 사용하며 직렬 테스트 데이터는 TDI 단자를 통해서 들어오고 테스트 응답은 TDO 단자를 통해서 내보낸다. 그 외 TCK, TMS, TRST 등은 IEEE 1149.1 TAP 제어기의 기능과 동일하다. 또한 병렬 테스트는 사용자에 의해 정의된 테스트 접근 메커니즘의 설계를 통해 구현된다. 이 경우, 병렬 테스트를 위한 연결선의 대역폭과 다수의 코어에 대한 테스트를 위한 스케쥴링(scheduling)에 대한 고려가 필요하다.

7.9.4 IEEE 1500 명령어

IEEE 1500의 명령어는 표 7.3과 같이 정의된다. 이 명령어들은 직렬 테스트 메커니즘과 병렬 테스트 메커니즘 사이에서 다르게 정의되며, WS_BYPASS, WS_EXTEST, Wx_INTEST와 같이 필수적으로 포함되어야 하는 명령어들과 WS_ PRELOAD와 같이 조건부로 포함되는 명령어가 있으며, 나머지는 사용자의 선택에 따라 포함시킬 수 있다.

WS_BYPASS 명령어는 WBY에 의해 WSI와 WSO가 직접 연결되어서 바이패스 모드가 된다. 이는 정상 모드에도 해당된다.

WS_EXTEST 명령어는 코어간의 연결선을 테스트할 때 사용되고, 직렬 테스트에만 해당된다. 이 경우는 출력 WBR이 테스트 데이터를 인가하고 입력 WBR이 테스트

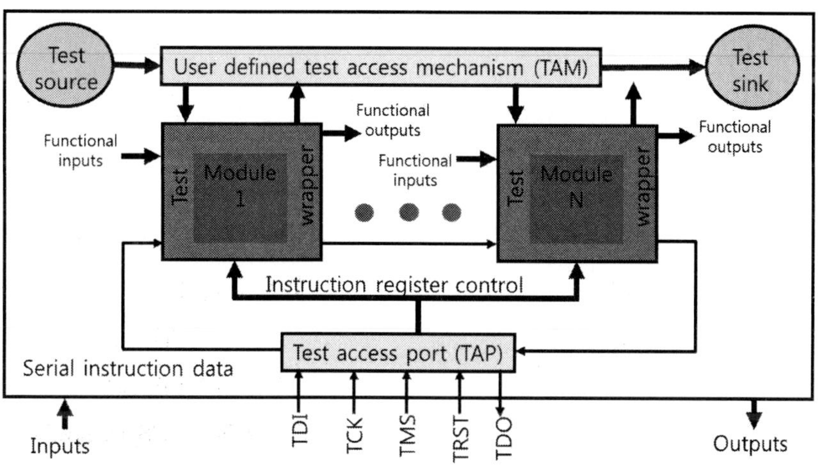

그림 7.31 테스트 접근 메커니즘

표 7.3 IEEE 1500 명령어

Instruction	Type	Description
WS_BYPASS	Mandatory	Allows normal(functional) mode and puts the wrapper into bypass mode
WS_EXTEST	Mandatory	Allows external test using a single chain configuration in the WBR
WP_EXTEST	Optional	Allows external test using a multiple scan chain configuration in the WBR
Wx_EXTEST	Optional	A user-specified external test instruction
WS_SAFE	Optional	Puts the core into a quiet mode and outputs a predefined static (safe) state from all output ports. It also puts the WBR into bypass mode
WS_CLAMP	Optional	Outputs a programmable static (safe) state from all output ports. It also puts the wrapper into bypass mode. Preceded by a Wx_PRELOAD instruction
WS_PRELOAD	Conditional Mandatory	Loads data into the single silent shift path of the WBR
WP_PRELOAD	Optional	Loads data into the multiple silent shift path of the WBR
WS_INTEST_RING	Optional	Allows internal testing using a single chain configuration in the WBR
WS_INTEST_SCAN	Optional	Allows internal testing by concatenation of the wrapper chain with a single internal chain
Wx_INTEST	Mandatory	A user-specified core test instruction

응답을 적재한다. 병렬 테스트에서 외부 테스트를 할 때는 WP_EXTEST를 추가하면 된다. 또한 사용자의 필요에 따라 직렬 테스트와 병렬 테스트를 병행하여 외부 테스트를 할 때는 Wx_EXTEST 명령어를 사용하면 된다.

Wx_INTEST 명령어는 코어를 테스트할 때 사용되고, 직렬 테스트와 병렬 테스트 모두 사용 가능하다. 이 경우, 입력 WBR이 코어에 테스트 데이터를 인가하고 출력 WBR이 코어의 테스트 응답을 적재한다. 코어를 테스트할 때는 사용자의 선택으로 WS_INTEST_RING과 WS_INTEST_SCAN 명령어를 사용할 수 있는데, WS_INTEST_RING은 WBR로 연결된 스캔 체인을 이용한 코어 테스트이고, WS_INTEST_SCAN은 WBR로 연결된 스캔 체인과 코어 내부의 스캔 체인을 같이 사용한 코어 테스트가 된다.

WS_SAFE와 WS_CLAMP는 선택사항으로 WBR을 바이패스 모드로 전환하면서 코어의 출력이 WBR에 적재가 되지 않는 안전 모드가 되고, 마치 WBR의 값을 유지시키는 기능을 한다. 또한 WBR을 통해 코어로 입력되는 값들도 이 안전 모드에 의해 제어를 받게 된다. 일반적으로 WS_CLAMP는 WS_PRELOAD로 WBR에 데이터가 입력된 후 필요한 명령어이기 때문에 WS_SAFE는 WS_CLAMP에 비해 직접적으로 WBR의 값을 제어할 수 있다.

WS_PRELOAD는 정상 동작과의 간섭 없이 WSI와 WSO를 통해 하나의 WBR에 직렬 데이터 접근을 할 수 있다. 특히 테스트를 할 때 WBR에 초기 패턴 값을 넣어 줄 때 사용하기도 하는 조건부 명령어이다. 또한 다수의 WBR에 접근하기 위해서는 WP_PRELOAD를 사용한다.

7.9.5 테스트 스케쥴링

최근의 SoC는 다수의 코어를 포함하여 설계되고 있는 것이 일반적이다. 다수의 내장된 코어를 테스트할 경우 제한된 외부 단자로 코어를 접근해야 하므로 실제로 다수의 코어를 동시에 테스트하는 것은 쉽지 않다. 또한 이러한 제한된 단자를 통해 다수의 코어를 테스트할 때는 그만큼 테스트 시간이 길어지고 전력소비 측면에서도 비효율적인 테스트가 된다. 그래서 다수의 코어를 테스트할 때는 테스트 스케쥴링이 고려되어야 하며 이를 통해 테스트 시간을 단축하고 제한된 테스트 접근 메커니즘의 대역폭과 전력 부담을 효율적으로 관리해야 한다.

테스트 스케쥴링을 하는 과정은 먼저 테스트 래퍼의 설계를 최적화하고 각각의 코어에 필요한 단자만큼 테스트 접근 메커니즘에서 할당해야 한다. 마지막으로 각각의 테스트를 시작하고 마치는 시간을 분배하여야한다. 하지만 테스트 스케쥴링은 모든 경우의 수를 판단해야 하는 매우 복잡한 과정이므로 이를 최적화할 수 있는 알고리즘의 연구가 활발히 진행되고 있다.

그림 7.32는 테스트 스케쥴링의 예로 테스트 접근 메커니즘의 제한된 대역폭에서 코어의 테스트 순서를 조절하여 테스트 스케쥴링을 통해 테스트 시간을 단축하는 것을 보여준다.

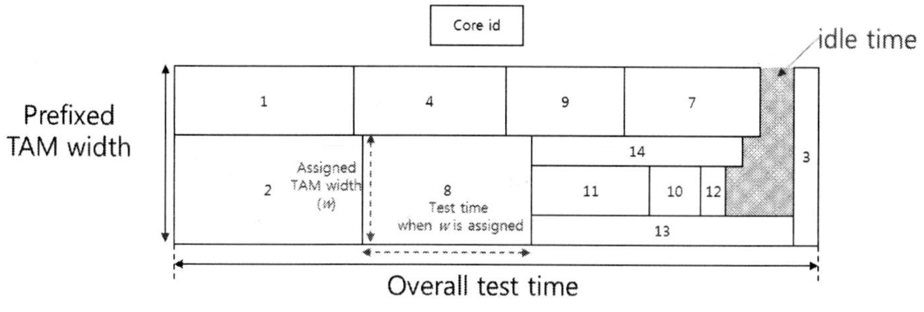

그림 7.32 테스트 스케쥴링

7.10 결론

DFT는 복잡한 회로에서 ATPG를 사용하기 어려운 점에 의해 칩의 설계 단계에서부터 테스트를 효율적으로 하기 위해 테스트를 위한 추가적인 하드웨어를 설계하는 것이다. 그래서 Ad-hoc 방식에서부터 구조적 접근을 통한 스캔 테스트, 테스트 패턴과 응답의 분석을 칩 내부에서 하는 BIST, 기판 수준에서 칩을 테스트하고 접근하기 위한 경계 스캔 및 코어 테스트를 위한 IEEE P1500 등 다양한 테스트 기법들이 소개되었다. 이는 활발한 연구의 진행을 통해 테스트 품질이 향상되고 테스트가 용이해진다는 장점을 보여 왔다. 하지만 DFT를 적용함에 있어서 면적과 타이밍의 오버헤드가 증가하고 테스트를 진행함으로 인해 발생하는 추가적인 전력 소비, 그리고 테스트를 위한 단자의 추가로 인한 하드웨어 면적이 따르기 때문에 이를 해결하기 위한 연구 또한 활발히 진행되고 있다.

참고문헌

[1] N. A. Touba and E. J. McCluskey, "Bit-Fixing in Pseudorandom sequences for Scan BIST", *IEEE Trans. Computer-Aided Design*, vol 20, no. 4, pp. 545-555, April 2001.

[2] H. J. Wunderlich and G. Kiefer, "Bit-flipping BIST", *Proc. Int. Conf. Computer-Aided Design*, Nov 1996.

[3] R. Dekker, F. Beenker, and L. Thijssen, "Realistic Built-In Self-Test for Static RAMs", *Design & Test of Computers, IEEE*, Feb 1989.

[4] D. Youn, T. Kim, and S. Park, "A Microcode-based Memory BIST Implementing Modified March Algorithm", *Proc. 10th Asian Test Symposium*, 2001.

[5] P. C. Tsai, S. J. Wang, and F. M. Chang, "FSM-Based Programmable Memory BIST with Macro Command," *Memory Technology, Design, and Testing, IEEE Intr. Workshop*, Aug 2005.

[6] S. Boutobza, M. Nicolaidis, K. M. Lamara, and A. Costa, "Programmable Memory BIST", *Proc. Int. Test Conf*, Nov 2005.

[7] W. Jeong, I. Kang, K. Jin, and S. Kang, "A Fast Built-in Redundancy Analysis for Memories with Optimal Repair Rate Using A Line-based Search Tree", *IEEE Trans. Very Large Scale Integration Systems*, Dec 2009.

[8] E. J. Marinissen, R. Kapur, M. Lousberg, T. McLaurin, M. Ricchetti, and Y. Zorian, "On IEEE P1500's Standard for Embedded Core Test", *Journal of Electronic Testing: Theory and Applications*, vol. 18, 365-383, 2002

제 8 장

저전력 테스트

8.1 서론

8.1.1 저전력 테스트의 필요성

제작된 회로가 정상적으로 작동하는지 알아보기 위하여 테스트는 필수적인 과정이다. 회로를 테스트할 때에는 테스트의 효율, 테스트 시간, 테스트 파워 등 고려할 사항이 있다. 그중에서 테스트 파워의 중요성과 관련된 문제점을 짚어보고 테스트 파워를 줄이기 위한 여러 가지 기술들에 대하여 알아본다.

모든 회로는 어떤 특수한 기능을 하고, 그 기능을 제대로 수행하기 위해서는 반드시 적당한 파워 소비가 필요하다. 정상적인 회로의 기능은 예상이 가능하기 때문에 회로가 동작하는 동안 패키지의 열 방출은 평균 소비 전력이 일정하도록 유지하는 것이 가능하다. 마찬가지로 파워 버스는 기능을 제대로 수행하기 위한 예상되는 최대한의 전류를 흐를 수 있게 설계 된다. 그러나 회로에 테스트 모드를 추가하면 회로의 일반 동작과는 다른 형태의 동작이 요구된다. 이는 각종 경우를 대비하기 위한 것으로, 회로의 품질을 보증하기 위하여 테스트 모드는 일반 동작에서 전혀 예상치 못한 경우까지 대비해야 한다. 이와 같이 테스트 모드에서는 일반 동작 모드와는 전혀 다르게 파워를 소모하게 되고, 일반 동작 모드에서 소모하는 파워보다 더 많은 파워를 소모할 수도 있다.

일반적으로 테스트 패턴은 모든 가능한 경우를 체크하기 때문에 일반 동작에 의해 생성된 패턴보다 상관관계가 낮다. 이러한 낮은 상관관계는 테스트 패턴 내에서 많은 스위칭 동작을 하도록 만들고, 과도한 스위칭은 더욱 많은 열 방출을 일으킬 수 있다. 그리고 이러한 과도한 열 방출은 회로에 영구적인 손상을 입혀 수율을 낮게 만들 수 있다. 그러므로 파워 소비에 따른 문제들에 대한 고려가 필요하다. CMOS 회로의 열 방출은 스위칭 동작에 비례한다. 평균 파워 감소는 테스트하는 동안 원하지 않는 고장을 피하는데 도움이 된다. 피크 파워는 컴포넌트의 열 및 전기의 한계와 시스템 패키지 요구사항 그리고 방열판의 크기를 결정한다. 그리고 BIST(Built-In Self Test)에서는 스캔의 동작이 파워 소실의 절대적인 요소가 된다.

8.1.2 테스트 파워 소모

전력 손실은 정적 파워 손실과 동적 파워 손실 두 가지 부분으로 나누어진다. 여기서 정적 파워란 누설 전류에 의하여 평소에 소모되는 파워를 말하고, 동적 파워란 스위칭 동작에 의한 파워 소모와 short 회로의 파워의 합을 말한다. 스위칭 동작에 의해 손실되는 전력량은 패턴의 스위칭 동작의 활동 계수와 정전 용량, 전압의 제곱 그리고 clock의 변화 주기에 따라 달라진다. 그러나 회로의 특성 상 정전 용량, 전압, 동작 속도는 불변하는 요소이기 때문에 동적인 파워 소모는 스위칭 동작의 영향을 크게 받는다. 따라서 전력 손실을 줄이기 위해서 저전력 ATPG(low power ATPG), 저전력 스캔(low power SCAN) 테스트, 저전력 BIST(low power BIST)방법 등을 통하여 스위칭 활동을 줄이기 위한 연구가 활발히 진행되고 있다.

테스트를 위한 전력소비도 또한 크게 증가하고 있다. 때로는 테스트를 위한 전력소비가 일반 동작 모드의 전력소비보다 훨씬 클 때도 있다. 테스트 시간을 줄이기 위하여 병렬 테스트를 진행하면 파워 소모는 증가할 수밖에 없다. 그리고 스캔의 시프트 동작 속도를 빠르게 하는 것도 파워 소비를 높이는 원인이다. 또한, 테스트 패턴을 압축시키는 방법은 테스트 시간을 줄일 수 있지만 파워 소모를 증가시키는 원인이다. 그림 8.1과 같이 원래의 테스트 패턴에 비하여 압축된 테스트 패턴은 3.5배에서 4.1배의 파워를 소모시킬 수 있다. 그리고 테스트는 다양한 전압, 온도, 일반 동작 모드에서는 불필요한 스캔 시프트 동작을 요구하는 패턴 등의 환경에서 이루어지기 때문에 일반 동작 모드보다 훨씬 더 많은 파워를 소모하게 된다.

8.1.3 테스트 파워의 분류

테스트 파워는 평균 파워와 피크 파워로 나눌 수 있다. 먼저 평균 파워에 대하여 알아보면 평균 파워 소모는 총 에너지 소비를 총 테스트 시간으로 나눈 값으로 표현된다. 이는 주로 온도 및 전압에 따른 영향, EM(Electromigration) 등 안정성 문제와

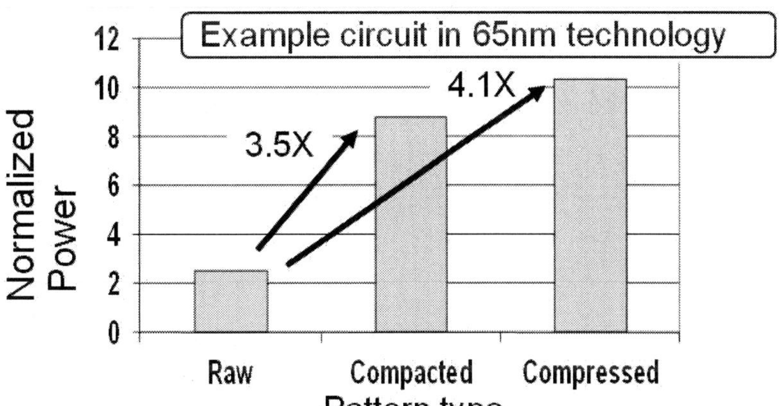

그림 8.1 원래의 테스트 패턴과 압축된 테스트 패턴의 파워 소모의 예

연관이 깊다. 그리고 피크 파워 소모는 한 클락 주기에서 최대로 소모하는 파워를 의미한다. 이는 주로 테스트 장비나 현장 테스트에서의 패키지 관련 분야와 IR 감소(Dynamic Voltage Drop) 등의 영향을 받는다. 테스트 파워에 영향을 주는 파워는 천이 (shift) 파워와 캡처 파워로 나눌 수 있다. 시프트 파워는 테스트 패턴의 시프트의 빈번한 정도와 회로의 동작 속도의 영향을 받는다. 저 주파수의 경우에는 평균 시프트 파워, 고 주파수 경우에는 피크와 평균 파워 모두에 영향을 미친다. 특히, 고 주파수로 동작하는 회로에서 패턴을 캡처하기위한 고주파 펄스는 피크 파워에 큰 영향을 미칠 수 있다.

메모리나 스캔 플립플롭 그리고 조합회로의 구조적인 문제에 의한 파워 소모도 있다. 메모리를 테스트하기 위한 파워 소모는 거의 지배적으로 소모가 이루어지게 되고, 멀티 메모리의 스케줄링 테스트를 할 때에는 특히 더 그렇다. 조합회로에서는 78% 정도의 에너지 소비가 이루어지고, 산업 설계에서의 조합회로에서는 29~53% 정도의 파워 소모가 일어날 수 있다. 파워 분석을 위해선 이상적으로 매 클락 주기마다 토글 동작이 이루어져야 하므로 어려움이 있고, 이러한 토글 동작을 집어낼 수 있는 VCD(Value Change Dump) 파일의 사이즈는 무려 2M에 달한다.

8.2 저전력 ATPG

8.2.1 파워를 고려한 ATPG

테스트 패턴은 ATPG(Automatic Test Pattern Generator)에 의하여 생성된다. 테스트 패턴은 원하는 고장을 검출하기 위해 발생되기 때문에 그 외의 입력 패턴은 신경 쓰지 않아도 되는 경우가 있다. 그리고 테스트 패턴은 그 양이 무척 많기 때문에 패턴 내에서 겹치는 부분이 발생할 수 있고, 이러한 패턴들이 하나의 패턴으로 치환되는 경우 무상관 비트(don't care bit)가 발생할 수 있다. 따라서 테스트 패턴은 상관 비트(care bit)와 무상관 비트로 구성되어 있다. 무상관 비트는 고정된 논리 값을 넣어도 상관이 없는 비트이기 때문에 테스트 효율을 높이는 방향으로 논리 값을 채우게 되고, ATPG의 테스트 효율에 영향을 미치지만 파워소비에 있어서도 크게 영향을 미치게 된다. 무상관 비트를 임의로 채워 넣을 경우 스위칭의 횟수가 증가하여 더 큰 파워소비를 초래할 수 있다. 따라서 테스트 패턴의 스위칭 횟수를 감소시키기 위하여 무상관 비트를 휴리스틱(heuristic)하게 채워 넣는 필링 방법(filling technique)들이 제안 되었다. 그 방안으로는 random fill, zero fill, one fill, adjacent fill 등의 방법이 있다. Random fill은 무상관 비트에 임의의 로직 값을 채워 넣는 방법이다. Zero fill은 무상관 비트에 0을 채워 넣는 방법이고, one fill은 1을 채워 넣는 방법이다. 그리고 adjacent fill은 무상관 비트 이전의 정의된 논리 값을 채워 넣는 방법이다. 예를 들면 0XXX1XX와 같은 7 비트의 패턴은 adjacent fill을 이용하면 0000111과 같은 패턴이 된다. 그리고 저전력 ATPG(low power ATPG)를 달성하기 위한 위의 네 가지 필링 방법 이외에도 다양하게 연구된 필링 방법들에 대해서도 알아보도록 하겠다.

8.2.2 저전력 ATPG의 여러 가지 기술

[1]에서 제안하는 저전력 ATPG 방법은 부분적으로 지정된 패턴의 파워를 측정한다. 테스트 패턴과 그 응답에 대해서 무상관 비트를 제외하고 상관 비트들 사이의 스위칭의 횟수를 검사하여 입출력 파워 소모를 측정한다. 그리고 입력, 출력의 시프트 파워, 캡처 모드에서의 캡처 파워 이 세 가지는 테스트 패턴을 동적으로 압축하는데 큰 영향을 미친다. 동적으로 패턴을 압축하는 도중 발생하는 파워가 이 세 가지 중에서 가장 큰 값을 넘게 되면 압축 동작을 일찍 멈추어 크기가 큰 테스트 패턴 생성을 피하는 것이다. 그림 8.2는 저전력 ATPG를 진행하는 과정을 순서도로 나타낸 그림이다. 검출을 하고자 하는 고장의 목표를 정하고 파워 소모가 적은 테스트 패턴을 위의 생성한다. 그리고 무상관 비트는 동적 패턴 압축에 영향을 주는 세 가지 파워를 가장 작게 만드는 X-filling 방법을 이용하여 채운다. 그리고 검출을 하고자 하는 고장의 목표를 변화시키며 테스트 패턴을 생성하는 것을 반복하고, 파워 소모가 적은 패턴부터 배열하여 최종 테스트 패턴 세트를 생성하게 된다. 결과적으로 그림 8.2의 회색 단계에서 테스트 파워를 줄이기 위한 구성이 추가 되거나 수정이 되어 전체적으로 저전력 ATPG를 달성하는 것이다.

[2]의 LCP(Low Capture Power) X-filling은 스캔의 캡처 모드에서 스캔의 응답의 시프트 횟수를 줄여 파워 소모를 줄이기 위하여 제안되었다. 알고리즘을 설명하기에 앞서 LCP X-filling에서 사용하는 용어에 대하여 간단한 설명을 하도록 하겠다. 무상관 비트를 포함한 테스트 패턴을 v라고 정의하고, v에 대한 회로의 응답을 $f(v)$라고 정의한다. 초기 입력(PI : Primary Input), 초기 출력(PO : Primary Output)은 칩의 입출력을 의미하고, 의사 초기 입력(PPI : Pseudo Primary Input), 의사 초기 출력(PPO : Pseudo Primary Output)은 칩 내부의 스캔 체인의 입출력을 의미한다. $\langle v$: PPI$\rangle$는 테스트 패턴 중에서 스캔 체인에 입력되는 벡터를 의미하고, $\langle f(v)$: PPO$\rangle$는 응답 중에서 스캔 체인의 응답 벡터를 의미한다. LCP X-filling 알고리즘은

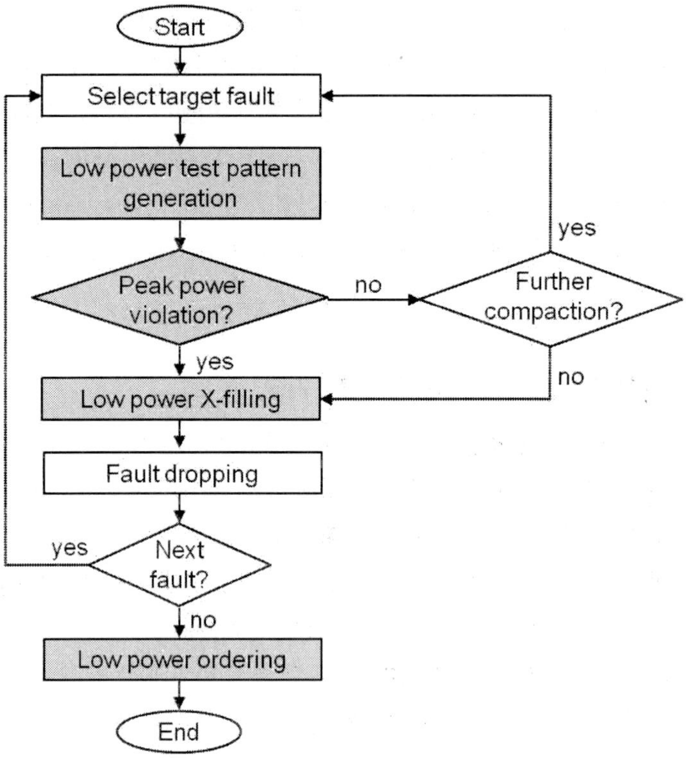

그림 8.2 저전력 ATPG의 순서도

⟨v: PPI⟩, ⟨$f(v)$: PPO⟩에 포함된 무상관 비트에 따라서 표 8.1과 같이 4가지 경우로 나눈다. 이렇게 나뉜 4가지 경우는 각 경우에 따라서 X-filling이 진행되는 방법이 다르다.

그림 8.3은 LCP X-filling의 과정을 나타낸 순서도이다. 이 알고리즘은 테스트 벡터의 종류를 표 8.2와 같이 총 4가지로 나누어 각 case에 맞는 필링 방법을 제안한다.

Case 1은 ⟨v: PPI⟩와 ⟨$f(v)$: PPO⟩에 모두 무상관 비트가 없는 경우이다. 이 경우

표 8.1 LCP filling 방법의 X cases

	⟨f(v): PPO⟩	
⟨v:PPI⟩	without X	with X
without X	case 1	case 3
with X	case 2	case 4

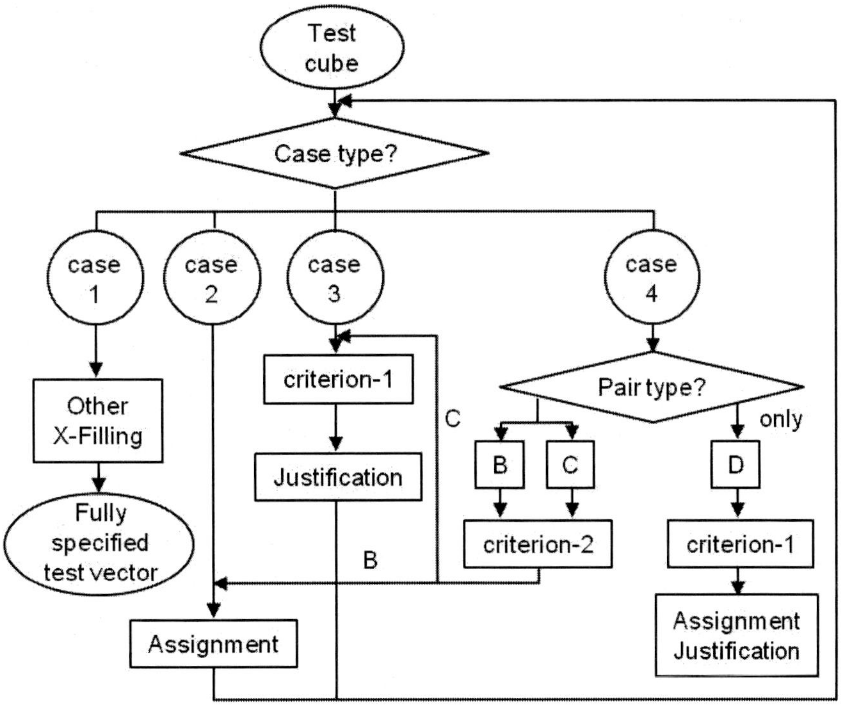

그림 8.3 LCP X-filing의 과정

에는 총 캡처 모드에서 시프트의 횟수가 이미 정해져 있고, 입력 패턴의 무상관 비트의 수를 변경시키는 것이 불가능하다. 테스트 패턴(v)은 하나 이상의 무상관 비트를 포함하기 때문에 〈v: PI〉에는 반드시 하나 이상의 무상관 돈케이 비트를 포함한다. 그래서 이 경우에는 테스트 패턴의 수를 줄이는 방향이나 시프트 파워 소모를 줄이는 방향으로 X-filling이 진행된다.

Case 2는 〈v: PPI〉에는 무상관 비트가 포함 되어 있지만 〈$f(v)$: PPO〉에는 포함되지 않은 경우이다. 이 경우는 〈v: PPI〉에 무상관 비트가 포함되어 있기 때문에 캡

표 8.2 LCP filling 방법의 비트 쌍 종류

	a in 〈v:PPI〉	b in 〈f(v): PPO〉
Type-A	0 or 1	0 or 1
Type-B	X	0 or 1
Type-C	0 or 1	X
Type-D	X	X

처 시프트 횟수를 줄이기 위한 X-filling이 진행된다. 이 방법은 모든 무상관 비트를 〈$f(v)$: PPO〉에 대응하는 같은 값으로 대체한다. 예를 들면 〈v: PPI〉 = 〈X0X1〉, 〈$f(v)$: PPO〉=〈0010〉일 때, 〈v: PPI〉의 각 무상관 비트는 0과 1로 할당이 되어 〈0011〉이 되고, 이를 통해서 시프트 횟수를 줄이게 된다.

Case 3은 〈v: PPI〉에는 무상관 비트가 포함 되어 있지 않지만 〈$f(v)$: PPO〉에는 포함된 경우이다. 이 경우는 〈v: PPI〉에 무상관 비트가 없기 때문에 〈v: PI〉는 하나 이상의 무상관 비트를 포함한다. 따라서 이 경우에는 캡처의 시프트 횟수를 줄이기 위하여 〈v: PI〉의 무상관 비트의 X-filling이 진행되는데, 가능하면 〈$f(v)$: PPO〉의 무상관 비트가 〈v: PPI〉의 대응하는 값이 되기 위한 방향으로 진행된다. 다시 말하면, 〈$f(v)$: PPO〉의 무상관 비트 a는 〈v: PPI〉의 대응하는 값 b로 justification을 통해서 결정이 되는 것이다. 예를 들면, b가 1이면 a에 1이 유요한 값이 될 수 있는지 시도해보고, 성공하면 a에 1을 대체하고 실패하면 0을 대체하게 된다. 이러한 justification 과정을 통해서 〈v: PI〉의 무상관 비트의 값은 확정된 로직 값으로 정해지게 된다. 일단 〈$f(v)$: PPO〉의 모든 무상관 비트가 확정된 로직 값이 되면, case 3은 case 1과 동일하게 되기 때문이다.

Case 4는 〈v: PPI〉와 〈$f(v)$: PPO〉에 모두 무상관 비트가 포함된 경우이다. 이 경우에는 상관 비트와 무상관 비트의 조합을 통해서 4가지 종류로 분류가 되는데 각 종류별로 필링 방법이 달라진다. Type A는 짝을 이루는 비트들이 모두 상관 비트이므로 크게 신경 쓸 필요 없다. Type B와 type C는 비트의 짝에 포함된 무상관 비트의 수를 비교하여 수가 많은 type을 먼저 처리하는 criterion-2 과정을 거쳐서 type B는 case 2와 동일하게 필링을 하게 되고, type C는 case 3과 동일하게 필링을 하게 된다. 마지막으로 type D는 criterion-1 과정을 거쳐서 필링을 진행한다. criterion-1 과정은 〈$f(v)$: PPO〉에서 임의의 두 개의 무상관 비트를 선택하여 각 무상관 비트를 발생시키는 원인의 개수를 비교하여 더 많은 쪽을 justification을 위하여 선택하는데, 이때 개수가 같은 경우는 회로의 라인에 할당되는 쪽이 적은 쪽을 justification을 위하여 선택하는 과정이다. LCP X-filling은 테스트 벡터의 입출력의 무상관 비트를 고려한 필링을 진행하여 캡처 모드에서의 스위칭의 횟수를 줄여서 캡처 파워 소모를 줄일 수 있다.

[3]에서 제안하는 BA(Bounded Adjacent) X-filling은 기존의 방법을 응용한 방법이다. 이 방법은 세 가지 기본 관찰에 의해 시작되어 제안되었다. 첫째, 스캔 출력 데이터는 스캔 입력 데이터와 매우 밀접한 관련이 있다. 둘째, 간단한 adjacent fill 방법은 효율이 좋지 않은 필링을 하는 경우가 종종 일어난다. 마지막으로 스캔에 입력

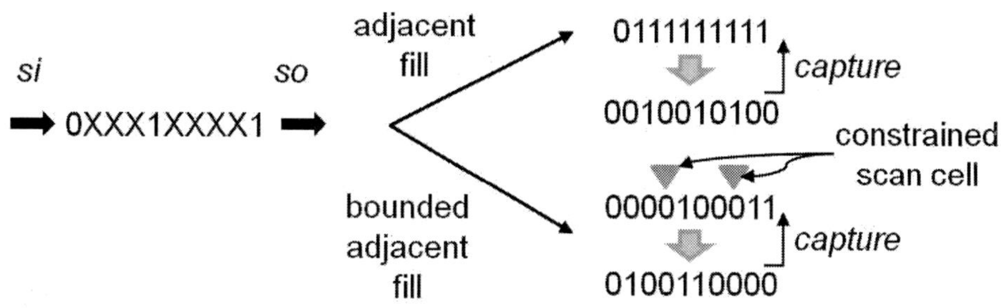

그림 8.4 Adjacent filing과 BA X-filing의 예

되는 데이터를 대부분 0으로 편향되게 채우면 캡처 데이터와 유사한 결과를 가져 온다. 따라서 제안된 BA X-filling은 스캔의 어떤 셀들은 0으로 고정시키고, 그 이후에 adjacent fill과 같은 방법으로 남은 무상관 비트에 논리 값을 채운다. 예를 들면, 그림 8.4에서 0XXX1XXXX1의 10비트 패턴은 오른쪽부터 스캔 셀에 입력이 된다고 가정하여 adjacent fill을 사용하면 0111111111의 패턴이 된다. 이때 이것의 응답은 0010010100이라고 하면 캡처 모드에서 총 6번의 스위칭이 발생한다. 그러나 4번째와 8번째 비트에 0을 설정하여 BA fill을 사용하면 0000100011의 패턴이 생성된다. 이때 이것의 응답이 0100110000이라고 하면 캡처 모드에서는 총 4번의 스위칭이 발생하여 adjacent fill 방법보다 캡처 파워 소모를 줄일 수 있다.

그림 8.5는 BA X-filling 방법을 이용한 패턴 생성의 순서도를 나타낸 그림이다. 회로의 넷 리스트를 읽어 0을 지정할 스캔 셀 간격을 정하고 스캔 체인의 스캔 셀이 갖는 0의 위치를 지정한다. 그리고 ATPG를 통해서 패턴을 생성하여 캡처 스위칭의 횟수가 미리 지정된 피크 파워 소모를 넘는지 확인하고 만족시키는 패턴은 저장한다. 그리고 스캔 셀이 갖는 0의 위치를 변화시키고 캡처 파워가 피크 파워를 넘는지 검사하는 방법을 반복하여 일정 피크 파워를 넘지 않는 범위 내에서 패턴을 생성하는 것을 반복한다. 이렇게 집계된 패턴이 목표로 한 고장 검출률(fault coverage)을 만족하는지 판단하고 만족하는 경우의 그때의 패턴을 테스트 패턴으로 생성한다. 이와 같이 제한된 피크 파워 소모를 통해서 고장 검출률도 높이는 필링이 가능하게 된다.

그런데, 휴리스틱(heuristic) 방법이 패턴을 압축하여 사용하는 경우에는 오히려 파워 소모가 크게 발생할 수도 있다. 그림 8.6과 같이 임의의 처음 5 패턴에서는 파워 소모가 줄어드는 것을 볼 수 있지만, 마지막 5패턴에서는 오히려 파워 소모가 증가하는 것을 확인할 수 있다. 이와 같이 압축된 패턴을 이용하는 경우에는 파워가 증가할 수 있는데, 그 이유는 압축 패턴에서는 하나의 패턴으로 많은 고장을 잡아내기

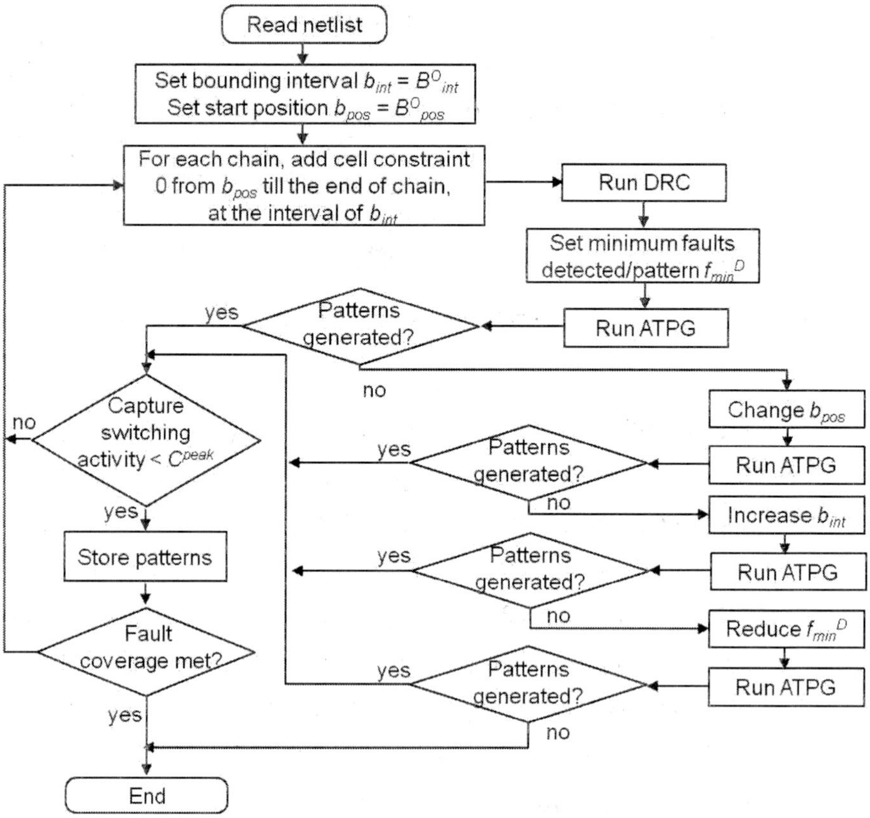

그림 8.5 BA filing 방법을 이용한 패턴 생성의 순서도

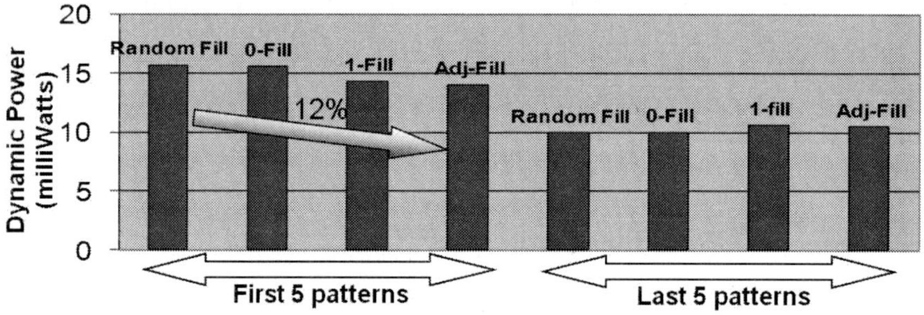

그림 8.6 테스트 패턴의 의한 파워 소모의 양

위해서 패턴 비트의 사용량이 증가하기 때문이다. 또한, 멀티플 스캔 체인에 패턴을 인가할 때는 압축에 의한 효과로 무상관 비트의 제어가 줄어들기 때문에 오히려 휴리스틱 방법이 파워를 증가시키기도 한다. 압축 패턴을 지원하는 경우 여러 가지 Xfill 테크닉의 파워 소모의 양이 달라지는 것을 확인할 수 있다. 또한, 그림 8.7의 그래프를 보게 되면 같은 필링 테크닉이라 하더라도 디자인에 따라서 소모하는 파워의 양이 다른 것을 알 수 있다. 이것은 디자인에 따라서 필링 테크닉에 따라서 소모하는

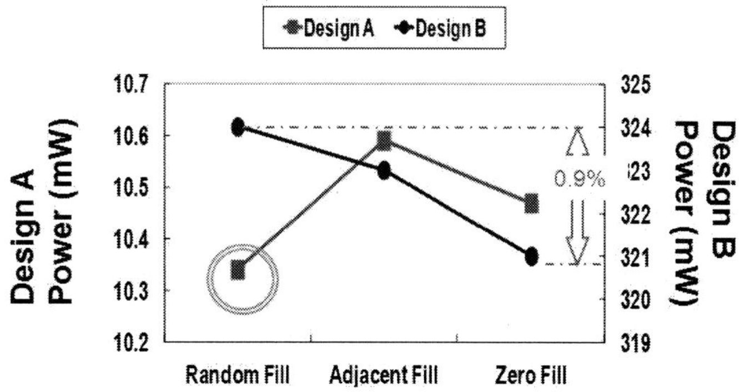

그림 8.7 디자인에 따른 테스트 패턴에 의한 파워 소모의 양

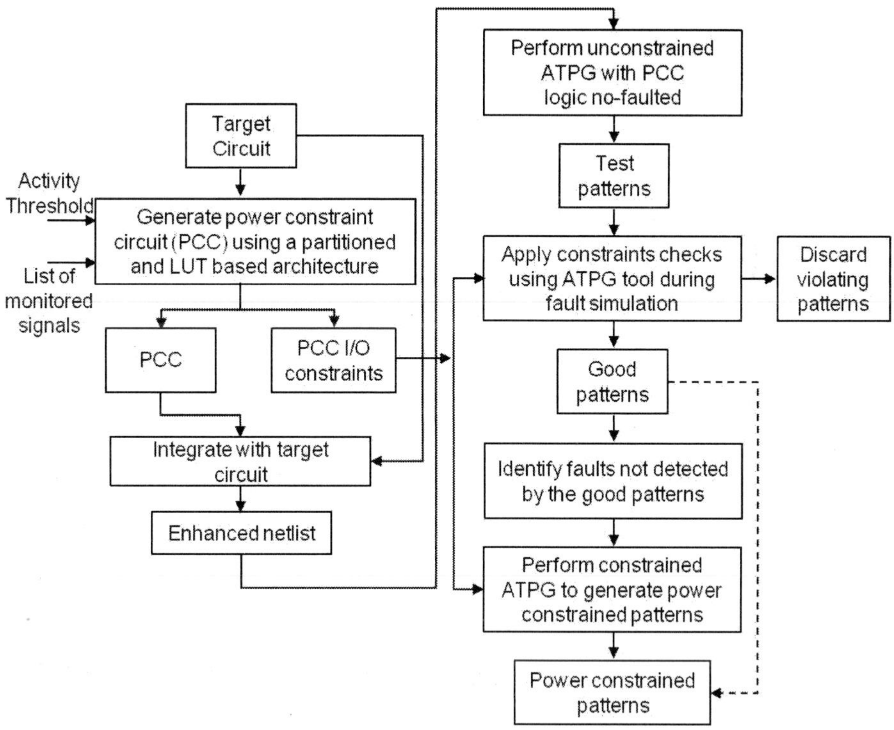

그림 8.8 ATC를 이용한 테스트 패턴 생성의 순서도

파워의 양이 다르기 때문에 각 디자인마다 테크닉이 다를 수 있다는 것을 알려준다. 따라서 어떠한 기술이 더 좋은 것인지는 정해진 것이 아니고, 디자인, 패턴, 압축 기술의 지원 등에 따라서 파워 소모의 양이 달라 질 수 있는 것이다. 이러한 문제를 해결하기 위하여 ATC(Activity Threshold Control) 방법이 제안되었다.[4]

칩 내부에 파워 제한 회로(PCC: Power Constraint Circuit)를 추가하여 스위칭의 횟수를 제한하는 한계점을 설정한다. 파워 제한 회로는 간단하게 XOR 게이트, 덧셈기, 비교기를 통해서 구성되어 테스트 패턴의 스위칭 횟수를 계산하여 미리 설정한 한계점과 비교할 수 있다. 따라서 한계점보다 작은 스위칭 횟수를 갖는 패턴만을 생성하도록 ATPG 툴에 피드백을 주게 되고, ATPG는 이 피드백을 통해서 스위칭의 횟수가 적은 패턴을 생성한다. 이러한 과정은 그림 8.8에 자세히 설명되어 있다. ATC 방법은 필링 방법에 비하여 안정적인 저전력 파워 소모를 기대할 수 있고, ATPG 툴을 수정할 필요없이 사용 가능한 장점이 있다.

8.3 저전력 SCAN

8.3.1 스캔 파워의 문제점

칩 테스트를 진행하는 동안 소모되는 파워는 일반 동작 모드에서 소모되는 파워에 비하여 지나치게 큰 것이 문제이다. 파워 소모가 심하여 열이 심하게 발생한 경우에는 칩에 영구적인 피해를 줄 수 있기 때문이다. 테스트 패턴은 일반 동작 모드에서 사용하는 패턴은 물론 사용하지 않는 패턴을 포함할 수 있기 때문에 패턴 내에서 시프트의 횟수가 많이 증가할 수 있다. 또한 [5]의 연구결과에 따르면 테스트를 진행하는 동안의 파워 소모는 일반 모드에서 소모하는 파워에 비하여 평균 파워는 최대 3배, 피크 파워는 최대 30배의 파워를 소모한다. 이렇게 소모하는 스캔 파워는 시프트 파워와 캡처 파워를 의미한다. 시프트 파워는 테스트 패턴이 스캔체인에 입력되면서 테스트 패턴 중에서 시프트가 일어날 때 발생하는 파워를 의미한다. 시프트 파워는 평균적으로 소모하는 파워와 관련이 있고, 지속적인 파워 소모를 통해 열이 많이 발생할 수 있다. 캡처 파워는 테스트 패턴이 스캔 체인에 인가되고, 그 때의 응답을 캡처하는데 소모되는 파워이다. 그리고 테스트 응답을 캡처하는 상황은 테스트 패턴을 인가하는 경우보다 불확실성이 더 크기 때문에 순간적으로 시프트의 횟수가 많아서 파워 소모가 급격하게 커질 수 있다. 이 부분은 피크 파워와 연관이 되어서 칩에 치명적인 손상을 입힐 수 있다. 따라서 스캔 테스트 파워를 줄이기 위한 다양한 저전력 기술들이 연구 되고 있다. 그중에서 이번 절에서는 저전력 스캔 테스트와 관련된 스캔 셀의 정렬, 스캔 구조의 수정, 스캔 clock의 분리 등의 방법을 알아보고자 한다.

8.3.2 저전력 스캔 셀 및 스캔 체인

Deterministic 테스트 패턴을 적용하기 위하여 스캔 셀을 재배열하거나 여러 파티션으로 나누는 방법이 널리 사용된다. 이처럼 스캔 셀을 재배열하게 되면 네 가지 장점이 있다. 첫째, 추가적인 하드웨어가 필요 없다. 스캔 셀의 위치를 변화시키기보다는 테스트 패턴이 변하는 것이기 때문에 하드웨어의 변화가 없다. 둘째, 고장 검출률과 테스트 시간은 변하지 않는다. 이것은 위와 같은 이유로 타겟하는 테스트 패턴이 변하는 것이 아니기 때문에 고장 검출률과 테스트 시간에는 영향을 미치지 않는다. 셋째, 디자인 순서의 영향이 적다. 추가되는 하드웨어가 없고, 추가적인 검증이 필요 없기 때문에 기존의 디자인 순서에서 크게 벗어나지 않고 진행될 수 있다. 넷째, 테스트 파워를 줄일 수 있다. 시프트의 횟수가 기존 테스트 패턴에 비해서 줄어들기 때문에 테스트 파워를 줄이는 것이 가능하다. 예를 들면 그림 8.9와 같이 4개의 스캔 셀에 0101이라는 패턴을 인가하는 동안 총 10번의 시프트가 일어난다. 그러나 스캔 셀을 적절하게 재배열하면 총 2번의 시프트를 통해서 원하는 0101이라는 패턴을 인가할 수 있다. 그러나 이러한 방법은 스캔체인의 길이가 길면 스캔 셀을 재배열하는 작업은 상당히 복잡하기 때문에 휴리스틱 알고리즘을 이용한 방법을 많이 사용한다.

[6]에서 제안된 방법은 스캔 체인을 클러스터를 고려한 여러 개의 파티션으로 나눈 후에, 스캔 셀을 재배열하는 방법이다. 칩 내에서 스캔 체인은 계획적으로 재배열하지 않으면 굉장히 복잡한 라우팅으로 엮일 수 있다. 이렇게 되면 라우팅이 복잡하게 되는 것은 물론이고 스캔 체인을 테스트하는데 소모되는 파워가 굉장히 커질 수 있다. 따라서 파워 소모를 줄이기 위하여 스캔 체인을 클러스터를 고려하여 여러 개의

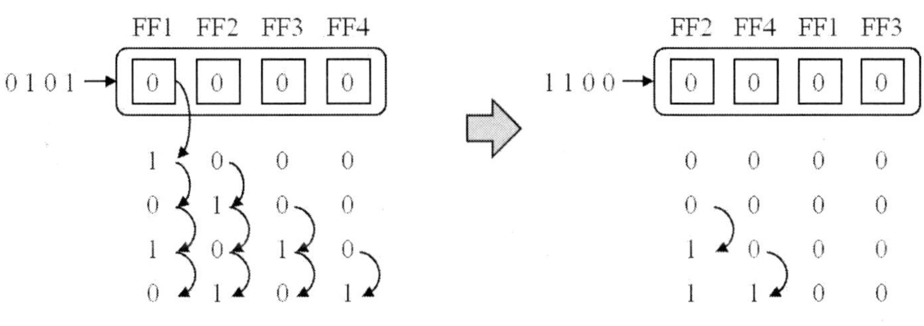

그림 8.9 스캔 체인 재배열의 예

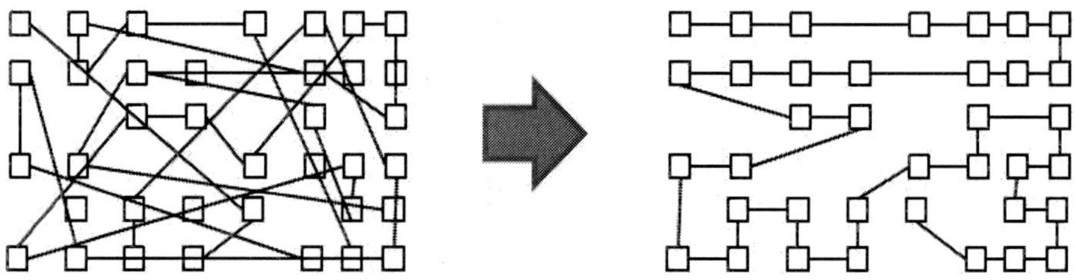

그림 8.10 파워 소모를 고려하지 않은/고려한 스캔 체인의 라우팅

파티션으로 나눈다. 각 클러스터 내 스캔 셀은 라우팅과 파워소모를 고려하여 재배열된다. 이렇게 재배열된 클러스터는 물리적으로 가까운 클러스터끼리 다시 재결합하여 전체 라우팅을 재구성하게 된다. 따라서 회로의 스캔 체인의 라우팅을 깔끔하게 정리할 수 있고, 각 클러스터 내에서는 파워 소모가 적어지는 방향으로 스캔 셀을 재배열하였기 때문에 저전력을 달성할 수 있다. 그림 8.10과 같이 파워 소모를 고려하지 않은 스캔 셀의 라우팅은 굉장히 어지럽게 배열된 것을 확인할 수 있다. 그러나 이와 같이 복잡하게 엮인 스캔 체인을 클러스터로 나누고 파워 소모가 적은 파티션으로 결합하여 파워 소모를 줄이면서도 전체 스캔 라우팅을 최소화하고 간결하게 해결할 수 있다.

스캔 체인을 재배열하거나 파티션을 하는 방법 이외에 스캔 체인을 수정하거나 셀 자체를 수정하는 방법이 있다. 예를 들면, 그림 8.11과 같이 5비트 스캔 체인에 00111 이라는 테스트 패턴이 인가되면 중간에 0에서 1로 시프트가 일어나고 셀 4와 5는 0에서 1로 스위칭을 하게 된다. 마찬가지로 테스트 응답을 스캔 체인 밖으로 이동시키는 과정에서 셀 1, 2, 3은 0에서 1로 스위칭을 하게 되어 파워 소모가 커질 수 있다. 그러나 3번 스캔 셀에 인버터를 추가하면 00000의 테스트 패턴을 인가하여도 원래의 목적에 맞는 00111이 스캔 체인에 인가될 수 있다. 이처럼 시프트의 횟수가 줄어든 테스트 패턴을 인가할 수 있기 때문에 스캔 시프트 파워가 줄어들게 된다. 또한, 테

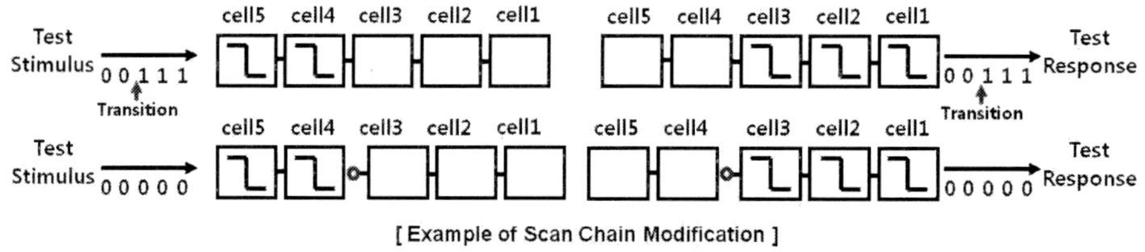

그림 8.11 스캔 체인 수정의 예

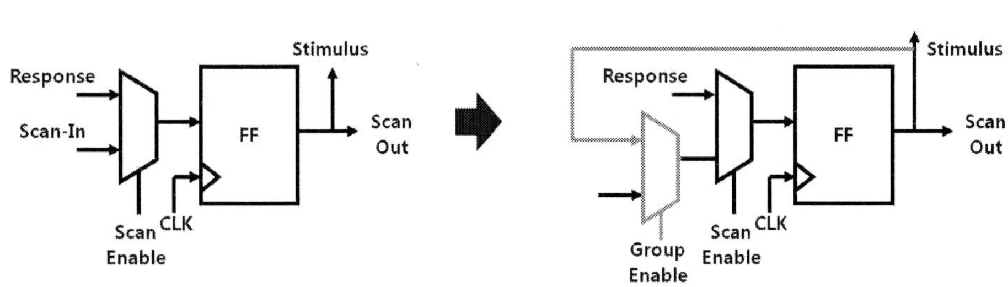

그림 8.12 스캔 셀 수정의 예

스트 응답을 밖으로 이동시키는 과정에서도 어떠한 스위칭이 일어나지 않게 할 수도 있다.

또한, 스캔 셀을 수정하는 방법을 통해 파워 소모를 줄일 수 있고 그 방법은 다음과 같다. 그림 8.12와 같이 원래의 스캔 셀의 입력 단에 MUX를 하나 추가하여 테스트 패턴에 꼭 필요한 스캔 셀이 아닌 경우에는 현재 출력되고 있는 값을 피드백을 통하여 계속 유지할 수 있도록 하는 방법이다. 테스트의 특성 상 특정 고장을 찾기 위해 모든 스캔 셀이 활성화 될 필요는 없다. 이러한 경우에는 현재 출력되고 있는 값을 계속 유지하게 되면 신호의 시프트가 일어나지 않기 때문에 불필요한 파워 소모를 제거하여 최종적으로 스캔 테스트 파워를 줄이는 것이 가능하다.

위와 같이 스캔 체인을 수정하거나 스캔 셀을 수정하게 되면 추가적인 하드웨어가 필요하게 된다. 테스트 파워 소모를 줄일 수는 있지만 추가적인 하드웨어와 스캔 체인, 스캔 셀을 필요에 따라서 제어해 주어야 하기 때문에 테스트가 복잡해져 테스트 시간이 더 요구 될 수도 있다. 그러나 파워 소모의 측면에서는 테스트 파워를 많이 줄일 수 있는 방법이다.

8.3.3 저전력 스캔 구조의 여러 가지 기술

테스트 파워 소모에 영향을 주는 요인은 테스트 패턴의 스위칭의 횟수, 정전 용량, 전압, 회로의 clock 주파수이다. 점프 스캔 (J-scan) 기술은 스캔 데이터를 매 clock 2비트씩 이동시켜 추가적인 테스트 시간을 늘리지 않고 clock 주파수를 반으로 줄이는 방법으로 테스트 파워 소모를 줄이기 위하여 제안되었다[7].

그림 8.13은 점프 스캔 체인의 한 예를 나타낸 것이다. 두 개의 점프 스캔은 두 개의 선으로 연결되어 있다. 하나는 스캔 경로를 위한 선이고 다른 하나는 점프 경로를 위한 선이다. 그림에서 첫 번째 점프 스캔의 출력인 SO는 두 번째 점프 스캔의 SI의 입력으로 연결이 된다. 그리고 첫 번째 점프 스캔의 또 다른 출력인 JO는 두 번째 점

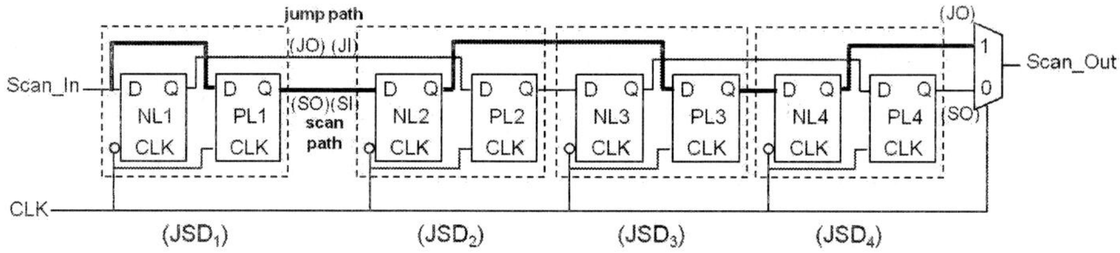

그림 8.13 점프 스캔 체인

프 스캔의 JI의 입력으로 연결이 된다. 스캔 체인의 입력은 SI와 JI에 연결이 되어 있다. 점프 스캔의 점프 데이터는 그림 8.13의 Scan_In 단자를 통해서 점프 경로를 따라서 이동하는 것을 확인할 수 있다. 점프 스캔 체인은 clock의 하강 edge에서는 네거티브 래치를 통해서 데이터는 이동하고 포지티브 래치는 점프를 통해 입력된 데이터를 유지한다. 반면 상승 edge에서는 포지티브 래치를 통해서 데이터는 이동하고 네거티브 래치는 스캔 입력으로 통해 입력된 데이터를 유지한다. 이러한 방법을 통해서 점프 스캔은 clock 주기 하나에 상승 edge나 하강 edge 하나만을 갖게 된다. 이처럼 데이터를 매 clock 2비트씩 이동시키기 위해서는 점프 스캔은 짝수의 스캔 셀을 필요로 한다. 하지만 원래 회로의 스캔 셀이 홀수일 경우에는 점프 스캔을 구성하기 위한 더미 셀을 하나 추가하여야 하므로 하드웨어의 면적이 커질 수 있는 단점이 있다. 그러나 테스트 시간을 늘리지 않고 clock 주파수를 줄이는 방법을 통해 스위칭의 횟수를 줄여 테스트 파워 소모를 줄일 수 있고 추가적인 테스트 시간을 제거할 수 있다.

무상관 비트를 포함하는 테스트 패턴은 테스트 파워 소모를 줄이고 고장 검출률을 높이기 위하여 필링 방법을 통하여 무상관 비트에 상관 비트를 배정한다. 그러나 필링 방법을 통하여 테스트 파워 소모와 고장 검출률을 동시에 개선시키기는 어려운 일이다. 그래서 캘리포니아 스캔 구조는 테스트 품질과 테스트 파워 소모의 균형을 적절히 제공하기 위하여 제안되었다[8].

캘리포니아 스캔 구조에서는 스캔 시프트 동작에서 스캔 셀이 토글이 일어나는 횟수를 제한하기 위하여 무상관 비트를 adjacent 필링 방법을 사용하여 채운다. 그리고 테스트 패턴은 그림 8.14와 같은 캘리포니아 스캔 체인에 인가된다. 캘리포니아 스캔 구조는 그림 8.14와 같이 이전 스캔 셀의/Q의 다음 스캔 셀의 입력이 되는 방법을 통하여 패턴을 인가한다. 이러한 방법을 통해서 테스트 패턴에 변화를 주어 칩의 조합회로 부분을 변화시킬 필요없이 스캔 체인 구조가 구현이 가능하다. 예를 들면 000000의 6비트를 캘리포니아 스캔 체인에 입력하면 캘리포니아 스캔 체인 셀은 010101의 6비트 패턴을 인가받은 효과를 가진다. 이처럼 테스트 패턴의 무상관 비트

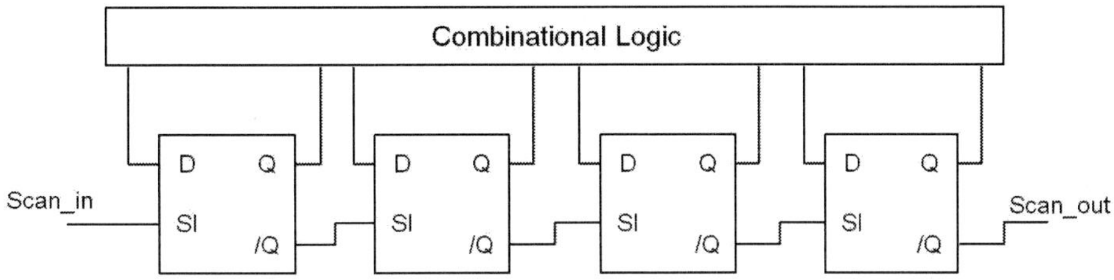

그림 8.14 캘리포니아 스캔 체인

를 토글되는 패턴으로 필링하는 효과를 통해서 adjacent 필링 방법에 비하여 더욱 좋은 테스트 품질을 보장할 수 있다. 다시 말하면, 무상관 비트가 포함된 테스트 패턴을 테스트 파워 소모를 줄이기 위해서 adjacent 필링 방법을 사용하였을 때, 기본적인 스캔 체인 구조에서는 고장 검출률이 낮을 수 있다. 그러나 캘리포니아 스캔 구조에서는 adjacent 필링 방법을 사용해도 스캔 체인 구조상 토글되어 패턴이 입력될 수 있기 때문에 기본 adjacent 필링 방법에 비하여 높은 테스트 품질을 가질 수 있다. 그리고 무상관 비트가 포함된 테스트 패턴을 테스트 품질을 높이기 위하여 random 필링을 사용하였을 때 기본적인 스캔 체인 구조에서는 테스트 파워를 많이 소모할 수 있다. 그러나 캘리포니아 스캔 체인 구조는 random 필링 방법에 비해서는 테스트 파워를 덜 소모하게 된다. 이 과정은 그림 8.15와 같이 캘리포니아 스캔 체인을 이용한 전체적인 시뮬레이션을 통하여 잘 나타나 있다. 패턴이 인가될 때와 패턴의 응답을 캡처하는 사이에 모든 스캔 셀의 상태가 변하지 않기 때문에 전체적인 경향은 테스트 패턴이 스캔 체인을 이동하는 과정에서 스위칭의 횟수가 줄어들어서 파워 소모를 줄이는 방향으로 진행이 된다. 먼저 테스트 패턴을 생성하여 기존의 방법대로 무상관 비트를 할당하여 진행하고, 그리고 동시에 캘리포니아 스캔 구조에 적합하도록 테스트 패턴을 수정하여 테스트를 진행하여 서로 고장 검출률을 비교하고, 스캔 셀의 스위칭의 횟수를 비교하는 방법으로 시뮬레이션을 진행하게 된다. 이러한 방법으로 기존의 방법에 대비하여 고장 검출률을 높이면서 파워 소모를 줄이는 방법을 찾게 되는 것이다.

일리노이 스캔 구조는 테스트 볼륨을 줄이고 파워 소모를 줄이기 위하여 제안된 방법이다[9]. 그러나 일리노이 스캔 구조는 무상관 비트를 어떻게 채우는지에 따라서 성능이 다양하게 변하기 때문에 기본 스캔 구조에 비해서 저전력을 크게 달성하지는 못한다. 그래서 일리노이 스캔 구조를 이용하여 저전력을 달성할 수 있는 스캔 구조가 개발되었다[10]. 일리노이 스캔의 가장 큰 특징은 브로드캐스트 스캔 모드를 지원

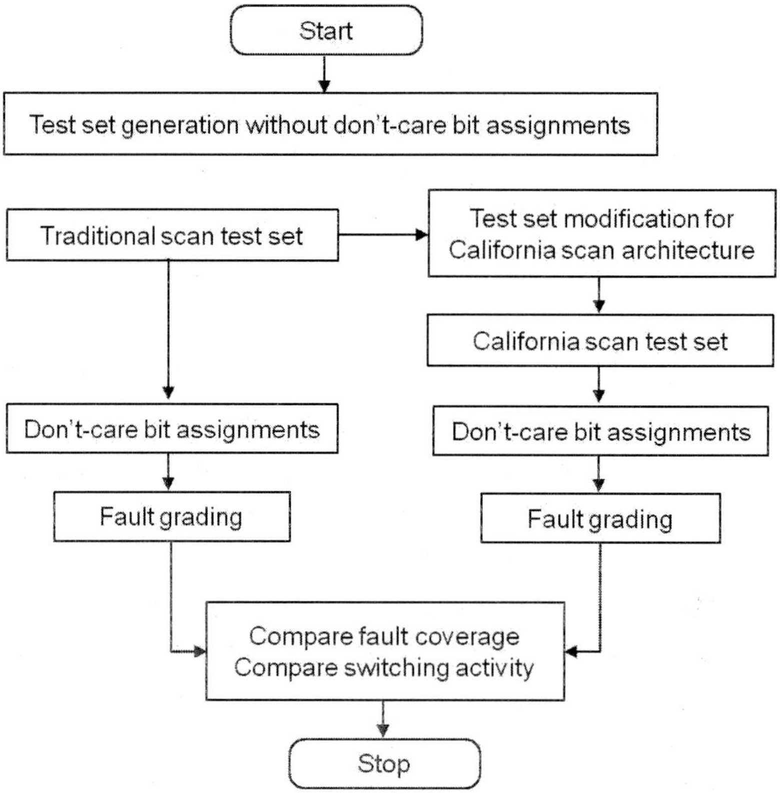

그림 8.15 캘리포니아 스캔을 이용한 시뮬레이션 순서도

하는 것인데, 저전력 일리노이 스캔 구조는 이 브로드캐스트 스캔 모드를 통하여 저전력을 달성한다.

그림 8.16은 저전력 일리노이 스캔 구조의 그림을 나타낸 것이다. 스캔 체인을 b 비트의 체인으로 나누어 각 스캔 체인 블록 마다 MUX를 추가하여 브로드캐스트 모드를 지원하게 한다. 그림 8.16의 레퍼런스 체인은 테스트 패턴이 입력되는 스캔 체인이다. 레퍼런스 체인의 b비트의 스캔 체인이 테스트 패턴으로 채워지기 전에 회색의 스캔 체인에는 0이 입력된다. 그리고 레퍼런스 체인의 b 비트의 스캔 체인이 테스트 패턴으로 채워지면 LPWRsel 신호는 1이 되어 레퍼런스 체인에 입력된 테스트 패턴을 회색의 스캔 체인으로 입력이 되게 한다. 전체적으로 테스트 패턴이 스캔 체인에 입력되는 과정을 살펴보면, 레퍼런스 체인에 테스트 패턴이 입력이 되는 경우에 다른 스캔 체인에는 0이 입력이 되므로 스위칭의 횟수는 일정하게 나타날 수 있다. 그리고 레퍼런스 체인에 모든 패턴이 입력된 후에 다른 체인에 입력이 될 때는 0으로

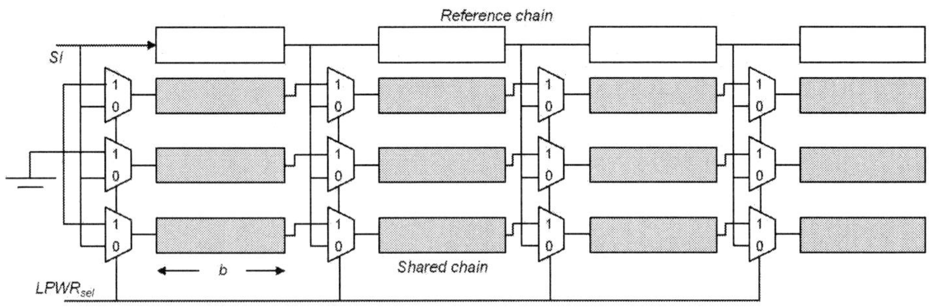

그림 8.16 저전력 일리노이 스캔 체인의 구조

채워져 있기 때문에 일정한 스위칭 횟수를 가질 수 있다. 이처럼 스캔 시프트 동작에서 일어나는 스위칭의 횟수를 제한하여 테스트 파워 소모를 줄일 수 있다. 이러한 방법을 반복하여 모든 스캔 체인에 테스트 패턴을 인가하여 테스트를 진행하면 MUX를 추가하는 부담은 있지만 그 외의 추가 로직 없이 테스트 파워 소모를 줄 일 수 있다.

스캔이 동작하는 동안의 파워 소모를 줄이기 위하여 일부 스캔 체인을 선택적으로 사용하는 방법도 제안되었다[11]. 이 방법은 스캔을 직접 분할하는 방법과는 차이가 있다. 그림 8.17과 같이 스캔 체인은 N개의 스캔 체인으로 나누어져 시프트 동작은 하나의 스캔 체인에서만 이루어지기 때문에 입력과 출력 신호를 공유하게 된다. 따라서 입력과 출력이 제대로 이루어지도록 카운터를 통하여 전체적인 테스트 과정을 제어하기 위한 명령을 디코딩 로직으로 전달한다. 디코딩 로직을 통하여 발생하는 신호는 스캔 체인 선택기를 제어하여 하나의 스캔 체인만을 시프트 동작을 진행하게 한다. 따라서 스캔 체인을 나누어 테스트를 진행하여 스위칭의 횟수를 줄일 수 있기 때

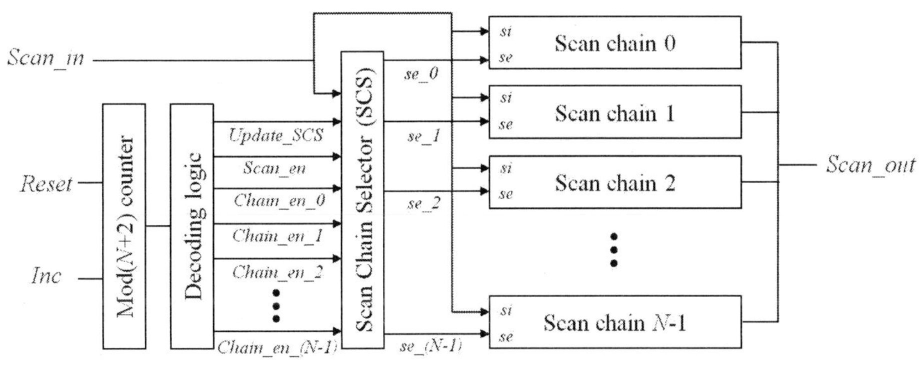

그림 8.17 선택적인 스캔 체인 구조

문에 평균 파워 소모와 순간적인 피크 파워 소모를 줄일 수 있다. 그러므로 전체적인 시프트 동작과 캡처 동작에서의 파워 소모를 줄이게 된다. 그러나 이처럼 스캔 체인을 선택하여 테스트를 진행하려면 테스트 시간이 스캔 체인의 배수만큼 늘어날 수밖에 없다. 이러한 점을 해결하기 위해서 스캔 체인에 포함되는 스캔 셀의 개수를 변화시켜 테스트 파워 소모를 가장 적은 스캔 셀의 개수를 찾는 방법을 이용하면 증가하는 테스트 시간 대비 저전력 테스트를 달성할 수 있다.

8.3.4 스캔 clock을 이용한 저전력 기술

저전력 스캔 테스트를 위하여 스캔 clock을 수정하여 스캔 체인에 인가하는 방법도 있다. 파워 소모의 요인을 분석해보면 스위칭의 횟수, 동작 주파수, 정전용량이 동적 파워 소모와 밀접한 관련이 있다. 이중에서 동작 주파수와 관련하여 게이트를 이용한 clock 모듈을 이용하여 서브 스캔 체인을 테스트하는 방법이 있다. 게이트를 이용하여 여러 개의 서브 스캔 체인에 인가되는 clock으로 나누어 동작 주파수를 줄이는 방법으로 총 테스트 시간에 영향을 미치지 않고 더 적은 파워 소모를 통하여 스캔 체인 테스트가 가능하다. 그러나 인가되는 패턴의 데이터 의존도를 위하여 서브 스캔 구조는 미리 결정이 되어야하기 때문에 복잡한 알고리즘이 필요한 문제점이 있다.

[12]은 게이트를 이용하여 clock을 분리하는 방법을 제안하였다. clock을 분리하여 적용하기 위해서 전체 스캔 체인을 길이 같은 여러 개의 서브 스캔 체인으로 나눈다. 길이가 같은 N개의 스캔 체인은 각 전용 clock을 통해서 오직 하나의 서브 스캔 체인

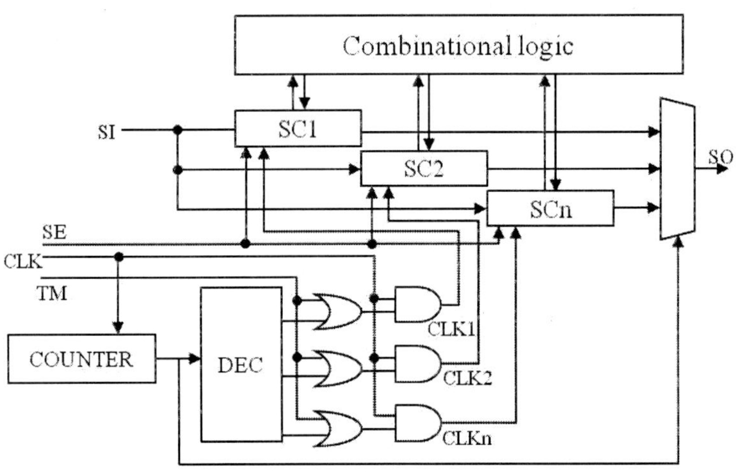

그림 8.18 서브 스캔 체인 & 게이트 clock의 회로

만이 동기화되고 동작된다. 그림 8.18은 여러 개의 스캔 체인이 게이트를 이용한 clock을 적용하는 하드웨어 다이어그램이다. 카운터를 통하여 스캔 아웃으로 활성화 시킬 MUX를 제어하고, TM 신호와 함께 각 서브 스캔 체인의 clock의 타이밍을 결정하게 된다. 이때의 clock은 그림 8.19와 같은 형태로 나타난다. 카운터와 게이트를 이용하여 스캔에 인가되는 clock을 수정하여 1비트씩 스캔 체인에 인가되도록 하였다. 그림에서 처음 시프트 되는 clock을 살펴보면 CLK1부터 CLKn까지 하나씩의 clock이 1이 되는 것을 알 수 있다. 이처럼 매 clock에서 하나의 서브 스캔 체인만이 활성화가 되는 것이다. 이를 통해 모든 서브 스캔 체인이 동시에 활성화되지 않기 때문에 파워 소모를 줄일 수 있다. 더욱이 하나의 clock으로 모든 스캔이 캡처 되는 것이 아니고, 각각의 서브 스캔에서 각 전용 clock을 통해서 다른 시점에서 캡처가 되기 때문에 캡처 파워를 줄일 수 있다.

스캔 테스트를 진행할 때 스캔에 인가되는 clock을 수정하여 스캔 셀이 동시에 동작하는 것을 피하여 파워 소모를 줄이기 위한 연구가 많이 진행되고 있다. 그림 8.20과 같이 스캔 체인을 여러 개의 서브 스캔 체인으로 분리하고, 각 서브 스캔 체인에 clock 듀티(duty)를 바꿔서 인가하는 방법이 있다[13]. 그리고 캡처 동작은 하나의 clock으로 동시에 진행이 되고, 한 clock 주기 내에서 clock 듀티만을 바꾸어서 테스트를 진행하기 때문에 전체 테스트 시간에는 영향을 미치지 않는다. clock을 분리하여 제어하는 경우에는 clock 신호가 서로 겹칠 수 있는 문제가 발생할 수 있다. 그러

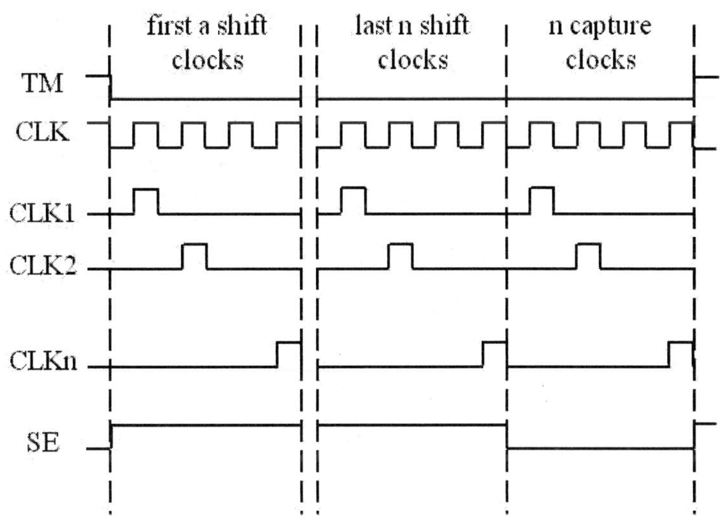

그림 8.19 서브 스캔 체인 & 게이트 clock의 타이밍 다이어그램

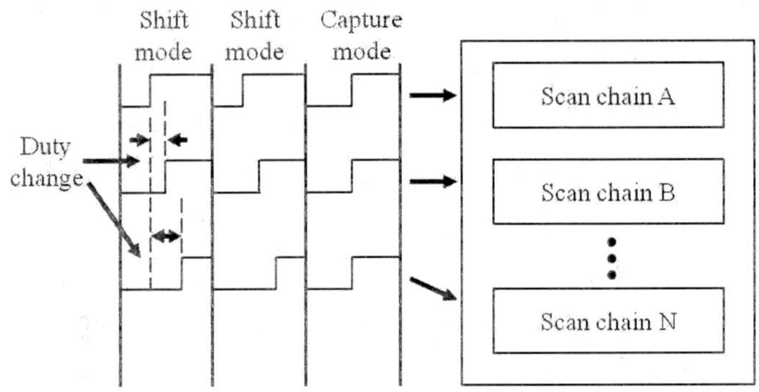

그림 8.20 MD 스캔의 매커니즘

나 이 방법은 clock의 듀티를 제어하기 때문에 이러한 문제점을 해결하기 위하여 복잡한 알고리즘을 요구하지 않는다.

8.4 저전력 BIST

8.4.1 BIST 파워 소모의 문제점

BIST는 DFT(Design For Testability) 테크닉 중의 하나로써 CUT(Circuit Under Test)를 테스트하는데 널리 쓰이는 방법 중의 하나이다. BIST는 셀프테스트가 가능하기 때문에 테스트가 중요한 많은 영역에서 사용된다. BIST는 칩의 동작 속도로 테스트를 하면서 높은 고장 검출률을 위하여 사용이 되는데, 칩의 동작 속도가 증가하면서 BIST를 통하여 소모되는 파워의 양은 점점 증가하고 있는 추세이다.

BIST 구조의 파워 소모를 담당하는 부분은 그림 8.21과 같이 크게 세 가지로 나눌 수 있다. 첫째, 스캔의 시프트 동작 중에 발생하는 스캔 파워이다. 스캔 체인에 테스트 패턴이 인가되고, 이에 대한 응답이 MISR(Multiple Input Signature Register)로 이동하는 과정에서 생기는 파워 소모이다. 둘째, 캡처 동작 중에 발생하는 로직 파워이다. 스캔 체인의 입력이 로직 회로에 인가되고 그 응답이 다시 스캔 체인으로 출력이 될 때 발생하는 파워이다. 셋째, clock 트리에서 발생하는 clock 파워이다. 스캔 체인의 동기화를 위하여 스캔 체인에 clock이 인가될 때 발생하는 파워 소모이다. 이와 같이 BIST 구조의 파워 소모는 칩의 전반적인 영역에 걸쳐서 일어나기 때문에 BIST를 효율적으로 이용하여 저전력 테스트를 진행하는 방법에 대한 연구는 상당히

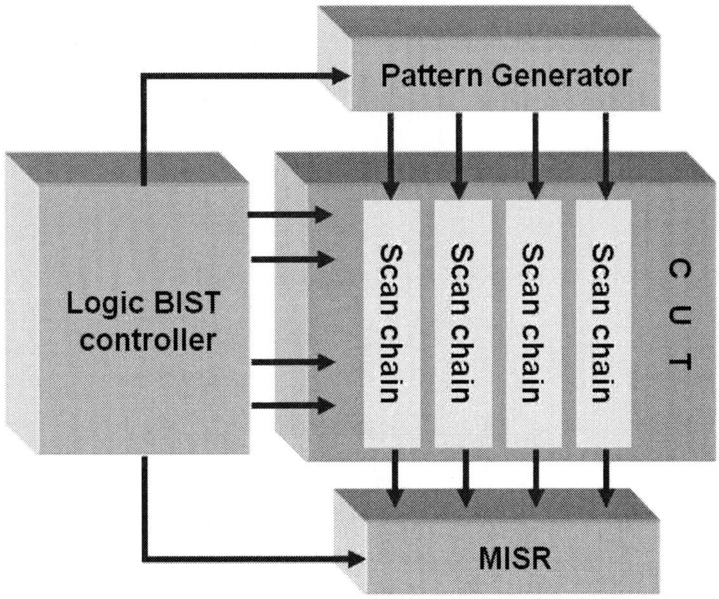

그림 8.21 파워 소모를 고려한 BIST 구조

많다. 따라서 BIST를 이용한 저전력 테스트 기술에 대한 방법에 대하여 알아본다.

8.4.2 저전력 스캔 BIST의 여러 가지 기술

스캔 체인을 위한 저전력 테스트 패턴을 생성하는 것은 매우 어려운 일이다. 스캔 체인에 인가되는 테스트 패턴의 스위칭의 횟수를 최소화해야 할 뿐만 아니라 테스트 패턴의 응답의 스위칭의 횟수 역시 최소화 할 수 있는 테스트 패턴을 생성해야 하기 때문이다. 따라서 대부분의 관련 연구는 스캔 체인에 인가되는 테스트 패턴의 스위칭의 횟수를 최소화 하는 방향으로 연구가 진행되고 있다. 그림 8.22는 저전력을 달성하기 위해 테스트 패턴을 수정하고 스캔 체인에 인가되는 모습을 나타낸다. LTPG (Linear Test Pattern Generator)를 통해서 발생된 테스트 패턴은 파워 소모가 줄어들 수 있는 테스트 패턴으로 수정된다. 그리고 스캔 체인에 인가되어 칩을 테스트하고 테스트 응답을 분석하는 과정을 거치게 된다.

상태시프트 그래프를 이용한 Smoother와 스캔 체인의 재배열 방법을 통하여 테스트 패턴을 수정하는 방법이 있다. LFSR(Linear Feedback Shift Register)을 통해서 생성된 테스트 패턴의 최하위 비트를 기준으로 smoother를 통과시켜서 새로운 패턴을 얻게 된다[14]. 그림 8.23은 일반적인 smoother의 상태시프트 그래프이다. N 비

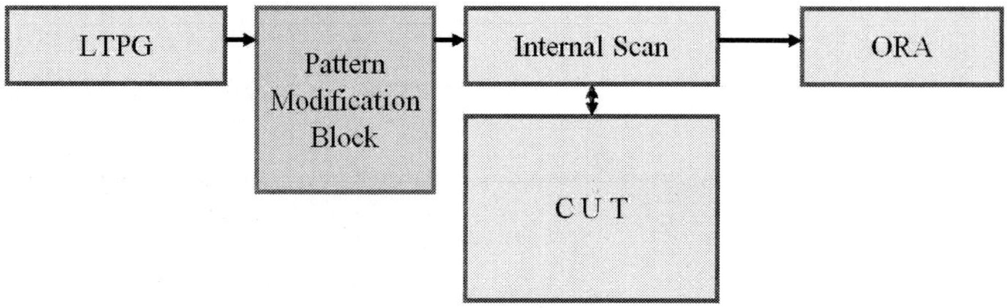

그림 8.22 테스트 패턴 수정과 전체 테스트 과정

트 smoother는 2N개의 상태를 가지며 하나의 상태에서만 1을 출력하여 테스트 패턴을 부드럽게 만들어 준다. 이처럼 스위칭의 횟수가 많은 테스트 패턴을 smoother를 통하여 새로운 패턴으로 변환시키면 스위칭의 횟수를 급격하게 줄일 수 있다. 예를 들면 원래의 테스트 패턴에 해당하는 101010100101100 15비트의 테스트 패턴은 2비트 smoother를 통과하면 000000011110000의 패턴의 되고, 3비트 smoother를 통과하면 000000000000000의 패턴이 된다. 그러나 이렇게 변환된 패턴은 고장 검출률의 손해를 초래할 수 있다. XXXXX01XXXXXXXX의 패턴과 2비트 smoother를 통해서 변환된 패턴을 비교하면 서로 매치가 되지 않는 것을 확인할 수 있다. 이런 경우 7번째 비트와 8번째 비트를 재배열하여 매치가 되도록 하여 고장 검출률의 손실을

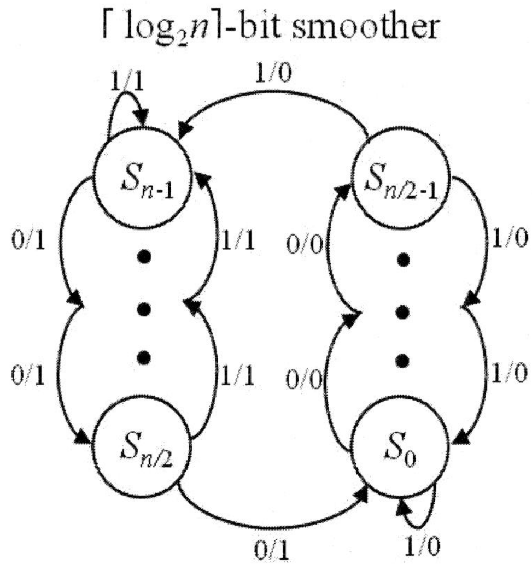

그림 8.23 General Smoother의 상태 시프트 그래프

막을 수 있다. 따라서 이러한 방법은 원래의 테스트 패턴에 무상관 비트가 많이 포함되어 있어야 smoother로 변환된 패턴이 원래의 테스트 패턴과 매칭이 될 확률이 높아진다. 그리고 파워 소모와 테스트 품질 사이는 trade-off 관계에 있기 때문에 이를 고려하여 적당한 smoother의 상태의 개수를 골라 테스트 패턴을 수정해야 한다.

무상관 비트를 임의의 로직 값으로 채워 넣으면 스캔 체인에 테스트 패턴을 입력할 때 과도한 스위칭 동작을 유발시킬 수 있다. 즉, 무상관 비트를 어떻게 채워서 테스트 패턴을 생성하는가에 따라서 스캔 체인을 이동할 때의 스위칭 파워가 줄어 들 수도 있고 늘어날 수도 있다. 그리고 대부분의 테스트 패턴은 무상관 비트가 무시할 수 없을 정도로 많기 때문에 이를 얼마나 효율적으로 채워야 하는지에 대한 연구도 활발하게 진행되고 있다. 예를 들면, s13208 회로를 테스트하기 위한 테스트 패턴에는 전체의 93.2%가 무상관 비트이다. 이처럼 무상관 비트가 압도적으로 많기 때문에 어느 로직 값으로도 대응될 수 있는 무상관 비트의 특성을 이용하는 방법이 제안되었다. [15]는 스캔 슬라이스를 정의하여 스위칭의 횟수를 줄이는 방법으로 저전력 테스트를 진행한다. 회로의 스캔 체인이 단일 스캔 체인이 아니고 여러 개의 체인인 경우 각 스캔 체인에 동시에 인가되는 입력의 세트를 스캔 슬라이스라고 정의한다. 그리고 스캔 슬라이스가 동일한 경우는 서로 오버래핑으로 정의하고, 이 특성을 이용하여 파워 소모가 적은 스캔 테스트를 진행할 수 있다.

그림 8.24와 같은 4비트의 슬라이스를 갖는 오리지널 패턴은 같은 슬라이스를 찾아서 오버래핑이 되도록 스캔 슬라이스를 구성할 수 있다. 처음의 1XX1과 XX11은 1111이 되어 오버래핑이 되는 것이 가능하다. 스캔 슬라이스가 오버래핑이 되는지의 여부는 상관 비트를 비교하여 같은 경우에 상관 비트와 무상관 비트를 비교하여 같은 슬라이스가 될 수 있는 경우를 찾게 된다. 이와 같은 방법으로 오버래핑이 많이 이루어지도록 패턴을 구성하게 되면 스캔 슬라이스의 개수만큼만 패턴의 시프트가 일어

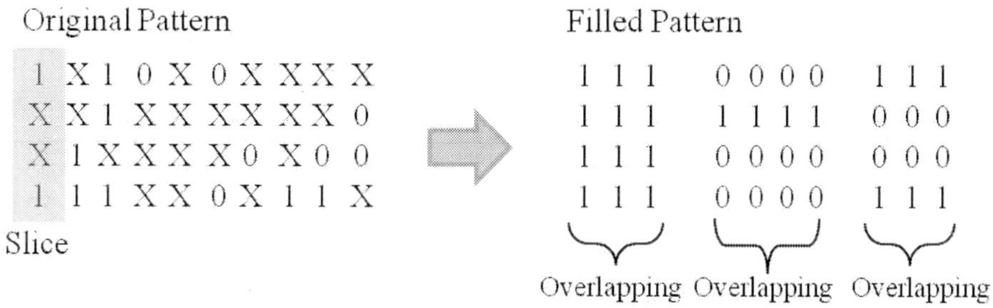

그림 8.24 스캔 슬라이스 오버래핑의 예

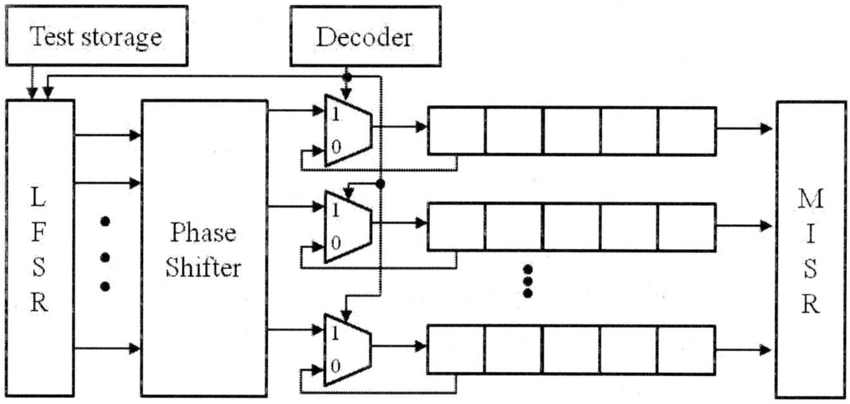

그림 8.25 스캔 슬라이스를 이용한 BIST 구조

나게 되므로 스캔 체인의 시프트 파워를 줄일 수 있다.

그림 8.25는 스캔 슬라이스 오버래핑을 구성하는 하드웨어 다이어그램이다. 제일 처음의 슬라이스의 오버래핑 블록이 스캔 체인으로 들어가면 제어 신호는 1이 되어 스캔 체인에는 LFSR의 패턴이 인가된다. 그리고 나머지 슬라이스의 오버래핑 블록이 스캔 체인으로 인가되고, 제어 신호가 0이 되면 스캔 체인의 마지막 이동된 값이 반복적으로 인가된다. 이러한 방법으로 시프트 파워를 줄여서 테스트 파워를 줄일 수 있는 것이다.

[16]은 피크 파워 소모를 줄이기 위한 스캔 및 BIST 구조를 제안하였다. 그림 8.26

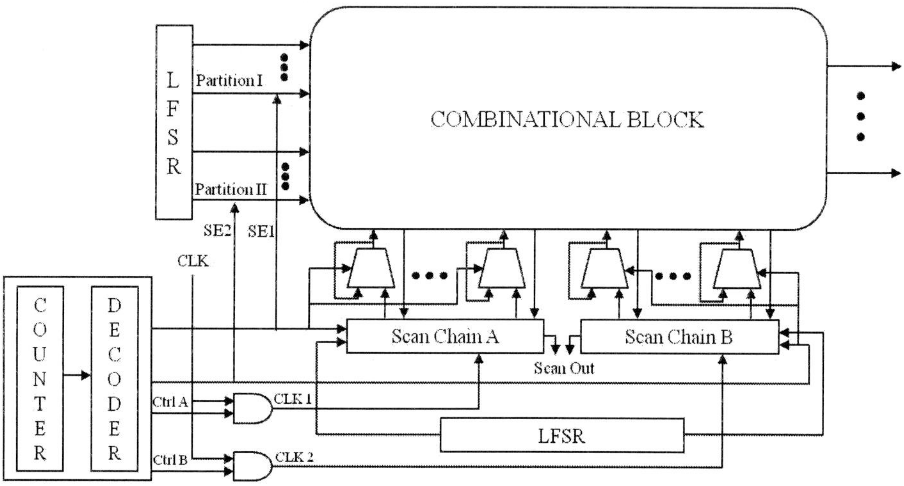

그림 8.26 스캔 구조 수정과 BIST 구조

과 같이 스캔 체인을 두 개의 스캔 체인으로 나누어 테스트 패턴을 인가하여 하나의 서브 스캔 체인의 입력만이 시프트를 일으키도록 허용한다. 따라서 여러 개의 스캔 체인에서 동시에 스위칭이 일어나는 것을 제한하기 때문에 피크 파워 소모를 줄일 수 있다. 그리고 시프트 작업이 진행되는 동안에는 하나의 스캔 체인이 새로운 테스트 패턴을 인가 받고, 다른 스캔 체인은 활성화되지 않은 상태를 유지한다. 따라서 스캔 체인의 입력의 스위칭의 횟수를 제한하고, 하나의 스캔 체인이 시프트를 진행하는 동안 다른 스캔 체인은 비활성 상태를 유지하므로 clock 파워를 줄일 수 있다. 또한, 캡처 동작은 활성화 되는 스캔 체인에서만 이루어지도록 MUX를 통해서 제어하고 있기 때문에 캡처 파워도 줄어들게 된다. 그리고 하나의 서브 스캔 체인을 번갈아 사용하여 테스트를 진행할 수도 있지만 MUX를 통해서 이전의 사용된 서브 스캔 체인의 입력 값이 다음에 활성화 된 서브 스캔 체인의 입력과 동시에 조합 회로에 인가되는 것이 가능하다. 이와 같이 새로운 패턴을 인가하는 효과를 조금의 고장 검출률의 손해를 통해서 더 짧은 테스트 시간을 달성할 수 있다. 따라서 줄어드는 테스트 패턴을 통해서 테스트 시간과 테스트 동안의 전체적인 에너지 소모를 줄이는 것이 가능하다.

8.4.3 저전력 ATPG BIST의 여러 가지 기술

LT-RTPG(Low-Transition Random Test Pattern Generator)를 이용하여 스캔 체인의 입력의 스위칭의 횟수를 줄이는 방법이 있다[17]. 그림 8.27과 같이 LT-RTPG의 T 플립플롭이 토글이 되는 확률은 AND 게이트의 값이 변하는 확률에 따른다. LFSR을 통해서 생성되는 패턴에서 임의로 k개의 비트를 선정하였을 때 모든 비트가 1이 되어야 AND 게이트의 값이 1이 되고, 그 이외의 경우는 전부 0이 출력된

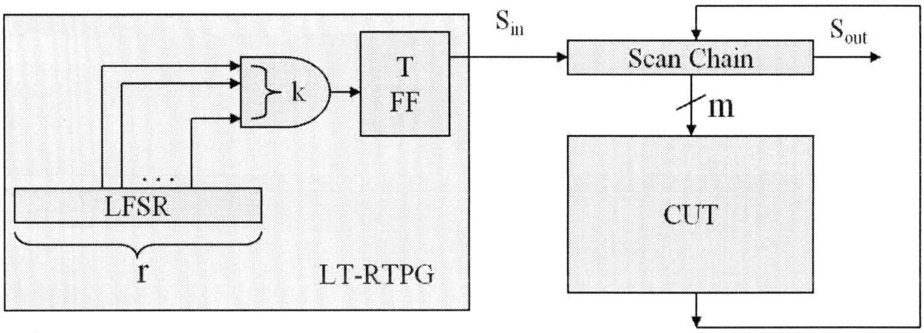

그림 8.27 LT-RTPG의 구조

다. 이처럼 T 플립플롭은 AND 게이트의 출력이 1이 될 때까지는 같은 값을 반복적으로 스캔 체인이 인가한다. 이러한 방법으로 전체 회로에 입력되는 패턴의 스위칭 횟수를 줄이는 것이 가능하다. 원래 길이가 r인 LFSR을 통해서 2r개의 테스트 패턴을 생성할 수 있으나 k개의 값을 AND 게이트에 통과시켜 T 플립플롭을 이용하는 경우에는 2r/2k개의 테스트 패턴을 생성할 수 있다. 적은 테스트 패턴과 T 플립플롭이 토글이 되는 확률이 적을수록 인가되는 패턴이 일정하므로 고장 검출률이 떨어질 수 있다. 이러한 고장 검출률은 k의 값에 영향을 받게 되는데 높은 테스트 품질을 원하는 경우에는 k를 2로 설정할 수 도 있고, 파워 소모를 더 줄이고 싶은 경우에는 3으로 설정하여 사용하는 것도 가능하다. 그리고 스캔 체인의 인접 셀의 입력 값을 AND 게이트에 이용하지 않고 임의의 셀을 선택함으로써 고장 검출률은 기존의 수준을 유지하는 것이 가능하다.

ALP-RTPG(Adaptive Low shift Power Random Test Pattern Generator) 방법은 연속된 두 개의 테스트 패턴을 비교하여 새로운 테스트 패턴을 인가할 것인지 기존의 테스트 패턴을 유지할 것인지 결정한다[18]. 그림 8.28은 ALP-RTPG의 구조를 나타낸 그림인데 테스트 패턴을 비교하는 방법과 테스트 패턴 인가 방법에 대한 과정이 나타나 있다. 각 스캔 체인의 마지막 두 개의 테스트 패턴은 XNOR 게이트를 통과하여 테스트 패턴의 유지 여부를 결정하게 된다. 두 개의 패턴이 같아서 XNOR의 출력 값이 1이 되면 새로운 테스트 패턴을 인가하고, 두 개의 패턴이 달라서 XNOR의 출력 값이 0이 되면 DFF에 저장되었던 기존의 패턴 값이 다시 인가된다. 이 방법은 스캔 체인의 시프트의 횟수가 많은 경우 패턴을 유지하는 방법을 통해서 테스트 패턴의 스위칭 횟수를 줄인다. 그러나 이 방법은 패턴을 오랫동안 유지하는 경우가 생기면 테스트 품질이 낮아질 수 있지만, 낮아지는 테스트 품질에 비하여 파워 소모를 훨

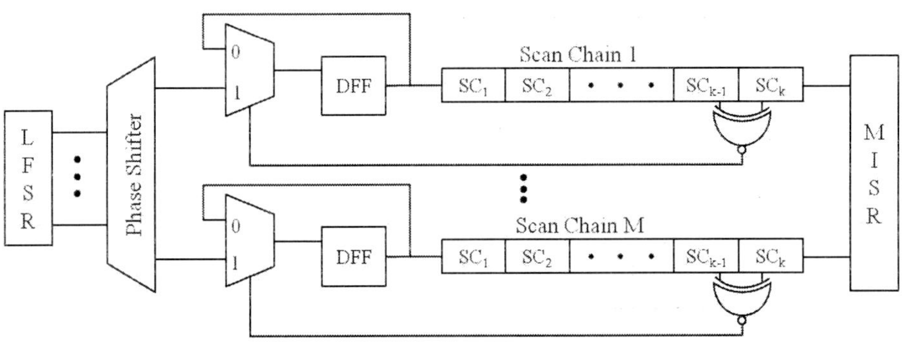

그림 8.28 ALP-RTPG의 구조

씬 더 많이 줄어들게 할 수 있는 방법이다.

LT-TPG와 3W WRBIST(3-Weight Weighted Random BIST)를 이용한 테스트 패턴 생성기는 그림 8.29와 같이 두 가지 단계로 나뉘어 테스트 패턴을 생성한다[19]. 첫 번째 단계에서는 LT-RTPG를 이용하여 비교적 검출하기 쉬운 고장을 검출하기 위한 테스트 패턴을 생성한다. 일반적으로 랜덤 테스트 패턴은 스위칭의 횟수가 많기 때문에 검출하기 쉬운 고장을 검출하기 위하여 사용한다. 이를 통해서 검출하기 어려운 고장을 위하여 여러 패턴을 생성하는 것이 아니고, 적은 패턴으로 빠른 시간 안에 테스트 파워 소모를 고려한 테스트를 진행한다. 두 번째 단계에서는 3W WRBIST에서 생성된 테스트 패턴을 이용하여 첫 번째 단계에서 검출하지 못한 고장을 검출한다. 그 이유는 3W WRBIST에서 생성된 테스트 패턴이 랜덤으로 생성된 테스트 패턴에 비하여 스위칭의 횟수가 적기 때문이다. 기존의 테스트 패턴에 가중치(weight)를 주는 방법은 다양한 가중치를 사용하여 패턴을 생성한다. 그러나 3W WRBIST 방법은 가중치를 발생시키는 회로를 단순화하기 위하여 3가지의 가중치만을 이용한다. 가중치 1(0)은 고정된 신호 1(0)로부터 구해지고, 가중치 0.5는 랜덤 패턴의 신호에 의해 구해진다. 두 개의 패턴 생성기로 부터 생성된 테스트 패턴은 mode select 신호를 통하여 제어되어 스캔 체인으로 입력이 되어 칩을 테스트하게 된다.

BIST를 이용하여 스위칭 동작을 줄이는 방법 중에서 SICG(Single Input Changing Generator)를 이용하는 LSA-TPG(Low Switching Activity)방법이 있다[20]. 그림 8.30은 LSA-TPG 방법의 구조를 나타낸 그림으로 동작 원리는 다음과 같다. 이 방법은 SG(Seed Generator)를 이용하여 SG가 다음 seed를 결정하도록 하는데, 카운

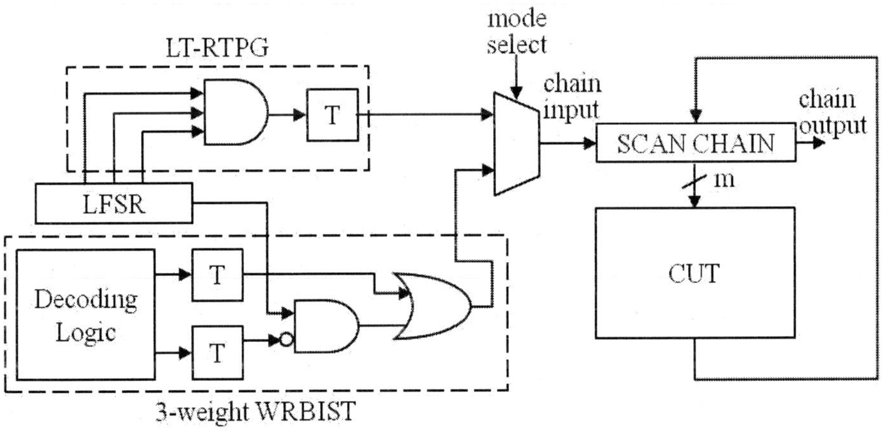

그림 8.29 LT-RTPG와 3-W WRBIST 구조

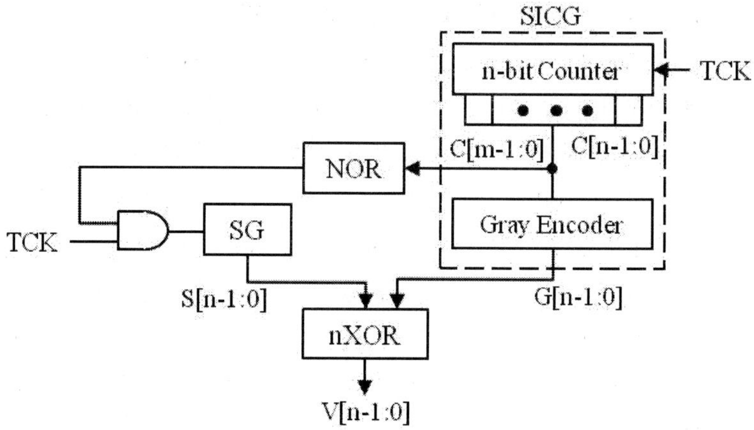

그림 8.30 LSA-TPG의 구조

터에 입력된 신호를 기반으로 결정이 된다. 카운터의 모든 비트가 0이 되면 NOR 게이트의 추력이 1이 되어 SG를 활성화 시켜 다음 seed를 결정시킨다. 카운터의 입전한 두 개의 비트는 XOR 연산을 통하여 그레이 인코더에 저장되고, 최종 테스트 벡터는 SG의 신호와 그레이 인코더의 신호들이 XOR 연산을 통해서 결정된다. 이처럼 테스트 벡터가 그레이 코드에 의해서 만들어지기 때문에 스위칭 동작은 오로지 한 번만 이루어지게 된다. 그에 따라서 생성되는 테스트 패턴의 스위칭의 횟수는 크게 줄어들 수 있게 되는 것이다. 이와 같이 스위칭의 횟수를 크게 줄인 LSA-TPG 방식은 LFSR 방식에 비하여 대략 10~15% 정도 절약할 수 있는 것을 실험을 통해 검증되었다.

효율적인 패턴 발생을 통해서 파워 소모를 줄이는 방법도 가능하다. LFSR을 통해서 랜덤으로 생성된 오리지널 패턴은 그림 8.31의 패턴 1과 패턴 2와 같이 스위칭의 횟수가 많게 될 수 있다. 이렇게 많은 스위칭 횟수는 스캔 체인의 시프트 파워를 증가시키기 때문에 두 개의 오리지널 패턴 사이에 여러 개의 임의의 패턴을 삽입하여 스위칭의 횟수를 줄일 수 있는 방법이 제안되었다[21].

그림 8.31의 예에서 살펴보면, 16비트의 패턴 1과 패턴 2는 총 10번의 스위칭이 일어난다. 한 번에 10번의 스위칭이 일어나게 되면 파워 소모가 급격하게 증가하여 피크 파워가 크게 증가할 수 있다. 그래서 두 개의 패턴 사이에 세 개의 패턴을 추가하여 급격한 파워 소모를 줄이고자 하는 것이다. 이 방법을 통해서 T^{k1} 패턴은 패턴 1의 왼쪽 8비트를 그래도 두고, 나머지 8비트는 패턴 1과 패턴 2의 오른쪽 8비트를 비교하여 같은 경우에는 그대로 그 값으로 채우고, 다른 경우에는 0으로 채우게 된다. T^{k1}

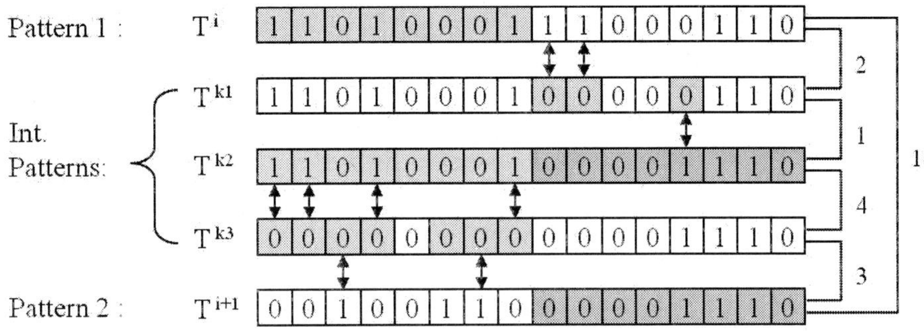

그림 8.31 테스트 패턴 삽입의 예

과 패턴 2의 오른쪽 8비트를 비교하여 다른 경우 1을 채워 T^{k2}를 만든다. 그리고 T^{k3}은 T^{k2}와 패턴 2의 왼쪽의 8비트를 비교하여 다른 경우에 0을 채워 넣는다. 이처럼 패턴 사이에 스위칭의 횟수를 줄일 수 있는 여러 개의 패턴을 삽입하기 때문에 테스트 시간이 길어질 수 있는 단점이 있으나, 길어지는 시간만큼 테스트 시프트 파워를 줄일 수 있는 장점도 있다.

8.5 파워를 고려한(Power-aware) 테스트 스케줄링

8.5.1 저전력 테스트 스케줄링의 분류

테스트 스케줄링 방법은 크게 두 가지 카테고리가 있는데, Thermal aware 테스트 스케줄링과 power aware 테스트 스케줄링이다. Thermal aware 테스트 스케줄링은 복잡한 코어 기반의 시스템이 테스트 도중 과열되는 것을 피하기 위한 방법이다. 이것은 공간적으로 칩의 파워 소모가 일정하지 않기 때문에 칩 레벨에서 테스트를 진행하는 동안 칩에 가해지는 열을 골고루 분배하도록 하는 테스트 스케줄링에 중점을 둔다.

Power aware 테스트 스케줄링 방법은 주로 SOC의 테스트를 위한 방법이다. SOC를 테스트하는 동안 SOC를 여러 블록으로 나누어 블록별로 사용할 수 있는 파워를 제한하는 것이다. 모든 블록을 동시에 테스트를 진행하게 되면 파워의 소모가 증가하게 된다. 따라서 적당한 스케줄링 방법을 통해서 SOC의 블록을 테스트하면서 테스트 파워를 줄이는 방법이다. 이 방법은 동시에 테스트가 가능한 블록의 조합을 검사하여 테스트 시간과 파워를 적게 쓰는 최적의 조합을 찾아낸다. 그리고 테스트 리소스는 블록 간에 서로 공유되고 사용이 됨으로써 BIST와 관련된 하드웨어의 크기를 최소로 줄일 수 있다.

그러나 이러한 테스트 스케줄링의 문제는 호환 가능한 그래프 이론과 휴리스틱 알고리즘에 의해서 NP-complete라고 밝혀졌다. 테스트 파워를 제한하는 요인은 SOC 내의 블록의 피크 파워이다. 따라서 각 블록의 테스트 길이를 고려하여 스케줄링이 이루어져야 한다. 테스트 길이가 같은 경우의 파워 제한 요인과 테스트 길이가 다른 경우의 파워 제한 요인을 고려해야 한다. NP-complete 문제를 해결하고 최적의 해답을 찾기 위해서 테스트 호환 그래프를 구하여 각 테스트에 관련된 파워 소모를 알 수 있는 time compatible tests set을 구성한다. 앞에서 구성한 time compatible tests set 중에서 power compatible tests의 리스트를 추출하여 minimum cover set을 찾으면 최적의 스케줄링 방법을 찾을 수 있다.

8.5.2 저전력 테스트 스케줄링 기술

SOC 테스트를 진행하는데 필요한 테스트 에너지를 최소로 줄이려는 연구도 진행되고 있다. 하이브리드 BIST 구조를 통해서 테스트 에너지를 줄이려는 기법이 있다 [22]. 하이브리드 접근 방법은 LFSR을 통해서 생성된 랜덤 테스트 패턴과 deterministic 테스트 패턴을 이용한다. LFSR을 이용한 랜덤 테스트 패턴은 충분히 높은 고장 검출률을 보장하지 못하고, 매우 긴 테스트 시간과 큰 하드웨어 오버헤드를 요구한다. 그러나 deterministic 테스트 패턴은 랜덤 패턴에 비하여 효율적이고, 테스트 시퀀스가 짧기 때문에 더 적은 에너지를 사용할 수 있다. 하지만 deterministic 테스트 패턴은 테스트 메모리의 제한과 서로 종류가 다른 SOC의 코어에 대하여 고장 검출 특징과 요구하는 에너지가 다르다. 따라서 두 가지 방법의 장점을 취하여 테스트 메모리의 제한과 테스트 시간을 벗어나 스위칭 에너지를 줄일 수 있다.

하이브리드 BIST 테스트는 그림 8.32와 같이 SOC 내의 서로 다른 코어에 랜덤 패턴과 deterministic 테스트 패턴이 겹치지 않도록 패턴을 인가하는 것이다. SOC 내의 서로 다른 코어를 테스트하는 시간은 그림 8.33과 같이 차이가 날 수 있다. 따라서 각 코어를 테스트하는데 필요한 시간과 랜덤 패턴과 deterministic 테스트 패턴의 적당한 비율은 각 코어의 테스트 메모리 제한과 테스트를 하는데 필요한 시간의 제한을 고려하여 정해진다. 따라서 그림 8.32와 같이 랜덤 테스트와 deterministic 테스트를 전체 코어에서 동시에 일어나지 않도록 스케줄링을 할 수 있고, 이 방법을 통해서 전체 에너지 소모를 최소화하는 것이 가능하다.

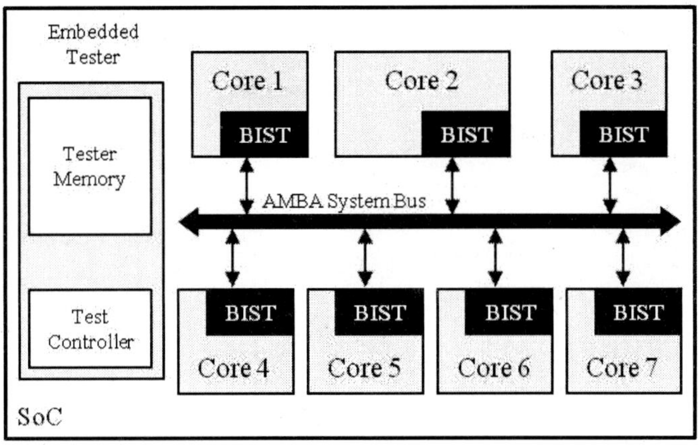

그림 8.32 AMBA bus 기반의 하이브리드 BIST 구조

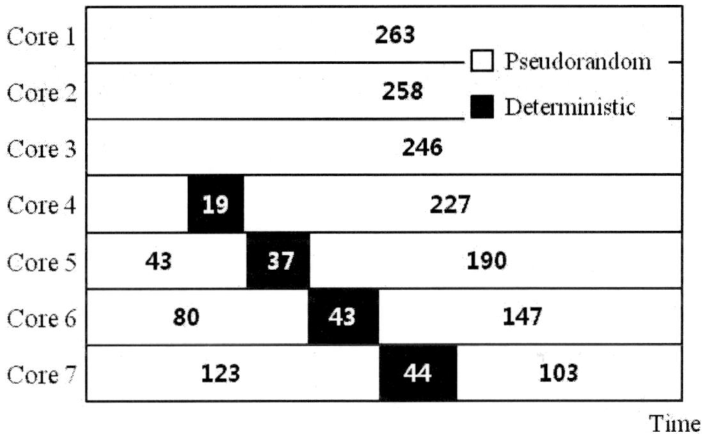

그림 8.33 파워 소모와 시간을 줄이기 위한 스케줄링

8.6 결론

그림 8.34는 테스트 파워와 그 외의 요소들의 관계에 대한 그림이다. 테스트 파워를 줄이는 것은 상당히 중요한 문제지만 무턱대고 파워 소모를 줄이는 것은 어려운 일이다. 이를 위해서는 여러 가지 저전력 기법을 이용하는데, 이들은 테스트 파워를 줄이는 만큼 다른 방면에서 손해를 볼 수 있다. 그림과 같이 테스트 파워와 다른 성

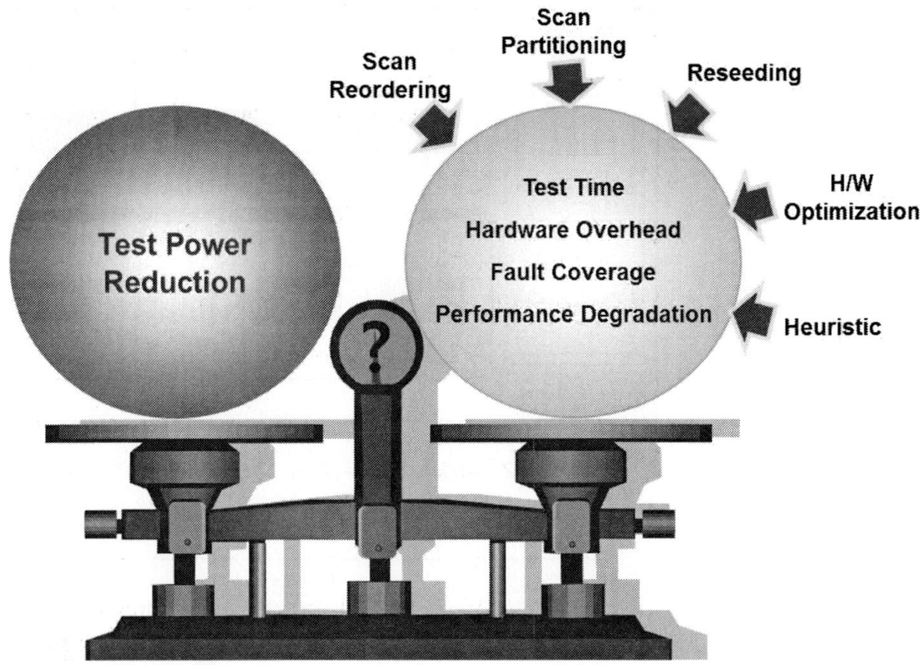

그림 8.34 테스트 파워와 그 외의 요소들의 관계

능은 양팔 저울에 올려진 것과 같다. 어느 한쪽에 무게를 두게 되면 저울의 추는 급격하게 기울 것이다. 따라서 테스트 파워를 줄이기 위한 과도한 기법은 테스트의 시간이 증가하거나, 추가적인 하드웨어를 필요로 하거나, 테스트 품질이 낮아지거나 칩의 성능이 떨어질 수 있는 가능성이 있다. 따라서 이들의 조화를 잘 이루어 저전력 테스트를 달성할 수 있도록 많은 연구가 이루어져야 한다.

칩을 디자인하는데 있어서 테스트 파워 소모는 굉장히 중요한 역할을 차지한다. 왜냐하면, 테스트의 처리량과 수율은 테스트 파워에 영향을 주기 때문이다. 이를 위하여 많은 저전력 기법을 알아보았는데, 파워를 줄이기 위해서는 희생이 되는 면도 있을 수 있다. 테스트의 시간, 하드웨어의 크기, 고장 검출률의 손해가 초래될 수 있으나, 이들의 균형을 잘 찾아서 효율적인 기술이 될 수 있도록 해야 할 것이다. 마지막으로, 최근 DPM(Dynamic Power Management), 멀티플 전압 등 새로운 저전력에 대한 측면들에 대한 연구도 함께 이루어져 할 것이다.

참고문헌

[1] Meng-Fan Wu, Kai-Shun Hu, and Jiun-Lang Huang, "An Efficient Peak Power Reduction Technique for Scan Testing", Proceedings of Asian Test Symposium, pp. 111-114, October 2007.

[2] Xiaoqing Wen, Yoshiyuki Yamashita, Seiji Kajihara, Laung-Terng Wang, Kewal K. Saluja, and Kozo Kinoshita, "On Low-Capture-Power Test Generation for Scan Testing", IEEE VLSI Test Symposium, pp. 265-270, May 2005.

[3] Anshuman Chandra and Rohit Kapur, "Bounded Adjacent Fill for Low Capture Power Scan Testing", IEEE VLSI Test symposium, pp.131-138, May 2008.

[4] J Srivaths Ravi, V.R. Devanathan, and Rubin Parekhji, "Methodology for Low Power Test Pattern Generation Using Activity Threshold Control Logic", Proceedings of the 2007 IEEE/ACM international conference on Computer-aided design, pp. 526-529, 2007.

[5] C. Shi and R. Kapur, "How power aware test improves reliability and yield", IEEDesign. Com, September 15, 2004.

[6] Y. Bonhomme, P. Girard, L. Guiller, C. Landrault, and S. Pravos-soudovitch, "Efficient Scan Chain Design for Power Minimization During Scan Testing Under Routing Constraint", International Test Conference, pp. 488-493, October 2003.

[7] Min-Hao Chiu and James C.-M.Li, "Jump_Scan: A DFT Technique for Low Power Testing", IEEE VLSI Test symposium, pp. 277-282, May 2005.

[8] Kyoung Youn Cho, Subhasish Mitra, and Edward J. McCluskey, "California Scan Architecture for High Quality and Low Power Testing", Proceedings of International Test Conference, pp.21-26 October 2007.

[9] A. R. Pandey and J. H. Patel, "An incremental algorithm for test generation in Illinois scan architecture based designs,"Proc. of Design, Automation & Test in Europe, pp. 368-375, 2002.

[10] Anshuman Chandra, Felix Ng and Rohit Kapur, "Low Power Illinois Scan Architecture for Simultaneous Power and Test Data Volume Reduction", IEEE Design Automation and Test in Europe, pp. 462-467, March 2008.

[11] Yongjoon KIM, Jaeseok PARK, Sungho KANG, " A Selective Scan Chain Activation Technique for Minimizing Average and Peak Power Consumption", IEICE Transaction on Information & System, Vol. E93-D, No. 1, pp. 193-196, January 2010.

[12] Paul M.Rosinger and Bashir M.Al-Hashimi, Nicola Nicolici, "Scan Architecture for Shift and Capture Cycle Power Reduction", Defect and Fault Tolerance in VLSI Systems, pp.129-137, 2002.

[13] Takaki Yoshida, Masafumi Watari, "MD-SCAN Method for Low power Scan Testing", Proceedings of Asian Test Symposium, pp.80-85, November 2002.

[14] Nan-Cheng Lai, Sying-Jyan Wang and Yu-Hsuan Fu, “Low Power BIST with Smoother and Scan-Chain Reorder”, Proceedings of Asian Test Symposium, pp. 40-45, November 2004.

[15] Ji Li, Yinhe Han, Xiaowei Li, “Deterministic and Low Power BIST Based on Scan Slice Overlapping”, Proceedings of IEEE International Symposium on Circuits and Systems, pp. 5670-5673, 2005

[16] Debjyoti Ghosh, Swarup Bhunia, Kaushik Roy, “A Technique to Reduce Power and Test Application Time in BIST”, International On-Line Testing Symposium, July 2004.

[17] Seongmoon Wang, Sandeep K. Gupta, “LT-RTPG: A New Test-Per-Scan BIST TPG for Low Heat Dissipation”, Proceedings of International Test Conference, pp. 85-94, 1999.

[18] Xijiang Lin, Janusz Rajski, “Adaptive Low Shift Power Test Pattern Generator for Logic BIST”, Proceedings of Asian Test Symposium, pp. 355-360, December 2010.

[19] Seongmoon Wang, “A BIST TPG for Low Power Dissipation and High Fault Coverage”, IEEE Transactions on Very Large Scale Integration Systems, Vol. 15, pp. 777-789, July 2007.

[20] Bo Ye, Tianwang Li, Qian Zhao, Duo Zhou, Xiaohua Wang and Min Luo, “A low power test pattern generation for built-in self-test based circuits”, International Journal of Electronics, Vol. 98, No.3, pp. 301-309, March 2011.

[21] N. Ahmed, M. H. Tehranipour, M. Nourani, “Low Power Pattern Generation for BIST Architecture”, Proceedings of ISCAS, Vol. 2, pp. 689-692, May 2004.

[22] Raimund Ubar, Tatjana Shchenova, Gert Jervan, Zebo Peng, “Energy Minimization for Hybrid BIST in a System-on-Chip Test Environment”, pp. 2-7, May 2005.

제 9 장

생산성을 고려한 설계 (DFM : Design for Manufacturability)

9.1 서론

9.1.1 공정기술의 변화 동향

IC 회로를 구현하는 공정기술이 발전해 갈수록 회로를 실제로 구성하는 기본 단위인 메탈의 폭은 줄어들고 있다. 현재는 90nm 기술까지 넘어 극 세밀 공정기술이 개발되고 있고 이는 메탈 원자 지름의 수배에 지나지 않는다. 이와 동시에 하나의 시스템에서 요구하는 회로의 기능적 크기는 기하급수적으로 늘어나고 있어 복잡도는 엄청나게 높아지고 있다. 이로 인하여 이전 공정에서는 발견되지 않거나 혹은 무시되었던 물리적인 문제들이 크게 대두되고 있는 상황이다[1][2][3]. 공정이 세밀해 질수록 각 메탈라인은 주변 물리적 요소에 크게 민감해지고 이로부터 제품을 생산하는데 있어서 많은 불안 요소를 야기한다. 이는 공정 가변성 변화폭을 증가시키고 제품 수율에 직결되어 결국 생산비용에 있어서 치명적인 영향을 미치게 된다. 따라서 현 제품 생산 과정에서는 생산성을 확보하기 위해서 디자인 단계부터 이 문제를 고려하여 진

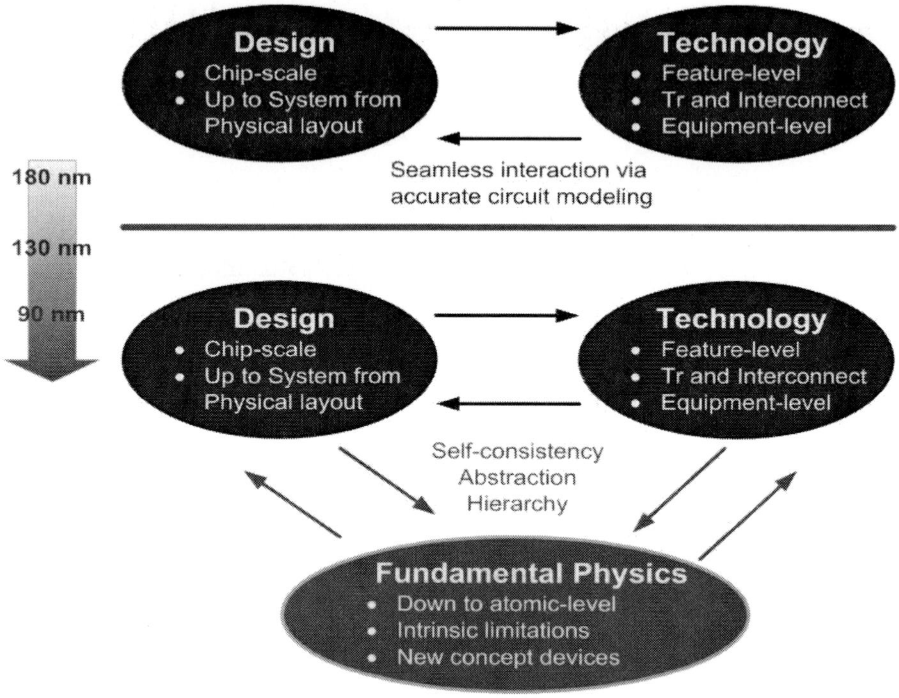

그림 9.1 제품 생산 패러다임의 변화

행해야 하는데, 이전 공정과는 다르게 원자 단계에서의 물리학적인 분석이 필요하다. 그림 9.1에서 볼 수 있듯이 제품 생산의 패러다임에 있어서 공정 변화에 따른 디자인과 공정 기술 간의 관계가 물리학적인 고려 대상이 추가되면서 상당히 복잡해지고 있다. 이를 해결하기 위한 변화의 일환으로 DFM이 제안되고 있다[4].

9.1.2 생산성을 위한 디자인(DFM)

DFM은 Design For Manufacturing 혹은 Design For Manufacturability의 약자로서 앞에서 논한 생산에서의 비용 증가 문제를 해결하기 위한 방법이다. 이는 공정의 변화로 인해 디자인 단계부터 제품 생산의 균질성을 어느 정도 보장할 수 있도록 새로운 생산과정의 패러다임의 요구를 충족시키기 위한 제안된 방안이다. FPGA 같은 자유도가 높은 툴을 통하여 어느 정도 문제를 해결할 수 있는데, 이밖에도 제품의 생산성과 수율을 보장하기 위해서는 디자인에서 있어서의 좀 더 자세한 제한 정보가 필요하다. 이 정보는 선행적으로 공정상의 여러 가변적인 변수들에 대한 데이터를 통계적 모델링을 통하여 얻어지게 되는데, 이런 필요성에 의하여 DFM 기법의 발전이 요구되고 있다.

이후 DFM에 대하여 몇 가지 큰 부분으로 나누어 설명을 하게 되는데 첫 번째로 나노 공정으로 들어서면서 새롭게 우리가 직면한 어려움들은 무엇이 있는지 살펴보고 이로 인해 어떤 문제에 대한 해결이 요구되고 있는지, 어떻게 해결하려 하는지 간단히 알아보겠다. 또한 공정 가변성(process variability)의 원인과 이로 인해 도출되는 여러 문제점들을 살펴보고 해결책으로 어떤 기법들이 있는지 살펴보려한다. 그리고 많은 분야에서 주목하고 있는 전력 소모 부분을 여기서는 전력 누설(power leakage) 방향에서 살펴보고 디자인에서 이를 위하여 추가된 혹은 수정된 부분은 무엇이 있는지 보겠다. 마지막으로 각 메탈간 거리가 극도로 좁아지고 메탈 폭이 원자 몇 개 정도로 극 세밀해지면서 그 영향이 커지고 있는 신호 무결성(signal integrity)에 대하여 논의해보겠다.

9.2 나노기술에서 대두된 새로운 문제점들

앞 절에서 논한 공정의 변화와 계속 증가하는 디자인의 복잡도 문제를 해결하기 위해서 기초 물리학적인 분석을 통하여 통계적으로 모델링된 제한을 디자인 단계부터 적용시키는 방안으로 DFM이 제안되었다. 일단, 디자인 단계에서는 레이아웃 단계의 요소를 전혀 고려하지 않고 생기는 문제점은 이후 단계에서 해결하려고 하는 기존 생산 공정에 있어서 새로운 패러다임으로의 변화가 요구되고 있어, 좀 더 상위 단계부터 생산비용 절감을 위한 고려가 필요하다[5]. 이는 결국 제품의 생산성과 수율 확보를 디자인 단계부터 제공되는 좀 더 엄격한 규칙을 준수함으로써 어느 정도는 보장할 수 있어야 함을 의미한다. 그림 9.2를 보면 예전 공정의 생산 과정에서는 단지 상위 단계에서 하위 단계로 하나의 패스가 있어 디자인 단계에서 공정 단계에서 초래하는 문제를 하위 단계에서 해결하는 것이 충분히 가능했다고 할 수 있지만, 현재 공정에서는 점점 디자인에서 비롯된 문제점이 하위 단계에서 해결하는 것이 불가능해지거나 커다란 비용을 요구하게 되면서 확연히 다른 개념의 과정이 요구되고 있다. 새로운 개념의 생산 과정에서는 이미 디자인 단계에서 수율 예측을 시작하며, 이후 레이아웃 단계를 거쳐 포스트 레이아웃 시뮬레이션 단계에서 실제로 메탈의 placement와 라우팅을 거치면서 각 단계마다 회로를 원자 단계의 기초 물리학적 분석을 통하여 제품의 수율을 충분히 끌어낼 수 있는가를 검사하게 된다. 이때 기준 수율을 넘지 못한다고 판단이 되면, 다시 이전 상위 단계로 돌아가는 피드백이 가능해야 한다. 최악의 경우 디자인을 처음부터 다시 수행해야 할 수도 있다. 또한 그 이후 회로

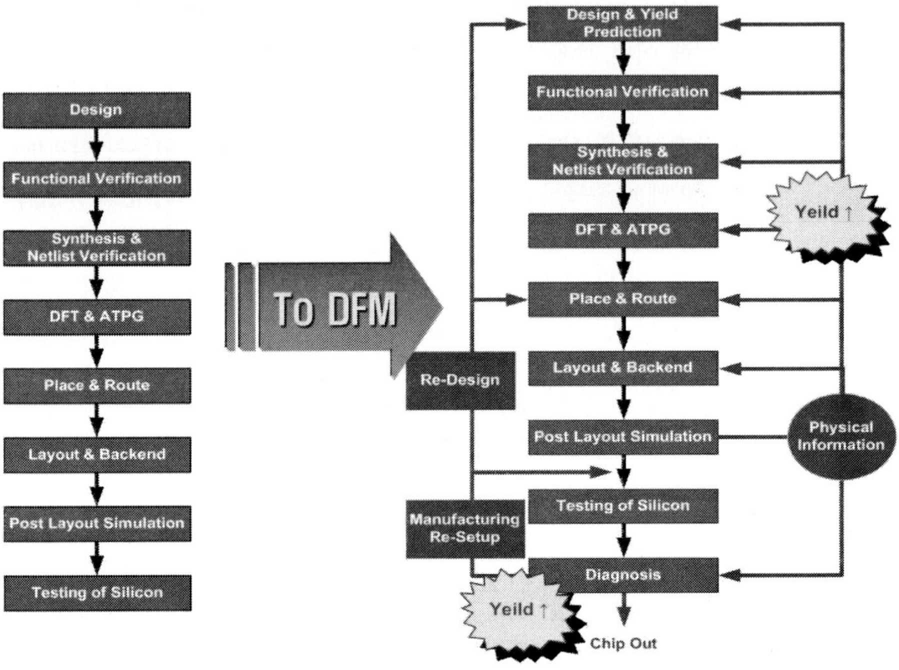

그림 9.2 제품 생산 과정의 변화

검사 및 검증과 진단 단계를 거친 후에도 기대 수율에 못 미친다고 판단되면 다시 상위 단계로 돌아갈 수 있어야 한다. 따라서 이전 공정보다 상위 단계에서 제품의 생산성 즉 수율을 고려해야 하는 과정이 있어야 하며, 이제 상위 단계와 하위 단계간의 개념이 모호해진 서로간의 피드백이 가능한 융통성 있는 생산 과정으로의 패러다임 이동이 요구됨을 알 수 있다.

9.2.1 상위 레벨에서의 생산비용적 구체화

이렇게 공정 변화에 따른 변화 요구를 충족시키기 위하여 좀 더 상위 레벨에서 고차원적인 생산비용적 고려가 필요하다. 기존의 하드웨어 설계 흐름은 거의 그대로 유지하되 처음부터 수율과 성능 그리고 비용의 모델링을 수행한다. 이 모델링은 이전에 수행한 하드웨어 설계들로부터 데이터를 얻어 구성한다. 그림 9.3을 살펴보면 기존의 하드웨어 설계 과정 처음 부분에 모델링 과정을 삽입하고 과정 뒷부분에서 나오는 각종 결함에 대한 정보를 수집하는 피드백 과정을 추가하여 새로운 하드웨어 설계 과정을 보여주고 있다. 이 과정의 변화로 좀 더 확실한 기능 검증을 수행하고, 효율적이고 정확한 디자인을 제공할 수 있다. 수율의 가장 기본적은 모델은 수식 (1)과 같이 나타낼 수 있다.

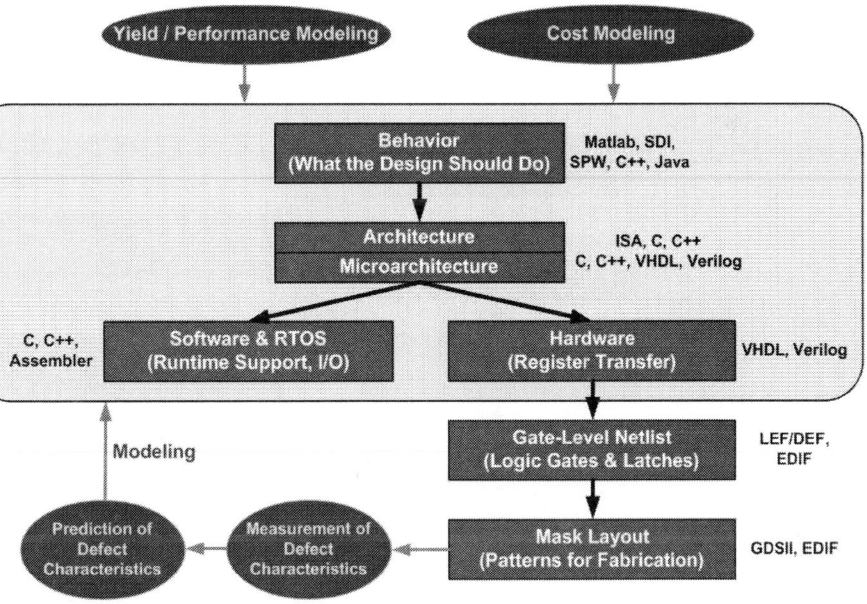

그림 9.3 하드웨어 설계 과정의 변화

$$Yield = \exp^{-Ac(R)D(R)} \quad (1)$$

수식 (1)에서 $Ac(R)$은 각 레이어의 임계면적을 나타내며, $D(R)$은 각 레이어의 결함 밀도를 의미한다. 따라서 두 값이 커지는 것은 수율에 있어서 나쁜 영향을 미치게 된다. 각 값들은 공정에 따라 수집된 정보들에 의하여 정해지게 된다. 그림 9.4는 수율 예상 모델링의 흐름을 보여주는 개념도이다.

수율 모델뿐만 아니라 생산에서 중요한 고려 요소 중에 하나인 비용에 대한 모델링도 요구 된다. 보통 웨이퍼를 기준으로 비용 모델링이 이루어지는데 각 클러스터를 생산하는데 드는 비용과 사용되는 장비에 들어가는 비용을 모두 고려해야 한다. 비용 모델링의 예시는 다음 수식 (2)와 같다[6].

$$C_i^W = \frac{C_i^V}{v_i} + \sum_{k=1}^{c} \frac{1}{C_{ck}} (c_k^a t_{ik} + c_k^i t_{ik}^*) \quad (2)$$

C^W : Cost per wafer of each product
C^V : Cost not depending on volume
C^a : Cost for each cluster on active wafer process
C^i : Cost for each cluster on inactive wafer process
C : Number of fabricated wafers at same time
v : Manufactured volume in terms of number of wafers of each product fabricated in given period of time
t : Cumulated usage
t^* : Nonproductive time

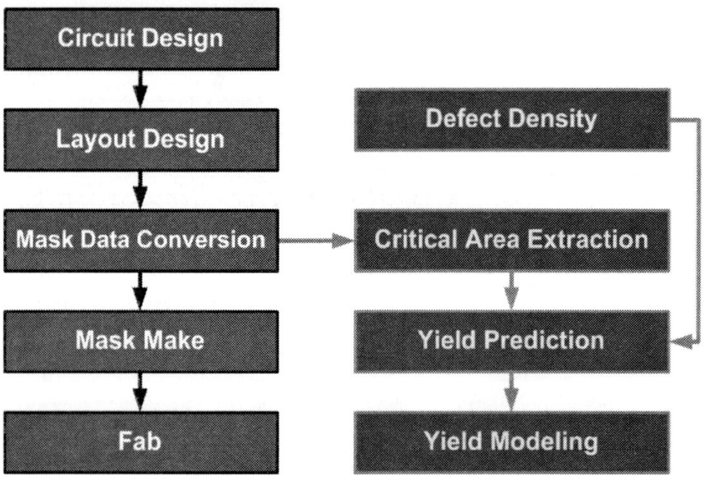

그림 9.4 수율 예측 모델링 개념도

9.2.2 물리적 문제점들의 발현

그림 9.5는 90nm 공정 이하에서 추가적으로 고려가 필요한 문제들을 포함하고 있다. 현대의 하나의 SoC 시스템에는 그림처럼 상당히 다양한 모듈 혹은 IP들이 들어가서 자리를 잡게 되는데, 여기에 공정의 변화로 인하여 많은 문제들이 발현되고 있다. 먼저 공정상의 가변성과 관련된 문제들이 관찰되고 있다. 일단 생산에 있어서 불규칙한 가변적 요소에 의하여 각 제품마다의 실제 구조의 차이가 벌어지고 있다. 이런 경우 근접 효과 보정 기법 등을 통해 가변성을 최소화 시키는 등 여러 기법을 통해 그 차이를 줄일 수 있다. 또한 공정상에서 발현되는 가변적인 요소들은 통계적인 방법을 통해 모델링하여 실제와 비슷한 변동 값을 유추해낼 수 있도록 한다.

전력 소모 분야 측에서도 새로운 문제점들이 나타나고 있는데, 가장 문제가 되는 것이 전력 누설 부분이다. 이 문제점들은 전력이 소모되는 소자들을 개량하여 어느 정도 해결할 수 있으며, 전력 누출 부분을 모델링을 통해 쉽게 예측하여 이 값을 최소화 시키도록 돕는다. 신호 무결성 관련 문제점들도 공정의 세밀화에 따라서 고려 필요성이 크게 강조되고 있다. 커플링 문제같이 이전에도 발현되었으나 좀 더 심각하게 고려가 필요한 문제점들부터 SSN(Simultaneous Switching Noise) 등 새로 대두되는 문제점까지 다양하게 공정상 문제로 나타나고 있다. 이 문제에 대해서도 다양한

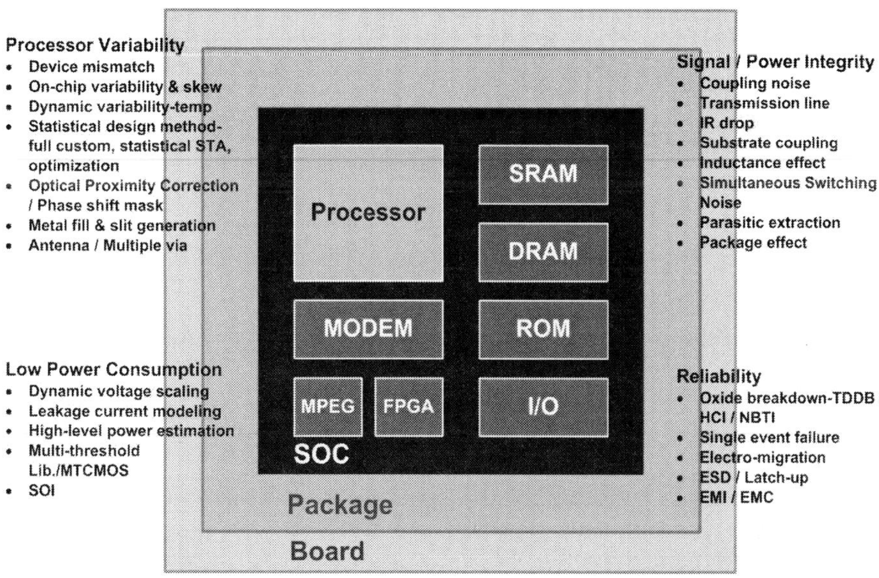

그림 9.5 극세밀 공정에서 나타나는 문제점들

모델링 기법들이 존재하며, 좀 더 상위 레벨에서 문제 발현 가능성을 타진하기 위한 테스트 방법들이 있다. 마지막으로 구현 시스템의 신뢰도가 갈수록 낮아지고 있다. 이는 앞에서 나열한 문제점들이 추가적으로 발현되고 있는 점과 회로의 복잡도가 크게 증가했다는 점에서 기인한다. 이 문제점들과 이에 해당하는 해결책들은 이후 각각 해당 파트에서 다룰 것이다.

9.2.3 생산 고려 디자인

이런 새로운 문제점들을 고려하기 위하여 manufacturing-aware 디자인이 필요하다. 기존의 제조공정을 세밀하게 고려하지 않은 디자인 방법을 탈피하고, 디자인 단계부터 공정 단계에서 일어날 문제점을 최소화 시키는 과정을 수행하게 된다. 기존에도 약간의 환경 변수를 고려하여 칩 혹은 웨이퍼 간에 생기는 문제점에 대해서는 생각해왔으나, 하나의 다이(die) 안에서의 상호 작용으로 인한 문제는 전혀 고려되지 않았었다.

현재의 공정 단계에서는 이정도의 고려로는 충분한 수율을 기대할 수 없게 되었다. 따라서 하나의 다이 안에서 새롭게 고려해야 하는 여러 변수들에 대하여 체계적으로 데이터를 수집할 필요가 있다. 세밀 공정 과정에서는 공정 가변성을 고려한 여러 라이브러리를 제공한다. 그 라이브러리의 종류는 line-edge roughness 등 기능적 변동에 대한 것과 shallow trench isolation size 등 레이아웃에 따른 기계적 스트레스에 대한 것, 그리고 정확하게 선형적이지 않은 저항 값 등이 있다. 또한 각 상호연결 간에 일어나는 현상들로 인한 문제점 들이 있는데, 이 요소들에 의한 영향 값들은 우리가 공정 과정에서 쉽게 뽑아 사용할 수 있도록 통계적으로 분석되어야 하며, 어느 정도의 정확도를 보장하도록 모델링되어야 한다.

이런 manufacturing-aware 디자인의 일환으로 회로 합성 단계부터 생산성과 테스트 용이성을 확보하는 방법이 현재 요구되고 있고, 많은 공정단계가 이미 이 방법을 채택하여 사용하고 있다. 하드웨어를 일단 RTL 단계로 설계한 후, 합성 단계를 거치면서 게이트 수준의 설계로 변환되게 되는데, 이때 테스트 회로들을 같이 추가하여 합성하여 이 후에 테스트 회로를 고려할 때 생기는 비용을 최소화 시킬 수 있다. 스캔 체인 및 로직/메모리 BIST, 더 나아가 바운더리 스캔 및 Ad hoc 구조까지 자동으로 삽입시켜주는 합성 툴이 개발되어 사용되고 있다. 그림 9.6은 합성 이전 혹은 합성 단계에서 이미 많은 테스트 구조들을 삽입할 수 있다는 것을 보여준다. 이로 인하여 회로의 신뢰성을 상위 단계부터 보장할 수 있다.

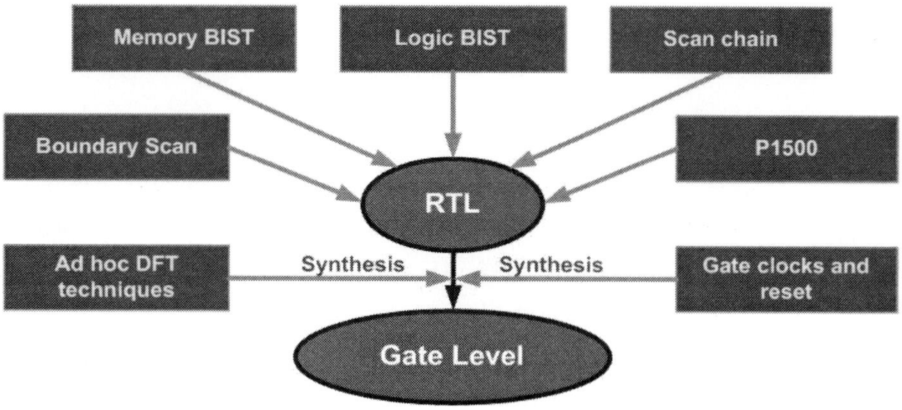

그림 9.6 합성 단계 이전의 테스트를 고려한 디자인 흐름

보통 합성을 거친 게이트 레벨의 디자인의 수율은 표준 셀의 수율과 상호연결의 수율을 곱한 값으로 본다. 표준 셀의 수율은 공정에서 제공하는 셀 라이브러리에서의 정보와 이전 공정 경험으로부터 수집된 데이터들을 이용하여 결정된다. 반면, 상호 연결의 수율은 해당 길이 및 넷 리스트를 통한 여러 모델링을 거쳐 구해진다. 그림 9.7은 수율 예상의 순서도이다.

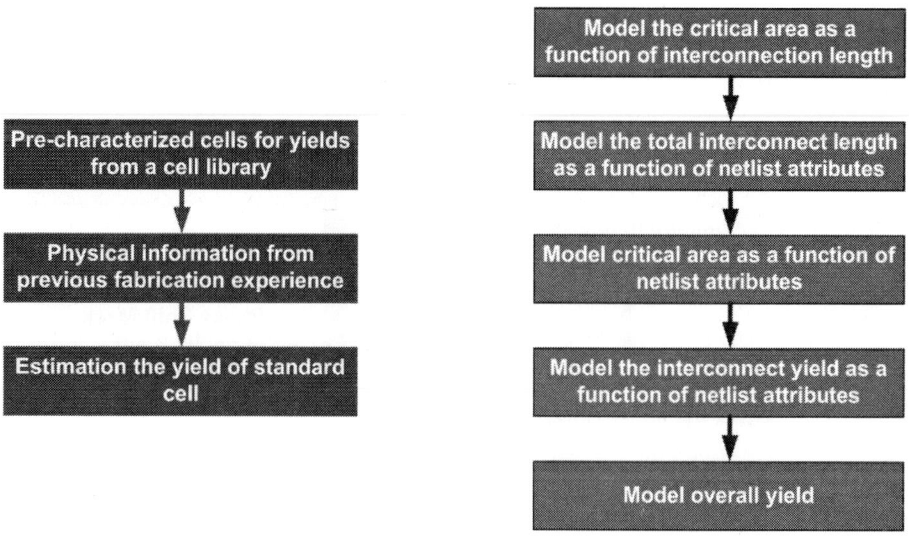

그림 9.7 수율 예상 순서도

9.3 공정 가변성

공정 변화에 따른 수율 감소의 가장 주요 요인 중 하나는 높아진 공정의 가변성이다. 하나의 제품을 생산하는 경우 생산 공정에 있어서 어느 정도의 균질성은 보장되어야 해당 제품의 수율이 높게 유지될 수 있다. 하지만 하나의 메탈 폭이 금속 원자 소수의 지름 합으로 치환될 정도로 세밀해져가는 공정에서는 자연히 공정상의 여러 요소의 가변성이 커지고 있다. 물론 공정 기술의 향상도 요구가 되겠지만 이로는 부족하여 디자인 단계에서부터 이 가변성을 고려하여 진행하는 기법들이 제안되고 또한 사용되고 있다. 이 기법들은 크게 두 가지 영역으로 나뉠 수 있는데, 첫 번째 영역은 어떻게 이 가변성을 정의하고 수량화하여 고려할 것인가 하는 부분이며, 두 번째는 가변성을 최소화 시킬 수 있는 방법에 대한 것이다.

그림 9.8을 살펴보면 각 디자인들은 SPICE 모델링을 통하여 공정 단계로 넘어가게 되는데 DFM에서는 이 모델링 단계에서 가장 하위 단위를 사용하여 단위 변환 시 생기는 문제를 원천 봉쇄하기 위하여 메탈 단위로 디자인을 수행하는 것이 요구되며,

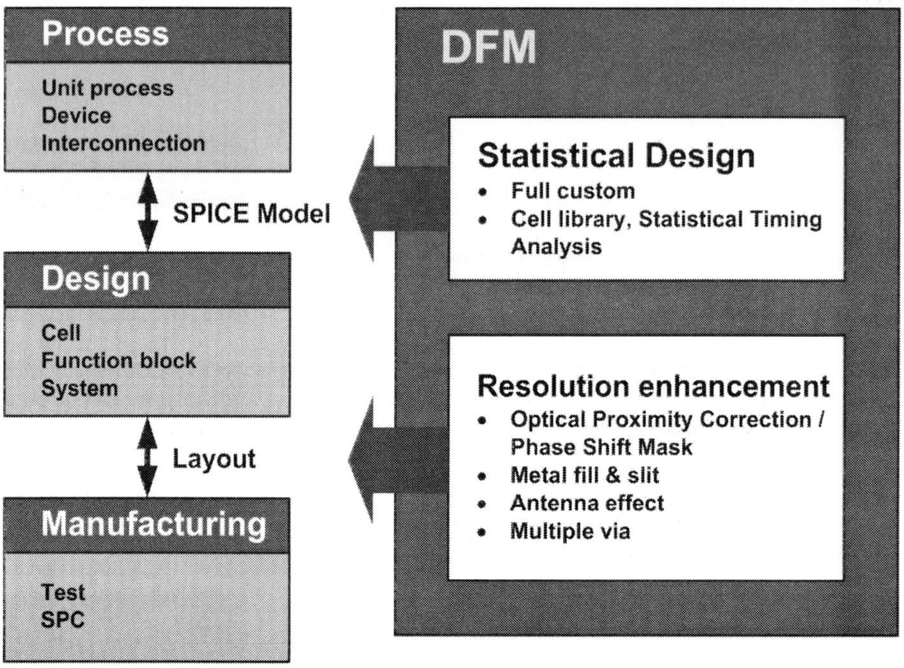

그림 9.8 공정 가변성을 극복하기 위한 DFM 방법

모델링 시 참고할 수 있는 셀 라이브러리가 필요하고, 디자인 단계에서 이 정보를 이용 어느 수준 이상의 딜레이 분석이 필수적이다. 생산 단계에서는 공정이 세밀화된 만큼 각각의 과정도 향상된 정밀도 혹은 신뢰도가 보장되어야 하는데 이를 고려한 보강 기법들이 추가되어야 한다. 그 예로는 앞에서 논했던 근접 효과 보정, 위상 변위 마스크 등이 있다. 이 내용은 이후에 좀 더 자세히 설명하도록 하겠다.

9.3.1 통계적 회로 디자인

전기적인 성능은 칩 내의 변화 요소, 디바이스 간의 어긋난 정렬 그리고 칩 상의 다양한 변수들에 의하여 영향을 받게 되는데 이 정보들을 모아서 통계적으로 분석하고 분석한 내용을 통해 디자인의 제한 및 규칙을 제공할 수 있다[7]. 기존의 최악 조건 디자인 방법에서는 긍정적이거나 혹은 비관적인 하나의 결과만을 도출할 수 있었던 반면, 통계적 회로 디자인 방법은 좀 더 실질적인 결과를 제공하면서 설계에 있어서 문제점이 있는 경우 해결 방안에 대한 가능성을 열어놓고 있다. 또한 이 방법은 이후에 설명할 SPICE 모델링에 적용할 수도 있고 회로 디자인 단계에 적용하여 좀 더 DFM를 고려한 디자인을 도출할 수 있다.

그림 9.9에서 살펴 볼 수 있듯이 SPICE 모델링을 위해서는 일단 핵심 모델 수치들을 선정하고 공정 단계에서 수집되는 물리적인 공정의 가변적인 데이터들을 SPICE 모델로 변환한다. 이 생성된 모델은 CAD에서의 통계적인 모델링을 지원하게 되며, 이 모델링은 따로 추가적인 I-V 커브 측정이 필요 없이 SPICE 덱으로 변환가능하다.

통계적인 성능 디자인에서는 보통 3단계를 반복적으로 거치면서 경로를 최적화 시키고 타이밍 정보를 업데이트하게 되는데, 첫 번째 단계는 로직 레벨에서의 분석으로

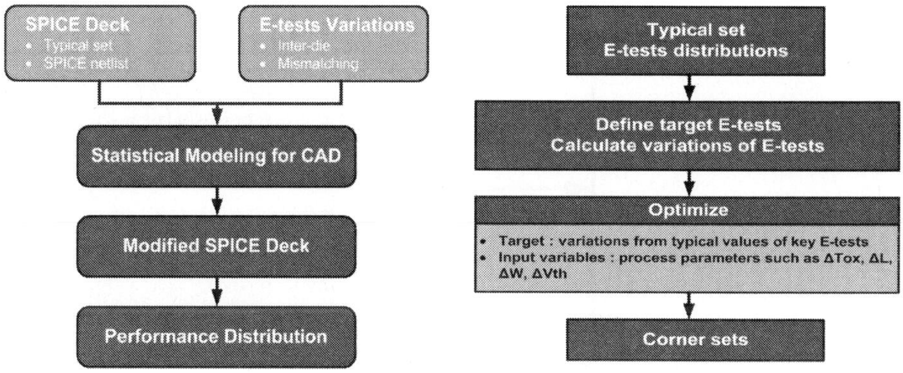

그림 9.9 통계적 회로 디자인 개념도

서 최악의 상황의 타이밍 특성을 분석한다. 두 번째 단계는 회로 시뮬레이션으로 최악의 딜레이를 가졌다고 가정했을 때 회로의 동작을 확인한다. 마지막 단계는 통계적 시뮬레이션으로 앞 단계에서 수집한 데이터를 통계적으로 분석한다. 각 단계는 하나의 필터처럼 동작하며, 이 단계를 거치면서 디자이너가 원하는 기능이 공정 가변성을 고려했을 때도 문제없이 나타나는지를 검증하게 된다. 그림 9.10은 통계적 성능 디자인의 과정을 보여주고 있다.

통계적 회로 시뮬레이션을 위해서는 일단 샘플을 추출해야 하는데 그림 9.11과 같이 추출 단계에서 크게 두 가지 방법을 사용하여 구분된다. 첫 번째로는 비교적 간단한 방법으로 임의적 추출 방법을 사용할 수 있다. 이 경우 진행 과정이 상대적으로 간단해서 비용은 적게 들지만 많은 변수에 의하여 결정되는 값에 대해서는 낮은 정확도의 시뮬레이션을 수행할 수밖에 없다.

이를 보완하기 위하여 반응 표면 추출 및 분석방법을 사용할 수 있는데, 반응 표면 분석이란 여러 개의 설명변수가 복합적인 작용을 함으로써 어떤 반응 변수에 영향을 주고 있을 때 이러한 반응의 변화가 이루는 반응표면에 대한 통계적인 분석방법을 말

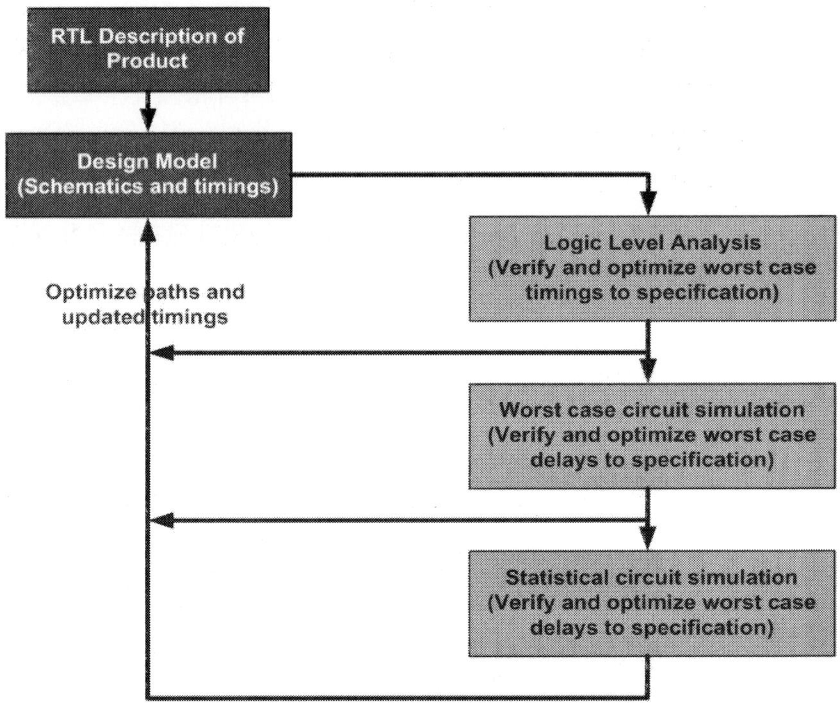

그림 9.10 통계적 성능 디자인 흐름도

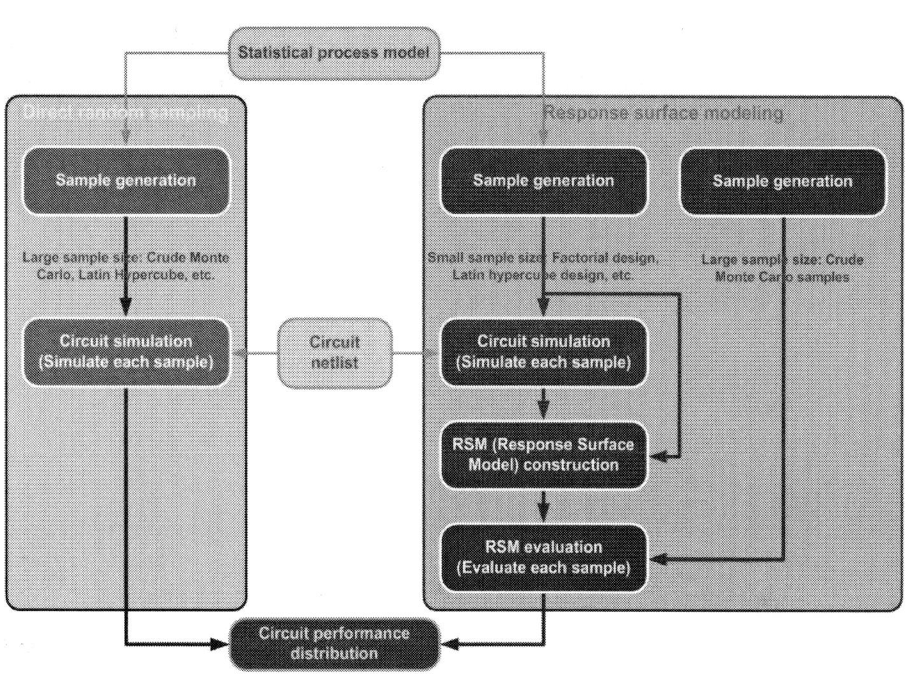

그림 9.11 통계적 회로 시뮬레이션 기법들 흐름도

한다. 여기서 설명변수는 반응에 영향을 주는 독립변수 또는 인자를 말하고, 반응변수는 설명 변수의 영향을 받아서 어떤 반응을 나타내는 종속 변수를 말한다. 반응 표면 기법을 사용하면 아래 내용을 달성할 수 있다.

가. 독립 변수들과 종속 변수간의 함수관계를 데이터로부터 추정하여 독립변수들의 값의 변화에 따라서 반응량이 어떻게 달라지는가를 예측한다.

나. 독립 변수들의 어떠한 값에서 반응량이 최적화될 것인가를 찾아낸다.

다. 가장 적은 수의 실험으로 가장 좋은 정도를 주는 실험계획법이 무엇인가를 고찰하고, 데이터 분석을 통하여 추정되는 적합한 반응표면의 통계적인 성질을 규명한다.

9.3.2 리소그래피 분해능 향상 기법

포토리소그래피(photolithography)는 원하는 회로설계를 유리판 위에 금속패턴으로 만들어 놓은 마스크(mask)라는 원판에 빛을 쬐어 생기는 그림자를 웨이퍼 상에 전사시켜 복사하는 기술이며, 반도체의 제조공정에서 설계된 패턴을 웨이퍼 상에 형성하는 가장 중요한 공정이다. Lithography는 라틴어의 lithos(돌)+graphy(그림, 글자)의 합성어인 석판화 기술로서 인쇄기술로 쓰이다가 현재는 반도체 노광공정 기술을 통칭하는 이름으로 쓰이고 있으며 반도체 미세화의 선도 기술이다.

반도체 소자는 3차원 구조물이지만 CAD 등의 소프트웨어로 복잡한 구조를 각각의 높이에 따라 2차원적인 레이어로 나누어 회로설계가 가능하다. 이러한 2차원 회로를 펜으로 일일이 그린다면 아주 많은 시간이 소요되겠지만, 마스크라는 하나의 원판을 정확하게 제작한 후 빛을 사용하여 같은 모양의 패턴을 반복하여 복사하면 짧은 시간에 소자의 대량 생산이 가능하다. 물론 포토리소그래피 공정만으로 3차원 구조가 만들어지는 것은 아니고 박막증착과 식각 등 여타 단위공정과 조합하여야 가능하며, 리소그래피 공정을 통해서는 선택적인 보호막을 형성하여 부분적인 식각이 가능하게 한다.

이 리소그래피 공정에서 가장 중요한 것은 마스크 패턴을 웨이퍼에 전사하는 한계인 분해능(resolution, RES)이다. 분해능은 마스크 패턴을 노광하였을 때 전사될 수 있는 최소 크기의 척도이다. 광학 렌즈의 분해능은 하이젠베르크의 불확정성 원리에 따라 파동의 회절 현상에 의해 제한되어 있으므로 이론적으로 리소그래피에서 구현할 수 있는 최소 선폭의 한계는 사용되는 광학계와 공정에 의해 수식 (3)과 같이 표현된다.

$$RES = k_1 \frac{\lambda}{NA} \tag{3}$$

수식 (3)에서 k_1은 노광설비의 공정 factor이고 λ는 사용되는 광원의 파장이며, NA는 노광 광학계가 가지는 개구수(numerical aperture)이다. 공정계수를 제외하면 좀 더 정교한 패턴을 전사하는 것은 짧은 파장을 사용하고 높은 NA의 광학계(큰 렌즈)를 이용하면 가능하다. 그러나 실제 패턴을 반도체 공정에서 구현하기 위해서는 분해능을 유지할 수 있도록 마스크와 광학계 그리고 웨이퍼를 상대적으로 정렬할 때 허용 가능한 수직정렬 오차의 척도인 초점심도(Depth Of Focus, DOF)를 함께 고려해야만 한다. 초점심도는 수식 (4)로 구할 수 있다.

$$DOF = k_2 \frac{\lambda}{NA^2} = k_2 \left(\frac{Res}{k_1^2} \right)^2 \frac{1}{\lambda} \tag{4}$$

초점심도가 클수록 공정 여유가 존재해서 패턴 형성이 용이해지며 수식 (4)와 같이 표현된다. DOF를 쉽게 이해하기 위해서 분해능의 관점에서 좀 더 큰 NA의 광학계를 설계했을 때 해상도는 좋아지지만 NA^2에 반비례하는 초점심도가 줄어들어 공정에 대한 여유도가 줄어드는 것을 확인할 수 있다. 렌즈의 크기는 노광 설비 내에서 공간적인 제한과 정밀제작의 한계로 인해 NA값의 지속적인 증가는 불가능하기에 대신에 해상도의 개선은 g-line(436nm)에서 i-line(365nm)을 거쳐 KrF laser(248nm)와 ArF laser(193nm)와 같이 점차 단파장의 광원을 사용함으로 실현해 왔다.

반도체 소자 제조업체는 리소그래피 공정을 통해 마스크의 패턴과 정확히 같은 형상을 웨이퍼 상에 전사시켜야 한다. 그러나 패턴이 미세화 되면서 현재의 ArF 스캐너는 193nm 광원의 이론적인 분해능 이하의 이미지를 구현해야 하며, EUV(13.5nm)

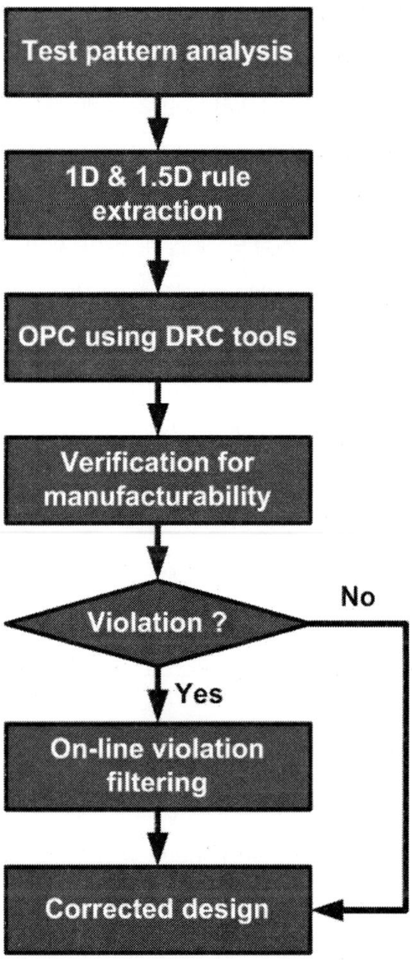

그림 9.12 근접 효과 보정 기법 흐름도

등 더 짧은 파장의 광원을 사용하는 차세대 리소그래피 기술의 개발이 완료되지 않은 시점에서 다양한 리소그래피 분해능 향상 기술을 통해 광학적 공정의 한계를 넘어왔다. 패턴이 미세화 되면 회절과 산란 현상에 의해서 선 폭 주변에서 간섭 현상을 일으켜 원래의 마스크 패턴이 왜곡되어서 인쇄되는 현상을 야기하는데, 이러한 패턴의 왜곡을 방지하기 위하여 근접 효과 보정(Optical Proximity Correction, OPC)과 위상 변위 마스크(Phase Shift Mask, PSM), 비등축 조명(Off-Axis Illumination, OAI) 등 다양한 분해능 향상 기술이 이용된다.

일반적으로 PR의 노광은 마스크를 통과한 빛의 세기에 의해 결정되므로 인쇄하고자 하는 선폭이 분해능의 한계에 도달하면 회절과 산란에 의해서 구현하고자 하는 선폭 주변에 간섭으로 인한 그릇된 상이 맺히게 된다. 회절과 산란 현상에 의해서 포토레지스트 박막 위에 왜곡된 이미지가 나타나는 것을 방지하고 IC 설계자가 원하는 모양의 패턴이 나타나도록 원래의 마스크 패턴을 인위적으로(간섭무늬가 상쇄되도록) 변조시킨 마스크를 이용하여 리소그래피를 하는 방법을 근접 효과 보정이라고 한다. 현 공정에서는 필수적으로 거쳐야 하는 단계로 여겨지고 있다. 그림 9.12는 해당 기법 진행의 순서를 보여주고 있다.

반면, 위상 변위 마스크는 통과한 빛의 세기뿐만 아니라 위상까지도 조절이 가능하여 웨이퍼 상에 원치 않는 회절광을 소멸 간섭 원리를 통해 없애는 방법이다. 그러나 위상 변위 마스크는 여러 겹의 박막 층으로 이루어진 경우가 많아서 제작이 어렵고 제작 단가도 매우 높은 단점이 있다.

마지막으로 소개하는 방법은 분해능이 아닌 노광 공정의 공정 여유도에 의한 해상력을 증가하기 위해 NA를 증가시키면서 DOF를 높이는 광학적인 방법으로 비등축 조명(OAI) 혹은 변형 조명이라고 한다. 수직입사의 경우 피치가 작은 마스크 패턴에서 회절된 광은 0차항 이상의 빛이 렌즈를 통해 집광되지 못해 웨이퍼에 상을 맺지 못하는 경우가 있는데, 같은 상황일지라도 빛의 입사 각도 조정을 통해 0차항뿐만 아니라 +1 혹은 -1차항의 빛을 렌즈로 집속시킬 수 있어 상을 맺을 수 있게 하는 해상도 향상 기술이다.

위에서 기술한 세 가지 광학적 기술을 포함한 다양한 분해능 향상 기술을 이용하면 리소그래피의 이론적 한계보다 더 미세한 패턴을 보다 선명하게 얻을 수 있고 기존의 노광설비의 수명이 길어지므로 과도한 설비 투자비 증가를 막을 수 있다. 이 기법들을 사용하여 그림 9.13에서는 시뮬레이션과 수정을 반복하여 최적화된 칩 레이아웃을 만들어내는 과정을 보여주고 있다.

리소그래피 친화적 레이아웃 디자인은 디자인에 대한 리소그래피 공정의 결과를

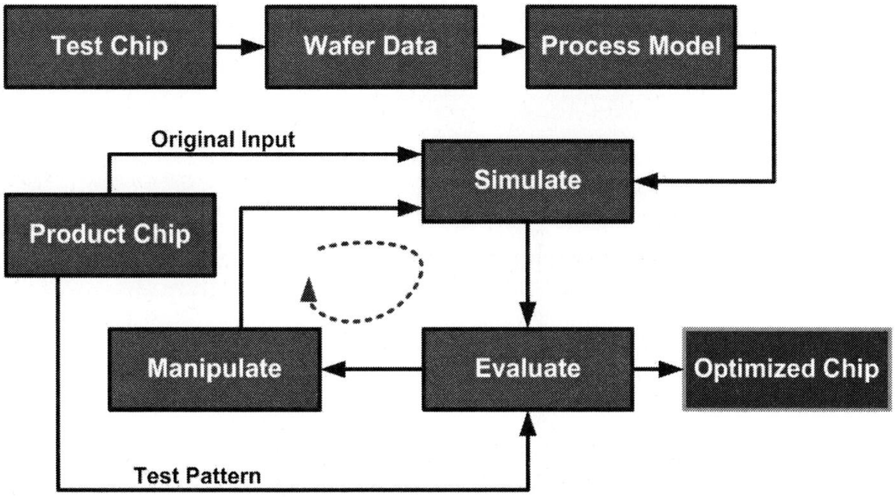

그림 9.13 리소그래피 분해능 향상 기법을 사용한 최적화 칩 제작 흐름도

시뮬레이션하여 리소그래피 결함에 취약한 구성을 식별하고 디자이너가 최적의 해상도를 찾을 수 있도록 지원하는 개념을 가지고 있다[8]. 이는 공정이 세밀해지면서 공정상 마진이 줄어들고, CD(Critical Dimension) variation은 증가하면서 그 필요성이 증폭되고 있다. 리소그래피 시뮬레이션을 위해서는 노출 강도, 초점의 위치 등의 데이터가 분석되어 입력되고, 공정의 마스크 오류 비율과 가장자리 위치 오류 등의 정보가 데이터화 되어 참조된다. 리소그래피 공정상에서 오류를 발생시키는 요소들에는 노칭, 브리징, 선 끝 오류, 너무 높은 CD variation 등이 있다.

그림 9.14를 보면, 시뮬레이션과 디자인 과정을 피드백하면서 해당 리소그래피 친화적 레이아웃이 완성되고 있음을 알 수 있다. 일단, 회로 디자인을 레이아웃 디자인으로 변환하고, 설정한 OPC 룰에 기초하여 공정 마진을 만족시키는지 판단하게 된다. 이때 문제가 없을 경우에는 마스크 제작에 들어가게 되고, 문제가 생길 경우에는 좀 더 최적화된 OPC 룰을 적용시켜 보거나 회로 디자인을 재수행하게 된다.

위에서 설명했듯이 현 미세 공정에서는 디자인과 실제 생산 상태에서 차이점이 커지면서 DFM에 대한 고려가 강조되고 있다. 따라서 DFM을 위해서는 레이아웃을 거치면서 발견되고 분석된 결함들의 정보가 필요한데 이를 위해서 레이아웃을 고려한 진단이 필요하다[10]. 그림 9.15를 보면 실제 다이를 테스트하여 분석된 결함들을 fail log로 저장하고 이를 대량 생산품 검사 및 진단에 활용한다. 여기서 얻어지는 결과는 다시 통계적 분석을 거쳐 데이터로 변환되며, 이를 기반으로 지속적으로 레이아웃 디자인에서부터 문제 발현 가능성을 줄일 수 있도록 돕는 것을 볼 수 있다.

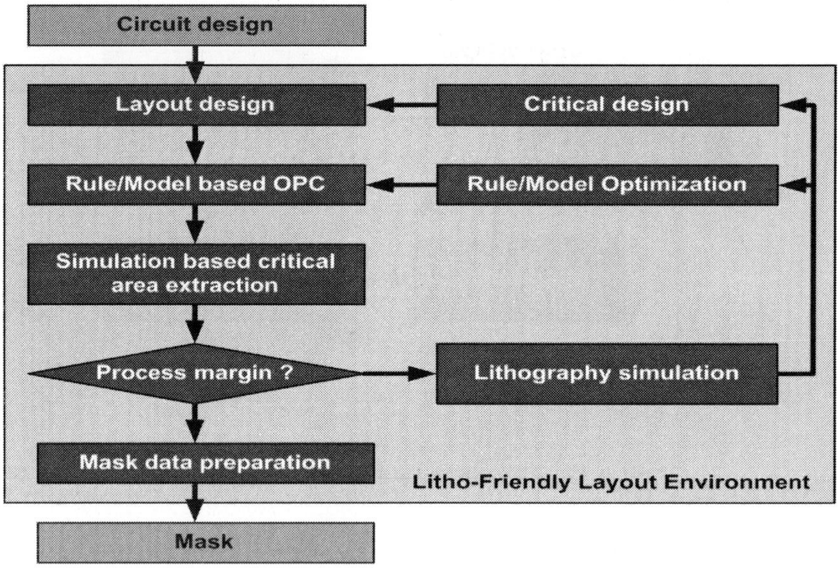

그림 9.14 리소그래피 친화적 레이아웃 디자인 흐름도

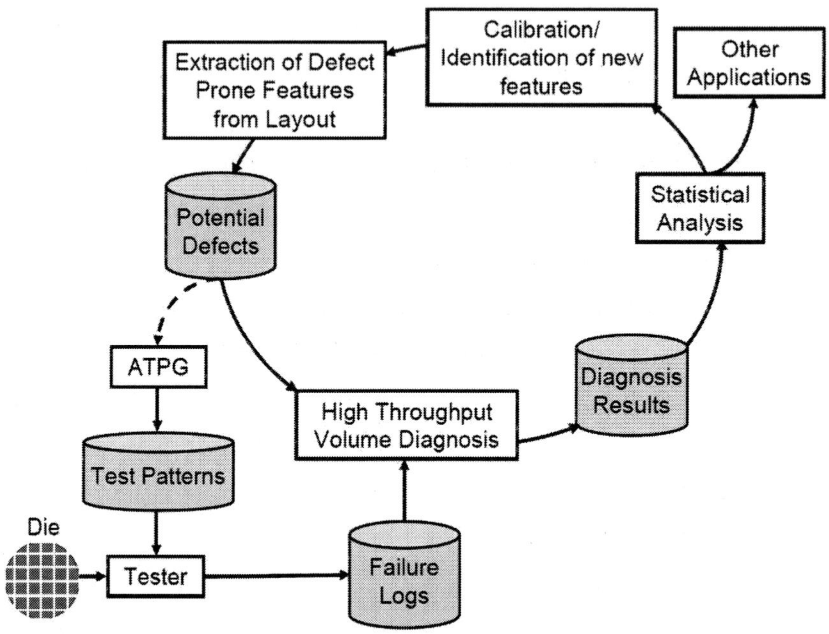

그림 9.15 레이아웃 고려 진단 흐름도

9.4 전력 누설

현재 개발되고 있는 공정 기술에서는 전력 누설로 인한 문제가 비중이 커지고 있다. 극세 공정에서는 이미 전력 누설량이 동적 전력량을 훨씬 더 상회하는 경우가 관찰되고 있다. 메탈 폭이 줄어들고 개별 소자 마다 흐르는 전류량이 적어지는 만큼 전력 누설로 인한 문제의 비중이 커지고 있는 것이다. 이 전력 누설에서 비중 있게 다뤄지고 있는 주제는 먼저 "어떻게 전력 누설을 포함한 여러 전력 소모량들을 수치화하고 예상 및 모델링할 것인가"라는 문제와 전력 누설을 최소화시키기 위한 기법들 그리고 "상위 단계에서 어떤 식으로 저전력 소비 및 누설을 위한 디자인을 제작할 수 있는가"라는 문제들로 나누어질 수 있겠다.

먼저 첫 번째 주제에서는 현 나노 공정 체제에서 전력 누출의 중요성이 커짐에 따라 공정 요소에 있어서 존재하는 불규칙적이고 임의적인 변화들로 인한 영향을 고려할 수 있는 방법에 주목하고 있다. 또한 누출되는 전력을 정확히 계산할 수 있는 기법의 중요성도 증가되고 있다. 실제와 가장 작은 오차를 가지고 예상을 할 수 있는 모델링 기술도 많은 향상을 보이고 있는데, 크게 물리학적인 지식을 기반으로 한 방법과 분석을 통한 확률 기법을 이용한 방식으로 나뉜다.

9.4.1 물리학적 모델

그림 9.16은 반도체에서 전력 누설의 기본적인 모델이다. 문턱전압 누설 전류

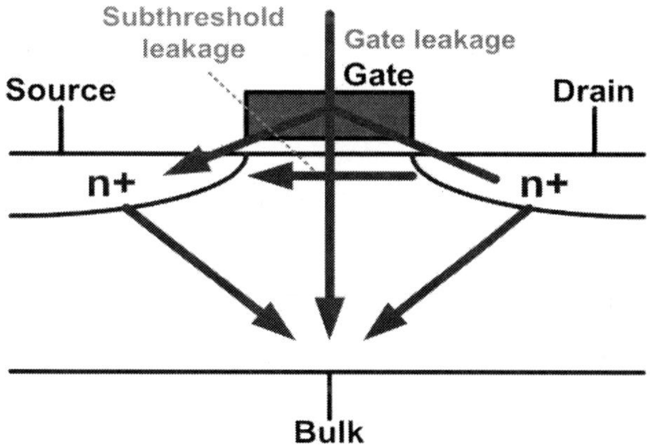

그림 9.16 전류 소스에서 전력 누출 모델

(Isub)는 수식 (5)와 같이 나타낼 수 있다.

$$I_{sub} = K_1 We^{-Vth/V_0}(1-e^{-Vth/V_0}) \quad (5)$$

수식 (5)에서 K_1와 n은 실험적 수치이고 W는 게이트 폭을 의미하며, V_0은 온도에 의한 전압 값으로 보통 약 25mV 정도의 값을 가진다. 따라서 해당 누설 전류량을 줄이는 방법은 일단 문턱전압을 높이는 방법이 있지만 이는 회로의 성능 저하를 불러온다. 다른 방법으로는 트랜지스터의 게이트들을 묶어서 사용하는 방법이 있다.

이번에는 게이트 누설 전류(I_{ox})를 식으로 나타내면 수식 (6)과 같다.

$$I_{ox} = K_2 W(V/T_{ox})^2 e^{-aT_{ox}} \quad (6)$$

K_2와 a는 실험적 수치이고, T_{ox}는 옥사이드의 두께를 의미한다. 따라서 해당 누설 전류량을 줄이는 방법은 옥사이드의 두께를 더 두껍게 하는 방법이 있지만 트랜지스터의 효율이 떨어지게 되는 단점이 있다. 다른 방법으로는 유전율이 높은 재질로 게이트를 구성하여 a값을 높이는 방법이 있고 앞에서 이야기한 게이트를 공용하는 것도 도움이 된다.

앞에서 설명한 전력 누설은 정적 소모에 해당하고 이 외에도 회로가 동작하면서 생기는 동적 누설 전력이 있다. 이 동적 누설 전력을 식으로 나타내면 수식 (7)과 같다.

$$P_{dynamic} = \frac{1}{2}SCV^2F \quad (7)$$

수식 (7)에서 S는 스위칭 동작량, C는 스위칭 정전용량, F는 주파수, V는 공급 전압을 의미한다. 해당 누설 전력을 줄이는 방법은 앞에서 설명한 정적 누설 전력을 줄이는 방법과 크게 다르지 않다.

위에서 소개한 물리적 모델로부터 종합적인 누설 전력량을 측정하기 위해서는 그림 9.17과 같은 과정을 거치게 된다.

9.4.2 확률 밀도 함수 모델

확률 밀도 함수(Probability Density Function, PDF)는 각 변수에 따른 확률 분포를 식으로 혹은 그래프로 나타낼 수 있다. 이를 누설 전력을 예상하는 곳에 사용할 수 있는데, 이를 위해서는 선행된 공정에서의 테스트 및 검증 데이터가 필요하다. 따라서 각 유닛 회로에 대한 전력 누설량을 확률 밀도 데이터로 가지고 있다가 전력 예

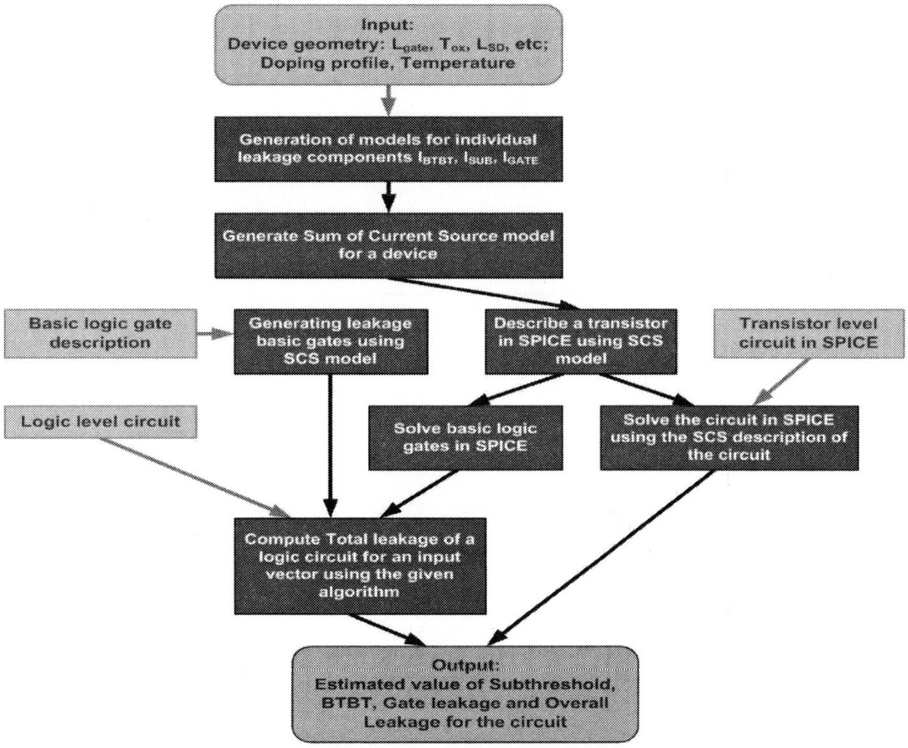

그림 9.17 전력 누출 계산 흐름도

측을 할 때 확률적으로 결과 값을 얻을 수 있다. 그림 9.18은 해당 기법을 이용하여 전력 소모 예측을 하는 과정이다.

전력 누설량에 대한 확률 밀도 함수는 여러 변수 값에 따라 다른 분포를 보여주는

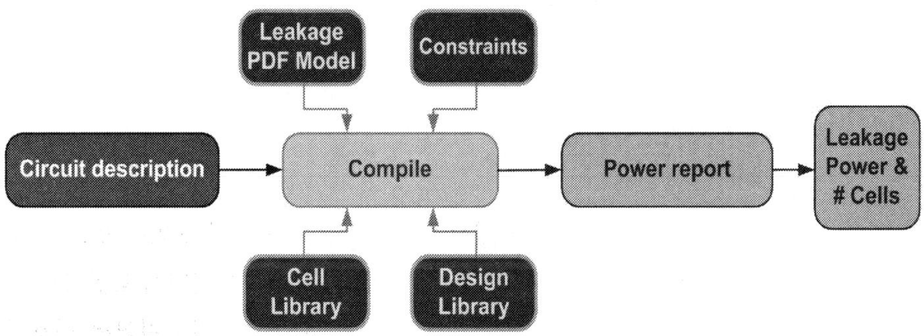

그림 9.18 확률 밀도 함수 모델을 이용한 전력 소모 예측 흐름도

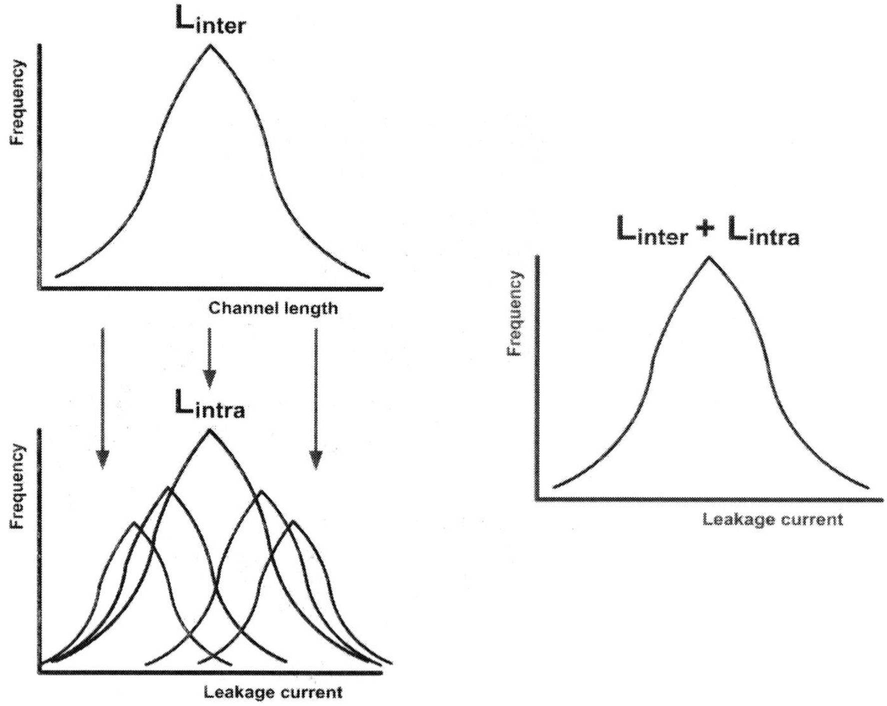

그림 9.19 시스템 내부 누설량 종합 밀도 함수

데 정확한 전력 누설량을 예측하기 위해서는 이들을 모두 종합해서 값을 얻어낼 필요가 있다. 그림 9.19는 그 예시로 첫 번째 그래프는 채널 길이와 주파수에 따른 상호 작용에 의한 누설 전류량 확률 밀도 함수를 보여준다. 하나의 시스템 안에서는 다양한 특성을 가진 누설 전류량 확률 밀도 함수들이 공존하게 되면서 두 번째 그래프를 이루게 된다. 결국 이 함수들의 총합으로 오른쪽 함수와 같이 시스템의 누설 전류량 밀도 함수가 완성된다.

9.5 신호 무결성

현 시스템에서 채택하고 있는 동작 전압이 계속 낮아지고 있고, 회로 복잡도가 높아지면서 메탈간 거리가 좁아졌으며, 메탈 폭이 좁아지면서 같은 노이즈라도 더 민감하게 반응하게 되고 노이즈를 발생시키는 요소들이 많아지면서 신호 무결성을 보장하지 못하게 만드는 문제점들이 다양하게 발현되고 있다. 신호 무결성을 보장하지 못한다는 것은 실제적으로 예상하고 원하는 신호가 왜곡되어 기능에 치명적인 문제점을 야기하게 된다.

주로 다뤄지는 주제들이 몇 가지가 있는데 우선 연결선 간에 생기는 기생 전하로 인해 생기는 문제를 해결하기 위하여 기생 전하 값을 추출해내는 기법이 있다. 그리고 두 번째로 인접한 메탈 간에 생기는 상호적 정전 용량(커패시턴스)과 유도 용량(인덕턴스)로 인하여 신호가 왜곡되는 경우를 고려한 크로스토크 노이즈에 관련된 기법들이 있다. 세 번째로는 전원에 관련된 소자에서 보통 발생하는 순간적인 전류에 의해 발생되는 역기전력에 관련된 문제들(SSN) 등이 있다.

9.5.1 기생소자 추출

기생 소자는 부품을 집적하여 회로를 구성하는 경우 사용하는 소자의 크기, 길이 및 배치 등에 따라 그 부품이 가지고 있는 기능 이외에 부가된 작용을 하는 정전 용량을 일컫는다. 이 기생소자는 저항, 정전 용량, 인덕턴스의 결합으로 모델링되며, 보통 바이어스와 주파수의 변화에 따라서 변화가 없는 것으로 가정한다. 기생소자 추출은 앞에서 설명한 정전 용량을 미리 예견하고 분석하는 것으로 미세한 커패시터차이에도 민감한 나노 공정 기술에서는 꼭 필요한 기법으로 여겨지고 있으며, 가장 일반화된 기생소자 추출법은 콜드 바이어스 측정법이다. 물론 이를 위해서는 해당 공정에 대한 물리적 정보가 요구되며, 그 정보는 기생 정전 용량을 발생시키는 기초적인 원인인 전자 산란과 디싱 현상에 대한 것부터 시작한다. 보통은 2차원 혹은 2.5차원 기생 커패시터추출기법이 사용되지만 현재 사용되는 다중 레이어 구조에서는 3차원 기생 커패시터추출기법이 필수적이다. 그림 9.20은 3D 기생 추출을 위한 모델링 기법이다[11].

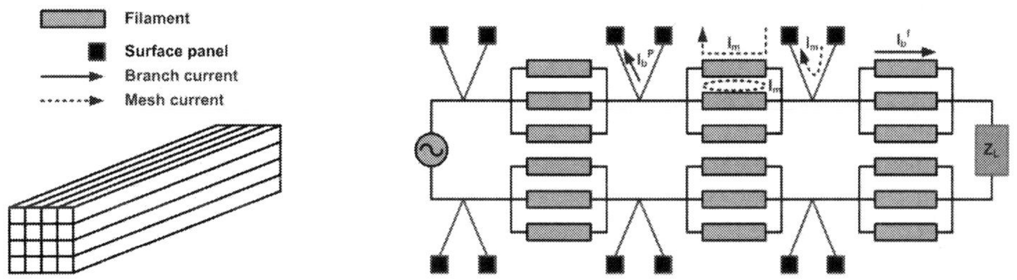

그림 9.20 3D 기생추출 모델

9.5.2 Crosstalk

일반적으로 crosstalk은 인접 전기적 회선의 다른 신호에 영향을 미치는 전기장 혹은 자기장에 의해 발생되는 일종의 신호 교란 현상을 일컫는다. 이 현상은 네트워크 회선에서는 물론 컴퓨터나 오디오 장비 내의 작은 회로에서도 발생할 수 있다. 앞에서 항상 논의의 중심에 있었던 세밀 공정에서도 메탈 라인 간에 발생하는 crosstalk 현상이 회로 동작에 큰 영향을 미칠 수 있다. 공정이 발달하고 제작 회로가 고속 동작을 요구하게 되면서 메탈간의 거리가 가까워지고, 그로 인해 상호 정전 용량의 크기가 무시할 수 없게 되었다. 따라서 공정이 세밀해질수록 이 누화 현상의 발생을 검증하는 단계가 필수 불가결해지고 있다. 그림 9.21의 왼쪽 그림을 보면 두 라인 간에 신호에 있어서 영향을 주는 것을 알 수 있다. 하나의 라인 전압이 내려가면 그 순간 나머지 하나의 라인의 전압도 따라가서 불필요한 펄스를 생성하는 현상을 살펴볼 수 있다. 이런 현상은 글리치를 발생시키고 회로 동작에 큰 영향을 미칠 수 있다. 또한 오른쪽 그림과 같이 이런 crosstalk 현상은 신호의 라이징 혹은 폴링 순간에 speed-up, slow-down의 타이밍이 틀어지는 현상을 야기할 수 있다. 이런 현상은 셋업 혹은 홀드 시간을 만족시키지 못하도록 할 수 있고, 결국 동작에 오류가 발생할 수 있다.

Crosstalk 현상을 모델링하는 방법에는 대표적으로 RC 모델링이 있다. 그림 9.22의 왼쪽 부분에서 볼 수 있듯이 실제로는 떨어져 있는 라인 간에 상호작용에 의한 상호 정전용량이 정의되고 있다. 이 모델링은 모델이 상당히 간단하고 비교적 고려해야 하는 변수가 적어서 비용이 적게 들지만 실제와 어느 정도의 오차를 가지게 된다. 이를 좀 더 실제와 가깝게 모델링하기 위하여 제안된 것이 두 라인간 상호 작용에 의하여 발생하는 추가적인 인덕턴스까지 고려한 RLC 모델이다[12]. 이는 그림 9.22의 오

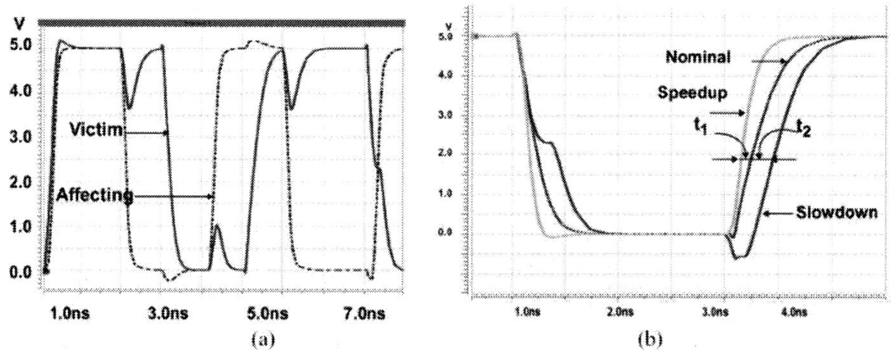

그림 9.21 Crosstalk 현상

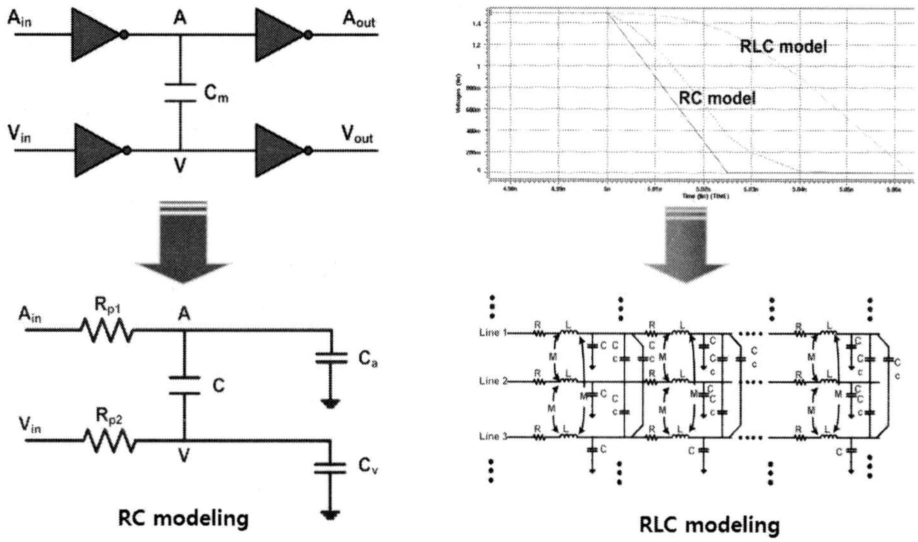

그림 9.22 RC 모델과 RLC 모델

른쪽 부분에서 보이고 있다. 위쪽 그래프는 RLC 모델을 사용하면서 특성 곡선이 좀 더 실제 변화와 비슷해지는 것을 보여준다.

이제 crosstalk 모델링 기법을 이용하여 사용자가 쉽게 crosstalk에 대한 검증을 수행할 수 있는 툴이 요구된다. 이 툴은 회로의 시프트 딜레이, 신호의 라이징 및 폴링 시 소요시간, 회로 내부의 여러 수치들 사이의 관계를 고려하여 검증을 수행하게 된다. 이 툴을 이용하게 되면 디자인 단계에서 필요이상으로 디자인에 여유를 남기는 손해를 크게 줄일 수 있고 재 디자인시 드는 비용을 감소시키며, 이후 테스트의 복잡도를 낮춰줄 수 있다. 앞으로의 세밀 공정에서는 RC 모델만으로는 실제 상황과 많은 오차를 보일 것으로 예상되므로 RLC 모델이 요구될 것으로 보인다. 그림 9.23은 crosstalk 검증 툴의 흐름도를 보여준다.

정확히 crosstalk 검증에 대한 대상 회로의 크기가 정해져 있지 않고 적응적 기법을 적용하여 검증을 수행할 수도 있다. 일단 이 기법을 위해서는 대상에 대한 타이밍과 관련된 정보들이 필요하다. 일단 그림 9.24와 같이 해당 회로 안의 작은 부분 회로를 대상으로 잡고 있을 수 있는 경우 중 최악의 경우의 공정 가변 값들을 가지고 시작한다. 만약 crosstalk 인한 효과가 정해진 값보다 크면 문제점을 포착할 수 있고, 대상 회로의 크기를 좀 더 키워서 검증을 계속 진행한다. 따라서 검증 과정은 그림 9.25와 같이 대상 회로를 확장해가면서 이루어지게 된다.

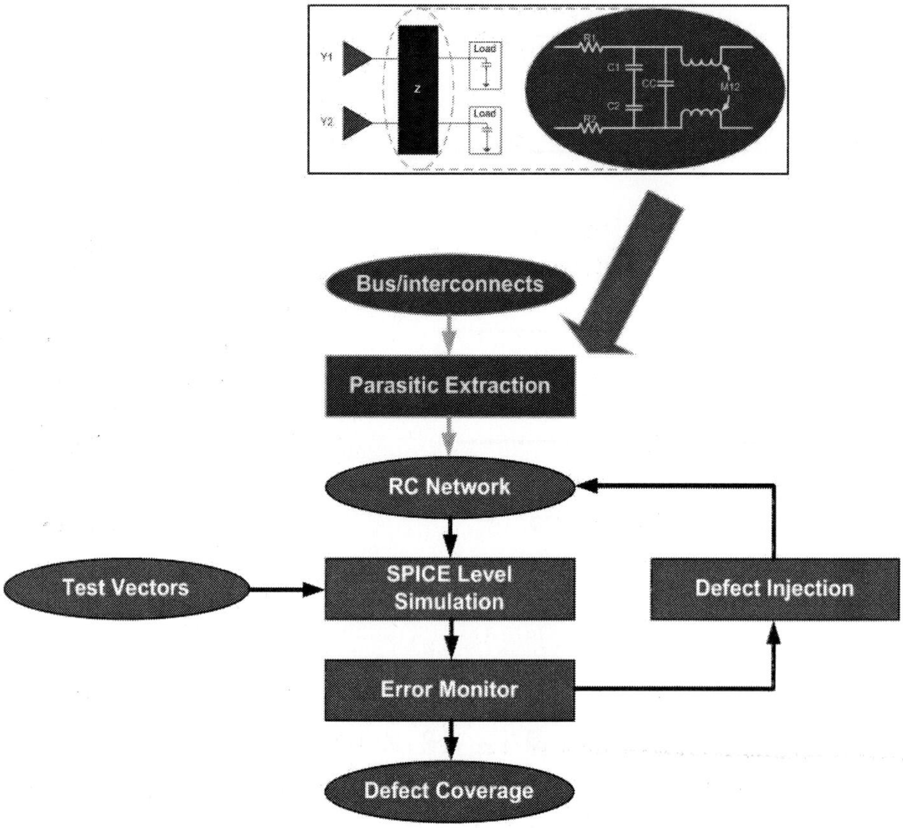

그림 9.23 Crosstalk 테스트 툴 흐름도

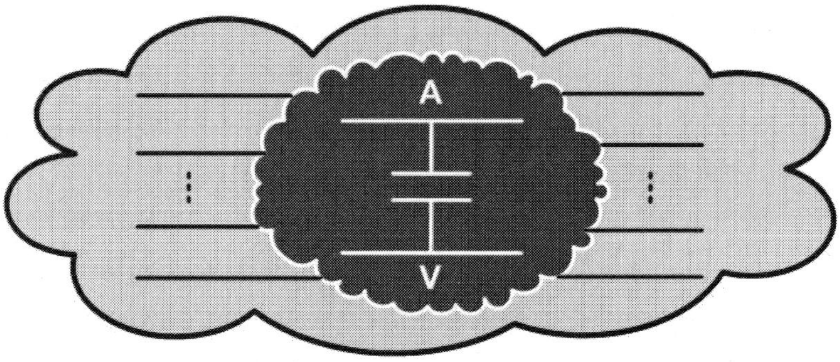

그림 9.24 적응적 crosstalk 검증 기법의 초기 대상

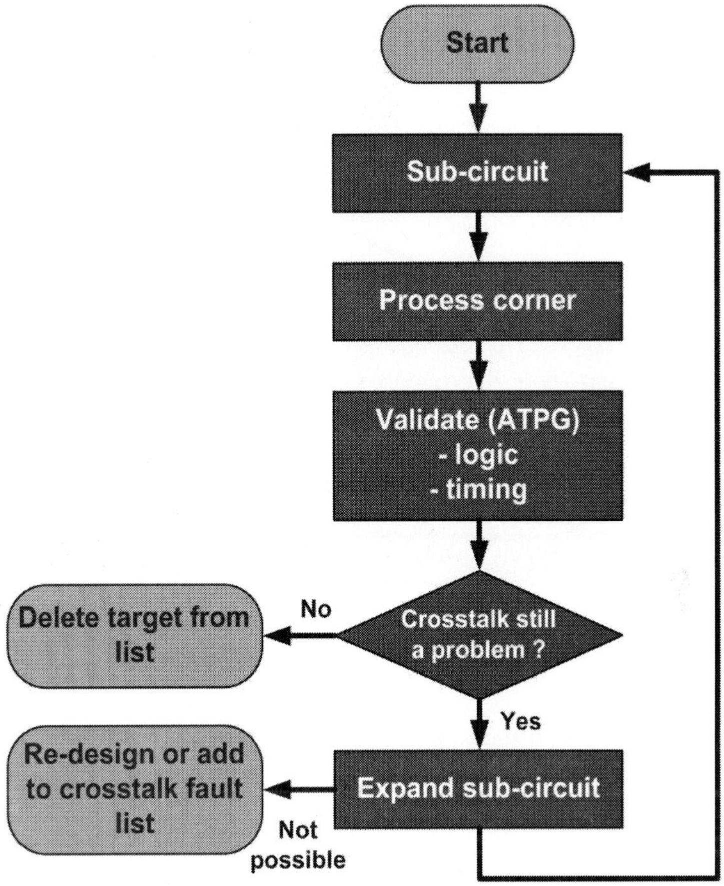

그림 9.25 적응적 crosstalk 검증 기법의 흐름도

Crosstalk 현상을 테스트하고 검증하기 위해서는 일단 테스트 패턴을 생성해야 하는데 이를 위해서는 crosstalk 문제점들이 고려된 ATPG가 필요하다. 앞에서 이야기된 crosstalk 현상의 종류를 모델링하고 발생되는 noise로 인한 정보와 게이트 입력단에서 발생하는 신호 시프트들에서 스큐 정보들을 수집하게 된다. 즉, ATPG 알고리즘은 게이트 딜레이, 신호 도달 소요 시간, 신호 강도, 신호 상승 하강 소요 시간 등의 정보를 모두 가지고 있어야 한다. 그림 9.26은 ATPG가 테스트 패턴을 생성하는데 있어서 고려해야 할 부분들을 보여주고 있다. 신호의 세기와 딜레이에 크게 민감한 아날로그를 위해서는 각 이벤트의 타이밍과 노이즈의 세기에 대한 정보가 정확하게 필요하다.

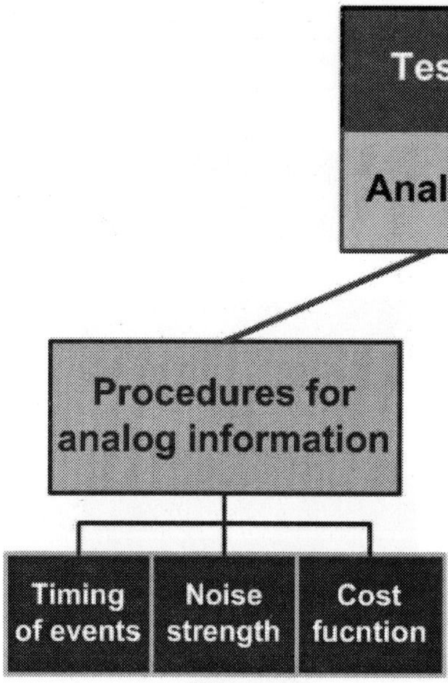

그림 9.26 Crosstalk ATPG 알고리즘에서 고려하는 대상들

레이아웃 디자인 후 crosstalk 및 딜레이 문제와 관련하여 가장 주목해야 할 과정이 정적 타이밍 분석이다. 이 단계에서는 library에서 제공하는 각 게이트 및 트랜지스터 등 구성 유닛들의 타이밍 정보를 이용하여 전체 회로에서의 타이밍 분석을 실시한다. 이 분석을 통해 신호의 최대/최소 도착 타이밍 혹은 시프트가 회로에서 정의된 hold/setup 타이밍에 어긋나지 않는지 확인할 수 있다. 그림 9.27은 타이밍 분석의 예이다.

그림 9.28은 crosstalk 테스트를 위한 과정을 보여주는데, 타이밍 분석에서 crosstalk을 고려하기 위해서는 일단 레이아웃 후 상호 커패시터 및 저항 값 그리고

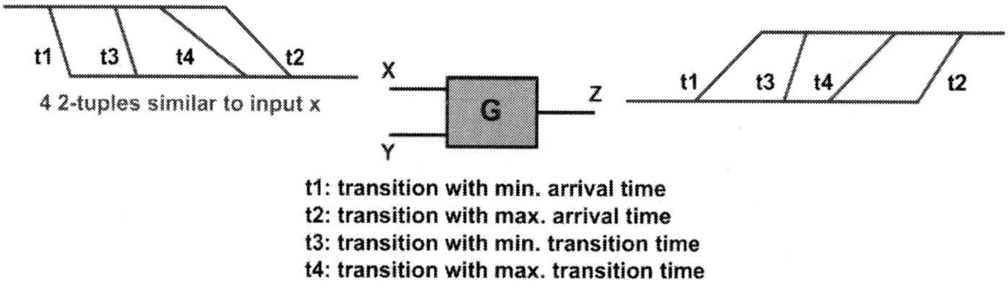

그림 9.27 정적 타이밍 분석 예시

필요하다면 상호 유도 용량값을 추출해야 한다. 이후 툴을 통해 SDF를 생성하면 그림 9.29와 같은 타이밍 정보를 SDF에 담을 수 있다. 이후 타이밍 분석 혹은 시뮬레이션에서 모델링된 crosstalk 현상을 관찰할 수 있다.

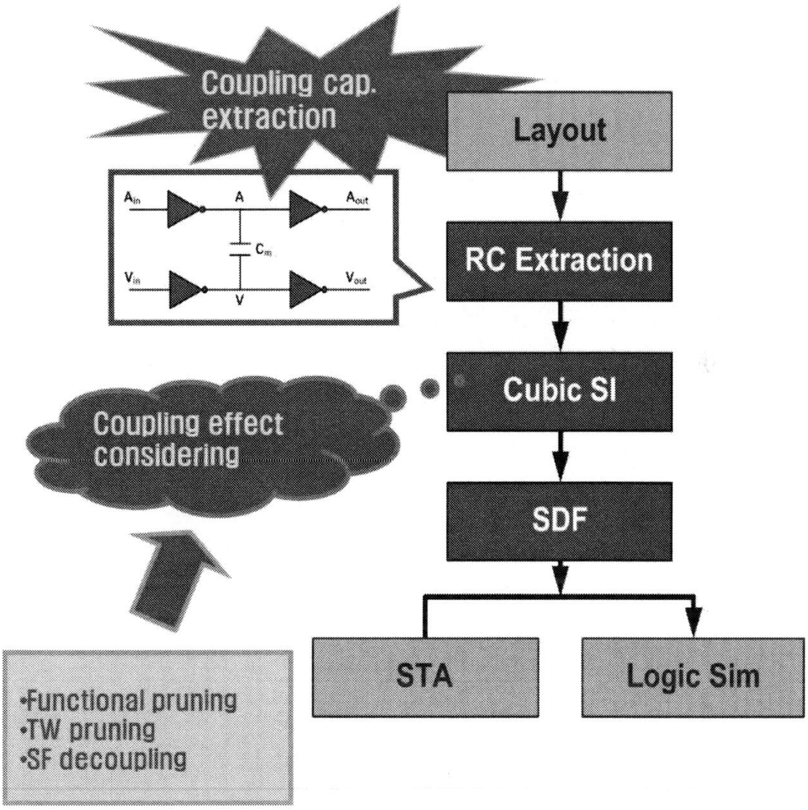

그림 9.28 Crosstalk 현상에 대한 타이밍 분석 흐름도

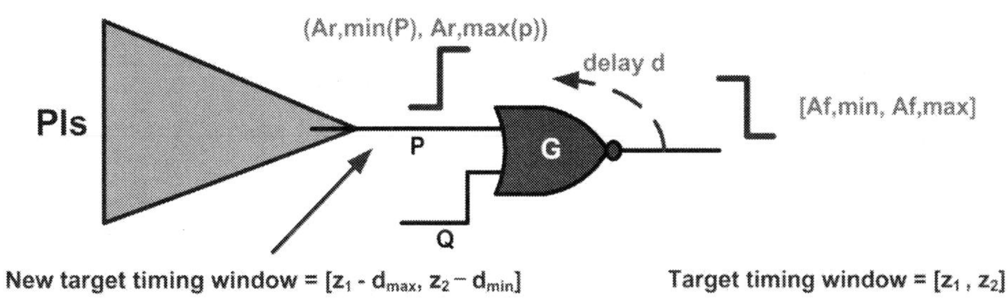

그림 9.29 타이밍 정보 예시

Simultaneous Switching Noise(SSN)는 power/ground 배선이 본질적으로 갖고 있는 인덕턴스 때문에 발생하는 고주파 잡음 발생 현상이다. Simultaneous switching noise를 발생시키는 기본적인 물리법칙은 패러데이의 법칙으로 도선 주변의 자기장이 시간에 따라 변화하면 도선에 역 기전력이 발생하며 이 역기전력은 전류량이 클수록, 전류 변화 시간이 짧을수록, 배선의 유도용량이 클수록 크게 발생한다. 이와 같은 순간 전류에 의한 역기전력에 의해서 power/ground 배선에 전압 요동(voltage fluctuation)이 발생하는 현상을 바로 SSN 또는 delta-I noise라고 부른다. 수많은 회로 소자가 동시에 스위칭하고 결과적으로 power 배선에 공급되는 전류가 순간적으로 변화하며 ground 로 흘러나가는 전류가 급격하게 변화하면 inductive 전압 강하에 의해 커다란 전압 요동이 발생한다. 이러한 고주파 잡음은 짧아진 신호 라이징 시간, 증가된 전류, 커진 칩 크기, 그리고 소자 및 패키지, 보드에서의 신호선 간격이 가까워지면서 더욱 증가하고 있다. 또한 이러한 잡음은 보드, 패키지, IC 내의 상호 연결 구조와 밀접한 관계를 가지고 있다. 바로 상호 연결 구조가 배선의 유도용량을 결정하기 때문이다. 특히 power/ground의 배선 구조에 의한 유도용량이 발생 원인을 제공한다. 전통적으로 SSN은 대형 컴퓨터의 출력 드라이버에서 순간 전류에 의한 power/ground 배선에서 중요한 문제로 인식되어 왔으며 그 해결책으로 보드 수준에서 decoupling 커패시터들을 배치하면서 해결해 왔으나 이제 소자의 clock 속도가 수백 MHz를 넘어 가면서 소자 내 뿐만 아니라 패키지에서도 중요한 기술적 과제로 등장하고 있다. 특히 최근 시스템 및 소자의 속도가 더욱 증가하고 있으며 clock 속도가 GHz 범위에 들어가면서 온칩과 OFF칩 드라이버 및 회로에 의한 SSN 문제가 고속 시스템의 패키지 및 IC 설계에서의 가장 중요한 이슈로 되고 있다. 특히 신호 및 전원선 기준 전압이 계속해서 감소 추세에 있으므로 이러한 고주파 잡음은 시스템의 성능과 안정성을 크게 좌우하게 된다.

그런데 위에서 설명한 신호 무결성과 관련된 문제들은 보통 규칙적으로 나타나지 않는다. 상당히 불규칙적이고 간헐적으로 나타나는데 이 또한 실제 동작 속도인 고속 주파수의 clock에서만 관찰된다. 하지만 외부 테스트 장비로 테스트를 수행하는 경우 실제 회로의 동작 속도에서 문제점을 관찰하는 것은 상당히 어렵다. 외부에서 고속의 clock을 안정적이고 타이밍이 정확하게 주기도 어렵고 그 속도의 출력을 받는 것도 큰 문제이다. 결국 이를 해결하기 위해서는 고가의 장비가 요구되어 큰 추가 비용이 들어가게 되는데, 이를 해결하는 것이 BIST 구조이다. 해당 회로 혹은 칩 내에 테스트를 직접 수행할 수 있는 추가적인 회로를 삽입함으로써 실제 동작 속도 테스트를 간단히 수행할 수 있다. 이 구조는 그림 9.30과 같이 크게 테스트 패턴을 생성하

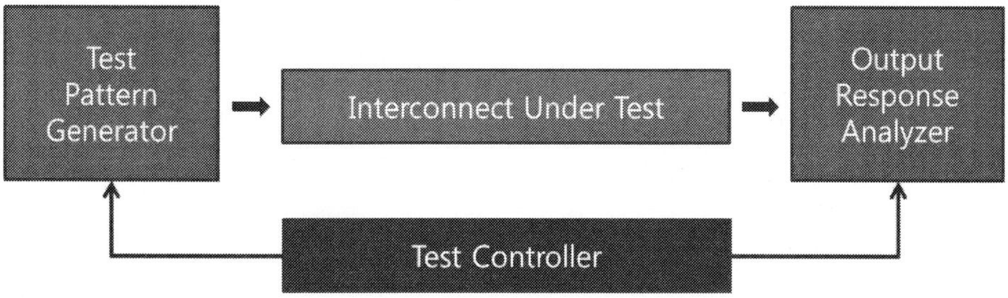

그림 9.30 신호 무결성 검증을 위한 BIST 구조

는 부분과 그 패턴에 의하여 도출되는 결과를 분석하는 부분 그리고 전체적으로 테스트를 컨트롤하는 부분으로 나뉜다. 물론 BIST 구조를 위해서는 추가적인 하드웨어 면적이 필요하다.

앞에서 설명한 BIST 구조는 단지 입력된 테스트 패턴에 의한 출력을 보고 테스트를 수행하게 되는데 좀 더 정확한 신호 무결성 테스트를 위해서는 직접 노이즈와 스큐를 관찰해야 할 필요가 있다. 이 또한 마찬가지로 실제 동작 테스트에서 살펴봐야 하므로 그림 9.31과 같이 BIST 구조에 노이즈 검출 셀과 스큐 검출 셀이 추가되는 것이 요구된다. 이 셀들은 결과를 분석하는 부분에 위치하게 되며, 결과를 적은 핀을 사용하여 관찰하기 위하여 MISR 같은 간결화 과정을 거치게 된다.

따로 BIST 구조를 만들지 않고, 일반적으로 많은 회로에 적용되어 있는 바운더리 스캔(JTAG) 구조를 활용하는 기법도 제안되고 있다. 그림 9.32에 두 가지 기법이 소개되고 있는데, 첫 번째 기법은 PGBSC라는 이름의 신호 무결성을 검증할 수 있는 간단한 자체 테스트 패턴 생성을 위한 구조이다. 이 기법에서는 기존 바운더리 스캔에서 사용되고 있는 두 개의 플립플롭으로 이루어진 구조에 하나의 추가적인 플립플롭을 달아서 SI 신호를 통해 테스트 패턴을 입력을 할 수 있음을 알 수 있다. 그림 9.31

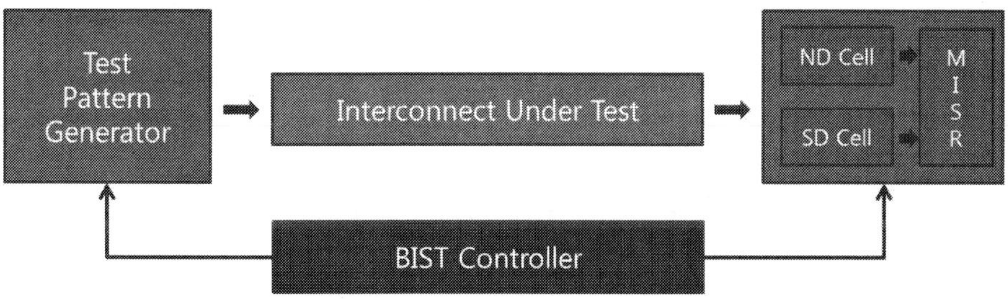

그림 9.31 ON칩 노이즈 검출 BIST 구조

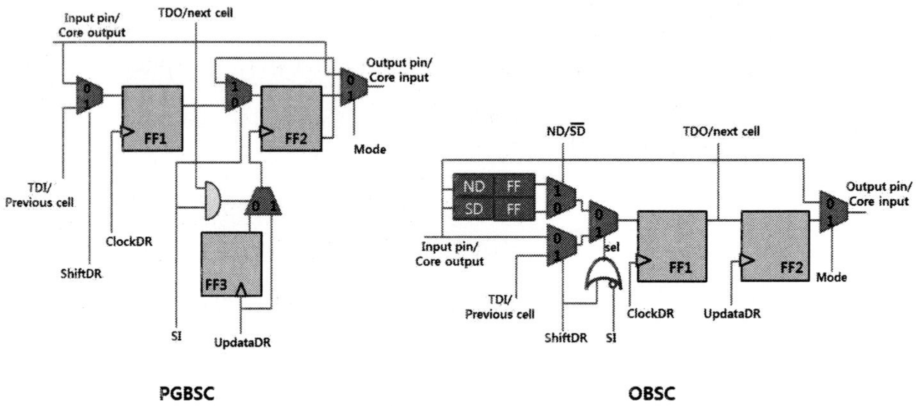

그림 9.32 신호 무결성 테스트를 위한 향상된 JTAG 구조

에서 두 번째로 소개되고 있는 OBSC 기법은 마찬가지로 기존 두 개의 플립플롭으로 이루어진 구조에 노이즈/스큐 검출 셀을 각각 달아줘서 바로 검증을 하는 구조이다.

9.6 결론

나노 스케일의 공정 기술 시대로 들어서면서 공정 과정 자체에서 상당히 많은 변화가 요구되고 있으며, 고려 대상이 많아 졌을 뿐만 아니라 동시적으로 복수의 대상을 고려해야 할 필요성이 커지고 있다. 그 대상으로는 일단 생산비용이 있으며, 회로 구현을 위한 하드웨어적인 면적, 그리고 각 모듈 간 혹은 인터페이스간의 서로 다른 딜레이로 인한 타이밍 문제, 전력 누출 등을 포함한 전력 소모 이슈, 근접 메탈간의 자기장적인 영향 때문에 벌어지는 신호 간섭 문제, 대량 생산성, 테스트 용이성 등이 있다. 이를 위한 DFM 기술을 수행하기 위해서는 좀 더 상위 단계에서의 생산비용에 대한 고려가 필수적이며, 이 생산성을 고려한 디자인이 필요하다.

지금까지 논한 생산을 고려한 디자인을 위해 요구되는 관련 공정의 변화들을 간단히 정리해보면, 먼저 디자인 후 레이아웃 과정을 거치는 기존의 방식을 탈피하여 디자인 단계부터 레이아웃 상에서 수행하는 변화가 필요하다. 이제 레이아웃을 생각하지 않은 디자인은 너무 많은 문제를 가질 수밖에 없어 재 디자인이 거의 필수가 되기 때문에 생산비용의 증가를 불러오기 때문이다. 그리고 이전보다 좀 더 원자 단계까지의 물리학적 정보를 신경 써야 한다. 엄청나게 얇은 폭을 가지는 새 공정의 메탈들은 주위 환경에 엄청나게 민감한 현상을 보여주기 때문이다. 그리고 DFM을 수행하기 위해서 필수적으로 선행되어야 하는 것은 해당 공정상에서 나타나는 다양한 변수들을 데이터베이스화 하는 것이다. 공정상의 불안정한 그리고 불규칙한 변수들이 너무나 많이 등장하였기 때문에 미리 데이터베이스화로 체계를 잡아놓지 않으면 각 공정 단계마다 엄청난 생산비용이 요구된다. 또한 이 불규칙한 변화들을 최대한 통계적으로 모델링하는 기법이 필요하다. 이 모델링을 통해 정확히 일치하지는 않지만 만족할 정도의 정확도를 가지고 공정상의 불균일성의 정도를 예측할 수 있다. 주위 메탈간의 상호 작용으로 인하여 점점 더 신호 무결성을 간단히 보장할 수 없게 된 현재 공정에서는 이를 위한 향상한 테스트와 디자인 기법이 필요하다. 마지막으로 하나의 시스템에 상당히 다양한 IP들과 수많은 기능 모듈들을 포함하는 현재 디자인 상태에서는 모든 디자인 방법을 한 번에 통합적으로 테스트할 수 있는 기법이 또한 요구된다.

참고문헌

[1] N. A. Touba, L. Wang and C. E. Stroud, “System on Chip Test Architectures”, Morgan Kaufmann

[2] L. Wang, C. Wu and X. Wen, “VLSI Test Principles and Architectures”, Morgan Kaufmann

[3] C. Wang, J. Lillis, S. Lin and N. Chang, “Interconnect Analysis and Synthesis”, John Wiley & Sons

[4] R. Aitken, “New Defect Behavior at 130nm and Beyond”, Proc. European Test Symp. Informal Digest Papers, 2004.

[5] C. Guardiani, M. Bertoietti, N. Dragone, M. Malcotti and P. McNamara, “An Effective DFM strategy requires accurate process and IP pre-characterization”, Proc. Design Automation Conference, vol. 42, pp. 760-761, 2005.

[6] W. Maly, H. Jacobs, and A. Kersch, “Estimation of Wafer Cost for Technology Design”, Proc. International Electron Devices Meeting, Technical Digest., pp. 873-876, 1993.

[7] Y. Cao and L. T. Clark, “Mapping Statistical Process Variations toward Circuit Performance Variability: An Analytical Modeling Approach”, Proc. Design Automation Conference, vol. 42, pp. 658-663, 2005.

[8] S. Gopalani, R. Garg, S. P. Khatri and M. Cheng, “A Lithography-friendly Structured ASIC Design Approach”, Proc. 18th ACM Great Lakes symposium on VLSI, pp. 315-320, 2008.

[9] H. J. Levinson, “Principles of Lithography”, The International Society for Optical Engineering.

[10] M. Keim, N. Tamarapalli, H. Tang, M. Sharma, J. Rajski, C. Schuermyer and B,

Benware, "A Rapid Yield Learning Flow Based on Production Integrated Layout-Aware Diagnosis", Proc. International Test Conference, pp. 1-10, 2006.

[11] W. Choi, G. Jung, J. Kim and Y. Kwon, "Scalable Small-Signal Modeling of RF CMOS FET Based on 3-D EM-Based Extraction of Parasitic Effects and Its Application to Millimeter-Wave Amplifier Design", Trans. Microwave Theory and Techniques, vol. 57, pp. 3345-3353, 2009.

[12] S. Chun, T. Kim and S. Kang, "ATPG-XP: Test Generation for Maximal Crosstalk-Induced Faults" Trans. Computer-Aided Design of Integrated Circuits and Systems, vol. 28, pp. 1401-1413, 2009.

제 10 장

신뢰성을 고려한 설계

(DFR : Design for Reliability)

10.1 DFR에 대한 소개

10.1.1 신뢰성

시스템에서 하나의 컴포넌트가 고장이 나는 비율인 고장률(failure rate, λ)은 시간에 의해 정해진다. 일반적으로 고장률은 10^9시간 동안 발생하는 고장 수를 의미하는데 하나의 시스템이 k개의 컴포넌트로 구성되어 있다면, 이 시스템의 고장률은 수식 (1)과 같이 시스템 내 모든 컴포넌트에서 고장이 발생할 확률을 더하여 구한다.

$$\lambda = \sum_{i=0}^{k} \lambda_i \tag{1}$$

시스템의 신뢰성(reliability)은 시간 t까지 시스템이 정상적으로 동작할 확률로 정의한다. T_n이 정상 동작하는 시간을 의미할 때 신뢰성은 수식 (2)와 같이 나타낼 수 있다.

$$P(T_n > t) = e^{-\lambda t} \tag{2}$$

시스템이 고장 날 때까지 걸리는 평균 시간을 의미하는 mean time between failure(MTBF) 또는 mean time to failure(MTTF)는 수식 (3)과 같이 정의된다.

$$MTBF = \int_0^{\infty} e^{-\lambda t} dt = \frac{1}{\lambda} \tag{3}$$

Repair time R은 지수 분포(exponential distribution)를 가정하여 수식 (4)와 같이 나타낸다.

$$P(R > t) = e^{-\mu t} \tag{4}$$

여기서 μ는 repair rate을 의미하며, 따라서 mean time to repair(MTTR)를 수식 5와 같이 나타낼 수 있다.

$$MTTR = \int_0^{\infty} e^{-\mu t} dt = \frac{1}{\mu} \tag{5}$$

시스템에 고장이 발생하고 수리가 수행되는 과정이 반복되는 동안 시스템이 정상적으로 동작하는 시간을 system availability라고 하며 앞에서 정의한 용어들을 바탕으로 수식 (6)과 같이 정의한다. 시스템에 요구되는 견고함 정도에 따라 목표로 하는

system availability를 달리 설정하여 시스템을 설계하게 된다.

$$system\ availibility = \frac{MTBF}{MTBF + MTTR} \tag{6}$$

10.1.2 Design for Reliability(DFR)

공정이 미세화되고 시스템의 집적도는 계속해서 심화되면서 System on Chip(SoC)을 설계할 때 시스템의 신뢰성이 이전보다 중요한 이슈가 되고 있다. 견고한 시스템을 설계하는 것은 전력 소모, 면적, 성능 등의 비용을 최소화하면서 요구되는 하드웨어 신뢰성을 보장하는 것을 의미한다. 이를 위해서 설계의 초기 단계에서부터 모든 단계에서 신뢰성이 고려되어야 하는데, 이를 신뢰성을 고려한 설계(DFR : Design For Reliability)라 한다. DFR은 신뢰성 향상을 위하여 설계를 변경하거나 추가하는 것뿐만 아니라 시스템 신뢰성을 분석하고 모델링, 시뮬레이션 하는 것을 모두 포함한다.

10.1.3 Reliability Challenges and Solutions

시스템의 lifetime 초기에는 공정의 문제 혹은 설계상의 문제로 인하여 고장률이 높게 나타나다가 시간이 흐른 뒤에는 고장률이 점차 감소한다. 이 시기에 발생하는 고장을 ELF(Early-Life Failure) 또는 infant mortality failures라고 한다. 어느 정도 시간이 흐른 뒤에는 고장률이 감소하는 추세가 멈추고 일정 값을 유지하게 되는

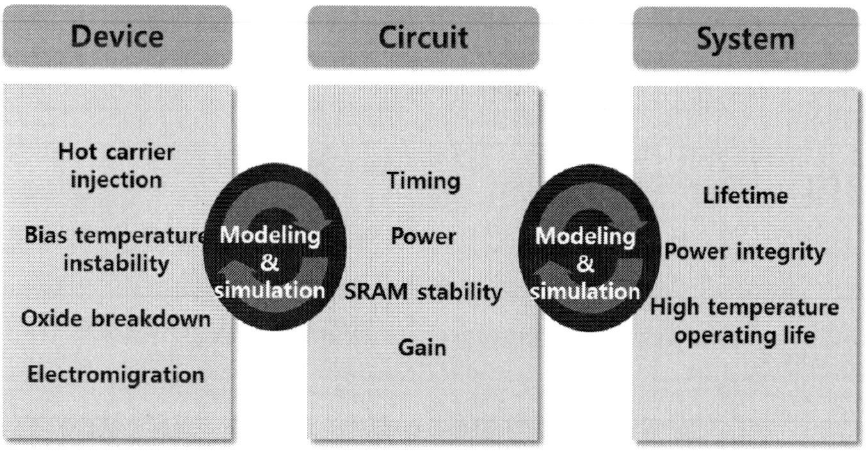

그림 10.1 설계 단계에서의 신뢰성 이슈

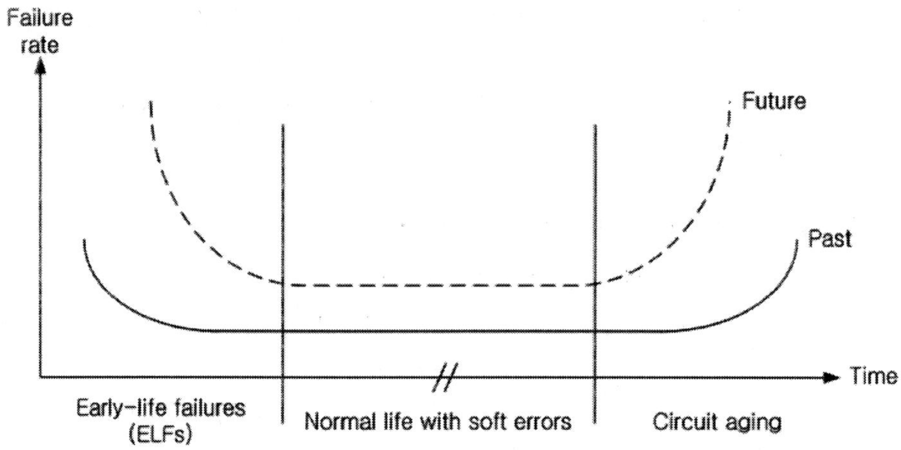

그림 10.2 시스템의 수명동안 증가하는 failure rate

데, 이 시기를 normal lifetime이라고 하고 이 시기에는 시스템이 대개 정상적으로 작동하고 간헐적으로 소프트 에러가 발생한다. 오랜 시간 동안 시스템을 사용한 후에는 다시 고장률이 증가하는데 이는 회로가 노화(wear out)되었기 때문이다. 이 시기에 발생하는 고장들은 회로의 노화(circuit aging)로 인한 것으로 고장률은 계속해서 증가하고 어느 시점에 도달하면 시스템은 더 이상 요구되는 동작을 수행하지 못하고 수명을 다하게 된다. 따라서 시스템의 신뢰성에 있어 해결해야 할 이슈는 제품이 나온 시기에 기준하여 ELF, 소프트 에러, 회로의 노화의 3가지 카테고리로 나눌 수 있다.

10.2 Early-Life Failures(ELFs)

10.2.1 Early-Life Failures

Bridge 혹은 open과 같은 일부 제조결함을 가지고 있는 시스템의 특성은 무고장(fault-free) 시스템과 뚜렷하게 구분되지 않아서 찾아내기 어렵다. 그러나 이러한 결함을 가진 시스템은 normal life 동안 결국 고장이 발생하게 되므로, 제조 테스트(manufacturing test) 단계에서 이러한 결함을 가진 회로를 걸러내는 것이 필수적이다. 이와 같이 시스템의 lifetime 초기에 걸러내는 고장을 ELF 또는 infant mortality failures라고 한다. ELF를 발생시키는 원인은 대부분 gate-oxide defect, backend defect와 같은 제조 결함이며, 이러한 고장을 가진 시스템을 걸러내기 위해 사용되는 방법으로는 burn-in test, high voltage stress test와 같은 reliability stress test와 IDDQ test, MinVDD/VeryLow-Voltage (VLV) test 등이 있다.

10.2.2 ELF의 해결 방안

(1) Burn-In Tests

Burn-in test는 기본적으로 칩을 적절한 자극에 노출시켜 노화가 진행되도록 스트레스를 주는 과정이다. 가하는 자극은 전압을 상승시키거나, 높은 온도, 습도에 노출시키거나 내부 node에 alternative bias를 거는 것 등이 있다. 기본적으로 burn-in test를 거치면서 시스템은 어느 정도 lifetime을 소비하게 되고, 사용자에게 가기 전에 고장률이 일정한 값을 가지는 normal lifetime에 이르게 된다. Burn-in test는 시간과 비용이 많이 요구되기는 하지만, 제조 과정에서 생산자가 신뢰도를 모니터링할 수 있다는 장점 때문에 가장 널리 쓰이는 테스트 방식의 하나이다.

Burn-in test를 수행할 때에 자극을 가하는 정도를 적절히 설정하지 않으면 오히려 고장이 없던 시스템에 고장을 발생시키게 될 수도 있다. 예를 들어 인가전압을 높이면 트랜지스터의 소스와 드레인 사이에 정상보다 높은 전기장이 걸리게 되고, 이는 열전자(hot electron)수를 증가시켜 게이트 산화물(gate oxide)을 열화시키고 문턱전압을 변화시킨다. 즉, 시스템의 노화를 촉진시켜 normal lifetime을 감소시키는 결과를 낳는다. 따라서 노화를 지나치게 촉진시키지 않으며 infant mortality failure를 걸러낼 수 있는 적절한 전압 값을 설정하는 것이 매우 중요하다. 또한, 온도를 지나치게 높게 하여 burn-in test를 수행하면 동적 전력(dynamic power) 소모가 너무 많아지고 이로 인해 시스템 온도가 상승하면서, 온도를 높여 burn-in test를 수행하던 중에 시스템을 냉각시켜야 하는 모순된 상황이 발생하게 된다. 만약 적절하게 열이 식혀지지 않으면 누설이 심각해져 전력 소모가 더욱 커지고, 이에 따라 온도가 더 상승하는 악순환이 반복될 수 있다.

(2) High Voltage Stress Tests

High voltage stress test는 stress time을 몇 초 단위로 짧게 한 일종의 burn-in test이다. 이 테스트는 oxide thinning, via defect와 같이 인가전압이 높을 때 빠르게 악화되는 결함을 찾아내는 데에 유용하다. 그러나 반대로 온도에 영향을 받아 나타나게 되거나 오랜 시간 스트레스에 노출되어야 나타나는 결함들은 검사하지 못한다. 따라서 high voltage stress test는 burn-in test를 보완하는 방법으로 널리 사용되고 있다.

High voltage stress test를 수행할 때에 인가전압을 지나치게 높게 설정하면 오히려 gate oxide breakdown과 같은 문제를 발생시켜 시스템의 영구적인 고장을 유발할 수 있으므로, 공정에 따라서 적절한 수치가 설정되어야 한다.

(3) 정적 전류 테스트(I_{DDQ} Tests)

쇼트나 합선고장 같은 고장이 발생하면 power와 ground 간에 전도 경로(conducting path)가 만들어져 공급전류가 커지는 문제가 생길 수 있다. 또한 동작에는 문제가 없는 시스템일지라도 동작하면서 칩의 성능이 점차 나빠지거나, 마진이 줄어들거나, 공급전류가 과도하게 흐르기도 한다. 시스템이 안정 상태(quiescent state)일 때의 power supply current(I_{DDQ})를 모니터링 하는 정적 전류 테스트(I_{DDQ} test)를 통해서 이러한 문제들을 검출할 수 있다. 정적 전류 테스트(I_{DDQ} test)는 1980년대에 널리 사용되었으나, 공정이 발달하고 소자의 크기가 줄어들면서 고장이 없는 정상적인 시스템에서 흐르는 누설전류의 크기가 커지면서 정적 전류 테스트의 효율성이 떨어졌다. 이에 따라 정적 전류 테스트를 아예 하지 않거나 사용한다고 해도 크게 의지하지 않게 되었다.

전통적인 정적 전류 테스트의 효율성이 떨어지면서 변형된 형태의 테스트방식이 도입되었다. 정적 전류 테스트는 I_{DDQ}가 아닌 transient power supply current (I_{DDT})를 모니터링 하여 테스트에 사용한다. CMOS 회로의 상태가 변경될 때 V_{DD}와 V_{SS} 사이에 찰나의 경로가 만들어지고 이때 dynamic current I_{DDT}가 흐른다. 주파수나 진폭에 변화가 있을 때마다 I_{DDT} waveform에 스파크 형태로 나타나기 때문에 이를 관찰하여 고장 유무 여부를 판별할 수 있다. 그러나 정적 전류 테스트 역시 시스템 집적도가 높아지고 복잡해지면서 효율성이 떨어지고 있다.

(4) Min V_{DD} Test

시스템 사양(specification)에 V_{DD}는 ±10% 값으로 표시되어 있는데, 일반적으로 전력 공급 전압(power supply voltage)에 변화가 있더라도 견딜 수 있도록 시스템을 설계한다. Min V_{DD} test는 회로가 정상적으로 동작하는 V_{DD}의 최저값을 찾는 테스트 방법으로, 일반적으로 목표하는 V_{DD}보다 10% 낮은 값에서 동작하는지를 확인한다. I_{DDQ}test와 min V_{DD} test는 ELFs뿐만 아니라 노화와 관련된 신뢰성을 보장하는 데에도 사용될 수 있다. 매우 낮은 V_{DD}를 공급하면 마진이 작은 소자들은 요구되는 속도로 동작하지 못하고 고장을 발생시키기 때문이다. Min V_{DD}test를 많은 수의 다이에서 수행하면서 pass/fail을 판단하는 최소 V_{DD}를 측정하고, 그 결과 V_{DD}를 각각의 다이에 Min V_{DD} test의 full vector set을 적용하여 test하는 데에 사용한다.

(5) Very Low-Voltage(VLV) Tests

VLV test는 지연 고장(delay fault)을 잡을 수 있는 burn-in test의 대안으로써 도입되었다. 지연고장은 local timing failure로 인해 발생하지만 전체 시스템에 문제를 발생시킬 수 있는 것으로 알려져 있다. V_{DD}가 낮아지거나 게이트의 driving strength가 약해질 때 지연이 매우 커질 수 있다. VLV test를 통해 이와 같은 문제를 잡을 수 있다. Min V_{DD} Test를 수행할 때에는 시스템 속도는 변화시키지 않고 공급전압만 낮추는 것과 달리 VLV test에서는 시스템 사양의 속도보다 낮은 속도에서 테스트를 수행한다. 테스트 전압은 문턱전압의 의 2~2.5배 정도의 값으로 낮게 설정하고 낮게 설정한다. 이 환경에서 모든 칩에 대해서 min V_{DD}을 기록한다.

VLV test를 통해서 transmission gate open, threshold voltage shift, diminished-drive gate, gate oxide short, metal short, defective interconnect buffer 등 다양한 트랜지스터 레벨의 지연 고장을 찾을 수 있다. 이와 같은 고장들은 정상적인 회로 동작에는 영향을 미치지 않을 수 있지만, 시스템이 작동하는 중에 IR drop이나 개폐 잡음(switching noise) 때문에 공급전압이 변하면 시스템이 오작동하게 할 수 있다.

공정이 심화되면서 Min V_{DD} test와 VLV test는 차이가 거의 없어지고 있다. 또한 V_{DD}가 계속해서 낮아지면서 테스트를 위해 더 낮게 설정할 여지도 감소하고 있다.

10.3 소프트 에러

10.3.1 소프트 에러

반도체에서의 소프트 에러란 중성자, 알파입자, 우주선 등의 방사능에 의하여 회로 내의 플립플롭 등의 데이터(data)를 저장할 수 있는 소자의 값이 바뀌게 되는 시프트 오류를 말한다. 즉 하드웨어상으로는 손상이 없어 영구적이지 않고 일시적이기 때문에 시스템을 리셋하면 다시 정상으로 돌아오게 된다.

소프트 에러의 원인으로는 위에서 언급한 것과 같이 여러 가지 요인이 있는데 주요 원인으로 몇 가지를 소개하자면 다음과 같다.

- 알파입자(alpha particle): 알파입자가 셀의 저장영역을 지나면서 전하를 잃게 되는 것을 유발하여 논리값의 반전을 가져온다.
- 우주선(cosmic ray): 우주 상공에서의 우주선(cosmic ray)에 의해 발생하는 오류이다. 고도와 지역의 영향을 절대적으로 받는데 예를 들어 높은 고도를 비행하는 비행기 안에서는 지면에서보다 800배 정도의 빈도로 소프트 에러가 발생한다. 그 밖에 신호 무결성(signal integrity), 랜덤 잡음(random noise) 등뿐만 아니라 소프트 에러에 취약한 구조적 결함도 소프트 에러의 원인이 된다.

소프트 에러가 트렌지스터 상에서 어떻게 유발되는지 살펴보자.

먼저 높은 에너지를 가진 입자가 트랜지스터의 드레인쪽으로 들어가게 된다. 이 입자가 수많은 전자-정공쌍(electron-hole pair)을 만들게 되는데, 정공은 재빨리 벌크 node로 빠져나가게 된다. 하지만 높은 전압을 가진 전자는 드레인 node에 의해 남게 되어 남겨진 전자가 트랜지스터의 반전을 유도한다. 이렇게 반전된 트랜지스터는 다시 새로운 값을 써 넣게 되면 제대로 정상 동작 하게 되는데 이렇듯 소프트 에러는 회로가 재생(refresh)되면 제대로 동작하는 일시적이며 회복 가능한 오류이다.

입자들이 회로에 부딪히게 되면 소프트 에러를 유발할 수 있는 전하가 축적되게 되는데 이를 "Critical charge(Qcrit)"라고 부른다. 이 critical charge는 소프트 에러를 일으키는 중요한 요소이기 때문에 값을 줄이는 것이 소프트 에러를 경감시키는 주요한 이슈이다. 특히 공정이 미세화 되게 되면 회로의 정전 용량과 동작 전압이 작아

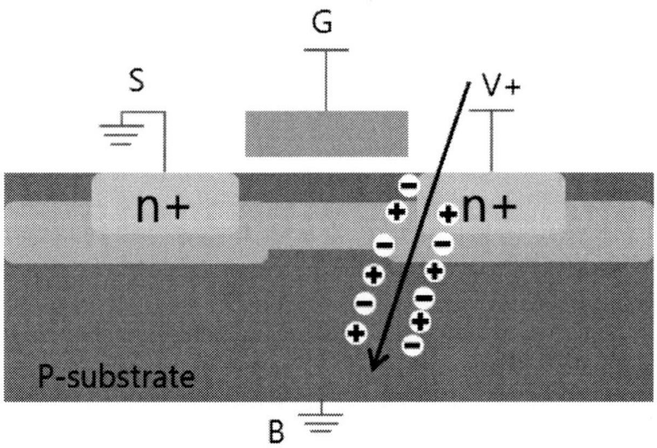

그림 10.3 소프트 에러가 발생하는 과정

지기 때문에 작은 입자의 충돌만으로도 critical charge가 커지게 되어 소프트 에러에 더욱 민감해진다.

소프트 에러가 일어나는 비트 오류율을 SER(Soft Error Rate)라고 하는데 공정이 미세화 될수록 메가 비트단위의 SER은 점진적으로 감소하고 있다. 하지만 실제로 60,000개의 핵을 SRAM 셀에 충돌시킨 결과 공정이 작아짐에 따라 고장 비트의 범위를 측정해 본 실험이 있었는데 130nm 공정에서 실험한 결과에서는 100×100 비트 범위에서 고장 비트가 나타나지만 22nm 공정에서는 약 1000×1000 비트의 넓은 범위에서 나타났었다[1]. 즉, 공정이 작아짐에 따라 실제 고장이 일어나는 물리적인 범위는 같지만 셀의 간격이 줄어들어 훨씬 더 넓은 비트에 영향을 미침을 알 수 있다. 칩당 소프트 에러가 발생하는 빈도인 SER/chip은 130nm 공정에 비해 22nm 공정에서 약 7배 높게 나타났다는 연구 결과도 있다. 또한 단일 사건에 의해 하나 이상의 메모리 셀에 동시에 유발된 오류를 "multi cell upset(MCU)"이라고 하는데 MCU도 22nm 공정에서 50% 정도 더 높아진다는 실험 결과도 발표된 적이 있다. MCU 같은 경우는 오류정정코드(ECC : Error Correction Code)로 수정이 가능하지만 한 워드에 동시에 MCU가 발생한 경우 Multi Bit Upset(MBU)이 발생한 경우에는 오류정정코드로 수정하기가 굉장히 어렵다. 따라서 이를 해결하기 위한 아이디어가 필요하다.

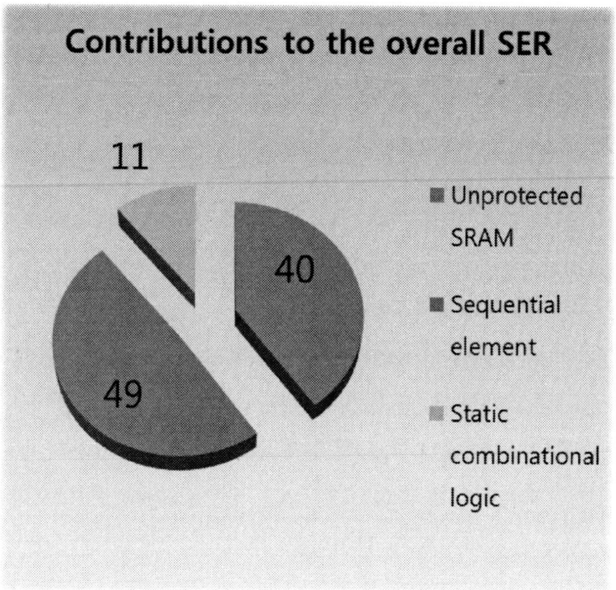

그림 10.4 SER이 발생하는 영역의 비율

반도체 내에서 소프트 에러는 크게 조합회로, 순차회로, 메모리 셀에 영향을 주게 된다. 일반적으로 순차회로와 조합회로는 소프트 에러발생 가능성에 압도적인 차이가 있다. 순차회로의 경우는 내부 상태를 보유하는 소자가 있어 여기에 이온이 빨라져 모순이 발생하면 보유된 논리값은 간단히 반전되어 버린다. 하지만 조합회로의 경우는 내부 상태가 없다. 외부입력의 타이밍과 이온의 충돌이 우연히 겹쳤을 때만 잘못된 출력이 나오게 되기 때문에 소프트 에러는 매우 드물게 나타난다. 예를 들어 인텔이 IRPS 2009로 발표한 연구 결과에 따르면 32nm의 CMOS 프로세스에서 제조한 조합회로의 SER은 순차회로의 SER의 10% 미만에 지나지 않았다.

그림 10.4에서 보면 알 수 있듯이 전체 소프트 에러는 메모리와 순차회로에 집중되어있음을 확인할 수 있다. 따라서 논리회로의 소프트 에러 대책은 주로 순차회로와 메모리에 맞추어져 있다.

10.3.2 소프트 에러의 해결 방안

1) 소자 수준의 기술

소프트 에러를 줄이기 위한 해결책에는 여러 가지가 있다. 먼저 소자 수준(device level)에서 살펴보게 되면 일단 커패시터의 critical charge를 높이는 방법이 있다. 소프트 에러는 회로의 저장장치인 플립플롭에 외부 요인으로 인해 전하량의 변화가 일어나면서 내부 논리값이 바뀌는 에러이기 때문에 내부 critical charge를 높임으로 인해 웬만한 전압변화가 일어나도 플립플롭의 논리값이 반전되는 것을 막을 수 있다. 또한 SRAM의 2개의 node 사이의 저항값을 높여줌으로서 플립플롭의 논리값 반전을 막을 수 있다. 그리고 메모리를 병렬화시키는 인터리빙 방식의 경우는 MCU를 방지하기 위하여 사용되기도 한다. 하지만 이러한 방법들은 소자 구조를 복잡하게 만들고 소자의 크기가 줄어듦에 따라 더욱 복잡해지는 추세라 추천되지는 않는다.

2) Dual Interlocked cell(DICE)

Dual interlocked cell은 소프트 에러를 방지하기 위해 두 개의 여분의 node를 사용한다[2]. 만약 한 node가 소프트 에러에 의해서 값이 반전되면 그 node에 해당하는 여분의 node에서 피드백되어 초기상태를 유지하여 주는 역할을 한다. 예를 들면 그림 10.5에서의 경우 X0, X1, X2, X3 node가 소프트 에러에 민감한 node인데, X0가 0에서 1로 시프트가 일어났을 때 X3는 0으로 변하게 된다. 하지만 이러한 경우가 발생했을 때에는 N2와 P1의 값이 바뀌어 X1과 X2를 격리 시킨다. 이러한 과정을 통해 하나의 node에 소프트 에러가 발생했을 때 그 상태를 최대한 유지시켜 준다.

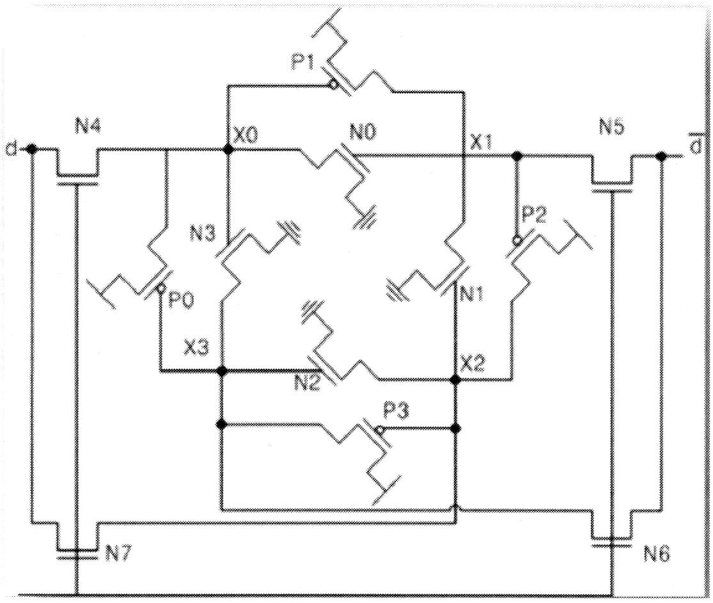

그림 10.5 Dual-Interlocked Cell(DICE)

하지만 DICE cell의 경우 SER을 0으로 만들지는 못한다. 하나의 입자가 2개의 인접 node에 동시적으로 영향을 주게 되었을 때 셀은 상태를 회복하지 못하기도 하고, 또한 DICE 래치가 단일 충격으로부터 회복이 되었다 하더라도 셀의 출력인 q로 glitch가 나타나게 되기 때문에 완벽히 소프트 에러를 차단하지는 못한다. 하지만 그 반면에 원래 셀의 크기에 비하여 1.7~2배 정도의 면적에도 불구하고 d-to-q time에 영향을 주지 않는다는 장점도 가지고 있는 기법이다.

3) Built in 소프트 에러 resilience(BISER)

BISER 구조는 소프트 에러를 회복할 수 있는 구조이며 비교적 적은 추가부담을 요구하는 반면에 소프트 에러 탄성에서 많은 장점을 가진다[3]. 기본적으로 90nm 공정 이상의 모든 SoC는 소프트 에러에 대하여 민감할 뿐만 아니라 지상에서 사용하는 제품에서 100% SEU(Single event upset)을 막는다는 것은 비현실적이다. 따라서 설계 초기에 BISER같이 소프트 에러가 발생하여도 회복이 가능한 회로설계기법이 제안되었다.

BISER 구조는 소프트 에러 blocking과 소프트 에러 trapping의 두 가지 기능으로 나눌 수 있는데 먼저 blocking의 경우는 C-element라는 하위구조를 이용한다.

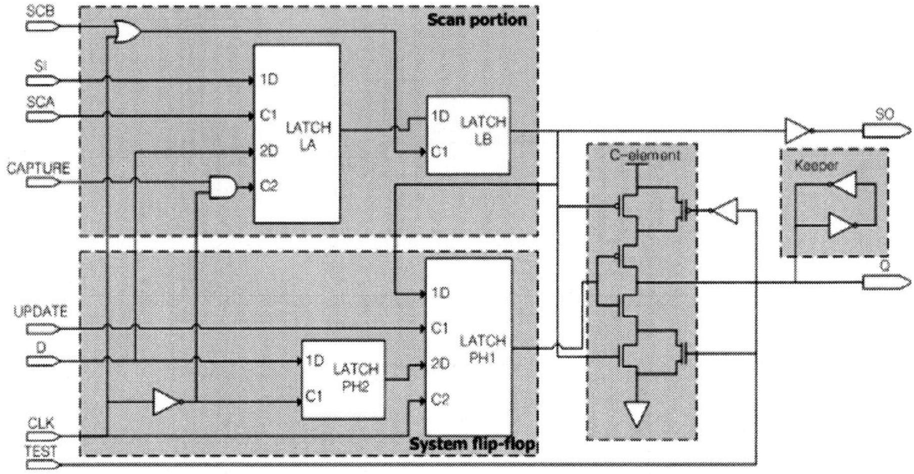

그림 10.6 C-element를 이용한 소프트 에러 방지 플립플롭 디자인

C-element는 2개의 입력값이 같을 경우에는 그 값의 반대 논리값을 출력해주어 인버터의 역할을 하는데 다를 경우에는 출력값을 내보내지 않고 그 전 상태의 값을 내보내게 된다. 이 C-element 구조를 사용하여 한군데의 플립플롭에서 소프트 에러가 발생하였다 하더라도 그 에러가 출력단까지 전파되는 것을 막아주게 된다. 하지만 오류 신호를 저장하기 위한 로직 네트워크에 의한 많은 면적을 차지하게 되는 것이 이 구조의 단점이다. 때문에 이를 해결한 것이 error trapping cell이다.

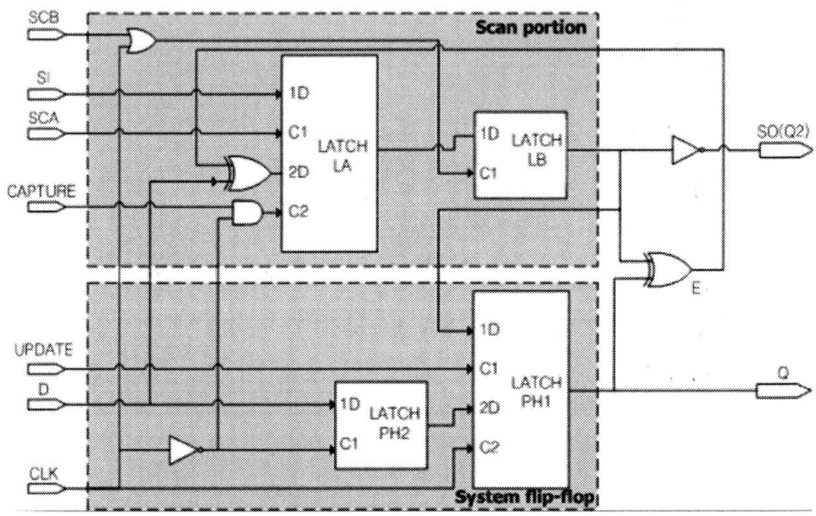

그림 10.7 소프트 에러 트래핑 플립 플롭 디자인

Error trapping cell은 그림 10.7에서 보는 것과 같이 두개의 플립플롭을 비교하는 것으로 시작한다. Latch LB와 PH1의 출력단을 XOR게이트를 통해 비교하는데 만약 두 출력이 서로 달라 1의 에러 신호가 나오게 되면 PH2와 PH1의 보상값이 LA와 LB에 들어가게 된다.

이 구조의 장점은 먼저 스캔구조를 재사용하기 때문에 면적 오버헤드를 최소화 시켜 구현이 가능하다. 또한 라우팅 오버헤드(routing overhead)도 마찬가지로 최소화시킬 수 있어 주요 구조를 바꾸지 않고도 구현이 가능하다.

4) 오류 정정 부호(ECC : Error Correction Codes)

메모리의 경우 셀에 소프트 에러가 일어났을 경우 이를 해결하기 위해 가장 널리 쓰이는 방식이 오류 정정 부호(ECC)이다. 이는 메모리 셀에 데이터를 읽고 쓸 때 오류가 날 경우 그 데이터를 찾아서 수정/감지 해주는 역할을 한다. 일반적으로 메모리 셀의 한 비트에 오류가 발생하였을 때 그 비트를 정정해 주는 single error correct(SEC), 한 비트 오류는 정정해주고 두 비트 오류는 검출해 주는 Single Error Correct Double Error Detect(SECDED) 등의 방법이 널리 쓰이고 있다. 물론 VLSI 회로를 설계할 때 ECC 회로가 추가되게 되면 check bit generator, syndrome bit generator, decoder for error position, corrector 등의 하드웨어가 추가되고 메모리에 접근하게 되는 시간적 페널티가 생기게 된다.

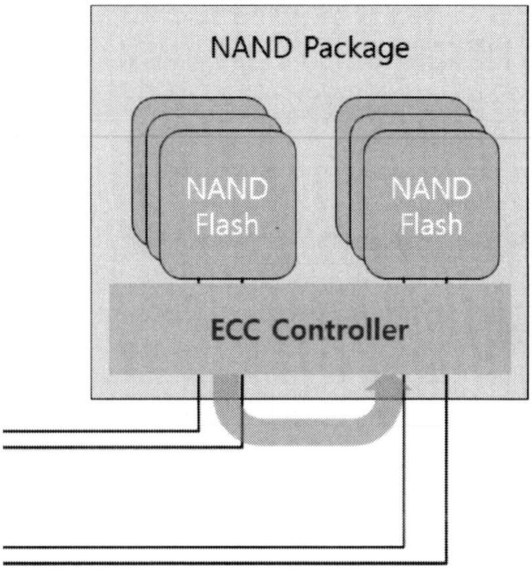

그림 10.8 EZ NAND(ECC를 포함한 메모리)

대용량 NAND 플래시 메모리의 경우 공정이 미세화됨에 따라 그 신뢰성이 급격히 악화되고 있다. 특히 다시쓰기 가능횟수의 경우가 당장 문제가 되는데 반도체 제조기술의 미세화가 진행되면서 고쳐쓰기 수명(Endurance cycle)이 줄어들고 있는 것이 사실이다. 따라서 최근 공정의 미세화와 다값화에 의해 NAND 플래시 메모리의 오류 정정 기능은 급속히 강화되고 있다. 때문에 ECC의 강화는 선택이 아닌 필수가 되는 추세인데 이로 인해 메모리 제조비용의 증대와 성능의 저하가 초래된다. ECC는 메모리 컨트롤러에서 처리되는데 ECC의 강화로 인해 실리콘 면적이 증가하고 read/write 속도가 저하되기 때문에 ECC 회로의 규모를 축소시키려는 시도가 제안되었다. 기존 ECC 개념에서 [베이즈]논리를 짜 넣는 것으로 트랜지스터 수가 적은 ECC가 소개되었는데 이는 0인 확률과 1인 확률의 승산의 추론을 기초로 한다.

ECC의 강화가 데이터 고쳐쓰기 수명(endurance cycle) 성능을 대폭 저하시킬 우려가 제기되어 메모리의 실리콘 다이에 ECC를 내장시키는 기법도 소개되었다. EZ NAND(ECC Zero NAND)라는 메모리는 대표적인 ECC 내장 기법을 적용한 메모리인데 이는 컨트롤러에서의 오버헤드가 zero가 되는 동시에 복수의 copyback을 동시에 실행할 수 있어 데이터를 처리하는 속도의 향상을 기대할 수 있다.

5) Defect based test

공정 변이(variation)와 변수 결함(parametric defect)에 의해 유발된 물리적인 고장을 검출하기 위하여 각각의 고장 모델을 검출하기 위한 다중 테스트 세트가 필요하게 되고 이를 위해 나온 개념이 defect-based test이다[4]. Defect based test는

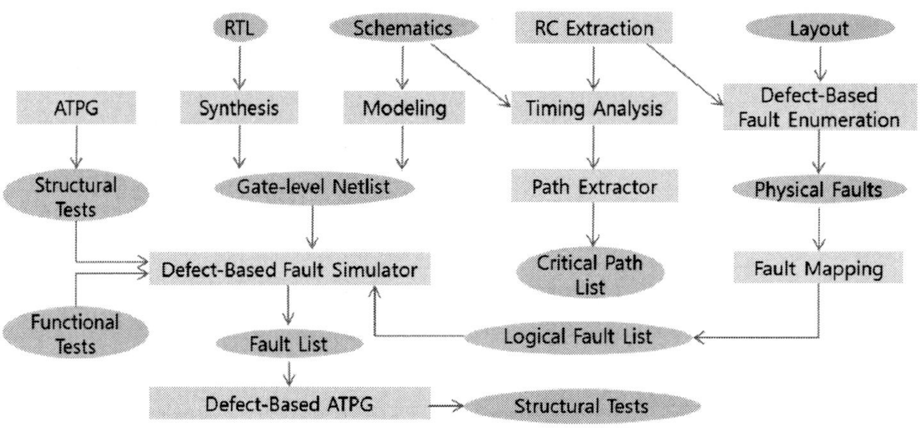

그림 10.9 Defect-based test 시스템 구조

time-to-market을 맞추기 위하여 적절한 시기에 어떻게 defect based test set을 생성할 것인가가 주요 이슈이다. 어느 경우에나 at-speed test가 진행되어야 한다.

6) N-detect

N-detect는 모든 고착 고장(stuck-at fault)을 N번 검출하는 것이 각각의 고장을 한 번씩 검출하는 것보다 더 낫다는 이론이다[5]. 각각의 고착 고장(stuck-at fault)은 n개의 다른 테스트를 통해서 검출되어진다. 같은 고장을 여러 번 검출하기 위해서는 좀 더 향상된 ATPG 알고리즘이 필요하다.

N-detection test는 single stuck-at-fault 고장 검출률와 같은 고장 검출률을 가지면서 높은 고장 검출률을 가진다. 따라서 시스템의 신뢰성을 매우 높일 수 있다. 게다가 고착 고장 패턴(stuck-at-fault pattern)을 사용하기 때문에 패턴 생성이 복잡하지 않다. 하지만 테스트 데이터의 볼륨이 늘어나기 때문에 테스트 패턴을 최적화하는 테스트 데이터 압축(test data compression)같은 기술이 반드시 필요하다.

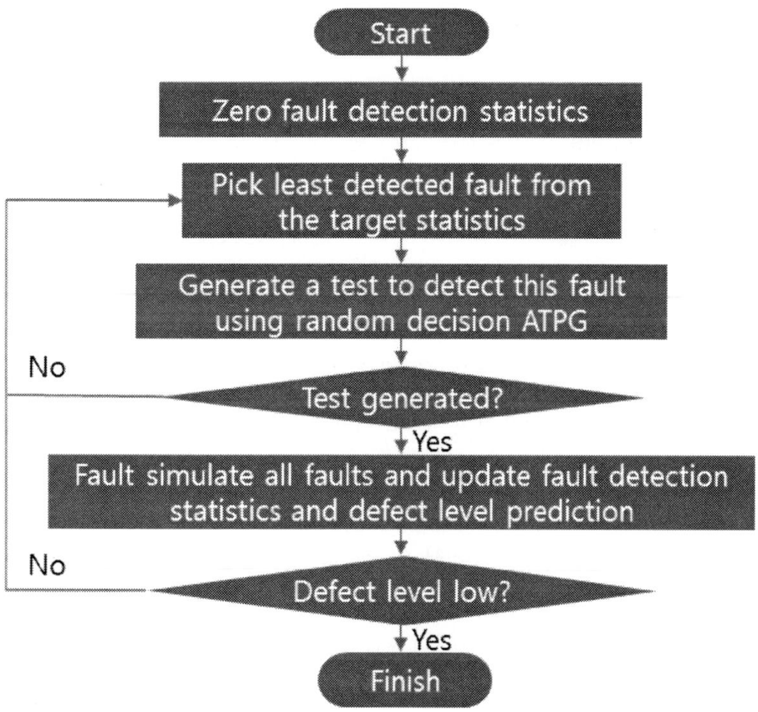

그림 10.10 N-detect 테스트 순서도

10.4 회로 노화

10.4.1 회로 노화

전자제품을 오랫동안 사용하게 되면 트랜지스터가 여러 가지 스트레스 상황에 놓이게 되면서 회로의 특성이 변하고, 결국에는 이로 인하여 처음에 설계자가 의도한 성능을 만족시키지 못하게 된다. 즉, 회로가 노화되어 제품의 수명이 다하게 되는 것이다. 이전에는 aging이 심각한 문제로 받아들여지지 않았던 것과 달리, 공정이 미세해지면서 또한 일정한 공간 내에서 전력 소모가 크게 증가하면서 발열이 심화되는 등의 원인으로 인하여 회로의 노화 속도가 점점 빨라지고 있어 aging에 대한 심각성이 대두되고 있다. 회로의 노화를 유발시키는 원인에 대한 연구가 활발히 이루어지고 있으며 이를 바탕으로 하여 회로 수준에서부터 시스템 수준에서의 다양한 솔루션이 제안되고 있다. 대표적인 aging 유발 요인으로는 Negative Bias Temperature Instability(NBTI), Hot Carrier Injection(HCI), Time Dependant Dielectric Breakdown(TDDB), Electromigration(EM), Stress Induced Voiding(SIV) 등이 있다.

10.4.2 회로 노화의 원인

(1) NBTI

회로의 aging의 원인은 여러 현상들이 있으나 공정이 발전하면서 핵심적인 원인이 되는 요소가 변화되고 있다. Negative Bias Temperature Instability(NBTI)는 1960년대에 이미 알려져 있었으며 1970년대에는 관련된 이론이 많이 연구되었으나 당시의 공정에서는 크게 문제를 일으키지 않았다. 공정이 심화되면서 NBTI는 현재 MOSFET 신뢰성에 있어서 가장 핵심적인 문제가 되었다. NBTI는 PMOS의 gate-source에 negative bias가 걸려 있을 때 트랜지스터가 스트레스를 받으면서 노화가 진행되는 현상이다. NMOS에서도 이와 거의 비슷한 방식으로 PBTI(Positive Bias Temperature Instability)가 일어나지만 PBTI는 NBTI에 비해서 높은 활성화 에너지를 필요로 하기 때문에 일반적으로 NBTI만이 노화를 야기하는 주요 원인으로 고려되고 있다.

Silicon-oxide 접합에서 Si-H 결합은 negative bias 전장에 의해 깨질 수 있다. 결합이 깨어지고 남은 Si는 계면트랩(interface trap)이 되어 PMOS 소자의 문턱 전압을 상승시키는 결과를 가져오게 된다. 이렇게 생성된 계면 트랩 중 일정 부분은 negative bias가 제거되면 Si-H 결합하여 다시 회복이 가능하다. 하지만 먼저 interface trap으로 생성되어 silicon-oxide 접합으로부터 멀어져 있는 H는 회복이 불

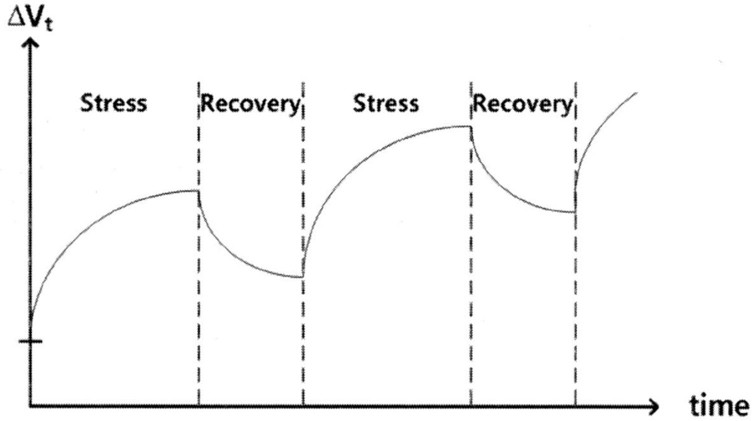

그림 10.11 시간에 따른 문턱 전압의 변화

가능한 부분으로 존재하게 된다. NBTI는 온도에 의해 민감하게 영향을 받는다.

이러한 메커니즘은 Reaction-Diffusion model(R-D model)에 의해서 모델링될 수 있다. Reaction 반응은 negative bias에 의해서 Si-H 결합이 깨어지고 계면 트랩이 생성되는 과정이고, diffusion 반응은 결합이 깨어진 H/H^{2}가 온도의 영향을 받아 silicon-oxide 접합으로부터 멀어지거나 가까워지는 과정이다. 이 diffusion 반응은 negative bias에 관계없이 일어나며 silicon-oxide 접합으로부터 멀어지는 diffusion으로 불량 모델을 가까워지는 diffusion으로 회복 모델을 설명할 수 있다. NBTI는 문턱전압의 상승으로 모델링 될 수 있으며, 이는 회로의 동작 속도를 증가시킨다. 수 년에 걸쳐 25% 정도의 문턱전압 상승이 일어날 수 있고 이는 10%의 지연 증가를 유발할 수 있다.

(2) Hot Carrier Injection(HCI)

공정의 발전에 따라 회로의 집적 기술이 발전하면서 MOSFET의 채널 길이가 지속적으로 감소해 왔다. 채널 길이가 감소됨에 따라 채널영역 드레인 부근에서 캐리어(carrier)가 받는 최대 전계는 증가하게 되는데 이렇게 증가된 고 전계 영역에서 소스로부터 드레인으로 이동하는 캐리어들이 큰 운동에너지를 얻게 된다. 이 캐리어들의 일부는 Si-SiO_2 장벽을 넘어 산화막에 흡수될 수 있다. 이와 같은 캐리어들을 "핫 캐리어(hot carrier)"라고 한다.

게이트 산화막 내로 들어간 hot carrier들 중 일부는 게이트 산화막 내의 정공들을 채우게 되는데 이는 일반적으로 전자 트랩으로 변하게 된다. 결과적으로 게이트 산화

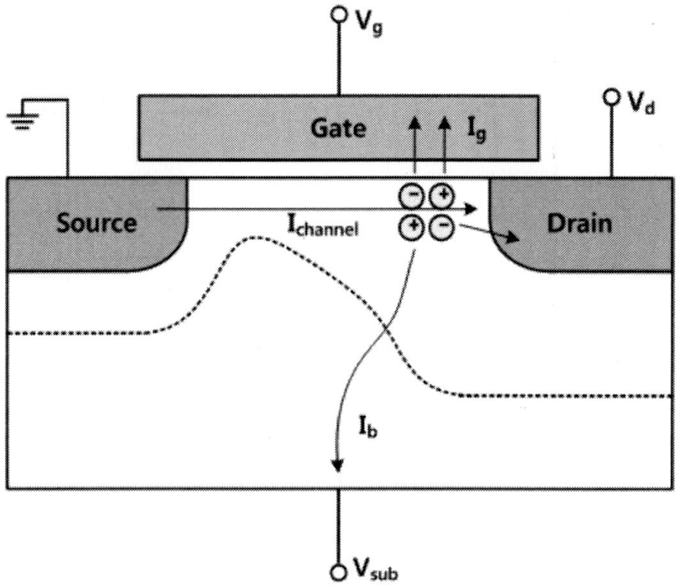

그림 10.12 핫 캐리어 주사 메커니즘

막 내부에는 누적된 hot carrier에 의해 전하의 밀도가 높아지게 되고 이는 문턱전압의 상승으로 이어지게 된다. HCI는 NMOS에서 주로 문제가 되고 동작 주파수가 높을수록 가속화된다. 전통적으로 회로의 성능을 향상시키는 것은 동작 주파수를 높이는 것이 가장 일반적인 방법이었기 때문에 HCI는 지속적으로 노화를 유발시키는 원인으로 다뤄져왔다.

(3) Time Dependant Dielectric Breakdown(TDDB)

높은 전기장으로 인하여 산화막이 파괴되는 것을 immediate breakdown이라고 한다. 이와 달리 낮은 전기장이라도 오랜 시간에 걸쳐 노출되면 산화막에 파괴가 일어날 수 있는데 이를 time-dependent gate oxide breakdown 또는 TDDB라고 한다. 산화막의 pin-hole이나 약한 부분을 통해 초기라 하더라도 TDDB 현상이 나타날 수 있고 오랜 기간이 지나면 무결점(defect free) 소자라 하더라도 TDDB 현상이 나타날 수 있다고 알려져 있다. 그림 10.13에 나타낸 것과 같이 원래 결점이 있어서 또는 시간이 흐르면서 산화막 내에 트랩이 발생하고 시간이 흐르면서 conduction path가 만들어지게 된다. 결국에는 산화막이 완전히 깨지게 된다. TDDB가 발생한 MOSFET은 원래 설계된 것보다 높은 전압에서 동작하게 되어 전체 회로의 특성이 변형되는 것으로 나타난다.

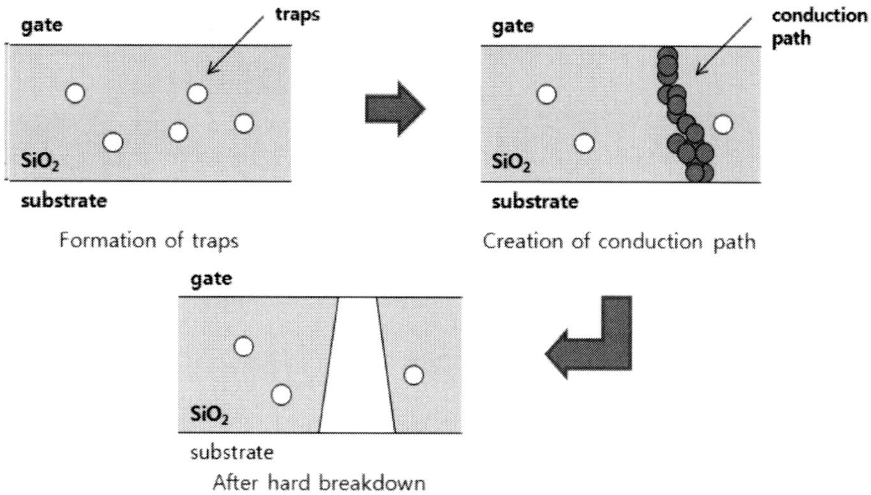

그림 10.13 TDDB의 발생 과정

4) Electromigration(EM)

EM은 움직이고 있는 전자의 모멘텀이 근처의 금속 이온으로 옮겨지면서 발생하게 된다. 이는 해당 금속 원자를 이동시키게 되는데 이러한 현상이 오랜 시간 지속되게 되면 도선의 절단, 저항의 상승 등의 현상이 일어나게 되고 이를 "void"라고 부른다. 금속원자가 한곳에 쌓여 뭉치게 되는 경도 있는데 이 때문에 의도하지 않은 도선의 접합이 발생할 수 있다. 이를 "hillock failure"라고 부른다.

1960년대에 R. J Black 이 Black's equation을 통해 EM에 의한 결함이 일어나기까지 평균시간(MTTF)을 정리했다. EM에 의한 MTTF는 도선의 단면적과 exp(1/T)에 (T: 온도) 비례한다. 얇은 도선에 대해서는 bamboo structuring, 큰 전류가 흐르는 도선에 대해서는 metal slotting과 같은 방법이 있다.

EM은 다른 aging 인자들과 유사하게 온도에 비례하여 현상이 심화되는 특성을 가진다. 그림 10.14는 발열에 의해서 EM이 순환적으로 발생하는 현상을 도식화한 것이다. Void가 발생하면 부분적으로 currnet density가 높아지고 이는 열을 발생시킴과 동시에 viod의 발생을 촉진시킨다. 발생된 열은 회로의 온도를 향상시키고 결과정으로 void의 발생이 더욱 심화된다. 따라서 발열을 관리하여 특정 온도 이상에서 회로가 동작하지 않도록 관리하는 것이 aging을 관리하는 효과적인 방법이다.

5) Stress Induced Voiding(SIV)

Stress Induced Voiding(SIV)은 metal-dielectric interconnection 시스템에서 발

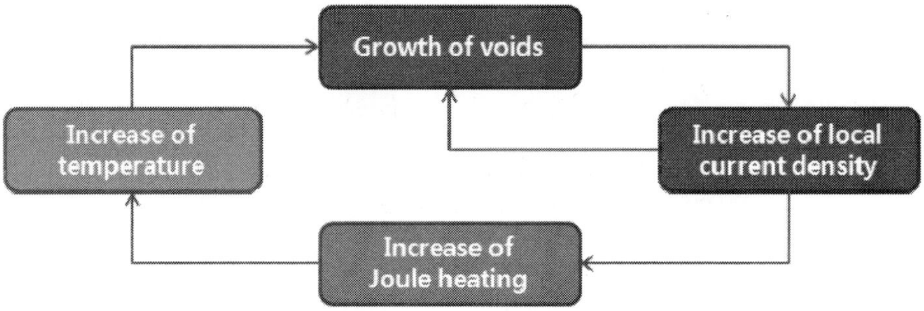

그림 10.14 발열에 의한 EM 현상의 순환

생되는 스트레스에 의해 발생되는 voiding을 말한다. 도선에서 스트레스의 발생 원인은 여러 물질이 적층 되었을 경우 구성 물질 간 열팽창 계수 차이에 의한 스트레스와 그 외 박막 형성 시 발생할 수 있는 고유 스트레스가 있는데 금속이 절연물질에 비해 열팽창 계수가 크기 때문에 열팽창 계수 차이에 의한 스트레스가 주로 그 원인이 된다. 고온에서 생성된 금속도선은 상온에서 인장 스트레스를 받게 되는데 이 스트레스를 완화시키기 위하여 도선에 void, hillock, 크랙 등이 발생할 수 있다.

10.4.3 회로 노화 해결방안

10.4.2의 내용과 같이 회로의 노화의 원인은 여러 가지로 분류될 수 있으나 현재가장 주요한 원인으로 파악되고 있는 것은 NBTI이다. 따라서 많은 연구들이 NBTI 문제를 해결하는 것에 초점을 맞추고 있다.

(1) Signal probability Analysis

NBTI는 논리회로 관점에서 보면, 게이트 입력이 '0'일 때, PMOS에 negative bias가 걸려 있을 때 트랜지스터의 노화가 진행된다는 조건을 가지고 있다. 논리회로에서 모든 게이트의 입력이 '0'인 경우는 존재하지 않으므로 논리회로 안의 모든 게이트들이 한꺼번에 노화되는 worst case NBTI는 현실적으로 존재하지 않는다.

게이트들의 입력 신호는 논리회로에 인가되는 입력, 즉 어플리케이션 데이터에 의해 결정된다. 이러한 논리회로의 입력특성을 확률적으로 분석한 뒤, 회로의 게이트를 따라서 signal probability를 계산하여 각 게이트에 가해지는 스트레스의 확률을 알 수 있고 이를 통해 회로의 NBTI 진행 정도를 보다 정확하게 알 수 있다.

보통의 signal probability는 신호가 '1'일 확률을 구하는 것이 일반적이지만 NBTI

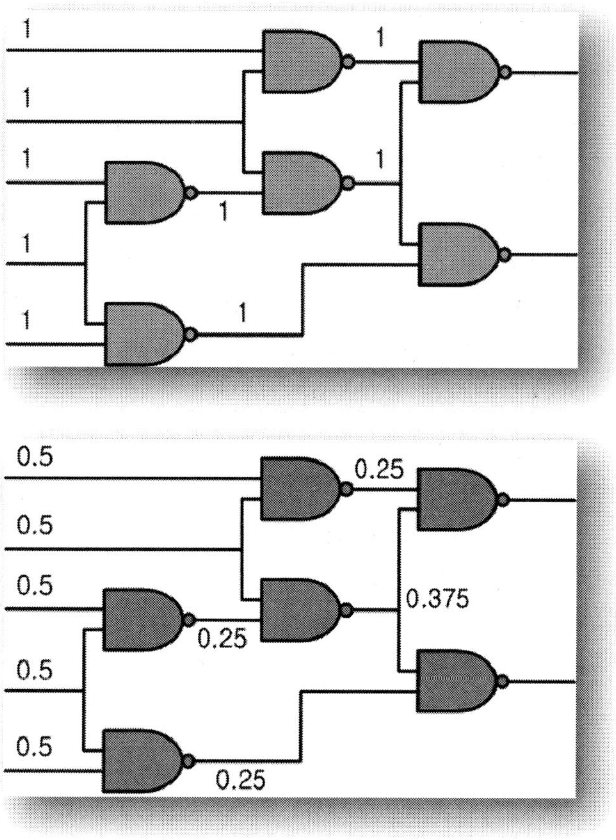

그림 10.15 Signal probability analysis

stress probability의 경우 '0'일 확률을 구해야 한다. 기존의 방식을 활용하여 입력 신호가'1'일 확률을 1에서 빼서 구하는 것으로 쉽게 바꿀 수 있다.

NBTI는 트랜지스터 레벨에서 진행되므로 논리 게이트 내부에서도 스트레스를 받는 정도가 다르다. AND, OR 게이트의 경우 트랜지스터 레벨에서 보면 NAND, NOR 게이트에 INV가 추가되어있는 형태이므로 이를 분리하여 별개로 생각하여야 한다. AND 게이트가 recovery 상태이더라도 내부의 INV는 stress일 수 있다. NOR의 경우 stack effect가 존재하는데, NAND 게이트의 경우 PMOS가 병렬로 연결되어있기 때문에 입력 신호의 NBTI stress probability가 각각의 PMOS의 스트레스 확률이지만 NOR 게이트는 Vdd에 더 가깝게 연결되어있는 PMOS가 회복 상태이면 그 이하의 PMOS는 소스에 전위가 가해지지 않기 때문에 입력 신호에 관계없이 회복 상태가 된다.

(2) Input Vector Control Approach

NBTI degradation은 논리 게이트 입력이 '0'일 때에 심화된다는 조건을 가지고 있고 게이트 입력은 회로의 입력 벡터에 의해서 결정된다. 평소 동작에서는 어플리케이션이나 데이터에 따른 입력이 인가되지만 그 외의 유휴 시간에는 아무 의미없는 더미 값이나 디폴트로 설정된 벡터가 인가된다. 이 유휴 시간에도 NBTI degradation은 진행되고 있으므로 이때에 인가되는 디폴트 벡터를 임계 경로의 게이트 입력에 '0'을 최대한 없애는 벡터로 설정하면 NBTI degradation을 줄일 수 있다[6].

기존의 입력 벡터를 관리하는 기법들은 누설 전류를 감소시키는 것을 목표로 하고 있다. 공정이 미세화되고 발열이 심화되면서 누설 전력이 심각한 문제로 대두되고 있다. 누설 전류가 커지면 이는 온도를 높이고, 이는 다시 누설 전류를 증가시키는 악순환을 일으킨다. 대부분의 aging 요인들은 높은 온도에 의해서 심화되는 특성을 가지기 때문에 누설 전력을 관리하는 기존의 입력 벡터 관리 기법들은 기본적으로 aging을 개선할 수 있다. 이 기존의 기법들에 critical path의 NBTI degradation을 추가적으로 고려하도록 개선하는 방식들이 개발되어 NBTI 문제까지 해결할 수 있게 하고 있다.

순수하게 입력 벡터만을 조절 방식은 회로의 크기가 크고 깊어질수록 효과가 많이 떨어지게 된다. 특히 복잡한 연산기와 같은 사이즈가 큰 회로의 경우 최적의 벡터를 찾는다 하더라도 그 효과가 미미하다. 이를 극복하기 위하여 최근에는 idle 신호와 게이트 사이즈, 입력을 추가하여 임계 경로의 게이트 입력을 조절하는 방법이 연구되었다. 이 경우 critical path의 게이트 사이즈를 키워 회로의 delay를 증가시킨다. 유휴시간의 NBTI degradation 억제 효과를 통해 증가된 delay 이상의 효과를 얻어내야 하므로 제한될 수 있다.

NBTI를 고려한 입력 벡터 조절 방법은 ROM에 디폴트 벡터를 저장하는 정도의 비용만으로도 NBTI degradation을 둔화시키는 방법이지만 크기가 큰 회로에서는 효과가 미미하다는 점과 유휴시간의 비율에 크게 의존적이라는 한계점을 가지고 있다. 따라서 회로 레벨에서의 솔루션만으로는 NBTI로 인한 회로의 노화 문제는 온전히 해결하기 어렵고 보다 상위 레벨에서부터 문제를 해결할 수 있는 설계 방식이 필요하다.

(3) Voltage Tuning

NBTI는 그 이름이 의미하듯이 negative bias가 인가되어야 하고 온도가 높을 때 심화되는 특성을 가지므로, 이 현상에 영향을 미치는 요소는 V_{dd}와 온도라고 할 수 있다. 이중 온도는 전력 소모에 의해 좌우되는데 전력 소모량은 V_{dd}에 의해서 크게 좌우된다. 또한 온도는 회로에 실리는 워크로드의 크기와 주변 회로에 의한 영향 등 외부의 영향을 많이 받기도 하는데, 이는 설계자 혹은 사용자가 직접적으로 조절하기에는 어려움이 많다. 따라서 V_{dd}를 조절하는 것은 NBTI degradation을 회피하기 위한 좋은 방법이라고 할 수 있다[7].

논리회로에 상대적으로 작은 V_{dd}를 인가하게 되면 NBTI degradation에 의한 문턱전압 변화는 줄일 수 있지만 지연(delay)에 가드 밴드를 덜 할당하는 격이 되어 Vt 변화에 의한 타이밍 결함은 더 빨리 찾아 올 수 있다. 반면에 V_{dd}를 지나치게 높여 버리면 negative bias의 크기 자체가 크게 늘어 날 뿐만 아니라 액티브 파워의 크기가 크게 늘어나 온도를 상승시키는 결과까지 가져오게 되어 NBTI degradation의 진행속도가 할당된 가드 밴드를 넘어서 오히려 수명을 단축시키는 결과를 가져올 수 있다. 따라서 온도나 전력과 같은 다른 요소들을 고려하여 NBTI의 영향을 최소화 할 수 있는 적정 전압을 찾는 것이 중요하다.

적정 전압을 찾는다고 하더라도 현재 사용되고 있는 방법처럼 단일 전압만으로는 시스템 수명에 뚜렷한 한계가 있을 수밖에 없다. 이를 극복하기 위하여 제안된 것이 여러 개의 전압을 가지고 동적으로 전압을 할당하는 전압 조절 방식이다. 세 번째 그래프에서처럼 이 방식에서는 시스템 수명의 초기에 상대적으로 적은 전압을 인가하여 동작하다가 문턱전압 변화에 의한 타이밍 결함이 오면 높은 전압으로 바꿔 더 높은 가드 밴드를 할당하는 방법이다. 이 방법을 사용할 경우, 하나의 높은 전압만 가지고 동작하는 것보다 시스템 수명의 초기에 적은 전압으로 동작함으로써 NBTI degradation을 완화시킬 수 있고 전반적인 파워 소모를 완화시키는 효과도 있다.

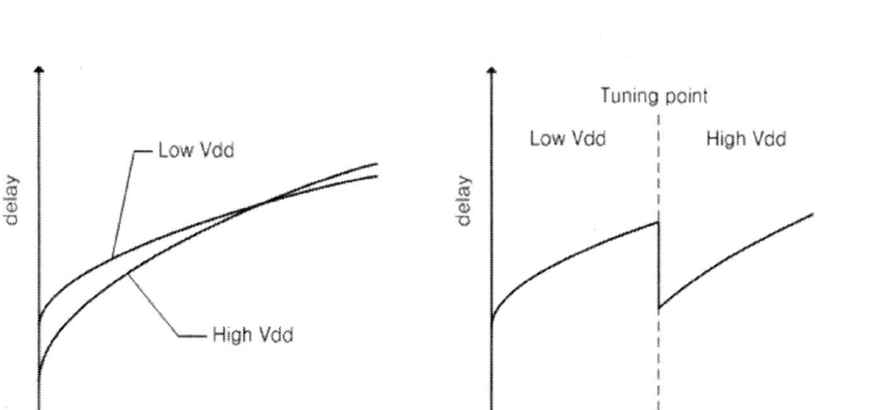

그림 10.16 전압 조절의 예

V_{dd}가 negative bias와 액티브 파워, 온도에 크게 영향을 미치는 요소이기 때문에 가장 중요한 변수이다. 하지만 바이어스 전압이나 냉각 전력 등도 변수로 사용할 수 있으며, 이러한 변수를 사용할 때 얻을 수 있는 이점이 크다. 최근에는 여러 가지 변수들을 효과적으로 스케줄링하여 파워 소모를 최소화하는 방법에 대한 연구도 활발히 진행되고 있다.

또한 NBTI degradation은 온도에 크게 영향을 받기 때문에 temperature management technique과의 연계가 중요하다. DVFS(Dynamic Voltage Frequency Scaling)는 대표적인 power management 방법이자 temperature management technique으로써 적은 워크로드가 인가되어 있는 상태에서는 상대적으로 적은 전압과 주파수에서 동작하도록 하는 것이다. DVFS는 V_{dd}를 대폭 낮춤으로써 NBTI stress에 관여하는 negative bias의 크기에 영향을 주게 된다. 따라서 DVFS를 적용할 때 각각의 IP core의 NBTI degradation에 대한 정보를 가지고 워크로드를 분배하고 적절한 전압, 주파수 레벨을 인가하는 것은 NBTI 진행을 조절하여 시스템 수명을 연장시킬 수 있는 방법이다[8].

DVFS를 적용할 경우 V_{dd}를 낮춰 NBTI stress의 크기를 낮추는데 도움이 되지만 동작 주파수도 같이 낮아지기 때문에 해당 워크로드가 수행되는 시간이 늘어나게 되므로 스트레스 시간은 늘어나게 된다. 이는 셧 다운 로직을 사용하는 Dynamic Temperature Management(DTM)와 비교될 수 있는데 DTM의 경우 워크로드를 수행하고 남은 유휴 시간에 스트레스 바이어스를 제거하기 때문에 NBTI 스트레스의 강도는 변

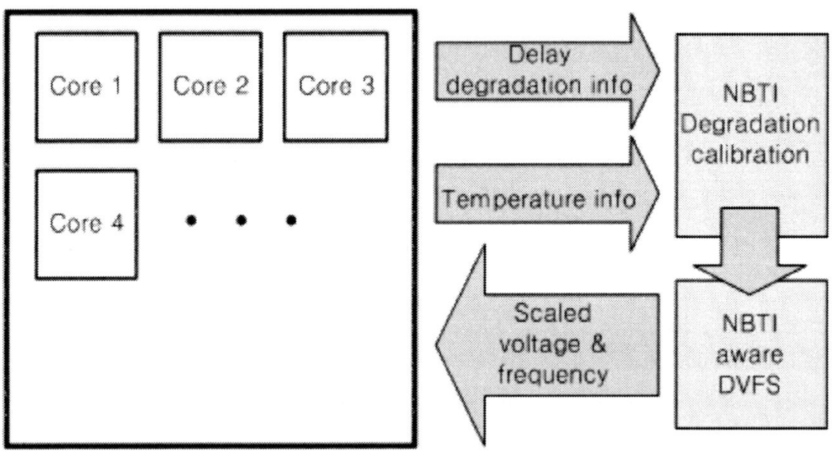

그림 10.17 NBTI를 고려한 DVFS

함이 없지만 스트레스 시간은 줄어들게 된다.

10.5 General Solutions

10.5.1 Self-Test and Diagnosis

시스템의 신뢰성(reliability)과 가용성(availability)에 관련된 이슈의 중요성이 커지면서 동작 중에 있는 시스템을 멈추지 않고 결함을 찾아내는 온라인 테스트에 대한 중요성이 부각되고 있다. 온라인 테스트는 프로세서에 내장된 BIST와 칩 외부의 비휘발성 메모리에 저장된 테스트 패턴으로 코어와 내장된 메모리를 테스트할 수 있는 방식이다[9].

온라인 테스트의 경우 정상 동작 중인 프로세서의 성능에 영향을 주지 않고 테스트 하는 것이 중요하다. 따라서 테스트 시간과 주기를 조절하여 테스트 타겟과 리소스를 잘 분배하여야 한다. 테스트 중인 프로세서는 정상 동작이 불가능하므로 테스트 시간을 길게 잡고 테스트 검출률을 높이거나 테스트 주기를 짧게 잡는 것은 회로의 영구 결함에 대한 시스템 신뢰성을 향상시키는 결과가 될 수는 있겠으나 테스트 수행에 사용되는 리소스가 너무 많아져서 오히려 시스템 가용성을 저해할 수 있다.

현재 프로세서의 구조는 하나의 고성능 코어를 사용하는 것보다 더 많은 수의 코어를 내장하는 멀티 코어, 또는 매니 코어 형태로 진화하고 있다. 매니 코어 기반 환경에서는 많은 수의 코어를 잘 활용하여 테스트 주기에 할당된 코이의 업무를 임시로 받아 대신 처리해 주는 스패어 코어를 만들어서 시스템 가용성을 저해하는 결과를 방지할 수 있다.

10.5.2 온라인 테스트 방법론

소프트 에러를 테스트하기 위해서는 테스트를 위한 패턴 생성(pattern generation) 과정이 선행되어야 한다. 패턴 생성은 먼저 소프트 에러와 하드 에러를 구분하는 데서 시작이 되는데 소프트 에러는 기본적으로 매우 드물게 일어난다는 가정 하에서 테스트 방법론이 제안되었다. 만약 소프트 에러가 특정 패턴에 의해서 발생한 경우 똑같은 테스트 벡터로 한 번 더 패턴을 인가했을 경우는 소프트 에러는 틀림없이 일어나지 않는다. 소프트 에러는 매우 드물게 일어나기 때문에 같은 행 안에서 소프트 에러가 2개 이상 일어날 확률 또는 같은 위치나 같은 clock 주기에 소프트 에러가 일어날 확률을 무시하기 때문이다. 따라서 같은 테스트 벡터를 2번 인가했을 때 그 두 번의 결과가 다르다면 소프트 에러가 검출된다고 할 수 있다. LFSR(Linear feedback shift register)를 통하여 이런 패턴을 생성할 수 있는데 이는 BIST (Built-in Self Test)안에 삽입되어 온라인 테스트로 진행이 가능하다[10].

테스트는 twin test로 진행되게 되는데 이는 같이 패턴을 두 번 인가해서 그 결과 값을 비교하는 테스트이다. 테스트가 진행되면서 패턴이 scan chain에 인가된 후 twin pattern의 첫 번째 패턴의 결과가 MISR1에만 저장되게 되고 다음 twin pattern의 두 번째 패턴의 결과가 MISR2에만 저장되어 그 결과를 XOR 게이트를 통해 비교하게 된다. 만약 두 결과가 다르게 되면 xor 게이트의 출력이 1이 되게 되어 SER counter에 카운트 되게 되고 SER을 구할 수 있다.

10.5.3 Triple Modular Redundancy(TMR)

신뢰성 이슈를 시스템 레벨에서 해결하는 방법도 여러 가지가 소개되었다. 그 중 가장 간단하고 대표적인 방법이 바로 triple modular redundancy이다[11].

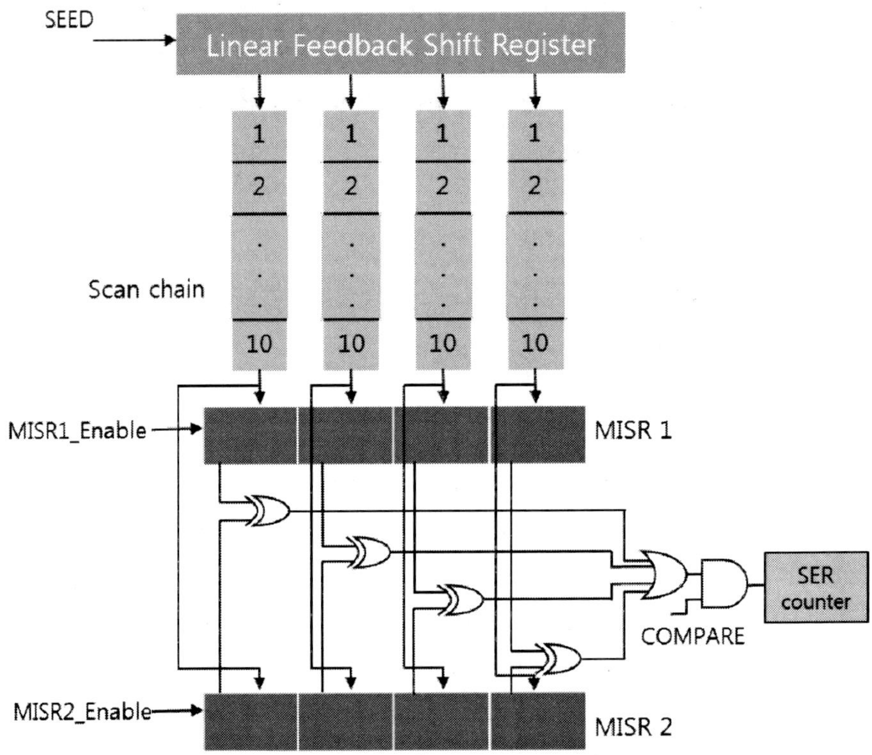

그림 10.18 소프트 에러를 검출하기 위한 BIST 구조

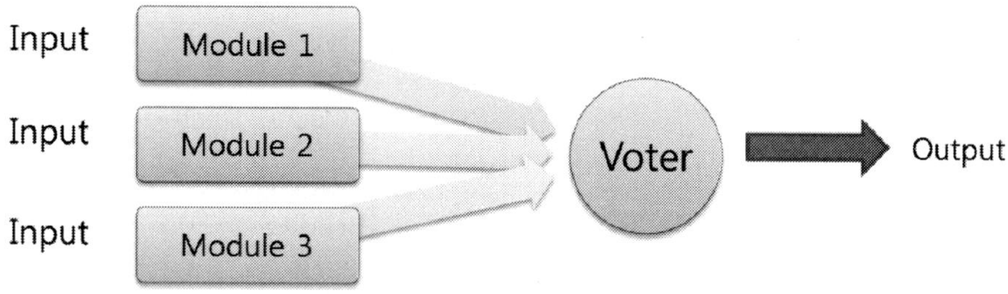

그림 10.19 Triple modular redundancy

이 방법은 모듈에 신뢰성 문제가 일어날 것을 대비하여 같은 모듈을 3개를 삽입하는 방법이다. 3개의 출력을 voter에서 비교하여 다수결의 방식으로 출력을 내보내게 된다. 이 방식을 통해 어느 하나의 모듈에 문제가 일어나더라도 나머지 2개의 정상 동작한다면 출력은 정상적으로 전파되게 된다. 하지만 이 방법의 가장 큰 문제점은 전력과 면적이 3배씩 커진다는 것이다. 그리고 voter에 문제가 생길 경우는 고장을 컨트롤하지 못한다.

따라서 voter의 고장을 고려한 3중 TMR 구조가 제안되었다.

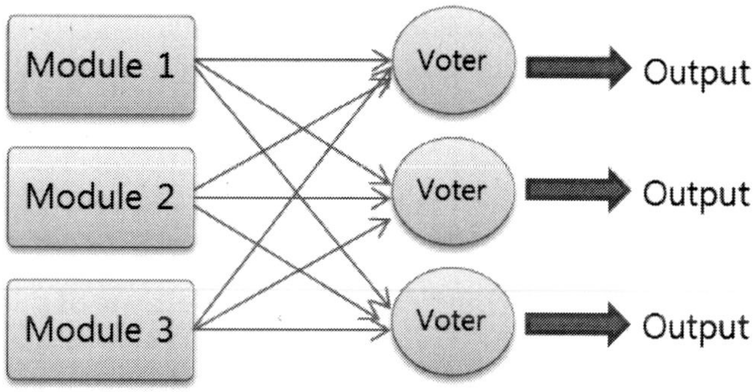

그림 10.20 Triple voter를 사용한 예

Voter도 3개를 써 어느 하나의 voter에서 고장이 발생해도 마찬가지로 나머지 2개의 voter가 에러를 상쇄시켜주게 된다. 그리고 Multi-level TMR 구조도 마찬가지로 제안되었다. 이 구조 역시 voter까지 3중화해서 최대한 간단한 방법으로 신뢰성을 높이고 있다.

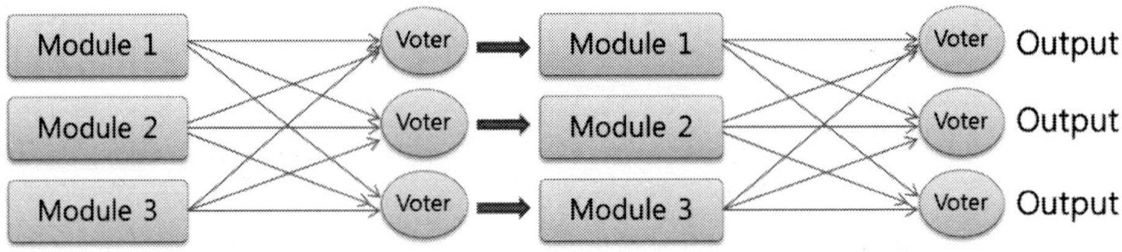

그림 10.21 Multi-level TMR system

10.5.4 Redundancy technique

Duplication + Comparison + Checkpointing(DCC) 방식은 2개의 같은 명령을 동시에 실행시키는 방법이다. 2개의 결과가 같다면 문제없겠지만 만약 다르다면 에러가 둘 중 하나의 모듈에서 일어났다고 판단한다. 그 후 모듈은 이전 체크 포인트에 가서 다시 재실행하게 되는 방식으로 신뢰성을 향상시키게 한다. 하지만 이 방법 또한 전력과 면적이 두 배로 증가하게 되는 단점이 있다.

이런 면적 문제를 해결하기 위하여 나온 개념이 시간 중복 검사(time redundancy)를 이용한 방법이다. 먼저 error는 영구적이지 않다는 가정 하에 진행되게 되는데 모듈을 한 번 실행시키고 난 후 그 값을 임시 저장소에 저장하게 된다. 그런 다음 같은 모듈을 한 번 더 실행시키고 이전에 저장해놓았던 값과 비교하는 작업을 수행한다. 만약 두 값이 다르다면 DCC 방식과 같이 회로의 상태는 이전 상태로 회귀하게 되고 다시 작업을 수행하게 된다. 이 방식은 회로의 면적은 거의 증가하지 않지만 수행시간이 2배로 늘게 되고 전력 측면에서 또한 페널티를 가지게 되는 단점이 있다.

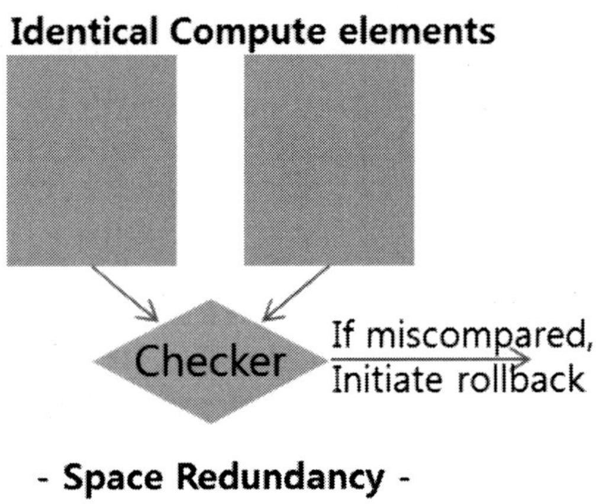

그림 10.22 Space redundancy

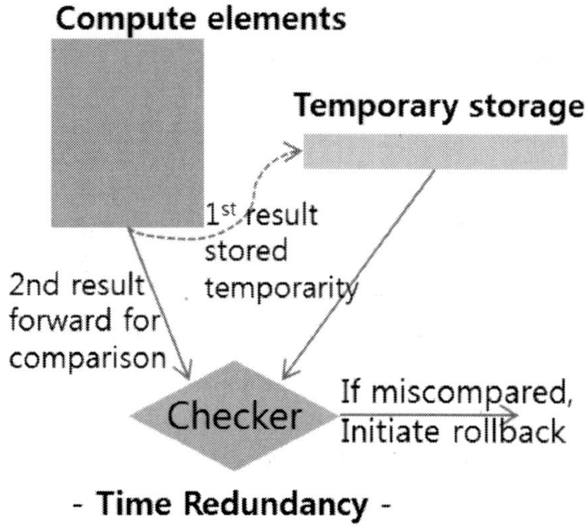

그림 10.23 Time redundancy

10.6 결론

공정이 지속적으로 발달되면서 회로 집적도가 높아짐에 따라 더 많은 기능을 하나의 SoC에 집적할 수 있게 되었다. 그러나 공정 미세화로 인한 공정의 정확성이 떨어지고 높은 집적도로 인한 발열의 심화되는 등 SoC의 신뢰성을 위협하는 여러 가지 상황이 심화되고 있다. 본 자료에서는 SoC의 신뢰성의 문제를 회로의 lifetime 주기에 따라 Early-life failures와 소프트 에러, 회로의 노화으로 나누어서 살펴보았다. 신뢰성을 고려한 설계는 시스템 디자인의 모든 레벨에서 다루어져야 할 뿐만 아니라 다양한 신뢰성 문제로부터의 해결책을 제시해야 할 것이다.

참고문헌

[1] E. Ibe et al., "Impact of Scaling no Neutron-Induced Soft error in SRAMs from a 250nm to a 22nm Design Rule", in IEEE Transactions on Electronic Device, vol. 57, no. 7, 2010.

[2] T. Calin, M. Nicolaidis, and R. Velazco, "Upset Hardened Memory Design for Submicron CMOS Technology", in IEEE Transactions on Nuclear Scienc, vol. 43, no. 6, 1996.

[3] Mitra, S. et al, "Robust System Design with Built-in Soft error Resilience", IEEE Computer, vol. 38, no. 2, 2005.

[4] S. Sengupta et al., "Defect-based test : a key enabler for successful migration to structural test", in Intel Technology Journal, 1999.

[5] S. C. Ma et al., "An experimental chip to evaluate test techniques: experimental results", in Proc. ITC, 1995.

[6] Yu Wang et al., "On the Efficacy of Input Vector Control to Mitigate NBTI Effects and Leakage Power", in Proc. ISQED, 2009.

[7] Abhishek Tiwari, and Josep Torrellas, "Facelift: Hiding and Slowing Down Aging in Multicores", in Proc. ISACM, 2008.

[8] Mehmet Basoglu et al., "NBTI-Aware DVFS: A New Approach to Saving Energy and Increasing Processor Lifetime", in Proc. ISQED, 2009.

[9] Yanjing Li et al.,"Concurrent Autonomous Chip Self-Test Using Stored Test Patterns", in Proc. DATE, 2008.

[10] A. Sanyal, et al. "A Built-In Self-Test Scheme for Soft error Rate Characterization" in International On-Line Testing Symposium, 2008.

[11] Lyons, "The Use of Triple-Modular Redundancy to Improve Computer Reliability", in IBM Journal of Research and Development, 1962.

부록

나노 테크놀로지 공정 소자

1. 반도체 제조공정의 이해

1.1 서론

반도체 공정 소자의 개발 과정은 그림 1과 같이 상품기획으로부터 시작하여 설계, 소자, 공정, 제품 개발의 과정이 하나의 유기체처럼 어우러져 있으며, 각 분야의 주요 역할들을 살펴보면 다음과 같다.

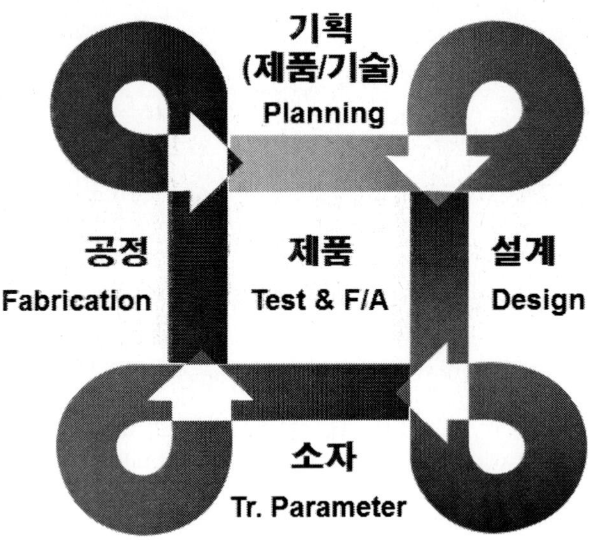

그림 1 반도체 제품 개발 과정

상품기획 분야는 IT 동향에 대한 전반적인 이해를 기반으로 반도체 소자 제품 개발 방향을 예측하여, 산업체에서 제품 경쟁력을 최대화할 수 있는 상품군을 기획한다. 세계 반도체 표준 협의 기구(JEDEC) 및 각종 회의를 통해서 향후 시장 동향에 따른 상품에 대한 개괄적인 방향을 결정하고, 실제 제품에 대한 구현이 이루어진다.

이러한 상품기획 분야에서 제안되고 결정된 반도체 소자 제품들의 개발을 위하여 설계 분야는 시장의 다양한 요구 사양(고속, 고집적도, 저전력 등)을 충족하기 위하여 최적의 회로 설계 및 시뮬레이션을 수행하며, 설계된 회로가 최상의 성능을 낼 수 있도록 레이아웃을 구성한다. 이렇게 구성된 회로 설계의 결과와 실제 제품 간에 특성을 일치시키기 위하여 다양한 설계 분석 활동을 진행하고, 불량이 없는 완벽한 제품을 만들어 고객의 요구에 대응하는 방안을 제공하게 된다.

소자 분야는 크게 디바이스(Device)와 공정 집적(Process Integration), 불량 분석(Failure Analysis, FA) 업무로 구분되며, 이외에도 소자는 설계, 공정, 제품 등 각 분야의 중간 위치에서 연계된 분야의 정보 공유를 촉진시키고 업무의 협업 역할을 담당하고 있다.

반도체 제품 개발에 있어서 공정 분야의 역할은 설계된 전기/전자회로를 실리콘 기판 상에 여러 가지 공정장치를 이용하여 효과적으로 구현하는 것이다. Lithography(포토 공정), Etch(식각 공정), Ion Implantation(이온 주입 공정), Diffusion(확산 공정), Thin Film(박막 공정), CMP(연마 공정) 및 Cleaning(세정 공정) 등의 공정 기술을 반복적으로 사용하여, 실리콘 기판 상에 복잡한 회로를 구성하고 설계된 기능을 구현하기 위한 실제 반도체 소자를 제조하는 역할을 수행한다.

제품 개발 분야(Product Engineering)는 전기적 분석을 통하여 제품이 갖는 설계, 소자, 공정 그리고 양산 과정에서 나타날 수 있는 미비점들을 개발 초기에 개선하는 것이 주된 역할이며, 고객이 요구하는 최상의 성능과 품질로 적기에 상품화될 수 있도록 설계, 소자, 공정 그리고 후 공정의 결함 및 동작 특성을 분석하는 업무도 수행한다.

패키지 개발 분야에서는 실리콘 기반의 반도체 소자 집적도가 향상됨으로서 더 이상 공정 기술로는 구현이 불가능한 기술적인 한계가 다가오게 되었다. 이에 따라, 전자적 패키징(Electronic Packaging) 기술을 통한 고집적도, 고성능, 소형화 구현이 절실히 요구되었고, 이러한 요구 조건을 만족시키기 위하여 반도체의 전통적인 패키징 기술에서부터 CoC, POP, TSV등 새로운 패키징 기술 개발과 이들을 융합한 기술 개발 및 제품 개발이 활발히 진행되고 있다. 이러한 패키징 분야는 설계 부문, 원부자재의 선정, 공정 설계, 신뢰성 확보 및 검증, 그리고 최적의 양산성과 품질을 달성할 수 있도록 하기 위한 공정 최적화에 이르기까지 다양한 역할을 수행한다.

1.2 반도체 제조를 위한 단위 공정의 이해

1.2.1 Lithography 공정의 이해

Lithography 공정은 그림 2와 같이 사진기를 통하여 촬영된 필름을 사진으로 인화하는 과정과 매우 흡사한 과정을 거치는데, 먼저 사진의 인화 과정을 살펴보면 필

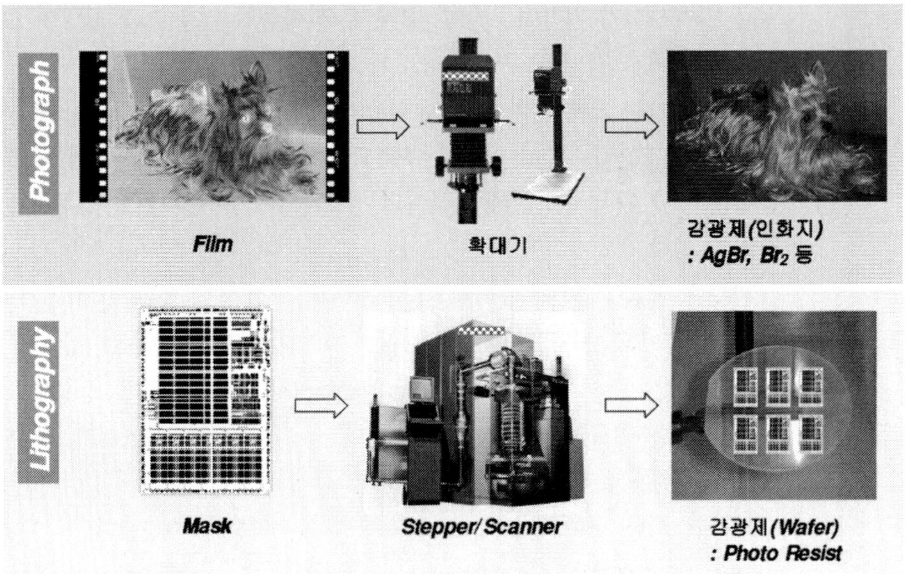

그림 2 Lithography 공정

름에 저장된 피사체의 정보를 확대기를 통하여 감광제가 도포되어 있는 인화지에 노광(exposure)하여 피사체 상의 정보를 옮기는 과정과 노광 과정을 통해 빛과 반응한 인화지의 감광제 부분을 제거하여 인화지에 피사체 정보를 남기는 현상 과정으로 분리된다. 반도체 공정 중 lithography 공정도 이러한 사진 인화 과정과 유사하여 필름의 역할을 하는 마스크(mask)를 이용하여 노광 장비를 통해 감광제가 도포되어 있는 웨이퍼(wafer)에 빛을 조사하고 웨이퍼 기판 상에 구현하고자 하는 패턴을 형성하는 공정이다.

따라서 lithography 공정은 마스크 상에 레이아웃 된 패턴을 공정 제어 규격(process specification)대로 웨이퍼 상에 1차적으로 구현하는 기술이라 정의할 수 있다.

이를 위하여 특정한 파장을 가지고 있는 빛을 마스크를 통하여 웨이퍼에 조사하는 노광 공정이 진행되면, 웨이퍼 상에 도포되어 있는 광감응제(PR: photoresist)가 빛이 조사된 부분에서는 빛 에너지에 의해 광화학 반응을 하게 되고, 마스크 상의 패턴에 의해 빛이 투영되지 못한 부분은 광화학 반응을 하지 못하므로 빛을 받은 부분과 받지 못한 부분의 PR 성질이 달라지게 된다. 이러한 PR 성질의 차이는 후속의 현상 공정 진행 시 용매에 대한 화학 반응 속도의 차이, 즉 용해도의 차이를 유발시키므로 그림 3과 같이 웨이퍼 상에 마스크와 동일한 형태의 패턴이 형성되게 된다. 이렇게 형성된 PR 패턴은 후속 공정인 식각 또는 이온 주입 공정 시 마스크 역할을 하

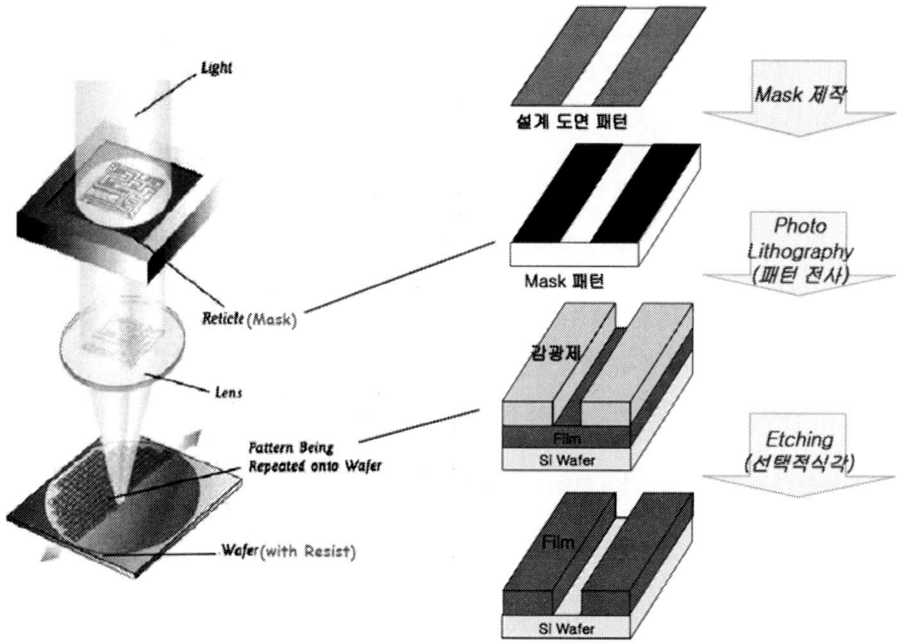

그림 3 Lithography 공정을 이용한 패턴 형성 과정

게 된다.

(1) 광학 노광 기술

반도체 소자의 고집적화에 따라 웨이퍼 상에 구현되는 패턴의 크기는 점점 더 미세화 되어 투영 광학렌즈를 이용하는 광학 노광 기술의 발전도 많은 변화와 발전을 거듭해왔다. Lithography 공정의 광학 노광 기술을 간단히 설명하자면 사진기로 사진 촬영을 하는 것과 매우 흡사하다. 사진 촬영을 위한 피사체의 정보를 필름에 담기 위해서 그림 4와 같이 필름 앞에 큰 구멍이 있을 때와 작은 구멍이 있을 때, 큰 구멍에 렌즈를 두었을 때와 반쪽자리 렌즈를 두었을 때, 이들 조건 중 피사체의 정보가 필름에 옮겨지는 경우는 어떤 경우인지를 고려해보자.

피사체인 기린의 몸 각 부분을 점광원이라 생각한다면 피사체의 점광원으로부터 입사되는 빛이 필름에 1:1로 대응하여 투영되는 경우에만 필름에 상(image)의 형태로 남을 수 있으므로 그림 5와 같이 큰 구멍만 있는 경우를 제외한 나머지 경우는 모두 가능할 것이다.

또한 나머지 세 경우에 대해서 가장 선명한 사진을 얻을 수 있는 경우를 생각해본

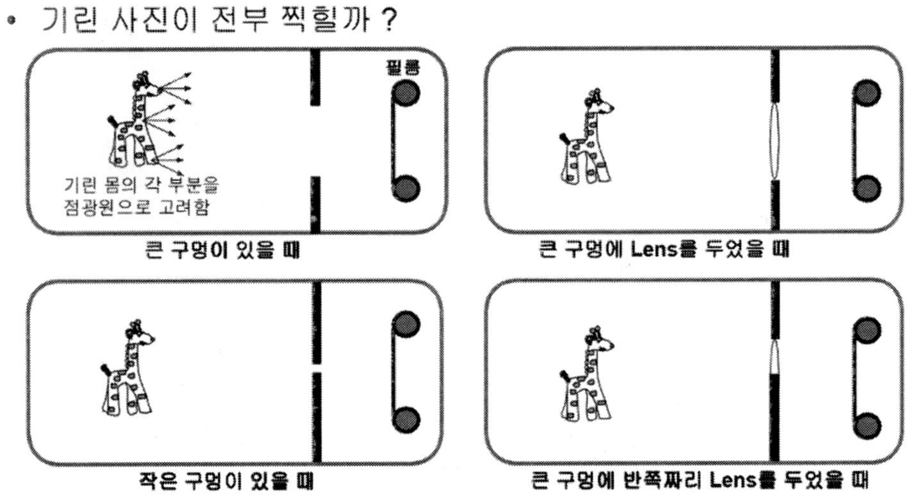

그림 4 사진 촬영을 위한 조건

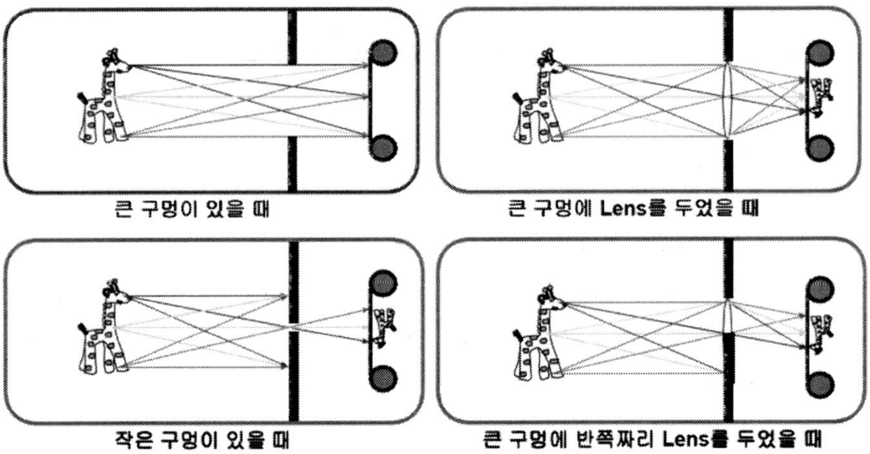

그림 5 사진 촬영이 가능한 조건

다면 필름으로 가장 많은 정보가 들어오는 경우에 가장 선명한 사진을 얻을 수 있을 것이기 때문에 그림 6과 같이 피사체의 점광원으로부터 입사되는 빛을 필름에 모을 수 있는 큰 구멍에 렌즈를 두었을 때 가장 선명한 사진을 얻을 수 있을 것이다. 이와 같은 사진 촬영의 원리를 수식적으로 설명해 놓은 것이 Rayleigh 공식이다.

따라서 lithography 공정의 미세 패턴 형성 능력은 일반적으로 다음과 같은

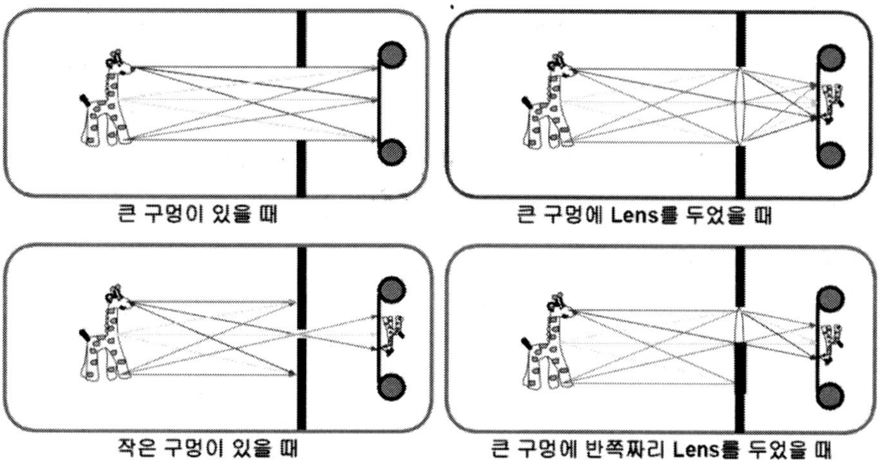

그림 6 선명한 사진 촬영을 위한 조건

Rayleigh 공식으로 설명할 수 있다.

$$R = k_1 \times \frac{\lambda}{NA}$$

여기서 R은 해상 능력(resolution)을 의미하며, k_1은 공정 능력 지수, λ는 광원의 파장, NA는 렌즈의 구경(numerical aperture)을 의미한다. 따라서 lithography 공정의 미세 패턴 형성 능력을 높이기 위해서 노광하는 광원의 파장을 작게 하고, 노광 장비에 장착되는 광학 렌즈의 구경을 크게 하는 노력들이 진행되어 왔다. 또한 공정 능력 지수를 높이기 위해 해상 능력이 우수한 PR의 개발과 마스크 투과 시 빛의 간섭현상을 역이용하여 공간 영상 명암(aerial image contrast)을 크게 향상시키는 위상 반전 마스크(PSM: phase shift mask)의 개발 및 마스크 상에 조사되는 광원의 입사각을 조절하여 미세 패턴에 대하여 광 콘트라스트를 증가시키는 변형 조명법(modified illumination technology) 등이 개발, 적용되어져 오고 있다.

(2) 레지스트(Resist) 공정 기술

Lithography 공정을 통해 웨이퍼 기판 상의 마스크 역할을 하는 광감응제(PR)는 패턴 극성(polarity)에 따라 양극 레지스트와 음극 레지스트로 분류되며 노광 지역의 레지스트가 현상 공정 시 제거되고 비노광 지역의 레지스트가 남아 마스크 역할을 하는 경우를 양극 레지스트라 정의하며, 그 반대의 경우를 음극 레지스트라 정의한다. 또한 PR의 특성 중 특히 미세 패턴 형성을 위해 요구되는 특성은 고감도, 고해상도,

내식각성이다. 여기서 내식각성은 lithography 후속 공정인 식각 공정에 대한 내성을 의미한다. 패턴 미세화에 따라 선폭이 감소하면서 lithography 공정에 적용되는 PR의 두께도 필수적으로 감소하게 되는데, 이에 따른 식각 공정에 대한 내성이 우수해야만 최종적인 미세 패턴 형성이 가능하게 되기 때문이다.

1.2.2 Etch 공정의 이해

Etch 공정은 Lithography 공정을 통하여 웨이퍼 상에 형성된 PR 패턴을 마스크로 활용하여 웨이퍼 기판을 식각하여 웨이퍼 기판 상에 원하는 패턴을 형성하는 공정을 의미한다. 이러한 Etch 공정은 그림 7과 같이 크게 습식 식각(wet etch)과 건식 식각(dry etch)으로 구분되며, 습식 식각 공정은 용액 상태의 화학적 용해액에 의한 식각 방법을 의미한다.

습식 식각 방법은 화학적 용해액 내의 식각액과 웨이퍼 기판과의 화학적 반응에 의한 식각 메커니즘을 가지므로 기판에 수직한 방향으로의 식각 속도와 기판의 수평 방향에 대한 식각 속도가 동일한 등방성(isotropic) 식각의 특성을 가진다. 또한 웨이퍼 기판 물질과 식각액과의 화학반응성의 차이에 따라 웨이퍼 기판 물질을 선택적으로 식각할 수 있는 장점이 있다.

한편, 건식 식각 방법은 플라즈마를 이용하여 웨이퍼 기판 물질을 식각하는 방법으로 플라즈마 내부에서 가속화된 전자들의 충돌에 의해 형성되는 이온, 전자, 라디칼(radical) 등에 의해 웨이퍼 기판이 식각되며, 식각 메커니즘에 따라 화학적 반응에

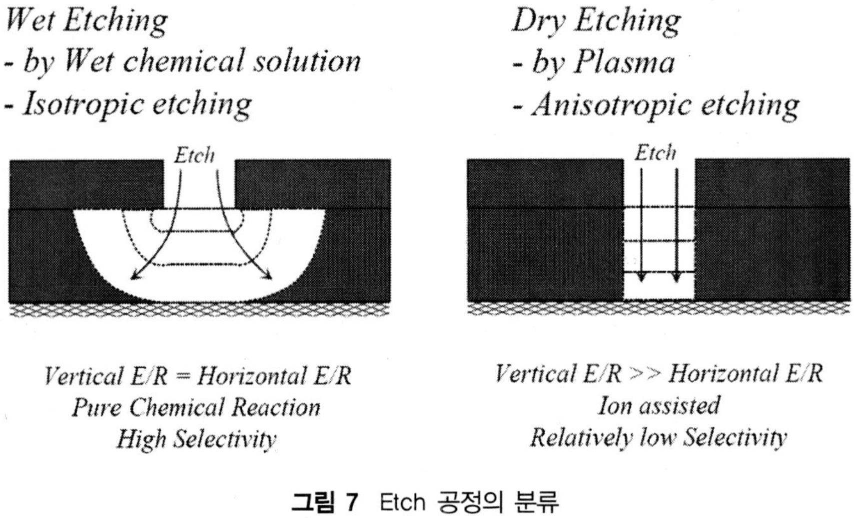

그림 7 Etch 공정의 분류

의한 식각(chemical etching)과 물리적 충돌에 의한 식각(physical etching)으로 구분된다. 건식 식각 방법은 습식 식각 방법과 달리 기판에 수직한 방향의 식각 속도가 기판의 수평 방향에 대한 식각 속도가 빨라 일반적으로 비등방성(anisotropic) 식각 특성을 가진다.

(1) 플라즈마를 이용한 건식 식각의 이해

건식 식각 방법에 이용되는 플라즈마 내부에서의 전자들의 반응을 살펴보면, 그림 8에서와 같이 플라즈마 내부에 주입되는 식각 가스의 원자 또는 분자들과 전기장에 의해 가속화된 전자의 충돌로 인하여 원자 또는 분자가 지닌 전자를 잃고 양이온을 형성하는 양이온화(positive ionization) 과정과 충돌하는 전자의 운동 에너지를 흡수하여 원자 또는 분자 상태의 초기 에너지 상태보다 높은 에너지를 갖는 라디칼(radical)을 형성하는 여기(excitation) 과정, 충돌하는 전자에 의해 분자의 원자간 결합이 끊어지는 해리(dissociation) 과정들이 일어나며, 이러한 일련의 과정을 통해 형성되는 양이온, 라디칼 등의 재결합(recombination), 완화(relaxation) 과정을 통해 광전자 방출(photoemission) 또는 발광 방전(glow discharge)에 의한 빛을 방출한다.

플라즈마에 의한 건식 식각 방법은 다음과 같은 과정을 통해 이루어진다. 먼저 식

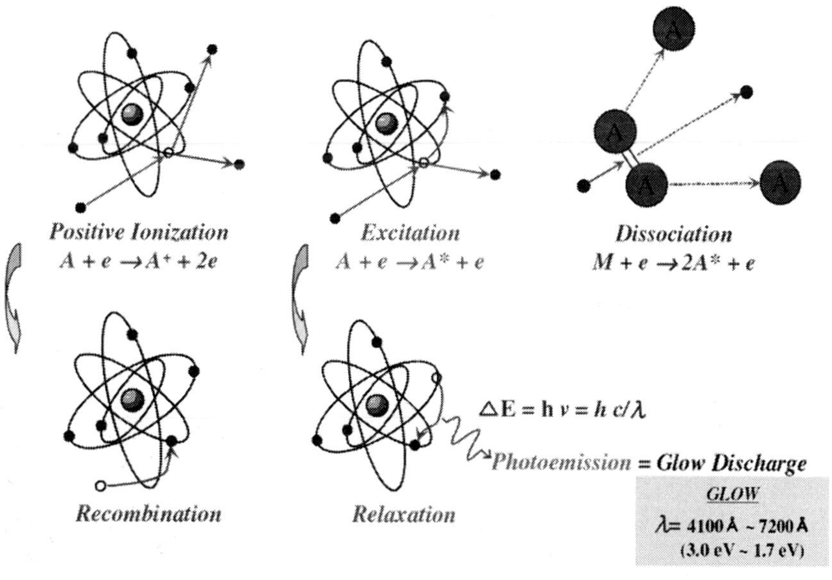

그림 8 플라즈마 내부에서 전자들의 반응

각 장비의 반응 용기(chamber) 안에 식각 반응 가스가 주입되고, 반응 용기 내부에 인가되는 외부 전압에 의해 발광 방전에 의한 플라즈마가 형성되면 주입된 반응 가스는 일련의 반응에 의하여 전자, 이온, 활성화된 화학 반응종(radical) 등으로 해리되고, 이들 화학종들은 식각하고자 하는 기판과 물리적, 화학적 반응을 통하여 반응물을 형성하게 된다. 이때 형성되는 반응물의 비등점(boiling point)은 건식 식각이 용이하게 이루어질 수 있는가의 척도가 된다. 왜냐하면, 식각하고자 하는 기판과 반응하여 형성되는 반응물의 비등점이 높은 경우 반응물이 기판 상에 다시 흡착 또는 증착되기 때문에 기판과 화학종 간의 연속적인 반응을 방해하게 되므로 식각 작용이 쉽게 이루어 질 수 없다. 따라서 건식 식각 방법의 경우 식각하고자 하는 기판의 물질과 주입되는 식각 반응 가스와의 화학 반응성에 대한 고려도 중요하지만, 반응물의 비등점이 충분히 낮아서 쉽게 반응물을 배기(pump-out)시킬 수 있는지에 대한 고려도 매우 중요하다.

(2) 건식 식각 메커니즘의 이해

건식 식각은 습식 식각과 달리 그림 9와 같이 화학적 식각(chemical etching)과 물리적 식각(physical etching)이 동시에 수반되어지는데, 먼저 화학적 식각 특성을 살펴보면 화학적 식각은 주로 플라즈마 내에 형성된 라디칼(radical)과 식각하고자 하는 기판 표면과의 화학 반응에 의해 이루어진다.

앞서 설명한 것과 같이 화학 반응에 의해 형성되는 반응물은 일반적으로 비등점이 낮기 때문에 쉽게 배기되어 식각 작용이 연속적으로 이루어지게 된다. 라디칼에 의한 순수한 화학적 식각은 습식 식각과 식각 메커니즘이 거의 동일하기 때문에 기본적으로 등방성(isotropic) 식각의 특성이 강하며, 일반적인 건식 식각의 경우 화학적 식각과 물리적 식각이 동시에 수반되어지므로 등방성 식각 특성을 강화하기 위해서는 반

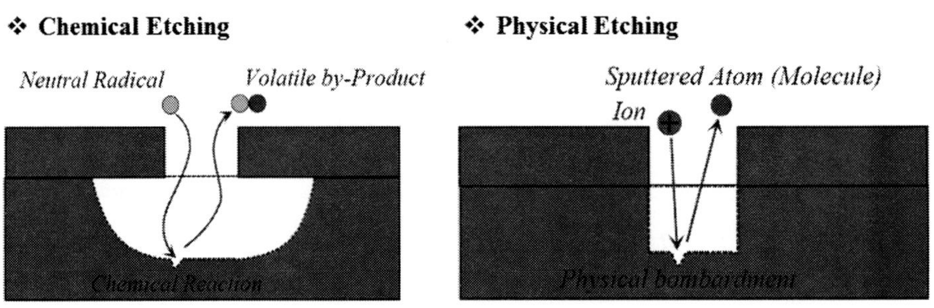

그림 9 건식 식각 공정의 화학적 식각 특성과 물리적 식각 특성

응 용기(chamber) 내부의 동작 압력을 높여 식각되어지는 기판 표면과의 반응 확률을 높여 주면 된다. 플라즈마를 이용한 건식 식각의 경우, 플라즈마 내부에 형성되어지는 전자들이 기판 표면 등에 축적(charging)되어 반도체 소자의 전기적인 특성 열화를 유발하기도 하는데 전기적으로 중성 상태(neutral)의 라디칼에 의한 화학적 식각 특성을 우세하게 하여 전자 축적에 의한 전기적 특성 열화를 감소시킬 수도 있다.

한편, 물리적 식각의 메커니즘을 살펴보면 플라즈마 내부의 양이온(positive ion)이 식각 반응 용기 전극에 인가되는 전압에 의해 형성되는 전기장에 의하여 가속되고, 식각되어지는 기판 방향으로 이동하면서 기판 표면과 충돌하여 기판 표면의 원소들을 떼어내어(sputtering) 식각이 이루어지게 된다. 따라서 기판에 수직한 방향의 식각 속도가 기판의 수평한 방향의 식각 속도보다 빨라지게 되어 비등방성(anisotropic) 식각 특성이 우세하게 된다. 이러한 물리적 식각은 식각 반응 용기 전극에 인가되는 전압 크기에 따라 양이온의 가속 정도가 달라지므로 식각 속도에 직접적인 영향을 주게 되며, 기판이 식각되어지는 형태도 방향성을 가지게 된다. 건식 식각 방법에서 물리적 식각 특성을 강화하기 위해서는 식각 반응 용기 내부의 동작 압력을 낮게 하여 플라즈마 내 입자, 특히 양이온들의 평균 자유 경로(mean free path)를 길게 하여 줌으로써 상대적으로 높은 에너지를 가진 양이온 입자들이 기판에 도달할 확률을 높여 주면 된다. 일반적으로 순수한 물리적 식각은 식각 반응 용기 내에 형성되는 전기장에 의해 가속된 양이온들의 충돌 에너지가 식각되어지는 기판의 원자들의 결합 에너지보다 큰 경우에 이루어지므로 식각 속도가 매우 낮은 특징을 가지고 있다.

건식 식각 방법에서 순수한 화학적 식각 또는 물리적 식각만으로 식각이 이루어지지 않고 화학적 식각과 물리적 식각이 동시에 수반되어져 이루어지기 때문에 건식 식각 메커니즘 또한 화학적 식각과 물리적 식각 메커니즘이 동시에 적용되게 된다. 식각 반응 용기 내부에 형성되는 전기장에 의해 가속된 양이온이 식각되어지는 기판 표면과 충돌하게 되면 일부는 물리적 식각이 진행되지만 나머지 일부는 양이온의 충돌 에너지가 기판 표면에 전달되어 기판 표면의 에너지가 기저 상태(ground state)보다 높은 에너지 상태를 가지게 되고, 이러한 기판 표면과 화학 반응성이 매우 높은 라디칼이 접촉하게 되면 기저 상태보다 더 쉽게 화학 반응이 일어나게 된다. 따라서 건식 식각에 의한 식각 속도는 순수한 화학적 식각 또는 물리적 식각에 의한 식각 속도보다 훨씬 빠르게 된다.

이러한 현상은 다음의 실험 결과로부터 더욱 잘 설명되어 질 수 있다. 그림 10과 같이 식각 반응 용기 내부에 XeF_2 가스만을 주입하고 실리콘 기판을 건식 식각하는 경우와 Ar 가스만을 주입하여 식각을 진행하는 경우, XeF_2 가스와 Ar 가스를 혼합하

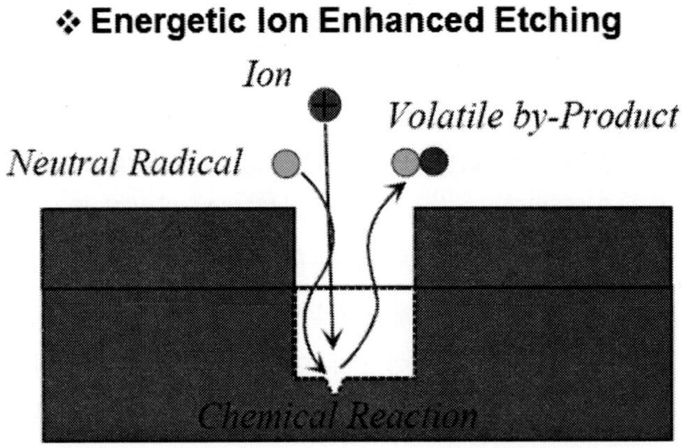

그림 10 플라즈마를 이용한 건식 식각 공정의 특성

여 식각하는 경우에 대한 각각의 식각 속도를 살펴보면 XeF_2 가스 또는 Ar 가스만을 주입하고 식각하는 경우에 비하여 두 가지 가스를 혼합하여 식각하는 경우의 식각 속도가 10배 이상 빠른 것을 알 수 있다.

XeF_2 가스의 경우 플라즈마 내부에서 해리되어 형성되는 F(fluorine) 성분에 의한 화학적 식각이 이루어지며, Ar 가스의 경우 플라즈마 내부에서 형성되는 Ar^+에 의한 물리적 식각이 이루어진다. 또한 두 가지 가스를 혼합하는 경우 F(fluorine) 성분과 Ar^+ 모두가 존재하므로, 각각의 화학적 식각과 물리적 식각 특성이 서로에게 영향을 주지 않는다고 가정하고 산술적으로 생각해보면 각각의 가스만을 주입하는 경우의 식각 속도의 합과 비슷한 식각 속도를 가질 것으로 예상할 수 있다. 하지만, 두 가지 가스를 혼합한 경우의 실제 식각 속도는 각각의 가스만을 주입한 경우에 비해 10배 이상의 식각 속도를 갖는 것이 관찰되어진다. 따라서 이러한 식각 속도의 증가는 두 가지 가스를 혼합한 경우의 식각이 물리적 식각과 화학적 식각이 동시에 수반되어 이루어지며, 각각의 식각 특성이 서로에게 식각 과정이 용이하게 할 수 있도록 상호 작용을 하고 있음을 알 수 있게 한다.

1.2.3 확산 공정의 이해

일반적으로 확산(diffusion)이란 평형 상태를 이루려는 자연 현상을 이용한 물질간의 혼합 및 미시적으로는 원자들 간의 혼합 현상을 의미한다. 따라서 실리콘을 기반으로 하는 반도체 소자의 제조공정에 있어서는 실리콘 내부로 불순물을 주입(implantation)시키거나, 실리콘 내부에서 이들 불순물 등의 움직임을 연구, 응용하는 분야가 이에 해당된다. 그러나 실제 실리콘 기반의 반도체 소자 제조공정들의 대부분은 어느 정도 확산과 관계가 있으며, 특히 열산화(thermal oxidation) 공정, 화학 기상 증착(CVD: Chemical Vapor Deposition) 공정 등은 특히 확산 개념을 많이 이용하고 있는 공정이다. 따라서 실리콘 기반의 반도체 소자 제조공정 중에 확산 공정이라 함은 확산을 이용한 공정을 의미하며 불순물 주입(implantation)을 다루는 도핑 공정과 접합 영역 형성 공정, 산화막 형성 공정, CVD 공정 등이 이에 해당된다.

이온 주입(ion implantation) 공정은 고활성 확산에 의한 반도체 소자의 불순물 도핑 공정을 대체하기 위하여 불순물 원자의 이온을 전기장으로 가속하여 실리콘 기판 속으로 넣어주는 공정을 일컫는다. 실리콘 웨이퍼와 같은 단결정(single crystalline) 기판에 이온 주입을 하게 되면 주입된 이온의 모멘텀에 의해 결정성이 파괴되어 불순물 이온이 주입된 영역은 비정질(amorphous) 상태로 변화된다. 따라서 이온 주입 후에는 800℃ 이상의 고온 열처리를 통해 비정질화된 실리콘 단결정을 재결정화(re-crystallization)시키고 주입된 불순물들을 실리콘 결정의 치환형 자리(substitutional position)에 위치하도록 하여 준다. 이온 주입 공정은 불순물의 주입량 및 주입된 이온의 분포를 정확히 조절할 수 있다. 특히 고온 확산 공정을 통한 도핑 공정에 비해 주입 이온의 측면 퍼짐 현상을 줄일 수 있으며, 불순물의 농도 균일성이 우수하다는 장점이 있으나 이온 주입 시 이차전자의 방출에 의한 충전 문제점과 비정질화된 결정의 재결정 과정에서 생성되는 결정 결함이 발생하는 문제점이 있다.

고온의 산화 분위기(O_2) 속에 실리콘 기판을 노출시키면 실리콘 표면에 균일한 실리콘 산화막(SiO_2)이 형성되는데, 이와 같이 열에너지, 플라즈마 에너지, 빛 에너지 등에 의해 활성화된 산화제(oxidant)와 실리콘 웨이퍼 기판 및 다결정(polycrystalline) 실리콘 박막을 반응시켜 실리콘 산화막을 성장시키는 공정을 산화(oxidation) 공정이라 일컫는다. 이렇게 성장된 실리콘 산화막은 물성적으로 매우 안정하며, 산화 방법에 관계없이 거의 동일한 물질 특성을 보여주므로 실리콘 기반의 반도체 소자 제조공정에 있어서 가장 유용한 절연 재료로 사용되고 있다.

화학 기상 증착 공정은 박막 재료를 구성하고 있는 원소를 포함하는 기체 상태의 화합물을 외부에서 공급하고 이 화합물을 열에너지, 플라즈마 에너지, 빛 에너지 등을 이용하여 기상 또는 기판 표면에서 화학적으로 반응시켜 원하고자 하는 박막을 증착하는 방법이다.

1.2.4 박막 증착 공정의 이해

박막 증착 공정은 증착 메커니즘에 따라 크게 CVD(Chemical Vapor Deposition)

방법과 PVD(Physical Vapor Deposition) 방법으로 구분되어진다. CVD 공정의 경우 반응 용기 내부로 공급된 반응 기체의 화학적 반응에 의해 기판에 증착하는 반면, PVD 공정은 물리적인 힘에 의해 대상 물질을 기판에 증착하는 공정이다.

CVD 공정은 원하는 물질을 포함하고 있는 기체 상태의 원료 가스가 반응 용기 안으로 주입되면 열이나 플라즈마 등으로부터 에너지를 받게 되어 분해되는데, 이때 원하는 물질이 기판 위에 도달하여 막을 형성하는 기술이다. 주입된 원료 가스 혼합물은 기판 표면에 이르기까지 가열되고, 대류 또는 기판 표면의 가열에 의해 계속 열을 공급받게 되며, 여러 가지 공정 조건에 따라서 반응 기체는 기판 표면에 이르기 전에 기상에서 화학 반응을 일으키기도 한다. 기판 표면 근처에서는 기체의 흐름이 가속되고, 기판 표면에서는 점성에 의해 속도가 감소하게 되며, 기판 표면의 조성 변화가 생기기 때문에 열, 운동량, 화학 조성의 경계층이 형성되게 된다. 주입된 원료 가스 또는 기상 열분해에 의해 생성되는 반응 중간체는 증착표면에서 화학 반응을 일으키고 이로 인해 박막이 형성되게 된다. 일련의 CVD 공정의 증착 메커니즘은 그림 11과 같다.

CVD 공정은 저온 증착, 불순물의 분포와 농도 조절 및 수~수십nm 두께까지 두께 조절이 가능하며, 절연체 위에도 증착이 가능하다는 장점을 가지는 반면, 증착에 필요한 화학반응에 변수가 많아 모든 변수들을 적절히 제어해야 하는 어려움이 있다.

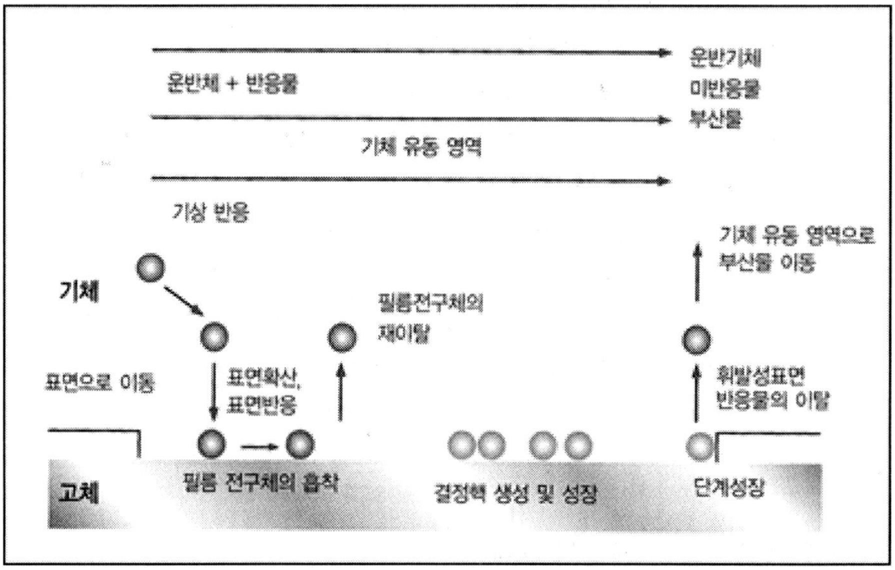

그림 11 화학 기상 증착 공정의 메커니즘

한편 PVD 공정의 증착 과정은 증착 재료의 증기화(vaporizing), 증기화된 재료의 기판 위로의 이동, 기판에서의 증착 등의 3단계로 이루어지는데 이 과정들이 화학적 반응 없이 이루어지므로 화학적 증착법에 대응하여 물리적 증착 방법이라 한다. 이러한 PVD 공정에는 증착 재료를 증기화시키는 방법에 따라 sputtering, evaporation, ion plating 등 여러 방법들이 있는데 이들 방법들 중에 반도체 제조공정에서 가장 일반적으로 사용되고 있는 방법은 sputtering 방법이다.

기본적인 sputtering 방법의 메커니즘은 다음과 같다. 낮은 압력의 증착 반응 용기 내부에 Ar 가스가 주입되고 외부에서 전압을 인가하면 플라즈마가 형성되면서 Ar 가스를 이온화시켜서 기체 이온을 형성시키며, 기체 이온은 인가된 전압에 의해 가속되어 증착 재료로 이루어진 cathode 전극(target)에 충돌하게 된다. 이때 기체 이온의 충돌에 의해 cathode 전극의 원자가 떨어져 나와 기판까지 기상 이동하여 기판 표면에서 응축, 성장하게 되어 증착 과정이 이루어지게 된다. 이러한 sputtering 증착법은 화학적 증착법에 비해 저온에서 증착이 가능하며, 공정 방법이 단순하다는 장점으로 인하여 금속막 증착 방법으로 가장 널리 이용되고 있다.

참고문헌

[1] S, Wolf, Silicon Processing for the VLSI Era, Vol. 1, Lattice Press, U.S.A. (1986)
[2] S, Wolf, Silicon Processing for the VLSI Era, Vol. 2, Lattice Press, U.S.A. (1990)
[3] 염근영, 플라즈마 식각 기술, 미래컴(2006)

2. 나노 테크놀로지 기술의 이해

2.1 반도체 기술의 발전

반도체의 성장은 다양하게 전개되는 응용 분야와 이를 뒷받침하는 기술의 발전으로 가능하게 되었고, 단순 연산 등의 간단하고 제한된 분야에만 응용 되었던 기존 기능과 달리 사람과 환경간의 양방향 신호 전달 및 원하는 기능의 수행 등이 가능한 제품으로 폭 넓어지고 있다. 반도체 기술 개발을 계층적인 측면에서 볼 때 다양화된 응용 분야는 그림 1에서 보는 바와 같이 테크놀로지의 소형화(miniaturization) 덕분에 가능하다. 일반적으로 미세화 작업(scaling)이라고 언급되는 소형화는 CMOS(Complementary Metal-Oxide Semiconductor) 개발에 기반을 두고 있으며 현재 시중에 판매되는 제품 중 가장 고집적 테크놀로지는 28nm급이며 그 이하로는 선두 업체를 중심으로 개발 중에 있다.

한편, 테크놀로지의 지속적인 미세화 작업은 CMOS의 물리적인 한계 때문에 지금

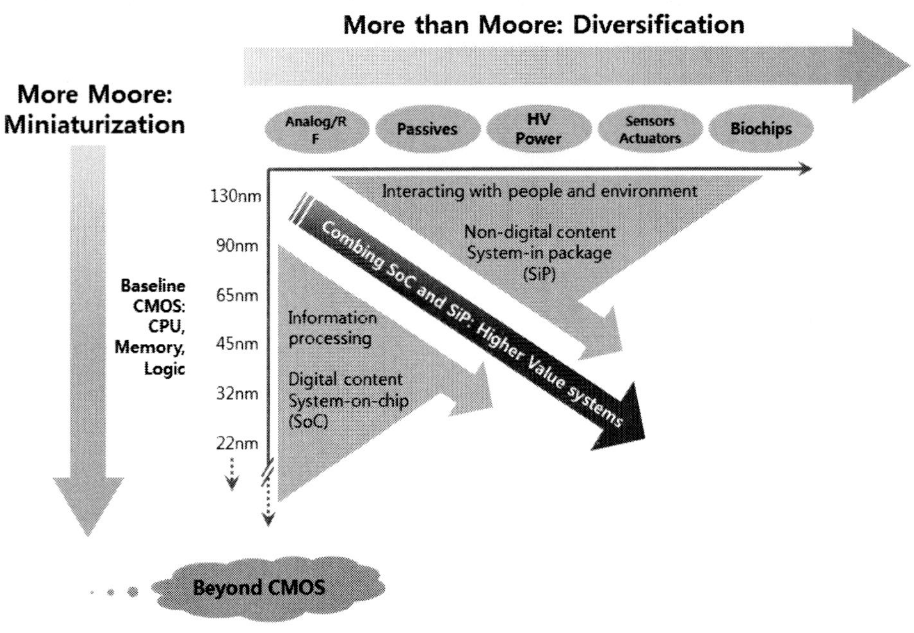

그림 1 Technology의 소형화, 다양화 경향

까지 진행되어 왔던 CMOS 기반이 아닌 다른 분야를 이용하여 지속될 전망이며 이와 관련하여 많은 연구가 활발히 진행되고 있다. 또한 이러한 소형화 추세는 여러 가지 기능을 가진 반도체가 하나의 칩으로 통합화 되는 SoC(System on Chip)을 추구한다. 이는 하나의 칩으로 통합 되면서 보드 공간이 크게 줄어 시스템 크기가 크게 감소하게 되고 이에 따라 제조비용 측면에서 훨씬 저렴하여 전체 시스템 가격을 낮출 수 있다.

다양한 응용제품을 가능하게 하는 로직 CMOS 소자는 문턱 전압과 동작 주파수를 기준으로 하여 각각 LSTP(Low Standby Power), LOP(Low Operation Power) 및 HP(High Performance) CMOS로 분류할 수 있다.

CMOS는 잘 아는 바와 같이 nMOSFET과 pMOSFET의 트랜지스터로 구성이 되는데 이와 같은 각각의 트랜지스터는 외부로부터 인가되는 전원의 크기가 문턱전압 이하일 경우에는 전류가 흐르지 않다가 그 이상의 전원이 인가될 경우 전류가 흐르게 된다. 하지만 이는 이상적인 경우에 한하며 실제 현실에서는 외부에서 인가되는 전원이 문턱전압 이하이거나 전혀 인가되지 않더라도 전류가 흐르며 이를 문턱 누설 전류라 한다. 따라서 이와 같은 개별 트랜지스터의 문턱 누설 전류는 트랜지스터의 집합체인 칩과 시스템이 동작을 대기하고 있는 스탠바이 상태의 성능을 판단하게 하는 주요 인자이며 이는 결국 제품의 대기 시간으로 나타나게 된다.

한편, 동작 주파수란 제품이 사용 중인 능동 모드에서의 동작 속도를 나타내는 척

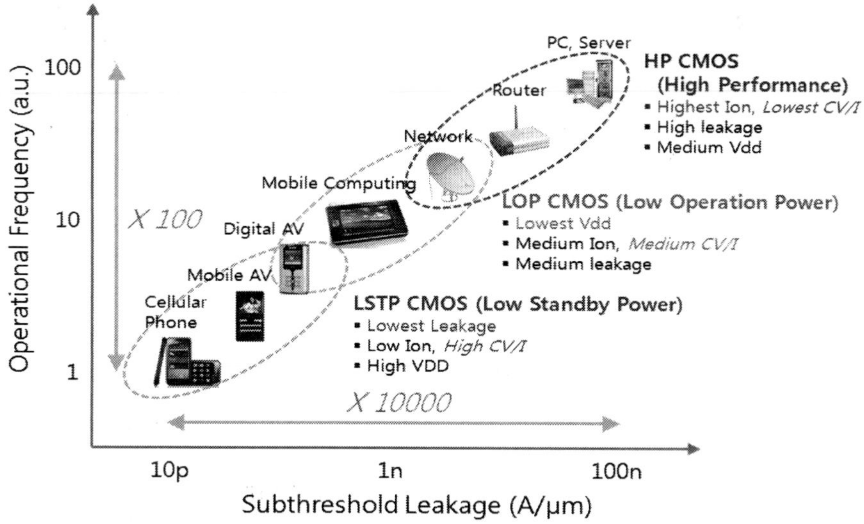

그림 2 문턱 누설 전류와 동작 주파수에 따른 로직 CMOS의 분류

도라 할 수 있다. 따라서 응용 제품의 실제 주요 응용 분야와 이를 구현하기 위한 CMOS의 특성을 그림 2와 같이 구분할 수 있다.

앞에서의 구분을 제품 다양화의 관점에서라 한다면 지금부터는 CMOS의 기술적인 관점에서 논하고자 하며 이를 집적도, 성능, 속도 및 전력으로 구분하여 설명할 수 있다.

2.1.1 집적도

먼저, 집적도는 이미 잘 알려진 바와 같이 데이터 양이 매년 또는 적어도 매 18개월마다 2배로 증가한다는 Moore의 법칙을 따라 계속하여 증가하는 추세이며

실제 과거의 8085부터 지금의 Pentium4에 이르기까지 트랜지스터의 집적도는 그림 3과 같다.

2.1.2 제품 성능

제품 성능의 발전을 살펴보기 위해 휴대기기와 일반적인 CPU에 대해 살펴보면, 그림 4와 같이 응용분야와 관계없이 제품의 성능은 해마다 약 17%의 수준으로 증가하는 양상을 보이고 있다. 실제로 최근 mobile AP 부분에서 가장 선두업체인 Qual-

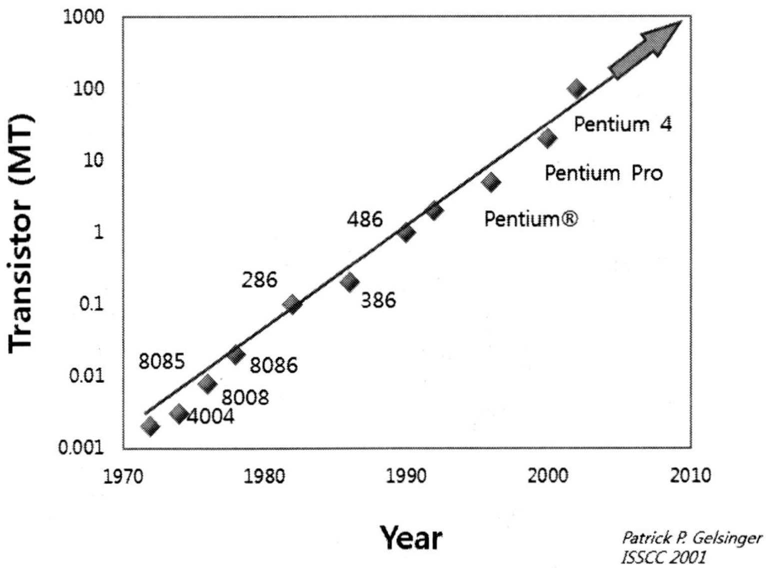

그림 3 집적도 변화의 발전[1]

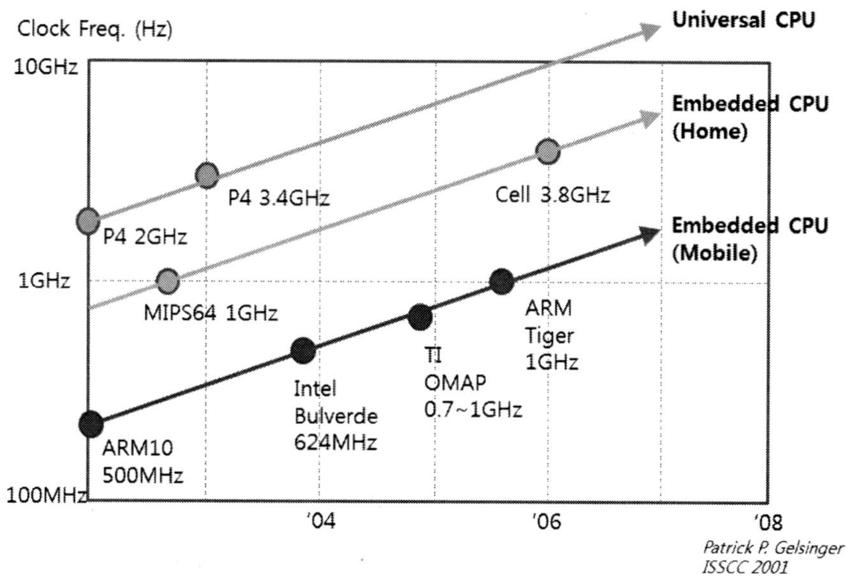

그림 4 제품 성능의 변화[3]

comm의 snapdragon 계열을 살펴보면 snapdragon 1~4 제품을 해를 거듭하면서 새로이 출시하고 있으며 이들은 각각 single core 1GHz, single core 1.4GHz, dual core 1.5GHz, single/dual/quad core 2.5GHz로 제품 성능을 증가시키고 있다.

2.1.3 속도

집적도, 제품 성능에 이어 속도의 경향을 살펴보면 그림 5와 같다. 이는 테크놀로지별로 경우에 따라 표준형, 고속형, 저전력형 소자에 대한 정규 문턱 전압, 저 문턱 전압, 고 문턱 전압을 표시하였다.

이를 살펴보면, 드레인-소스 전류(Ids)가 클수록 게이트의 지연이 감소하는 즉, 속도가 빨라지는 특징을 보인다. 또한 동일 테크놀로지에서는 표준형, 고속형, 저전력형의 플랫폼 종류와 관계없이 동일 추세선 상에 있음을 보여주고 있으며 마찬가지로 동일 플랫폼 내에서도 소자별로 문턱 전압의 크고 작음과 무관하게 비슷한 추세선을 따르고 있다는 의미이다. 결과적으로 동일 테크놀로지에서는 플랫폼 및 소자에 따른 Ids에 의해 게이트의 지연에 영향을 받는다.

하지만 130nm에서 90nm, 65nm로 테크놀로지가 미세화 됨에 따라 동일한 Ids에서 속도가 개선되어지게 된다. 이는 테크놀로지가 발전되어 갈수록 성능이 개선되고

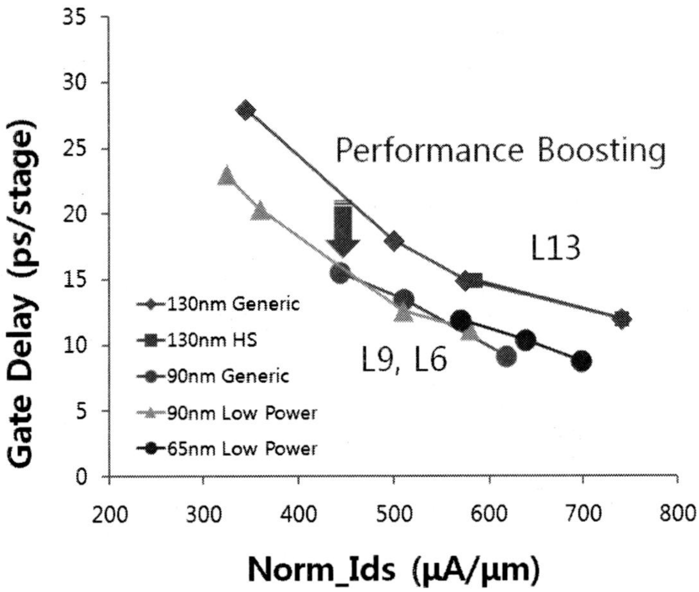

그림 5 IDS에 따른 게이트 지연 변화

있음을 보여주는 경향을 의미한다. 참고로, Ids는 다음의 수식을 통해 계산되었다.

$$Norm\_Ids = \frac{I_{dsat,\,nMOSFET} + 2 \times I_{dsat,\,pMOFET}}{2}$$

2.1.4 저전력

마지막으로 전력 측면을 살펴보면, 앞서 집적도에서 확인되었던 제품들의 전력 측면을 고려할 때 그림 6과 같이 매년 지속적으로 더 많은 전력을 필요로 하는 것을 알 수 있다.

이와 같이 CMOS 테크놀로지의 개발 방향을 집적도, 속도, 전력 관점에서 살펴보았다. 이들 각각의 특징을 결론지어 볼 때 휴대성, 신뢰성, 제조 부담 측면 및 환경에 대한 친화성 등이 요구되는 제품에 대한 시장의 수요가 점차 증가하고 있으며 이를 위한 제품의 설계가 필요하다. 결국, 이러한 시장의 요구는 이를 뒷받침할 수 있는 테크놀로지의 개발이 필수적이며 제품 성능에 영향을 주지 않으면서도 전력을 낮출 수 있는 저전력 테크놀로지가 이러한 요구를 해결해 줄 수 있는 가장 큰 특징이라고 할 수 있다.

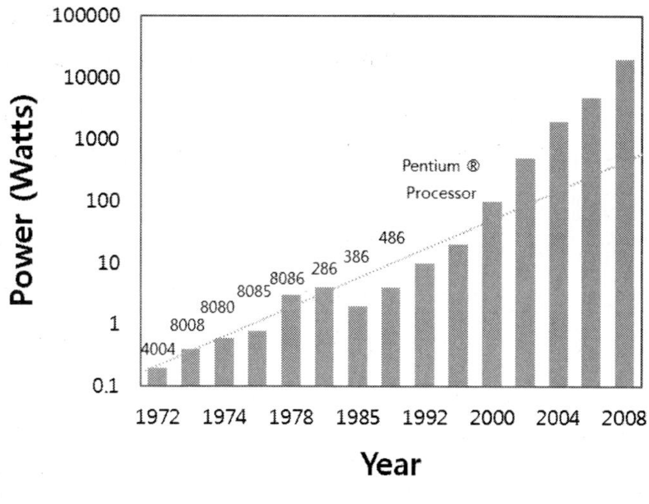

그림 6 전력 소모의 변화

이와 같은 저전력 기술의 구현은 테크놀로지가 점점 미세화 됨에 따라 누설 전류를 줄이면서 성능 개선을 가능하게 하기 위해 요소 기술들을 필요로 한다. 이에 사용되는 기술들은 그림 7에서 제시되는 바와 같이 Strained Si, High-k Gate Dielec-

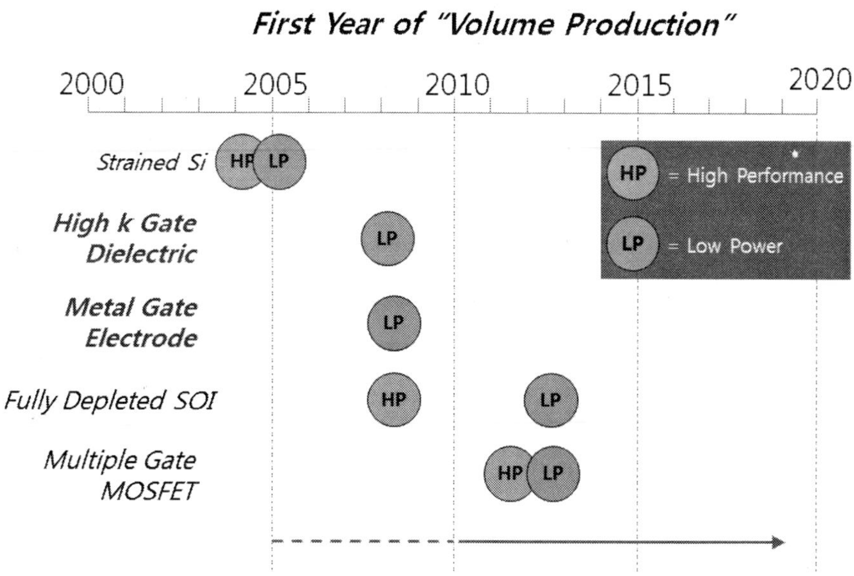

그림 7 테크놀로지 기술의 발전

tric, Metal Gate Electrode, Fully Depleted SOI, Multiple Gate MOSFET 등의 여러 새로운 기술이 사용되고 있다. 한편, 이러한 요소 기술을 적용하여 보다 낮은 전력소모가 적용되는 플랫폼은 제품의 양산이 발생하는 시점을 볼 때 저전력 고성능의 요소 기술을 선행하고 있음을 알 수 있다. 즉, 시장의 저전력 제품 수요에 맞추기 위한 구체적인 흐름을 볼 수 있다.

이와 같은 저전력의 필요성에 대해 제품적인 측면 및 시장 요구 등의 외적인 요인 이외에 다른 측면에서 전력을 줄여야 하는 이유를 살펴보자. 즉, 테크놀로지가 미세화 됨에 따라 그림 8에서 보듯이 능동 전력은 감소하지만 스탠바이 전력은 큰 폭으로 증가하여 전체 전력은 오히려 증가하게 된다.

능동 전력의 경우, 주파수, 커패시턴스, 및 V_{op}(구동 전압)의 제곱에 비례한다. 따라서 테크놀로지가 미세화 될수록 V_{op}의 감소에 따른 영향을 크게 받아 전력은 감소하게 된다. 한편, 스탠바이 전력의 경우 누설 전류와 V_{op}에 비례하게 되는데 V_{op}의 감소하는 폭에 비해 누설 전류는 매우 큰 폭으로 증가한다. 이는 미세화에 따라 소자 특성을 향상시키기 위해 여러 가지 연구가 진행이 되고 있으며 일부는 실제 제품에 적용되고 있는데 이의 가장 대표적인 것이 High-k gate dielectric이며 이에 대한 자

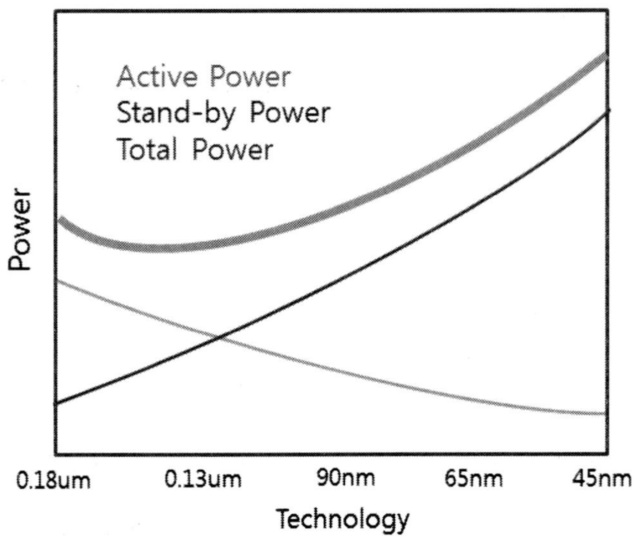

$$P_{total} = P_{active} + P_{stby} = fCV_{op}^2 + I_{leak}V_{op}$$

그림 8 테크놀로지 발전에 따른 전체 전력의 변화

세한 내용은 뒤에서 다루도록 하겠다.

미세화에 의해 대부분의 파라메타는 전력을 줄일 수 있는 영향을 주지만 누설 전류는 매우 큰 폭으로 증가하여 결과적으로 전체 전력이 증가하게 되는 것이다.

따라서 외적인 요인 이외에도 테크놀로지가 미세화 됨에 따라 보다 우수한 성능을 지향하게 되고 내적으로 누설 전류의 증가에 의해 전력이 증가하게 되므로 이러한 저전력 기술의 필요성이 더욱 커지게 된 것이다.

그렇다면, 이렇게 소자를 미세화해야 하는 이유를 살펴보자. 테크놀로지 미세화의 정도를 k배라 하고 트랜지스터의 x, y, z의 세 방향과 이를 구성하는 n/pMOSFET의 농도에 대한 Poisson 방정식을 풀어 다음과 같은 결과를 얻을 수 있으며 이를 미세화 법칙(scaling law)이라 한다.

미세화 법칙에 따르면 1/k배로 미세화 하였을 경우 이에 따라 증가하는 저항의 증가를 해결하기 위해, 즉 필요한 성능을 얻기 위해 농도는 k배로 올려야 한다. 이에 의해 동작 전압은 1/k배로 감소하며 결국 회로 집적도는 k^2배로 높아져 고집적도 구현이 가능하게 되고 propagation 지연이 1/k로 감소하여 고성능을 구현할 수 있을 뿐만 아니라 매 회로마다 소요되는 전력은 $1/k^2$로 감소하게 되어 저전력 구현이 가능하게 된다. 결과적으로 1/k배의 미세화에 의해 앞서 언급한 고집적도, 고성능, 저전력이 가능하게 된다.

2.2 저전력 구현

일반적으로 테크놀로지는 로직의 경우 그림 9와 같은 소자 플랫폼을 갖추는 것이 일반적이다. 하나의 테크놀로지에서 응용 분야를 감안하여 표준형, 고속형, 저전력형 소자가 제공되고, 각각의 소자는 thin & thick 게이트 산화 트랜지스터로 구분된 후 thin 게이트 산화 트랜지스터는 동일 동작 전압에서 문턱 전압의 대소에 따라 (low, regular, high 및 super high) 문턱 전압으로, thick 게이트 산화 트랜지스터는 동작 전압에 따라 별도로 지원이 된다. Thin 게이트 산화 트랜지스터를 문턱 전압에 따라 다양하게 제공함으로써 성능과 누설 전류 등 시스템 전체를 감안할 때 회로의 중요 부분에 따라 그 요구 사항에 맞추어 설계자들이 사용할 수 있게 된다. 이와 같이 로직 테크놀로지는 하나의 각각의 테크놀로지에서도 설계자가 다양하게 사용할 수 있도록 그 편의성을 제공하는 특징을 갖고 있다.

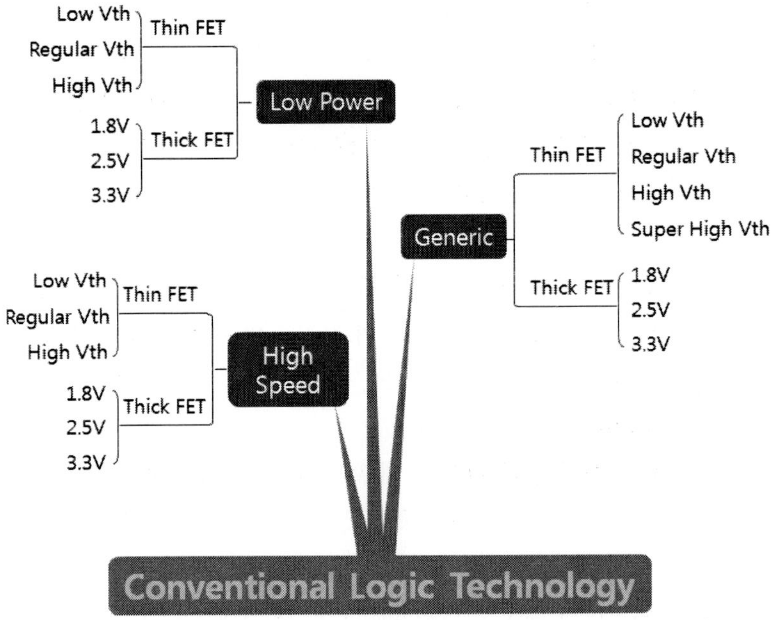

그림 9 테크놀로지의 소자 플랫폼

이와 같이 테크놀로지가 고도화됨에 따라 미세화 작업이 필수적으로 진행되어야 하는데 이때의 기술적인 개발 방향 및 진입 장벽에 대하여 알아보자. 먼저 테크놀로지의 미세화가 추구하는 가장 큰 방향은 OFF 상태일 때 누설 전류(Ioff)를 최소화하고 소자를 구동하기 위한 on 상태의 구동 전류(Ion)를 최대화하는 것이다. 즉, 저전력을 추구하면서 고성능도 동시에 구현하겠다는 의미이다.

먼저 캐리어(carrier)가 공급되고 빠져나가는 junction은 점점 깊이를 줄여 얇은 방향으로 가고 있다. 이의 영향으로 Ioff 감소 및 SCE(Short Channel Effect) 특성의 개선이 더욱 더 요구된다. 또한 성능을 높이기 위해 junction 면적에 의한 기생저항을 줄여 Ion의 증가를 꾀하고 있다. 이를 구현하기 위하여 미세화에 의해 더욱 더 dopant 농도를 높여야 하지만 이로 인해 SCE가 더욱 나빠질 수 있기에 많은 주의가 필요하게 된다.

Junction 면적에 증가된 dopant의 영향으로 일단 충분한 캐리어의 공급은 가능하게 되었다고 하더라도 캐리어의 흐름이 원활해야 한다. 즉, 캐리어의 주요 진행 길목(critical path)에 해당하는 channel 영역의 이동 속도의 개선이 필요하게 되며 이를 위해 캐리어의 조절을 위한 다양한 방법이 연구에 실제 적용되고 있다.

미세화에 따라 게이트 산화막의 두께는 성능을 유지하기 위해 감소하여야 한다. 왜냐하면 1/k배의 미세화에 의해 앞서 언급한 바와 같이 동작 전압 역시 1/k배로 감소하게 되고 이러한 동작 전압의 감소에도 불구하고 게이트 전극과 채널 영역간의 전장을 유지하기 위해서는 게이트 산화막의 두께 감소는 필수적이다. 하지만 성능을 유지하기 위해 게이트 산화막의 물리적인 두께를 감소시키게 되면 뒤에서 설명하게 될 터널링 현상에 의해 누설 전류가 발생하게 된다. 따라서 물리적인 두께는 증가시키면서 오히려 성능을 증가시키기 위해 EOT(Equivalent Oxide Thickness)는 낮추는 방법이 적용되고 있으며 이는 게이트 산화막 물질을 High-k dielectric으로 함으로써 가능하다.

게이트를 구성하는 게이트 전극의 경우, 지금까지 사용되어온 물질은 poly crystalline이다. 물론 성능을 높이기 위해 도핑 효율성을 최대화하기는 하였지만 고체물리학적인 해석을 통해 볼 때 게이트 전극에 전압이 인가될 때, 일정 부분의 공핍영역(depletion) 발생은 억제할 수는 없다. 이러한 공핍 영역의 발생은 결국 게이트 전극 내에 공핍 영역이 발생한 만큼 절연막으로 작용하는 영역이 발생하였다는 뜻이고 결과적으로 그만큼 게이트 산화막이 두꺼워져 성능 저하를 유발하는 요인이 되었다는 뜻이다. 따라서 폴리 공핍 영역을 최소화할 필요가 있으며 게이트 전극을 메탈로 바꿔 동작 함수를 임의로 조절하기 위한 연구가 활발하게 진행되고 있다.

이와 같이 테크놀로지가 추구하는 방향이 Ioff를 최소화하면서 Ion을 최대화하는 것이기에 Ion/Ioff의 비율을 최대화하는 방향에 대해서 그림 10과 같이 정리할 수 있다.

Ion (@$V_{GS}=V_{DS}=V_{DD}$) at given Ioff is controlled by

1. Subthreshold swing S, which determines Vt
2. Inversion charge at virtual source at given voltage, depends on effective gate capacitance :

$$Q_i(x_o) = C_{ox}^{inv}(V_{dd}^* - V_t)$$

3. Source and drain parasitic resistance :

$$V_{dd}^* = V_{dd} - I_{on}R_s$$

4. Carrier velocity at virtual source :

$$I_{ds} = WQ_i(x_o)V_{xo}$$

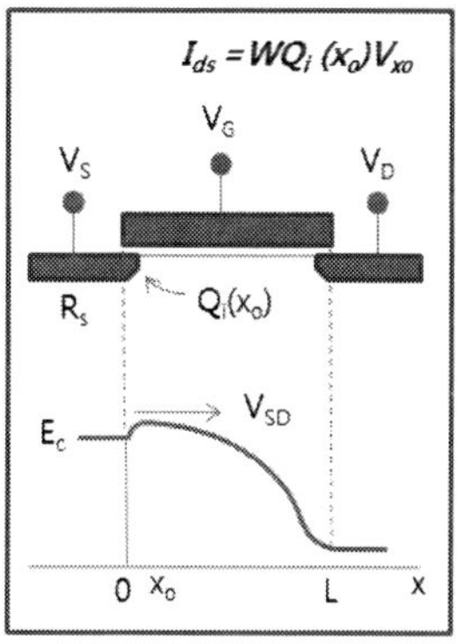

MIT, D. A. Antoniadis

$$C_{ox}^{inv}\uparrow,\ R_s\downarrow,\ V_{xo}\uparrow \rightarrow S\downarrow,\ Q_i(x_o)\uparrow$$

그림 10 Ion/Ioff 비율의 최대화

2.2.1 게이트 산화막

그렇다면 지금부터는 32nm 이하의 테크놀로지에서 게이트 산화막 물질로 high-k를 선택하고 있는데 이에 대한 배경을 살펴보자.

게이트 산화막 물질로 high-k를 사용하여 얻을 수 있는 가장 큰 이득은 반전층 커패시턴스를 높여 Ioff를 최소화하면서도 Ion을 최대화하여 성능을 높일 수 있다는 점이다.

트랜지스터의 구동 능력을 결정하는 Ids(saturation current)는 그림 11에 나타난 식에서 보이듯이 이동도(mobility, μ), 게이트 산화막 반전층 커패시턴스($C_{ox}{}^{inv}$) 그리고 문턱 전압을 감안한 외부에서 인가된 전압에 따른 유효전압 $(V_{gs} - V_{th})^{\alpha}$에 의해 결정된다. 여기서 이동도는 실리콘 기판의 영향을 받는 부분으로 strain engineering이 바로 이동도 조절을 통해 성능 개선을 하는 분야이다. 한편 유효 전압은 실제 트랜지스터가 개발되어지는 반도체 제조 특성에 의해 일부 영향을 받는 항목으로 가장 이상적인 경우의 α를 개선하여 Ids를 향상시킬 수는 있지만 이는 반도체 제조의 특성을 바꿔야 할 뿐만 아니라 Ids가 개선되었다고 하더라도 미세화에 따른 Ioff의 증가를 방지할 수는 없다.

마지막으로 게이트 산화막 반전층 커패시턴스를 통해 Ids를 증가시키는 방법은 위의 식에서 보이듯이 $k(=\epsilon_0\epsilon_r)$를 높이는 것이다. 여기서 ϵ_0는 진공의 유전율을, ϵ_r은 물질의 유전율을 의미하는 물질 상수이며 바로 높은 값을 갖는 ϵ_r을 게이트 산화막 물질로 사용하여 high-k 게이트 산화막을 구현하는 것이다. 따라서 이 식을 잘 살펴보면 ϵ_r과 $T_{ox}{}^{inv}$은 서로 상쇄 관계에 있기에 high-k 물질을 사용하게 되면 $T_{ox}{}^{inv}$이 낮아도 게이트 산화막 반전층 커패시턴스를 유지할 수 있다는 것을 알 수

$$I_{ds} = \mu C_{ox}{}^{inv} (V_{gs} - V_t)^{\alpha}$$

where,

$$C_{ox}{}^{inv} = k \frac{A}{T_{ox}{}^{inv}} = \varepsilon_0 \varepsilon_r \frac{A}{T_{ox}{}^{inv}}$$

그림 11 $C_{ox}{}^{inv}$의 최대화

있다. 즉, 전통적으로 사용되고 있는 SiO_2는 미세화 시에 뒤에서 논하게 될 게이트 산화막 누설의 증가로 인해 미세화에 한계가 있기 때문에 high-k 물질을 게이트 산화막에 사용하게 된 것이다. 그리고 high-k 물질로 사용이 되기에 적합한 물질로는 Al_2O_3, Hf_2O_3, ZrO_2, Y_2O_3 등이며 이에 대해서는 뒤에서 보다 자세히 언급하겠다.

EOT(Equivalent Oxide Thickness)의 개념을 통해 high-k 사용에 따른 효과를 보다 구체적으로 설명하여 보자. 흔히, EOT를 Electrical Oxide Thickness 또는 Effective Oxide Thickness로 이해를 하는 경우가 있는데, 이는 용어가 의미하는 바와 같이 전기적인 두께로서 게이트에 전압이 인가되었을 때 게이트 공핍 영역 등이 감안되어 실제 트랜지스터가 구동될 때의 게이트 산화막의 유효 두께를 의미하는 것이며 EOT(Equivalent Oxide Thickness)란 high-k 물질이 사용되었을 때와 동일한 수준의 유효 두께를 갖기 위해 SiO_2 게이트 산화막이 가져야 하는 두께를 의미하는 것이다. 따라서 SiO_2를 사용했을 때와 high-k를 사용했을 때의 반전층 산화막 두께와 이들 각각의 k값에 대해서는 그림 12에 나타난 식과 같은 관계가 있으며 각각의 물질에 대한 k 값과 반전층 산화막 두께의 비율은 동일하다.

두 물질간의 비율이 동일하다는 사실을 통해 그림 12에서 보듯이 high-k 물질을 사용함으로써, 커패시턴스를 SiO_2 대비 60% 높이고 실제 게이트 두께를 보다 두껍게 할 수 있게 되어 누설 전류를 0.01배 수준으로 줄일 수 있게 된다. 결국 high-k를 적용함으로써 게이트 누설 전류를 줄이면서도 성능은 60%나 증가시키는 효과를 얻을 수 있다.

2.2.2 게이트 누설 전류와 게이트 산화막 두께의 상관관계

양자 역학에 의하면 캐리어가 게이트 산화막을 통과할 가능성은 충분히 내재한다.

$$C_{ox}^{inv} = k \frac{A}{T_{ox}^{inv}}$$

where,

$$\frac{k_{SiO_2}}{T_{ox,SiO_2}^{inv}} = \frac{k_{High\text{-}k}}{T_{ox,High\text{-}k}^{inv}}$$

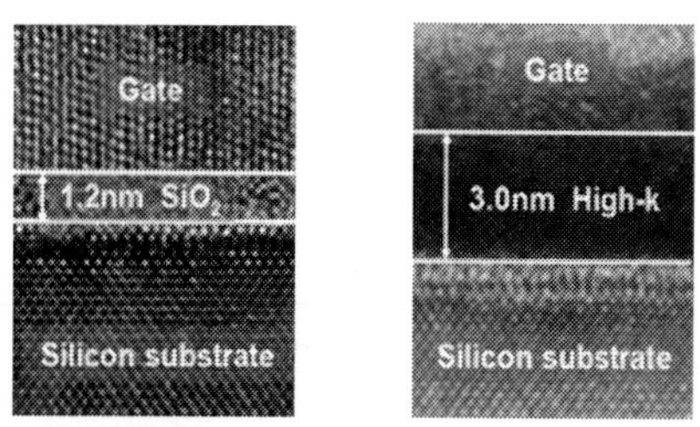

Existing 90nm
Capacitance = 1X
Leakage Current = 1X

Potential High-k
Capacitance = 1.6X
Leakage Current = 0.01X

그림 12 EOT(Equivalent Oxide Thickness)의 정의

이러한 이유로 게이트 누설 전류가 발생하며 그 정도는 게이트 산화막 두께에 매우 민감하게 영향을 받는다. 따라서 게이트 산화막 두께가 두껍던 과거에는 문제가 되지 않았지만 최근과 같이 게이트 산화막 두께가 얇아지면서 터널링에 의한 누설 전류는 트랜지스터 개발에 있어서 반드시 해결해야 할 부분이다. 이는 게이트 산화막 두께의 감소에 의해 게이트 산화막 커패시턴스가 증가하게 되고 $Q = CV$에 의해 Q도 커지게 되어 높은 전계(electric field)가 유발된다.

따라서 high-k 물질을 게이트 산화막에 사용함으로써, SiO_2 대비 오히려 EOT를 유지하면서 실제 두께를 높여 보다 우수한 게이트 누수 전류 특성을 구현할 수 있는 것이다.

2.2.3 게이트 산화막 누설

그림 13은 SiO_2 게이트 산화막에 대해 게이트 산화막 두께에 따른 게이트 전류 밀도를 실제 측정 및 이를 바탕으로 시뮬레이션을 하여 구한 결과로 앞에서 언급한 바와 같이 게이트 산화막 누설 전류가 매우 큰 폭으로 증가하고 있음을 보여 주고 있다.

실제 SiO_2 대비 high-k 적용에 따른 장점에 대해 앞서 설명한 부분을 그림 14의 모식도를 통해 보다 쉽게 이해할 수 있다. 즉, high-k 물질의 적용에 의해 실제 두께는 SiO_2 대비 두껍게 하면서 오히려 EOT의 개선 효과를 얻을 수 있다.

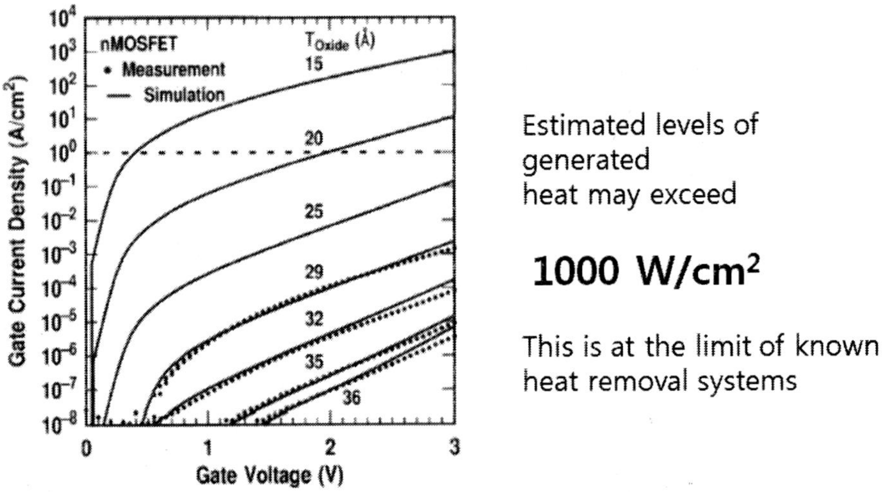

S.H.Lo et al, Electron Device Letters, 18, 209, (1997)

그림 13 게이트 전압과 게이트 산화막 두께에 따른 게이트 전류 밀도[3]

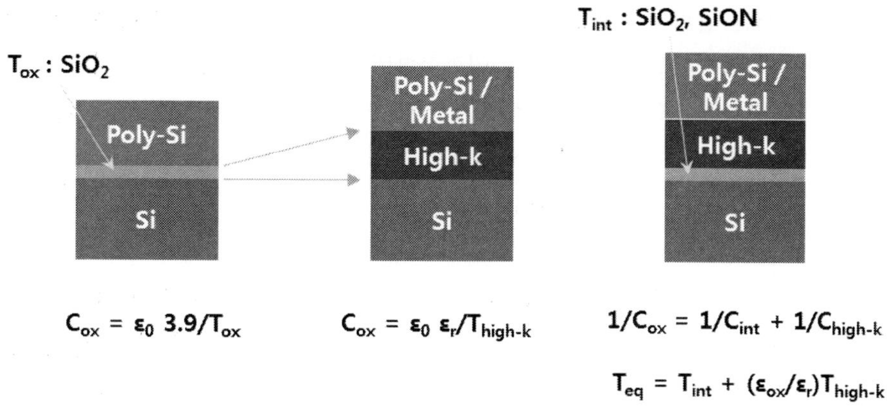

그림 14 high–k 물질 적용에 따른 장점

일반적으로 high–k 물질이 게이트 산화막에 사용되기 위해서는 k 값이 10~50의 범위를 갖고 있어야 하며 실리콘 기판과의 연계 특성이 가급적 영향을 적게 받기 위해 연계 부분에서의 고정된 전하 밀도는 $10^{11}cm^{-2}$ 이하로 낮아야 한다.

실제 트랜지스터에서 발생하는 누설 전류를 ON–state와 OFF–state로 구분하여 미세화의 한계를 살펴보자. 즉, I_{LKG}는 다음과 같은 식으로 표현된다.

$$\begin{aligned} I_{LKG} &= 1/2\,(ON\,state\ current) + 1/2(OFF\ state\ current) \\ &= 1/2\,(I_{gate(ON)}) + 1/2(I_{off} + I_{junction} + I_{gate(OFF)}) \end{aligned}$$

먼저 ON–state의 누설은 I_{gate}(게이트 누설 전류)에 해당하는데 이는 앞서 설명한 바와 같이 게이트 산화막 두께에 매우 민감하게 영향을 받고 있다.

OFF–state 누설은 I_{off}(스탠바이 상태일 때의 누설)와 junction 누설 등으로 구분되는데 이러한 성분 중에 I_{off}의 크기가 제일 크다. 또한, I_{on}이 높은 특성을 갖는 트랜지스터 일수록 I_{off} 또한 큰 값을 가지는 것을 알 수 있으며 나노 테크놀로지로의 미세화가 지속될수록 I_{off} 값은 보다 큰 폭으로 증가하는 특징이 있어 I_{off}를 줄이고자 하는 많은 연구가 진행되고 있다.

2.3 나노테크놀로지의 향후 과제 및 불량에 대한 수율 개선

지금까지 살펴 온 내용 이외에 보다 경쟁력 있는 제품 개발을 위하여 여러 연구 분야를 살펴보자. High-k dielectric 물질을 게이트 산화막에 사용함으로써 미세화에도 불구하고 누설 전류를 최소화하면서 성능을 최대화하기 위한 EOT 조절, 게이트 전극 물질의 대체를 통해 동작 기능의 조절, 구동 전류의 향상을 위한 strain engineering, 다양한 물질의 사용으로 인한 집적을 통한 온도에 대한 안정성을 갖춘 물질의 연구 및 gate stack, single- and dual-gate SOI 구조 등을 적용한 평판형 또는 수직 형태의 트랜지스터 구조 등에 대한 연구가 진행되고 있다.

이러한 요소 기술의 개발을 시기별로 볼 때 비록 개발이 완료되어 적용될 것으로 예측되는 시점이 다소 변화는 있지만 큰 흐름은 바뀌지 않고 있다. 즉, 이동도(mobility) 향상이라는 대 전제하에 high-k 기술의 응용이 제일 우선하고 있고, 그 이후로 게이트 전극 물질 개발 그리고 소자 구조에 대한 개발이 뒤따르고 있다. 이와 같이 실제 적용되는 시점이 다소 지연되는 이유는 그 만큼 high-k의 개발 및 적용이 어렵다는 것을 간접적으로 내포하고 있는 것이다.

2.3.1 수율(yield)

테크놀로지의 완성은 곧 제품화로 이어지게 되는데 제품화에 있어 중요시 되는 것은 바로 수율이다. 과거, 수율은 제조 시점에서 논하는 것으로 이해되고 있었으나 점차 설계 단계에서부터 논하는 것이 중요하다는 인식이 커지고 있다.

일반적으로 수율은 기능적인(functional) 측면과 파라메타적(parametric) 측면으로 구분되며 기능적인 측면에서는 랜덤과 시스템적인 불량에 의한 hard fails에 기인한다. 한편, 파라메타적인 측면에서는 시스템적인 불량에 의한 soft fails에서 비롯된다. 불량에 대한 전문업체인 PDF solution의 연구에 의하면 그림 15에서 보이는 바와 같이 soft fails에 의한 파라메타적인 불량이 전체 수율에 미치는 영향이 매우 크다는 것을 알 수 있다. 따라서 설계 단계에서부터 제품의 수율을 높고 안정되게 유지할 수 있도록 DFM(Design For Manufacturing), DFY(Design For Yield)에 대한 연구의 중요성이 더욱 커지고 있다.

2.3.2 불량(defect)

테크놀로지별로 파라메타에 의한 부분과 랜덤한 부분 그리고 패턴에 의존하는 불량으로 구분하여 각각의 비중을 보면 그림 16과 같이 미세화가 진행될수록 파라메타적인 불량과 시스템적인 불량이 증가하고 particle에 의한 랜덤 불량의 비중은 점차 감소하고 있다. 따라서 이와 같은 분석은 DFM, DFY가 얼마나 비중을 차지하고 있는지를 잘 보여주는 결과이다.

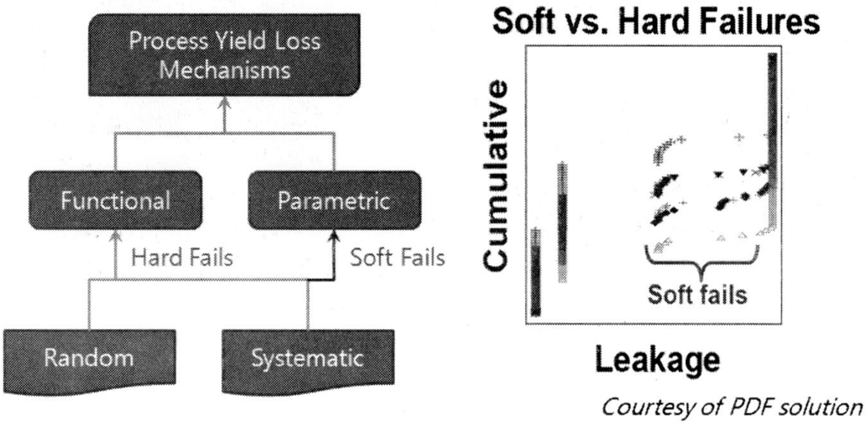

그림 15 불량에 따른 수율 감소 구분

각각의 불량 원인을 사례별로 살펴보면, 랜덤 불량은 그림 16과 같이 particle이 원인이 되는 것으로 contact 또는 via와 같은 hole에 particle이 존재하여 open이 되어야 할 hole이 막혀서 전류의 흐름을 방지하거나 active, poly, metal line 등에 particle이 있어 open이나 short이 유발되는 것이다.

시스템적인 불량은 설계 단계에서에서 마진 등의 이유로 인해 발생하는 불량에 해당한다. 즉, 그림 17과 같이 micro/macro 부하에 따른 설계 rule 마진 부족, 인접한 contact/via의 영향으로 인한 open, line-ends 또는 경계선에서의 마진 부족 및 misalignment, 설계 rule 부족 등으로 인한 silicide 형성 불량 및 STI stress를 감안하지 못한 불충분한 설계에 따른 불량 등이 이에 해당된다.

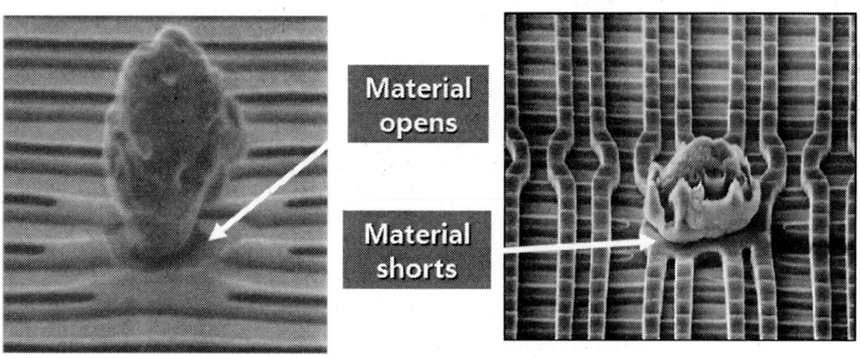

그림 16 랜덤 불량의 양상

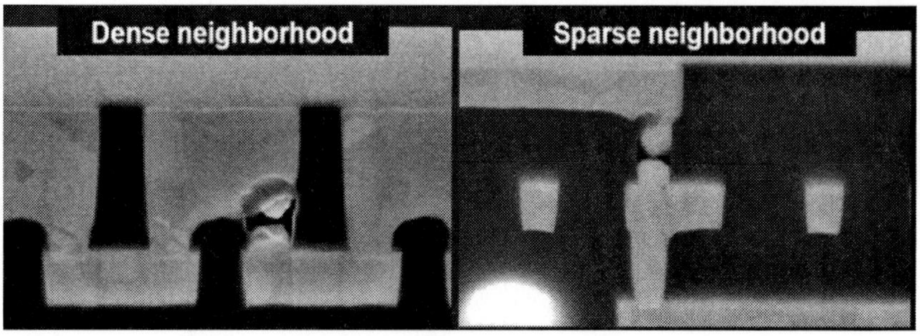

그림 17 시스템적인 불량 양상

파라메타적인 측면의 불량이란 그림 18과 같이 lithography 등의 이유로 인한 소자 성능의 변이, 공정 마진 확보를 위한 dummy fill에 따른 기생효과, 아날로그 특성을 만족시키지 못하는 소자 불일치 등이 이에 속한다.

이와 같은 랜덤 불량, 시스템적인 불량은 TEG(Test Element Group)을 제작하여 사전에 검출하고 이를 설계 단계에 반영함으로써 보다 향상된 수율을 얻을 수 있다. 이러한 TEG의 설계는 각각의 설계 layer를 차별화해서 구성함으로써 불량을 종류별로 검출할 수 있다.

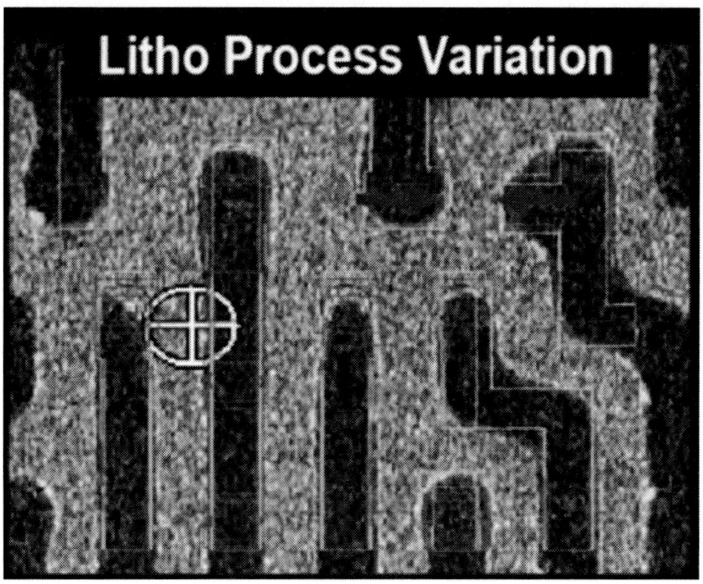

그림 18 파라메타적인 측면의 불량 양상

TEG를 이용하여 사전에 설계 단계에서부터 수율을 최대화하고 이를 제조 단계까지 반영하는 것을 DFM(Design For Manufacturing)이라 하며 이는 트랜지스터 제작 이후 단계인 수율, repair, assembly, 테스트, reliability 등의 전 분야를 포괄적으로 포함하고 있다. 이 가운데 수율과 테스트 측면에서의 DFY(Design For Yield), DFT (Design For Test)에 대한 비중이 높아 이를 개선하여 전체적인 제조 원가 개선과 효율에 대한 많은 노력이 진행되고 있다.

참고문헌

[1] Patrick P. Gelsinger, ISSCC 2001.

[2] Patrick P. Gelsinger, ISSCC 2001.

[3] S. H. Lo et al, Electron Device Letters, 19, 209(1997).

찾아보기

[F]

[G]

[H]

[I]

[L]

[M]

[N]

[O]

[ㄱ]

[ㄴ]

[ㄷ]

[ㄹ]

[ㅁ]

저자 약력

홍성관(洪性寬)

한양대학교 전자공학과 졸업

Georgia Institute of Technology 전기공학과 석사 및 박사

미국 Cadence Design System 근무

LG 반도체 및 Hynix 근무

연세대학교 Hynix 석좌교수 및 연구교수 재직

E-mail : seongkwan.hong@yonsei.ac.kr

김주호(金周虎)

University of Minesota 컴퓨터공학과 학사 및 박사

미국 Cadence Design system 근무

서강대학교 컴퓨터 공학과 재직

E-mail : jhkim@sogang.ac.kr

정의영(鄭義英)

고려대학교 전자공학과 졸업

Stanford University 전기공학과 박사

삼성전자 근무

연세대학교 전기전자 공학과 재직

E-mail : eychung@yonsei.ac.kr

강성호(姜成昊)

서울대학교 제어계측공학과 졸업

University of Texas at Austin 컴퓨터공학과 석사 및 박사

미국 Schlumberger 및 Motorola 근무

연세대학교 전기전자공학과 재직

E-mail : shkang@yonsei.ac.kr

본 교재출판은 지식경제부 및 IDEC 플랫폼 센터의 지원으로 수행하였음

정가 25,000원

나노 테크놀로지에서의 설계 방법론

2013년 2월 20일 초판 인쇄
2013년 2월 27일 초판 발행

저 자 : 홍성관·김주호·정의영·강성호
발행자 : 우명찬·송 준
발행처 : 홍릉과학출판사
주 소 : ㊤142-885 서울시 강북구 인수동 455-60
등 록 : 1976년 10월 21일 제5-66호
전 화 : 999-2274~5, 996-8341, 903-7037
팩 스 : 905-6729
ISBN : 978-89-97570-78-2

hongpub@hongpub.co.kr
www.hongpub.co.kr

저자와의 협의하에 인지생략